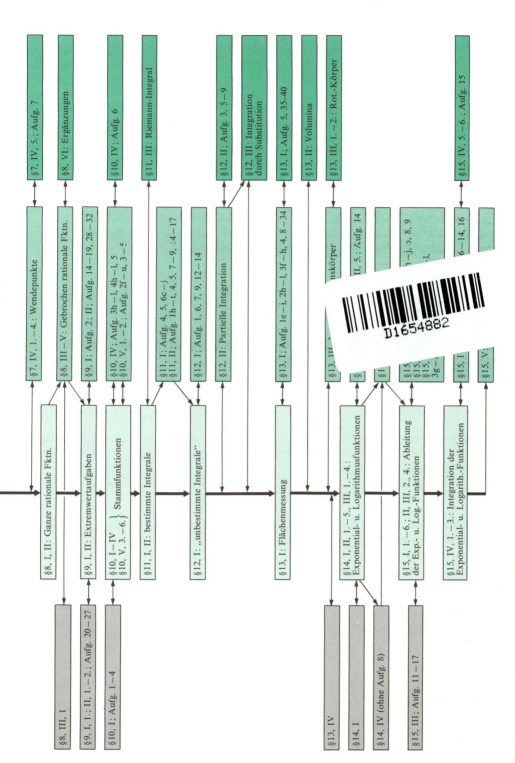

Hinweise zum Einsatz des Buches finden sich auf der nächsten Seite.

Hinweise zum Einsatz des Buches

Der Aufbau des vorliegenden Bandes ermöglicht im wesentlichen drei verschiedene Wege für einen Grundkurs in der Analysis.

1. Weg:

Ziel des ersten Weges ist es, möglichst schnell zum zentralen Begriff der Differentialrechnung, dem Begriff der **Ableitung** vorzustoßen. Aus diesem Grunde wird bei diesem Weg auf eine Vorwegbehandlung des Grenzwertbegriffes für Zahlenfolgen und des Stetigkeitsbegriffes verzichtet.

Ablauf: §1 bis §15 in der vorliegenden Reihenfolge

2. Weg:

Im zweiten Weg ist eine Behandlung des Grenzwertbegriffes für Zahlenfolgen **vor** dem Einstieg in die Differentialrechnung vorgesehen.

Ablauf: §1; §2 → §16, I–III → §3, I; II → §16, IV → §3, II, 11–V bis §15

3. Weg:

Im dritten Weg wird die Behandlung des Grenzwertbegriffes für Zahlenfolgen an der Stelle eingebaut, wo Grenzwerte aus dem behandelten Problem heraus auftreten, nämlich bei der Hinführung zum Begriff der Ableitung.

Ablauf: §1 bis §3, I; II → §16 → §3, II, 11–V bis §15

Der angefügte §17 ermöglicht eine Wiederholung aller für den Lehrgang wichtigen Begriffe, Sätze und Verfahren aus dem Algebraunterricht der Sekundarstufe I.
Außerdem werden auch in §1, I; §2, I., II., IV; §10, II. und in §14, II. und III. Stoffe aus dem Unterricht der Sekundarstufe I wiederholt.

Inhaltsverzeichnis

Wegweiser
Hinweise zum Einsatz des Buches

Inhaltsverzeichnis 3

Übersicht über vorkommende Zeichen 6

1. Abschnitt: Funktionen

§ 1 Die Anwendung von Funktionen in verschiedenen Gebieten 9
  I. Zum Funktionsbegriff 9
  II. Fragestellungen bei der Anwendung von Funktionen 18

§ 2 Einfache Funktionen 24
  I. Lineare Funktionen 24
  II. Quadratische Funktionen. Potenzfunktionen 29
  III. Ganze rationale Funktionen 36
  IV. Weitere einfache Funktionen 41

2. Abschnitt: Einführung in die Differentialrechnung

§ 3 Der Begriff der Ableitung einer Funktion 51
  I. Mittlere Änderungsraten 51
  II. Der Begriff der Ableitung 59
  III. Beispiele für Ableitungen. Gegenbeispiele 66
  IV. Der Begriff der Tangente 70
  V. Anwendungen des Ableitungsbegriffs 73

§ 4 Differenzierbare Funktionen (I) 78
  I. Differenzierbarkeit über einer Menge 78
  II. Beispiele für differenzierbare Funktionen 79
  III. Grenzwertsätze 82
  IV. Grundlegende Regeln der Differentialrechnung 87
  V. Die Ableitung der Sinusfunktion 89
  VI. Der Begriff der Stetigkeit 92
  VII. Ableitungen höherer Ordnung 95

§ 5 Differenzierbare Funktionen (II) 99
  I. Die Produktregel 99
  II. Zum Beweisverfahren der vollständigen Induktion 103
  III. Die Quotientenregel 107
  IV. Die Kettenregel 110

3. Abschnitt: Anwendungen der Differentialrechnung

§ 6 Lineare Näherungsfunktionen 120
    I. Die Tangentenfunktion als Näherungsfunktion 120
    II. Fehlerabschätzung und Fehlerfortpflanzung 124
    III. Der Begriff des Differentials 126

§ 7 Anwendung der Differentialrechnung bei der Funktionsdiskussion 129
    I. Lokale Extrema 129
    II. Kriterien für die Monotonie von Funktionen 134
    III. Hinreichende Kriterien für lokale Extrema 138
    IV. Wendepunkte 144

§ 8 Die Diskussion rationaler Funktionen 148
    I. Erstes Beispiel einer ganzen rationalen Funktion 148
    II. Zweites Beispiel einer ganzen rationalen Funktion 150
    III. Erstes Beispiel einer gebrochen-rationalen Funktion 154
    IV. Zweites Beispiel einer gebrochen-rationalen Funktion 157
    V. Asymptoten 160
    VI. Ergänzungen zur Extremstellenbestimmung 162

§ 9 Extremwertprobleme 165
    I. Erstes Beispiel einer Extremwertaufgabe 165
    II. Weitere Beispiele für Extremwertaufgaben 167

4. Abschnitt: Einführung in die Integralrechnung

§ 10 Stammfunktionen 173
    I. Vorbemerkungen 173
    II. Zum Problem der Flächenmessung 174
    III. Flächenmaßzahlfunktionen 178
    IV. Der Begriff der Stammfunktion 181
    V. Sätze über Stammfunktionen 185

§ 11 Der Begriff des bestimmten Integrals 188
    I. Das Stammfunktionsintegral 188
    II. Einfache Sätze zum bestimmten Integral 193
    III. Das bestimmte Integral als Summengrenzwert 199

§ 12 Integrationsverfahren 205
    I. Der Begriff des sogenannten „unbestimmten Integrals" 205
    II. Das Verfahren der partiellen Integration (Produktintegration) 210
    III. Integration durch Substitution 213

§ 13 Anwendungen der Integralrechnung 220
    I. Flächenmessung 220
    II. Beispiel für die Berechnung eines Volumens 226
    III. Das Volumen von Rotationskörpern 229
    IV. Der physikalische Begriff der Arbeit 235

5. Abschnitt: Exponential- und Logarithmusfunktionen

§ 14   Grundlegende Eigenschaften von Exponential- und von Logarithmusfunktionen . 239
- I. Wachstums- und Zerfallsvorgänge 239
- II. Grundeigenschaften der Exponentialfunktionen 243
- III. Grundeigenschaften der Logarithmusfunktionen 248
- IV. Die Ermittlung von Exponentialfunktionen aus Meßwerten 252

§ 15   Differenzierbarkeit und Integrierbarkeit der Exponential- und der Logarithmusfunktionen 259
- I. Die natürliche Exponentialfunktion 259
- II. Die natürliche Logarithmusfunktion 264
- III. Die Ableitungen der Exponential-, der Logarithmus- und der Potenzfunktionen 266
- IV. Integrale zu Exponential- und Logarithmusfunktionen 270
- V. Vermischte Aufgaben zur Analysis 275

6. Abschnitt: Anhang

§ 16   Der Begriff des Grenzwertes 280
- I. Zahlenfolgen 280
- II. Der Grenzwertbegriff für Zahlenfolgen 285
- III. Sätze über Grenzwerte von Zahlenfolgen 291
- IV. Zum Begriff der Ableitung 298

§ 17   Wiederholung grundlegender Begriffe und wichtiger Sätze 302
- I. Zu den reellen Zahlen 302
- II. Gleichungen und Ungleichungen 304

Register

Übersicht über vorkommende Zeichen

Zahlenmengen

Zeichen	Bedeutung
$\mathbb{N}$	Menge der natürlichen Zahlen: $\{1; 2; 3; 4; ...\}$
$\mathbb{N}_0$	Menge der natürlichen Zahlen einschließlich 0: $\{0; 1; 2; 3; ...\}$
$\mathbb{Z}$	Menge der ganzen Zahlen: $\{0; 1; -1; 2; -2; ...\}$
$\mathbb{Q}$	Menge der rationalen Zahlen
$\mathbb{R}$	Menge der reellen Zahlen
$\mathbb{Q}^{>0}$	Menge der positiven rationalen Zahlen
$\mathbb{R}^{\leq 0}$	Menge der nichtpositiven reellen Zahlen
$\mathbb{R}^{>1}$	Menge der reellen Zahlen, die größer als 1 sind
$\mathbb{R}^{\neq 0}$	Menge der reellen Zahlen außer 0
$\mathbb{R}^{\neq 2}$	Menge der reellen Zahlen außer 2
$\{x \mid A(x)\}$	Mengenbildungsoperator, gelesen: „Menge aller x, für die gilt A(x)" Beispiel: $\{x \mid x^2 = 1 \wedge x \in \mathbb{R}\} = \{1; -1\}$
$[a; b]$	(beiderseits) abgeschlossenes Intervall: $\{x \mid a \leq x \leq b\}$
$]a; b[$	(beiderseits) offenes Intervall: $\{x \mid a < x < b\}$

Mengenlehre, Logik

Zeichen	Bedeutung	Beispiel	Lesart
$\in$	ist Element von	$x \in M$	x aus M
$\notin$	ist nicht Element von	$x \notin M$	x nicht aus M
$\emptyset$	leere Menge		
$\subset$	echte Teilmenge	$A \subset B$	A ist echte Teilmenge von B
$\subseteq$	(echte oder unechte) Teilmenge	$A \subseteq B$	A ist (echte oder unechte) Teilmenge von B
$\cap$	Schnittmenge	$A \cap B$	A geschnitten mit B
$\cup$	Vereinigungsmenge	$A \cup B$	A vereinigt mit B
$\setminus$	Restmenge	$A \setminus B$	A ohne B
$\times$	Produktmenge	$A \times B$	A Kreuz B
$\wedge$	und	$A \wedge B$	A und B
$\vee$	oder	$A \vee B$	A oder B
$A(x)$	Aussageform in der Variablen x	$x^2 = 1$	A von x
$L(A)$	Lösungsmenge der Aussageform A	$L(A) = \{1; -1\}$	L von A
$\Rightarrow$	Folgerung	$A(x) \Rightarrow B(x)$, z.B. $x = 1 \Rightarrow x^2 = 1$	Aus A(x) folgt B(x); dies bedeutet: $L(A) \subseteq L(B)$
$\Leftrightarrow$	Äquivalenz	$A(x) \Leftrightarrow B(x)$, z.B. $x^2 = 1$ $\Leftrightarrow x = 1 \vee x = -1$	A(x) ist äquivalent zu B(x); dies bedeutet: $L(A) = L(B)$

Funktionen

Zeichen	Bedeutung	Beispiel	Lesart
f, g, ...	Funktion		
f(x)	Funktionsterm	$f(x) = x^2 + 1$	f von x, f an der Stelle x
f(2)	Funktionswert	$f(2) = 2^2 + 1 = 5$	f an der Stelle 2
D(f)	Definitionsmenge von f	$D(f) = \mathbb{R}$	D von f
W(f)	Wertemenge von f	$W(f) = \mathbb{R}^{\geq 1}$	W von f
$\overset{-1}{f}$	Umkehrrelation zur Funktion f		f oben minus 1
$\overset{-1}{f}(x)$	Term der Umkehrfunktion zu f	$\overset{-1}{f}(x) = \sqrt{x-1}$	f oben minus 1 von x, (an der Stelle x)
f′, f″, ...	erste, zweite, ... Ableitungsfunktion von f		f Strich, f zwei Strich, ...
f′(x), f″(x), ...	Funktionsterm der ersten, zweiten, ... Ableitung von f	$f'(x) = 2x$; $f''(x) = 2$	f Strich von x, f zwei Strich von x, ...
f′(2)	Wert der 1. Ableitung	$f'(2) = 4$	f Strich an der Stelle 2

Spezielle Funktionen

Zeichen	Bedeutung
sin	Sinusfunktion
cos	Kosinusfunktion
tan	Tangensfunktion
cot	Kotangensfunktion
ln	natürliche Logarithmusfunktion
$\log_a$	Logarithmusfunktion zur Basis a
lg	Logarithmusfunktion zur Basis 10
sign	Signumfunktion
[ ]	Gaußklammerfunktion

1. Abschnitt: Funktionen
§ 1 Die Anwendung von Funktionen in verschiedenen Gebieten

I. Zum Funktionsbegriff

1. Mathematische Begriffe und mathematische Verfahren werden zur Beschreibung von Situationen und zur Lösung von Problemen in zahlreichen Bereichen des menschlichen Lebens angewendet: in den Naturwissenschaften, in der Technik, in der Wirtschaft und in vielen anderen Gebieten.
Dies gilt nicht zuletzt auch für die Begriffe und Verfahren des Teilgebietes der Mathematik, mit dem wir uns in diesem Buche beschäftigen, der **Analysis**.

2. Ein grundlegender Begriff der Analysis ist der Begriff der **Funktion**. Dieser Begriff kann in ungezählten Fällen zur Beschreibung einer Situation herangezogen werden.

Beispiele:

1) Bei der Produktion von Gütern (z. B. Maschinen, Haushaltsgeräten, Büchern usw.) hängen die dabei entstehenden **Kosten** u. a. von der **Menge** des produzierten Gutes, z. B. von der Stückzahl ab. In der Regel werden die Gesamtkosten um so höher sein, je mehr von dem betreffenden Gut hergestellt wird. Man sagt: die Kosten sind eine Funktion der produzierten Menge.

2) Der Lohn- oder Einkommensteuerbetrag, den ein Bürger pro Jahr an das Finanzamt zu zahlen hat, hängt – neben anderen Faktoren – von der Höhe seines Jahreseinkommens ab: der Steuerbetrag ist eine Funktion des steuerpflichtigen Einkommens.

3) Der Luftdruck an einem bestimmten Ort ändert sich ständig: er ist eine Funktion der Zeit. Bild 1.1 zeigt eine Luftdruckkurve, die von einem Gerät beim Deutschen Wetterdienst in Essen aufgezeichnet worden ist.

4) Höhenmesser in einem Flugzeug messen keineswegs unmittelbar die Flughöhe, sondern den Luftdruck. Dieser Luftdruck hängt nämlich u. a. von der Höhe der betreffenden Stelle (z. B. über dem Meeresspiegel) ab; er ist eine Funktion dieser Höhe.

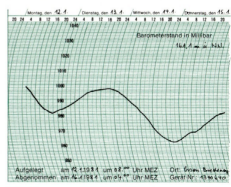
Bild 1.1

5) Zahlreiche Bewegungsvorgänge können durch eine Funktion erfaßt werden, z. B. der sogenannte „freie Fall". Hierbei hängt die Länge der vom Körper durchfallenen Strecke von der Fallzeit ab; die Länge der Fallstrecke ist eine Funktion der Fallzeit.

6) Wenn man beim Fotografieren ein scharfes Bild erzielen will, muß man am Fotoapparat die Entfernung des zu fotografierenden Gegenstandes einstellen. Der physikalische Grund dafür ist, daß die Bildweite von der Gegenstandsweite abhängt: die Bildweite ist eine Funktion der Gegenstandsweite.

Bild 1.2 zeigt, wie durch eine Linse mit der Brennweite f ein Gegenstand mit der Gegenstandsweite x auf ein Bild mit der Bildweite y abgebildet wird.

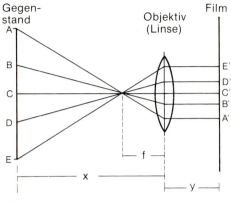

Bild 1.2

7) Die Bevölkerungszahl auf der Erde ist in einem ständigen Wachstum begriffen. Die folgende Tabelle zeigt dies für die Zeit von 1900 bis 1980 in Intervallen von je 20 Jahren.

Jahr	1900	1920	1940	1960	1980
Erd-bevölkerung in Mrd.	1,6	1,9	2,3	3,0	4,3

Auch hier liegt ein funktionaler Zusammenhang vor, der durch den Graphen von Bild 1.3 dargestellt wird.

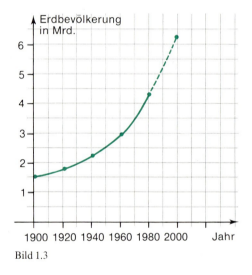

Bild 1.3

3. Um für den Aufbau der Analysis eine sichere Grundlage zu haben, wollen wir im folgenden alles Wichtige zum mathematischen Funktionsbegriff kurz wiederholen. Wir beginnen mit einem einfachen

Beispiel:

An einer Klassenarbeit haben 25 Schüler teilgenommen. Das Ergebnis der Arbeit ist in der folgenden Tabelle festgehalten.

Note	1	2	3	4	5	6
Anzahl	3	6	7	5	3	1

Durch diese Tabelle wird jeder der Zahlen 1, 2, 3, 4, 5 oder 6 (also jeder Note) **eindeutig** eine bestimmte Zahl (nämlich die Anzahl der Schüler mit dieser Note) **zugeordnet**.

Zur Beschreibung der Situation zieht man hier — wie bei jeder Funktion — zwei Mengen A und B heran. Bei diesem Beispiel ist A die Menge der Noten, also

$$A = \{1; 2; 3; 4; 5; 6\}$$

und B die Menge der Anzahlen, mit denen die einzelnen Noten auftreten können. Um jede mögliche Anzahl zu erfassen, ist es am einfachsten, als Menge B die Menge der natürlichen Zahlen, einschließlich der Zahl 0, also die Menge $\mathbb{N}_0$ zu wählen:

$$B = \mathbb{N}_0 = \{0; 1; 2; 3; 4; \ldots\}.$$

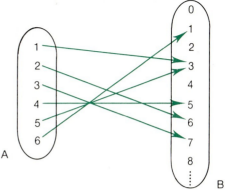

Bild 1.4

Die **eindeutige Zuordnung** zwischen den Elementen der beiden Mengen A und B ist im Bild 1.4 durch ein **Pfeilbild** veranschaulicht. Die Eindeutigkeit der Zuordnung erkennt man im Pfeilbild daran, daß von jedem Element der Menge A nur ein Pfeil ausgeht.

4. Wenn eine solche **eindeutige Zuordnung** zwischen den Elementen zweier Mengen A und B vorliegt, dann spricht man in der Mathematik von einer **„Funktion"**. Zur Bezeichnung von Funktionen sind grundsätzlich alle Buchstaben zugelassen; häufig verwendet man jedoch den Buchstaben f, manchmal auch g, h, … usw. Ist durch eine Funktion f einem Element $x \in A$ (gelesen „x aus A") das Element $y \in B$ (gelesen „y aus B") zugeordnet, so nennt man y auch den **„Funktionswert von x"** und bezeichnet diesen mit „f(x)", gelesen: „f von x". Bei unserem Beispiel ist also u. a. $f(2) = 6$, $f(3) = 7$ und $f(6) = 1$. Die Variable x nennt man auch das **„Argument"** der Funktion.

5. Da bei obigem Beispiel nur 25 Schüler an der Klassenarbeit beteiligt waren, ist es selbstverständlich, daß **nicht alle** Elemente von $\mathbb{N}_0$ als Funktionswert auftreten können. Man faßt daher die Funktionswerte einer Funktion f zur **„Wertemenge"** zusammen und bezeichnet diese mit „W(f)", gelesen „W von f". Bei unserem Beispiel ist

$$W(f) = \{1; 3; 5; 6; 7\}.$$

Stets ist die Menge W(f) eine (echte oder unechte) Teilmenge der Menge B; stets gilt

$$W(f) \subseteq B.$$

Im Gegensatz dazu werden die Elemente der Menge A einer Funktion f stets **alle** erfaßt; denn es wird **jedem** Element von A ein Element von B als Funktionswert zugeordnet. Man nennt daher die Menge A auch die **„Definitionsmenge der Funktion"** und bezeichnet sie mit „D(f)", gelesen „D von f". Stets gilt also:

$$D(f) = A.$$

Die Elemente der Definitionsmenge nennt man auch die **„Stellen"** und die Elemente der Wertemenge kurz die **„Werte"** der Funktion. Die Bezeichnung $f(2) = 6$ drückt man daher häufig folgendermaßen aus: „die Funktion f hat an der Stelle 2 den Wert 6".

6. In Bild 1.4 haben wir die einfache Funktion unseres Beispiels durch ein Pfeilbild dargestellt. Ein solches Pfeilbild ist aber nur brauchbar bei Funktionen, die aus wenigen Wertepaaren bestehen. Die gebräuchlichste und auch instruktivste Art der Darstellung ist der „**Graph**" einer Funktion im Kartesischen Koordinatensystem.
Bild 1.5 zeigt den Funktionsgraphen unseres Eingangsbeispiels. Auf der waagerechten Achse sind die Elemente der Definitionsmenge, auf der dazu senkrechten Achse die Elemente der Wertemenge aufgetragen. Wir bezeichnen die beiden Achsen daher als „D-Achse" bzw. als „W-Achse".

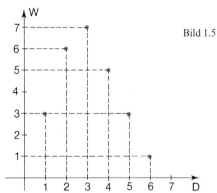

Bild 1.5

Beachte den Unterschied zwischen einer **Stelle** x mit dem Funktionswert f(x) und dem **Punkt** P(x|f(x)) des zugehörigen Funktionsgraphen!

Daß es sich um eine Funktion handelt, erkennt man am Graphen daran, daß nirgendwo zwei oder mehr Punkte des Graphen untereinander, also auf einer Parallelen zur W-Achse liegen.

7. Im folgenden werden wir uns ausschließlich mit Funktionen beschäftigen, bei denen die Mengen A und B **Zahlenmengen,** und zwar — im Gegensatz zum obigen Beispiel — **unendliche Zahlenmengen,** nämlich **Teilmengen der Menge $\mathbb{R}$,** sind. Man spricht von „**reellen Funktionen**".

Handelt es sich bei Anwendungsbeispielen um **Größen** (z. B. um physikalische Größen wie Längen, Flächeninhalte, Zeitspannen, Stromstärken usw.), so werden wir in der Regel nur die **Maßzahlen** dieser Größen betrachten, also von den Maßeinheiten (wie cm, m², sec, A usw.) absehen.

8. Außerdem wird eine Funktion im folgenden in der Regel durch einen arithmetischen Term f(x) vorgegeben.

Beispiele: $f_1(x) = \frac{1}{2}x^2 - 4$; $f_2(x) = \dfrac{1}{x-2}$; $f_3(x) = \sqrt{3-x}$

Durch einen Funktionsterm f(x) **allein** ist eine Funktion f aber noch nicht eindeutig festgelegt; vielmehr muß zusätzlich noch die Definitionsmenge angegeben werden. Zur Vereinfachung der Sprechweise und der Darstellung **vereinbaren** wir, daß im folgenden — wenn es nicht ausdrücklich anders gesagt wird — als Definitionsmenge D(f) jeweils die umfassendste Teilmenge der Menge $\mathbb{R}$ zu nehmen ist, die der betreffende Term f(x) zuläßt. Die Wertemenge W(f) liegt dann (als Teilmenge von $\mathbb{R}$) eindeutig fest; sie braucht nicht gesondert angegeben zu werden.
Auf Grund dieser Vereinbarung können wir kurz von „**der Funktion f zu f(x)**" sprechen.

Beispiele:

1) Der Term $f_1(x) = \frac{1}{2}x^2 - 4$ ist für alle $x \in \mathbb{R}$ definiert; daher soll $D(f_1) = \mathbb{R}$ sein, wenn es nicht ausdrücklich anders gesagt wird. Aus Bild 1.6 kann man entnehmen, daß $W(f_1) = \mathbb{R}^{\geq -4}$ ist.

2) Der Term $f_2(x)=\dfrac{1}{x-2}$ ist nur für die Zahl 2 nicht definiert; mithin nehmen wir in der Regel die Menge $\mathbb{R}^{\neq 2}$ als Definitionsmenge von f_2:

$$D(f_2)=\mathbb{R}^{\neq 2} \text{ (gelesen „R ungleich 2")}.$$

Aus Bild 1.7 ergibt sich, daß $W(f_2)=\mathbb{R}^{\neq 0}$ ist.

3) Der Term $f_3(x)=\sqrt{3-x}$ ist nur definiert für reelle Zahlen x mit $x\leq 3$. Als Definitionsmenge von f_3 wählen wir in der Regel daher

$$D(f_3)=\mathbb{R}^{\leq 3} \text{ (gelesen „R kleiner oder gleich 3")}.$$

Für die Wertemenge gilt: $W(f_3)=\mathbb{R}^{\geq 0}$ (Bild 1.8).

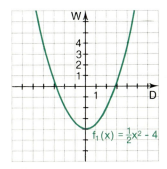
Bild 1.6

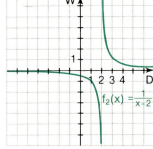
Bild 1.7

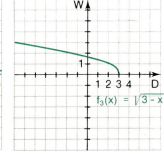
Bild 1.8

9. Im allgemeinen werden wir eine reelle Funktion durch einen Funktionsterm f(x) vorgeben. Nur in einzelnen Fällen werden wir auch die zugehörige Funktionsgleichung $y=f(x)$ heranziehen.

Beispiel: Zur Funktion f_1 gehört die Funktionsgleichung $y=\tfrac{1}{2}x^2-4$.

Man nennt x auch die „unabhängige" und y die „abhängige Variable".
Auf jeden Fall sollte der begriffliche Unterschied zwischen einer Funktion f, dem zugehörigen Funktionsterm f(x), der Funktionsgleichung $y=f(x)$ und dem Funktionsgraphen beachtet werden.

10. Wenn man die jeweils einander zugeordneten Elemente einer Funktion zu Paaren und diese Paare zu einer Menge zusammenfaßt, erhält man eine **Relation** R; bei unserem Einführungsbeispiel von S. 10 die Relation

$$R=\{(1\,|\,3);\,(2\,|\,6);\,(3\,|\,7);\,(4\,|\,5);\,(5\,|\,3);\,(6\,|\,1)\}.$$

Diese Relation hat die besondere Eigenschaft, daß die in den Paaren an erster Stelle stehenden Elemente dort nur einmal auftreten. Man nennt eine solche Relation „**rechtseindeutig**" oder „**funktional**". Die Bezeichnung „rechtseindeutig" erklärt sich aus der formalen Bedingung für diese Eigenschaft:

$$(x\,|\,y_1)\in R \wedge (x\,|\,y_2)\in R \Rightarrow y_1=y_2.$$

11. Wir haben den obigen Erklärungen zum Funktionsbegriff den Gesichtspunkt der **eindeutigen Zuordnung** zwischen den Elementen zweier Mengen A und B zugrundegelegt. Man kann unter einer Funktion aber auch eine **rechtseindeutige Relation** verstehen. Beide Grundauffassungen sind gleichwertig.

Am Beispiel oben haben wir gezeigt, wie man von einer Funktion zu einer rechtseindeutigen Relation kommt. Ist umgekehrt eine rechtseindeutige Relation R gegeben, so braucht man nur dem ersten Element eines Paares von R jeweils das zweite Element dieses Paares zuzuordnen; man erhält dann eine Funktion im Sinne der oben gegebenen Erklärungen.

12. Im Zusammenhang mit einer Funktion f tritt häufig eine zweite Funktion auf, die **Umkehrfunktion** $\overset{-1}{f}$, gelesen „f oben minus 1".

Beispiel:

Bei einem Fußballspiel trägt jeder Spieler eine Rückennummer (Bild 1.9). Es liegt also eine Funktion f vor, die jedem Spieler eindeutig seine Rückennummer zuordnet. Der Zweck der Rückennummern ist es aber, daß man an diesen Nummern die einzelnen Spieler erkennen kann. Hierbei nutzt man aus, daß auch umgekehrt jeder Rückennummer **eindeutig** ein bestimmter Spieler zugeordnet ist; man bedient sich der Umkehrfunktion $\overset{-1}{f}$ zur Funktion f.

Bild 1.9

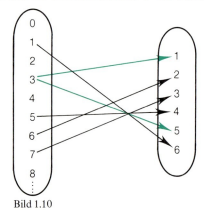

Bild 1.10

Allerdings besitzt nicht jede Funktion eine Umkehrfunktion. So tritt bei unserem Einführungsbeispiel auf S. 10 die Anzahl 3 als Funktionswert **doppelt** auf; denn es ist $f(1) = 3$ und auch $f(5) = 3$. Bei der Umkehrung ist daher der Zahl 3 sowohl die Zahl 1 wie die Zahl 5 zugeordnet (Bild 1.10).

13. Um den Unterschied zwischen den beiden Fällen zu erfassen, wiederholen wir zunächst den Begriff der **Umkehrrelation.**

> **D 1.1** Unter der Umkehrrelation $\overset{-1}{R}$ einer Relation R versteht man die Relation, die dadurch entsteht, daß man in allen Paaren von R die Elemente untereinander vertauscht:
> $$\overset{-1}{R} = \{(x \mid y) \mid (y \mid x) \in R\}.$$
> **Es gilt also:** $(x \mid y) \in \overset{-1}{R} \Leftrightarrow (y \mid x) \in R.$

§1, I. Zum Funktionsbegriff

Das Zeichen $\overset{-1}{R}$ wird gelesen: „R oben minus 1". Es gilt $D(\overset{-1}{R})=W(R)$ und $W(\overset{-1}{R})=D(R)$. Der Graph von $\overset{-1}{R}$ ergibt sich aus dem von R durch Spiegelung an der Geraden zu $y=x$ (Bild 1.11; Aufgabe 7). Ist also eine Funktion f gegeben durch eine Gleichung der Form $y=f(x)$, so erhält man die Gleichung der Umkehrrelation f dadurch, daß man x und y miteinander vertauscht: $x=f(y)$. Es ist aber nicht gesagt, daß man diese Gleichung nach y auflösen kann.

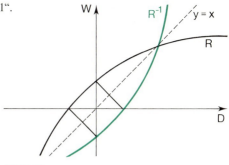

Bild 1.11

Beispiel:

Aus $y=x^2$ ergibt sich durch Vertauschen der Variablen: $x=y^2$. Nun gilt:

$$y^2=x \Leftrightarrow y=\sqrt{x} \vee y=-\sqrt{x}$$

Zu jeder positiven Zahl x gehören also **zwei** Werte y_1 und y_2 der Umkehrrelation $\overset{-1}{f}$ (Bild 1.12). Daher besitzt die Funktion f zu $f(x)=x^2$ mit $D(f)=\mathbb{R}$ **keine** Umkehrfunktion; das Zeichen $\overset{-1}{f}(x)$ hat in diesem Fall keine Bedeutung.

Man kann diesen Sachverhalt auch am Graphen von f selbst leicht erkennen; jeder Funktionswert (außer 0) tritt nämlich wegen $(-x)^2=x^2$ **doppelt** auf, daher liegen auf Parallelen zur D-Achse in der oberen Halbebene stets **zwei** Punkte des Funktionsgraphen, z.B. P und Q (Bild 1.12).

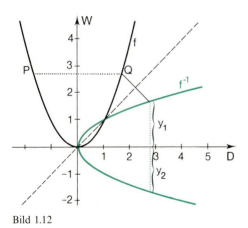

Bild 1.12 Bild 1.13

Schränkt man dagegen die Funktion zu $f(x)=x^2$ auf die Definitionsmenge $D(f)=\mathbb{R}^{\geq 0}$ ein, so besitzt sie eine Umkehrfunktion; denn für $x, y \in \mathbb{R}^{\geq 0}$ gilt:

$$y^2=x \Leftrightarrow y=\sqrt{x}.$$

In diesem Falle existiert der Funktionsterm $\overset{-1}{f}(x)$; es ist $\overset{-1}{f}(x)=\sqrt{x}$ (Bild 1.13).

14. Für umkehrbare Funktionen ist also kennzeichnend, daß zu **verschiedenen x-Werten** auch **verschiedene Funktionswerte** gehören. Wir können allgemein sagen:

> **S 1.1** Eine Funktion f ist umkehrbar (injektiv) genau dann, wenn für $x_1, x_2 \in D(f)$ gilt:
>
> $$x_1 \neq x_2 \;\Rightarrow\; f(x_1) \neq f(x_2).$$
>
> $\overset{-1}{f}$ heißt dann die „Umkehrfunktion von f".

Für den Funktionsgraphen von f bedeutet dies, daß es auf ihm keine zwei Punkte gibt, die auf einer Parallelen zur D-Achse liegen.
Wir werden in § 2, II auf die Frage zurückkommen, welche Funktionen eine Umkehrfunktion besitzen.

Übungen und Aufgaben

1. Prüfe, ob die folgenden Zuordnungen eindeutig sind!
   a) Jeder Hamburgerin wird die Anzahl ihrer Kinder zugeordnet.
   b) Jedem Dreieck wird sein Flächeninhalt zugeordnet.
   c) Jedem Ort in der Bundesrepublik wird seine Postleitzahl zugeordnet.
   d) Jedem Städtenamen wird die betreffende Stadt zugeordnet.
   e) Jeder Quadratzahl $x \in \mathbb{N}$ wird eine Zahl $y \in \mathbb{Z}$ zugeordnet, so daß gilt $y^2 = x$.
   f) Jeder reellen Zahl wird die nächstgrößere ganze Zahl zugeordnet.
   g) Jeder natürlichen Zahl n wird eine ganze Zahl z zugeordnet, so daß gilt: $|z| = n$.
   h) Jeder reellen Zahl x wird ein Winkel α zugeordnet, so daß gilt: $x = \tan \alpha$.

2. Bestimme die Definitionsmengen der durch die folgenden Terme gegebenen Funktionen!
   a) $f(x) = \sqrt{x}$
   b) $f(x) = \dfrac{1}{x}$
   c) $f(x) = \dfrac{1}{x^2 - 4}$
   d) $f(x) = \sqrt{2x - 4}$
   e) $f(x) = \dfrac{1}{\sqrt{x}}$
   f) $f(x) = \sqrt{4 - x^2}$
   g) $f(x) = \dfrac{1}{x^2 + 3x}$
   h) $f(x) = \sqrt{|x - 1|}$

3. Bestimme die Definitions- und Wertemengen der durch die folgenden Terme gegebenen Funktionen!
   a) $f(x) = |x|$
   b) $f(x) = x^2 - 9$
   c) $f(x) = \sqrt{x + 2}$
   d) $f(x) = -\sqrt{x - 4}$
   e) $f(x) = \sin x$
   f) $f(x) = \dfrac{1}{|x|}$
   g) $f(x) = x^3$
   h) $f(x) = \dfrac{x^2}{1 + x^2}$

4. Stelle die folgenden Relationen im Koordinatensystem dar!
   a) $R = \{(1|2); (2|8); (3|6); (4|-2)\}$
   b) $R = \{(1|-1); (1|1); (4|-2); (4|2); (9|-3); (9|3)\}$
   c) $y \geq x$
   d) $y^2 = x^2$
   e) $|x| + |y| = 1$
   f) $y^2 = x$
   g) $y^2 = \dfrac{1}{x}$
   h) $0 \cdot y + x = 2$

   Anleitung zu c) bis h): Setze jeweils in die Variable x reelle Zahlen ein und prüfe, welche Einsetzungen in y die Bedingung erfüllen!

§ 1, I. Zum Funktionsbegriff

5. Welche der folgenden Graphen stellen Funktionen dar?

  a) Bild 1.14 **b)** Bild 1.15 **c)** Bild 1.16 **d)** Bild 1.17

  e) Bild 1.18 zeigt die Hysteresisschleife von Eisen in einem Magnetfeld. Es wird die magnetische Kraftflußdichte B in Abhängigkeit vom äußeren Magnetfeld H dargestellt.

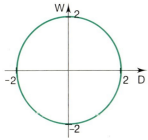

Bild 1.14

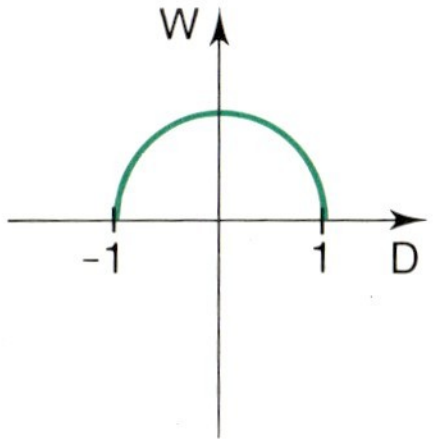

Bild 1.15

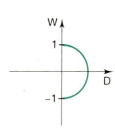

Bild 1.16

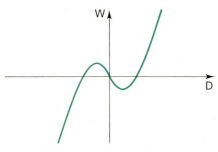

Bild 1.17

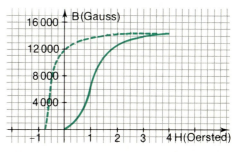

Bild 1.18

6. Schränke in Aufgabe 4d) bis g) die Wertemenge so ein, daß eine eindeutige Zuordnung entsteht!

Beispiel:

$|x| = |y|$ wird dargestellt durch den Graphen von Bild 1.19. Schränkt man die Wertemenge durch die Bedingung $y \geq 0$ ein, so erhält man eine Funktion. Andere mögliche Bedingungen zur Erzielung der Eindeutigkeit sind: $y > 5$ oder $y < -1$ oder $y \leq 0$, usw.

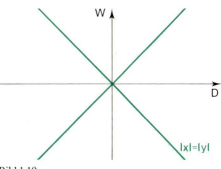

Bild 1.19

7. Begründe, warum man den Graphen der Umkehrrelation $\overset{-1}{R}$ aus dem Graphen von R durch Spiegelung an der Geraden zu $y = x$ erhält!

8. Beschreibe die Umkehrrelation $\overset{-1}{f}$ jeweils mit Hilfe des Mengenbildungsoperators! Ist $\overset{-1}{f}$ eine Funktion? Wenn ja, ermittle den zugehörigen Funktionsterm $\overset{-1}{f}(x)$! Skizziere die Graphen von f und $\overset{-1}{f}$!

a) $f(x) = 2x - 1$ **b)** $f(x) = \dfrac{1}{x}$ **c)** $f(x) = \dfrac{1}{x^2}$ **d)** $f(x) = |x|$ **e)** $f(x) = x^3$

f) $f(x) = x^4$ **g)** $f(x) = 3$ **h)** $f(x) = x^2 - 1$ **i)** $f(x) = -\dfrac{x}{2} + 2$ **j)** $f(x) = |x - 3|$

9. Schränke bei den nicht umkehrbaren Funktionen der Aufgabe 8 die Definitionsmenge so ein, daß umkehrbare Funktionen entstehen!

10. a) Zeige, daß die Umkehrrelation einer Relation $\overset{-1}{R}$ stets wieder die Relation R ist, daß also gilt: $(\overset{-1}{R}) = R$!

b) Zeige: Ist eine Funktion f umkehrbar, dann ist auch die Funktion $\overset{-1}{f}$ umkehrbar, und es gilt: $(\overset{-1}{f}) = f$!

11. Ermittle jeweils $\overset{-1}{f}(x)$! Skizziere die Graphen von f und $\overset{-1}{f}$ in **einem** Koordinatensystem!

a) $f(x) = 2x$ **b)** $f(x) = -x - 1$ **c)** $f(x) = \sqrt{x}$ **d)** $f(x) = \dfrac{x-3}{2}$ **e)** $f(x) = x^3$

12. Zeichne jeweils die Graphen von f und $\overset{-1}{f}$ unter Benutzung des Sachverhalts von Aufgabe 7!

a) $f(x) = \sin x; \ D = \left[-\dfrac{\pi}{2}; \dfrac{\pi}{2}\right]$ **b)** $f(x) = \tan x; \ D = \left]-\dfrac{\pi}{2}; \dfrac{\pi}{2}\right[$

c) $f(x) = \cos x; \ D = [0; \pi]$ **d)** $f(x) = \tfrac{1}{4}x^4; \ D = [0; 2]$

II. Fragestellungen bei der Anwendung von Funktionen

1. Im I. Abschnitt haben wir einige Situationen vorgestellt, die durch Funktionen beschrieben werden können. In vielen Fällen ist die fragliche Funktion nur durch endlich-viele Wertepaare gegeben, z. B. bei naturwissenschaftlichen Experimenten durch **einzelne Meßwerte**, oder eine Kostenfunktion durch die Kosten für **einzelne Stückzahlen**.

Nun lassen sich auf Funktionen, die nur aus einzelnen Wertepaaren bestehen, mathematische Verfahren nur bedingt anwenden. Insbesondere ist die Anwendung von Begriffen und Methoden der **Analysis** auf solche Funktionen sogar weitgehend ausgeschlossen.

Daher ersetzt man in solchen Fällen häufig die gegebene Funktion durch eine andere Funktion, die nicht nur an einzelnen Stellen, sondern für **alle** reellen Zahlen (etwa eines Intervalls) definiert ist. Dabei kommt es natürlich darauf an, daß die Ersatzfunktion die gegebenen Werte möglichst gut erfaßt. Je nachdem, ob die Ersatzfunktion die gegebenen Werte genau oder nur angenähert annimmt, spricht man von einer „**Interpolationsfunktion**" oder von einer „**Ausgleichsfunktion**". Auf die Probleme, die bei der Ermittlung dieser Funktionen auftreten, können wir in diesem Buche allerdings nicht eingehen.

§1, II. Fragestellung bei der Anwendung von Funktionen

2. An einigen Beispielen wollen wir nun zu klären versuchen, welche Fragestellungen auftreten, wenn Funktionen in verschiedenen Situationen angewendet werden.

Beispiel:

Wir betrachten die **Einkommensteuerfunktion** und fragen: welche Gesichtspunkte sollte der Gesetzgeber bei der Festlegung dieser Funktion beachten? Man könnte sich auf den Standpunkt stellen, daß jeder Bundesbürger den **gleichen** Betrag an Einkommensteuer zu zahlen hätte. Dann würde dieser Betrag gar nicht von der Höhe der Einkünfte abhängig sein; es würde sich um eine **konstante Funktion** handeln (Bild 1.20). Tatsächlich wird es allgemein aber als gerecht angesehen, daß mit der Höhe des Einkommens auch die Höhe der Steuern steigen soll. Man sagt: die Steuerfunktion soll **„monoton steigend"** sein.

Mit dieser Feststellung ist aber über den Verlauf der Steuerfunktion noch nicht sehr viel ausgesagt. Bekanntlich werden wegen der sogenannten „schleichenden Inflation" und gegebenenfalls wegen des Wachsens der Wirtschaft von Zeit zu Zeit Löhne und Gehälter erhöht. Von den zusätzlichen Einkünften müssen dann auch zusätzliche Steuern bezahlt werden.

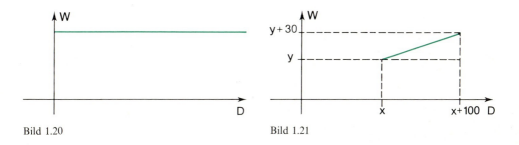

Bild 1.20   Bild 1.21

Wenn jemand bei einer Gehaltserhöhung brutto z.B. 100 DM zusätzlich verdient, so muß er davon vielleicht 30 DM an zusätzlichen Steuern zahlen; netto erhält er also nur 70 DM mehr als vorher. Ist es nun gerecht, daß diese Steuerzuwachsrate von 30% (30 DM pro 100 DM) (Bild 1.21) — **unabhängig von der Höhe des Einkommens** — für jedermann dieselbe ist oder sollte auch sie von der Höhe des Einkommens abhängig sein?

Bei der derzeit gültigen Steuerfunktion gibt es verschiedene Bereiche, die sogenannte „**Proportionalzone**" mit konstanter Zuwachsrate und die „**Progressionszone**", in der auch die Zuwachsrate mit der Höhe des Einkommens steigt.

Vor einigen Jahren hat es heftige Diskussionen um die Frage gegeben, wie der Übergang von der Proportional- zur Progressionszone gerecht zu gestalten sei. Nach zahlreichen Einsprüchen ist damals die Steuerfunktion geändert worden.

Es liegt auf der Hand, daß man mathematische Begriffsbildungen und mathematische Verfahren benötigt, um solche Probleme zu lösen. Das Gebiet der Mathematik, in dem dies geschieht, ist die Analysis.

3. Als weiteres **Beispiel** betrachten wir die Bewegung eines Flugkörpers, der durch eine Antriebsrakete senkrecht in die Höhe geschossen wird. Zur Zeit t_1 ist die Antriebsrakete ausgebrannt; zur Zeit t_2 öffnet sich ein Fallschirm, der die Fallbewegung abbremst. Bild 1.22 auf Seite 20 zeigt den Graphen der zugehörigen Weg-Zeit-Funktion.

Am Funktionsgraphen erkennt man, daß der Flugkörper unter dem Einfluß der Antriebskräfte in der ersten Phase (von $t=0$ bis $t=t_1$) rasch an Höhe gewinnt. Nach dem Ausbrennen der Rakete steigt der Körper weiter in die Höhe; durch die Wirkung der Erdanziehungskraft (und auch durch Reibungswiderstände) verringert sich die Steiggeschwindigkeit allmählich; die Kurve wird immer flacher und erreicht schließlich zur Zeit t_M ihren höchsten Punkt. Dort liegt ein sogenanntes **„Maximum"** der Weg-Zeit-Funktion; der zugehörige Funktionsgraph hat an dieser Stelle t_M einen **„Hochpunkt"**.

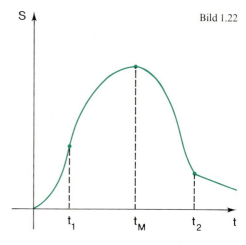
Bild 1.22

Danach fällt der Flugkörper wieder; die Weg-Zeit-Kurve wird immer steiler, die Fallgeschwindigkeit also immer größer. Erst zur Zeit t_2 wird der Flugkörper durch die Wirkung des Fallschirmes abgebremst.

Entsprechend treten bei anderen Funktionen auch Stellen mit einem **kleinsten** Funktionswert auf (Bild 1.23); dort hat der Funktionsgraph einen **„Tiefpunkt"**, die Funktion ein **„Minimum"**.

Es leuchtet ein, daß es in Anwendungssituationen sehr wichtig sein kann, die Stellen zu kennen, an denen eine Funktion ein Maximum oder ein Minimum annimmt. Wie man solche „Extremstellen" ermitteln kann, werden wir in § 7 ausführlich erörtern.

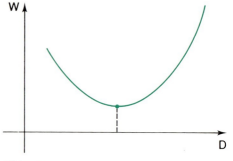
Bild 1.23

4. Eine weitere Fragestellung können wir wiederum am Beispiel der Steuerfunktion erläutern. Die Tabelle enthält die Lohn- und Einkommensteuerbeträge (gültig für 1979) für verheiratete Personen mit zwei Kindern (Steuerklasse III) für steuerpflichtige Jahreseinkünfte zwischen 36024,– DM und 36533,99 DM.

Jahreseinkommen in DM		Jahressteuer
von	bis	in DM
36024,–	36083,99	4434,–
36084,–	36143,99	4448,–
36144,–	36203,99	4460,–
36204,–	36263,99	4474,–
36264,–	36353,99	4486,–
36354,–	36413,99	4500,–
36414,–	36473,99	4514,–
36474,–	36533,99	4526,–

Bild 1.24 zeigt den Graphen der zugehörigen Einkommensteuerfunktion.

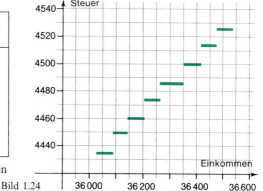
Bild 1.24

Der Steuertabelle entnimmt man, daß zur Vereinfachung der Steuerberechnung jeder einzelne Steuerbetrag nicht für einen einzelnen Einkommenswert gilt, sondern für ein ganzes Intervall. So gilt z.B. für ein steuerpflichtiges Einkommen zwischen 36144,– DM und 36203,99 DM ein Steuerbetrag von 4460,– DM. Dies bedeutet, daß die Steuerfunktion nicht kontinuierlich ansteigt, sondern über den fraglichen Intervallen konstant ist, an den Rändern dieser Intervalle aber vom vorherigen Wert auf den neuen springt. Die Steuerfunktion ist eine sogenannte **„Treppenfunktion"**; sie ist an den Rändern der Intervalle **„unstetig"**. (Von der Tatsache, daß das steuerpflichtige Einkommen stets auf volle DM gerundet wird, sehen wir hier überdies ab.)

Auch die Frage nach Stetigkeit oder Unstetigkeit wird in der Analysis untersucht; wir werden in § 4, V darauf zu sprechen kommen.

Übungen und Aufgaben

1. Bild 1.25 zeigt die Abhängigkeit des Volumens V einer Wassermenge (mit einer Masse von 1 kg) von der Temperatur ϑ. Welchen Sachverhalt stellt der Funktionsgraph dar?

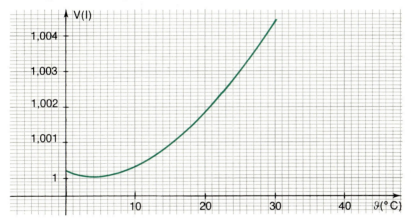

Bild 1.25

2. Der elektrische Widerstand eines Leiters ist u.a. von der Temperatur und vom Material abhängig (Bild 1.26). R_0 sei der Widerstand bei 0 °C. Vergleiche die verschiedenen Kurven! Was bedeutet das unterschiedliche Steigungsverhalten?

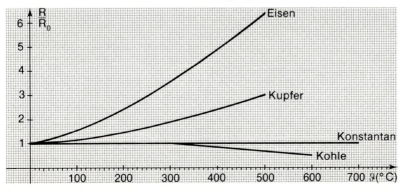

Bild 1.26

3. Bild 1.27 zeigt das Weg-Zeit-Diagramm für die Fahrt eines Omnibusses. Die Strecke s (gemessen in km), die der Omnibus von seiner Ausgangshaltestelle zurückgelegt hat, ist gegen die Zeit t (gemessen in Minuten) aufgetragen. An der Strecke sollen keine Ampeln liegen.

a) Was bedeuten die zur t-Achse parallelen Strecken des Diagramms? Wie viele Haltestellen liegen an der Strecke?

b) Stelle einen Fahrplan für den Bus auf! Bezeichne die Haltestellen mit H_1, H_2,... usw.! (Abfahrtszeit: 12.00 Uhr)

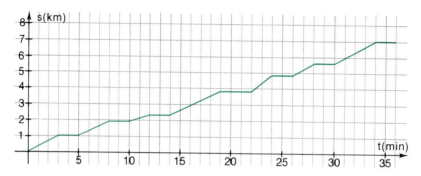

Bild 1.27

4. In Bild 1.28 sind die Abkühlungskurven für 1 kg Wasser und 1 kg Alkohol dargestellt, die sich ergeben, wenn man die erhitzten Flüssigkeiten sich abkühlen läßt.

a) Welche Bedeutung hat es, daß die Abkühlungskurve für Alkohol ständig unter der des Wassers liegt? Vergleiche das Gefälle der geradlinig verlaufenden Teile des Graphen!

b) Was bedeutet es, daß die Graphen Strecken enthalten, die parallel zur t-Achse verlaufen?

c) Welche Bedeutung hat es, daß die in b) genannten Strecken verschieden lang sind?

d) Was bedeutet es, daß die zur t-Achse parallelen Strecken verschiedene Funktionswerte haben?

Bild 1.28

5. Bild 1.29 zeigt das Weg-Zeit-Diagramm eines senkrecht nach oben geworfenen Körpers.

a) Was bedeutet das Maximum der Kurve bei 2 sec?

b) Welche Bedeutung haben die Schnittpunkte der Kurve mit der t-Achse?

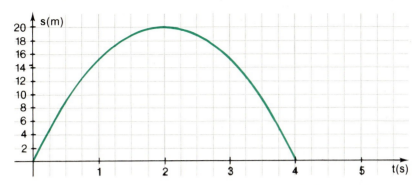

Bild 1.29

6. Ein Körper, der sich zwischen der Erde und dem Mond befindet, wird von der Mondmasse und der Erdmasse angezogen. In Bild 1.30 ist die auf einen Körper von der Masse 1 kg wirkende Gesamtkraft entlang der Verbindungslinie der beiden Himmelskörper dargestellt. Zieht die Gesamtkraft den Körper zur Erde, so ist sie positiv, zieht sie den Körper zum Mond, so ist sie negativ eingezeichnet. Die Entfernung zwischen Erde und Mond beträgt 384000 km.

a) Was bedeutet der Schnittpunkt des Graphen mit der $\frac{r}{d}$-Achse?

b) Denke an eine Rakete, die von der Erde startet und auf dem Mond landen soll. Was sagt der Graph über die verschiedenen Flugabschnitte aus?

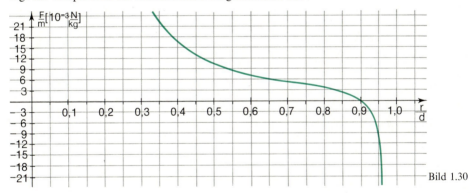

Bild 1.30

7. Die Wärmeleitfähigkeit λ eines Stoffes gibt an, wie „gut" der Stoff Wärme leitet. Bild 1.31 zeigt, daß die Wärmeleitfähigkeit von Quecksilber von der Temperatur abhängt. Welche auffallenden Eigenschaften hat der Graph?

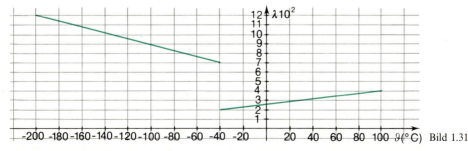

Bild 1.31

§ 2 Einfache Funktionen

Wir werden in diesem Buch viele Funktionen auf ihre für die Anwendungen wesentlichen Eigenschaften untersuchen. Zur Wiederholung stellen wir im folgenden zunächst die einfachsten von früher her bekannten Funktionen mit ihren grundlegenden Eigenschaften zusammen.

I. Lineare Funktionen

1. Der einfachste Funktionstyp ist der der **„linearen Funktionen"**. Dieser Funktionstyp tritt in zahlreichen Anwendungssituationen auf.

Beispiel:

Die Länge L einer Schraubenfeder hängt von der Größe der Belastung x ab nach dem Federgesetz:

$$L(x) = k \cdot x + L_0 \quad \text{(Bild 2.1)}.$$

Dabei bezeichnet L_0 die Länge der unbelasteten Feder und k eine für die Elastizität der betreffenden Feder charakteristische konstante Größe.

Allgemein ist eine lineare Funktion gegeben durch einen Funktionsterm der Form

$$f(x) = mx + n \quad \text{mit } m, n \in \mathbb{R}$$

bzw. durch eine Funktionsgleichung der Form

$$y = mx + n \quad \text{mit } m, n \in \mathbb{R}.$$

Da ein Term der Form $mx+n$ stets für alle $x \in \mathbb{R}$ definiert ist, gilt für alle linearen Funktionen f (nach der Vereinbarung von S. 12): $D(f) = \mathbb{R}$.

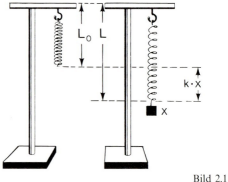

Bild 2.1

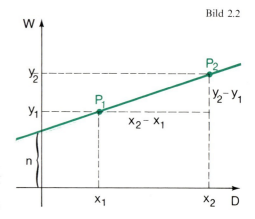

Bild 2.2

2. Der Graph einer linearen Funktion ist eine Gerade. Wegen $f(0) = m \cdot 0 + n = n$ stellt die Zahl n den **„Achsenabschnitt"** der Geraden mit der W-Achse dar. Die Zahl a kennzeichnet die „Steigung" der Geraden; denn für zwei beliebige Punkte $P_1(x_1|y_1)$ und $P_2(x_2|y_2)$ auf der Geraden mit $x_2 \neq x_1$ gilt:

$$\frac{y_2-y_1}{x_2-x_1} = \frac{(mx_2+n)-(mx_1+n)}{x_2-x_1} = \frac{m(x_2-x_1)}{x_2-x_1} = m \quad \text{(Bild 2.2).}$$

Die Gleichung einer linearen Funktion

$$y = mx + n \quad \text{(mit } m, n \in \mathbb{R})$$

nennt man auch die „**Normalform**" einer Geradengleichung.

3. Die geometrische Bedeutung der Formvariablen n und m kann man ausnutzen, um mit Hilfe eines Steigungsdreieckes zwei Punkte der betreffenden Geraden und damit die Gerade selbst zu ermitteln.

Beispiele:

1) $y = 2x + 1$ (Bild 2.3)   2) $y = \frac{1}{2}x - 3$ (Bild 2.4)   3) $y = -\frac{3}{2}x + 2$ (Bild 2.5)

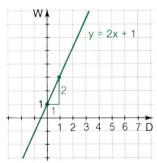
Bild 2.3

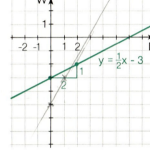
Bild 2.4

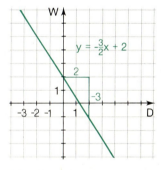
Bild 2.5

4. Allgemein gilt: Denkt man sich die Gerade zu $y = mx + n$ in Richtung steigender x-Werte (also von links nach rechts) durchlaufen, so bedeutet **m > 0**, daß die Gerade **steigt**, **m < 0**, daß die Gerade **fällt**. In beiden Fällen gilt $W(f) = \mathbb{R}$.
Falls $m = 0$ ist, handelt es sich um eine Parallele zur D-Achse.

Beispiel: $y = 0 \cdot x + 3$ (Bild 2.6 auf S. 26)

Durch $f(x) = 3$ (für alle $x \in \mathbb{R}$) ist also eine „**konstante Funktion**" gegeben, also eine Funktion, die jedem Wert $x \in D(f)$ **dieselbe Zahl** (hier die Zahl 3) als Funktionswert zuordnet. Die Wertemenge enthält nur **ein** Element; bei diesem Beispiel gilt $W(f) = \{3\}$.

Bemerkung: Die Gleichung $f(x) = 3$ kann auch etwas ganz anderes bedeuten.

Beispiel:

Gegeben ist eine lineare Funktion f durch den Term $f(x) = 2x - 5$ (Bild 2.7 auf S. 26). Die Gleichung $f(x) = 3$ bedeutet dann, daß die Stelle gesucht ist (bzw. die Stellen gesucht sind), die dieser Bedingung genügen: $2x - 5 = 3 \Leftrightarrow 2x = 8 \Leftrightarrow x = 4$. In der Tat ist $f(4) = 2 \cdot 4 - 5 = 8 - 5 = 3$.

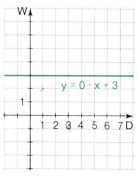
Bild 2.6

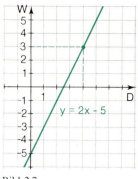
Bild 2.7

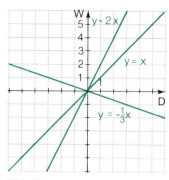
Bild 2.8

5. Weitere **Sonderfälle** erhält man für n = 0.

    Beispiele: 1) $y = 2x$ 2) $y = -\frac{1}{3}x$ 3) $y = x$ (Bild 2.8)

Die zugehörigen Geraden gehen jeweils durch den Nullpunkt; es handelt sich um „Ursprungsgeraden".
Die Funktionsgleichungen sind bei diesen Beispielen von der Form

    y = c · x.

Stehen die Variablen x und y für irgendwelche Größen (bzw. deren Maßzahlen), so sagt man: diese Größen sind **„direkt proportional"** zueinander. Die Zahl c heißt der **„Proportionalitätsfaktor"**. Dieser Funktionstyp kommt in zahlreichen Anwendungssituationen vor.

    Beispiele:

1) Bei einer gleichförmigen Bewegung sind die (vom Startpunkt) zurückgelegte Weglänge s und die dafür benötigte Zeit t zueinander direkt proportional. Der Proportionalitätsfaktor ist die konstante (gleichbleibende) Geschwindigkeit v. Das zugehörige Weg-Zeit-Gesetz lautet: $s = v \cdot t$.

2) Der Preis P einer Ware ist in der Regel direkt proportional zur Masse m. Der Proportionalitätsfaktor ist der Preis für die Einheitsmasse (z.B. für 1 kg). Es gilt: $P = c \cdot m$.

6. Für den Sonderfall c = 1 lautet die Funktionsgleichung y = x, der Funktionsterm f(x) = x. Man nennt jede so festgelegte Funktion eine **„identische Funktion"**. Wir betrachten in diesem Buch als identische Funktion in aller Regel diejenige mit $D(f) = \mathbb{R}$. Der Graph dieser Funktion ist die Winkelhalbierende des 1. und 3. Quadranten, die 45°-Gerade (Bild 2.8).

7. Der Vollständigkeit halber erwähnen wir noch andere Formen von Geradengleichungen.

1) Die **„allgemeine Form"** einer Geradengleichung lautet:

    ax + by = c   (mit a, b, c ∈ ℝ).

Für b = 0 erhält man hier auch die Parallelen zur W-Achse, die von der Normalform nicht erfaßt werden, aber auch keine Funktionen darstellen.

    Beispiel: $2x + 0 \cdot y = 6 \Rightarrow x = 3$ (Bild 2.9)

§2, I. Lineare Funktionen

2) Sind von einer Geraden ein Punkt $P_0(x_0|y_0)$ und ihre Steigung m gegeben und ist $P(x|y)$ ein beliebiger weiterer Punkt der Geraden (mit $x \neq x_0$), so gilt:

$$\frac{y-y_0}{x-x_0} = m, \text{ also auch } \mathbf{y - y_0 = m(x - x_0)} \quad \text{(Bild 2.10)}.$$

Diese Gleichung heißt die „**Punkt-Steigungs-Form**" einer Geradengleichung.

Beispiel: Gegeben seien $P_0(2|1)$ und $m=2$ dann lautet die Geradengleichung $y - 1 = 2(x - 2)$ bzw. $y = 2x - 3$.

Bemerkung: Wegen $y=f(x)$ und $y_0=f(x_0)$ kann man den Term der betreffenden linearen Funktion auch in der folgenden Form schreiben:

$$\mathbf{f(x) = m(x - x_0) + f(x_0)}.$$

Beispiel: $f(x) = 2(x-2) + 1$

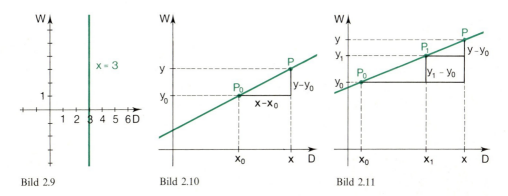

Bild 2.9   Bild 2.10   Bild 2.11

3) Ist eine Gerade durch zwei Punkte $P_0(x_0|y_0)$ und $P_1(x_1|y_1)$ mit $x_0 \neq x_1$ gegeben, so hat sie die Steigung $m = \frac{y_1 - y_0}{x_1 - x_0}$. Setzen wir dies in die Punkt-Steigungs-Form ein, so ergibt sich die Gleichung

$$\mathbf{y - y_0 = \frac{y_1 - y_0}{x_1 - x_0}(x - x_0)} \quad \text{(für } x_0 \neq x_1\text{)} \quad \text{(Bild 2.11)}.$$

Diese Gleichung heißt die „**Zwei-Punkte-Form**" einer Geradengleichung.

Beispiel: Gegeben seien die Punkte $P_0(1|2)$ und $P_1(3|3)$; dann lautet die Gleichung der zugehörigen Geraden:

$y - 2 = \frac{1}{2}(x - 1)$ bzw. $y = \frac{1}{2}x + \frac{3}{2}$.

Übungen und Aufgaben

1. Zeichne die Graphen der durch folgende Terme gegebenen linearen Funktionen!
   a) $f(x) = 3x + 2$
   b) $f(x) = -2x + 4$
   c) $f(x) = x - 5$
   d) $f(x) = -4x - 1$
   e) $f(x) = \frac{1}{3}x + 2$
   f) $f(x) = -\frac{1}{4}x + \frac{2}{3}$
   g) $f(x) = -2$
   h) $f(x) = 3{,}5x$
   i) $f(x) = 0{,}7x - 0{,}5$
   j) $f(x) = \sqrt{2} \cdot x + 1{,}2$
   k) $f(x) = -\frac{3}{4}x + \frac{1}{3}$
   l) $f(x) = 1{,}5x - 1$

2. Bestimme die Steigung und den Achsenabschnitt auf der W-Achse. Zeichne die Gerade!
   a) $y - 2x = -5$
   b) $4y - x = -12$
   c) $2y + 3x = 6$
   d) $2y + 1{,}2x = 3{,}6$
   e) $3y - 8x = 12$
   f) $\frac{1}{2}y - 3x = -2$
   g) $-\frac{1}{4}y + 2x = -1$
   h) $4x + 2y = -10$
   i) $9y = 6$
   j) $7x = -14$
   k) $-3x = 15$
   l) $-4y = 12$

3. Bringe die Gleichungen auf die Normalform und zeichne die dazugehörigen Geraden!
   a) $3x + 1{,}5y = 6$
   b) $-2x + 0{,}4y = 1$
   c) $-\frac{x}{6} - \frac{y}{3} = 1$
   d) $\frac{3}{4}x - 2y = 6$
   e) $0{,}8x + 0{,}2y = -1{,}2$
   f) $12x - 8y = 4$
   g) $y - 2 = 3(x + \frac{1}{3})$
   h) $y - 4 = 2x$
   i) $y - 3 = 3(x - 2)$
   j) $y - \frac{1}{2} = 4(x + 1)$
   k) $y + 1 = 5$
   l) $y + 3 = 2(x - 1)$

4. Ermittle jeweils die Normalform der Gleichung für die Gerade, die durch den Punkt P_0 geht und die Steigung m hat! Zeichne die Gerade!

	a)	b)	c)	d)	e)	f)	g)	h)	i)
P_0	(3|−1)	(−2|−3)	(−4|1)	(4|3)	(0|3)	(−2|0)	(1|−4)	(−3|2)	(1|4)
m	−2	0,5	$-\frac{2}{3}$	2	−2	1,5	−2,5	1	−3

5. Ermittle jeweils die Normalform der Gleichung der Geraden, die durch die Punkte P_0 und P_1 geht! Zeichne die Gerade!

	a)	b)	c)	d)	e)	f)	g)	h)	i)
P_0	(0|1)	(0|0)	(−1|0)	(−2|−1)	(−1|4)	(2|−1)	$(-\frac{1}{2}\|5)$	$(\frac{1}{2}\|1\frac{3}{4})$	(0|2)
P_1	(1|2)	(7|3,5)	(0|−1)	(0|0)	(2|10)	(8|8)	(4|5)	$(3\frac{1}{2}\|-5\frac{3}{4})$	(3|0)

6. Bestimme jeweils aus der Gleichung in der Punkt-Steigungs-Form möglichst einfach zwei Punkte P_0 und P_1, die auf der fraglichen Geraden liegen und zeichne die Gerade!
   a) $y - 1 = 3(x + \frac{1}{3})$
   b) $y + 1 = 2(x - 0{,}5)$
   c) $y - 3 = 1{,}5x$
   d) $y - 5 = \frac{1}{2}(x - 6)$
   e) $y + 0{,}5 = -\frac{1}{4}(x + 6)$
   f) $y = 1{,}5(x + 2)$
   g) $y - \frac{1}{4} = \frac{1}{2}(x - 3)$
   h) $y + 4 = 2(x - 1)$
   i) $y + \frac{1}{3} = x - \frac{1}{3}$

II. Quadratische Funktionen. Potenzfunktionen

1. Ein weiterer verhältnismäßig einfacher Funktionstyp ist der der **quadratischen Funktionen.** Er tritt z.B. bei der Beschreibung des **freien Falls** eines Körpers auf. Das Weg-Zeit-Gesetz für diese Bewegung lautet, wenn man vom Luftwiderstand absieht:

$$s = \frac{g}{2} t^2.$$

Dabei bezeichnet g die (als konstant angesehene) sogenannte „Erdbeschleunigung" $\left(g \approx 9{,}81 \, \frac{m}{sec^2}\right)$.

2. Für jede Funktion f zu

$$f(x) = c \cdot x^2 \quad (\text{mit } c \in \mathbb{R}^{\neq 0})$$

gilt $D(f) = \mathbb{R}$, weil der Term cx^2 für alle $x \in \mathbb{R}$ definiert ist.
Die Wertemenge $W(f)$ hängt vom Wert des Vorfaktors c ab:

1) Für $c > 0$ ist $W(f) = \mathbb{R}^{\geq 0}$;

2) für $c < 0$ ist $W(f) = \mathbb{R}^{\leq 0}$.

Der Graph jeder solchen Funktion ist eine **Parabel**. Bild 2.12 zeigt die „**Normalparabel**" zu $f(x) = x^2$, also für $c = 1$. Der Nullpunkt ist der „**Scheitelpunkt**" oder kurz „**Scheitel**" der Parabel. Weitere Beispiele für Parabeln sind:

1) $f(x) = \frac{1}{2} x^2$ (Bild 2.13),

2) $f(x) = -x^2$ (Bild 2.14),

3) $f(x) = -\frac{3}{2} x^2$ (Bild 2.15).

Für $c > 0$ ist die Parabel nach oben, für $c < 0$ nach unten geöffnet.

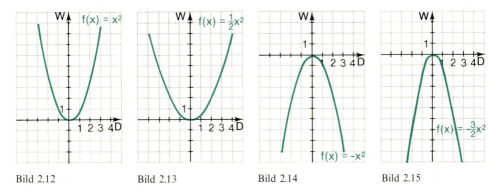

Bild 2.12   Bild 2.13   Bild 2.14   Bild 2.15

Ist $|c| < 1$, so ist die Parabel gegenüber der Normalparabel gestaucht, also verbreitert (Bild 2.13). Ist $|c| > 1$, so ist die Parabel gegenüber der Normalparabel gestreckt, also schmaler (Bild 2.15).

3. Die Graphen der Funktionen zu $f(x) = cx^2$ haben eine gemeinsame Eigenschaft: sie sind **achsensymmetrisch** (spiegelbildlich) zur W-Achse. Dies ergibt sich daraus, daß für alle $x \in \mathbb{R}$ gilt:

$$f(-x) = c(-x)^2 = cx^2 = f(x) \quad \text{(Bild 2.16)}.$$

Man spricht in einem solchen Fall von einer „**geraden Funktion**".

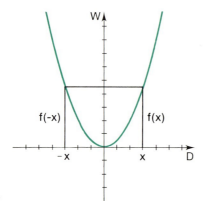

Bild 2.16

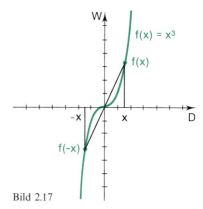

Bild 2.17

Im Gegensatz dazu ist der Graph der Funktion f zu $f(x) = x^3$ (Bild 2.17) **punktsymmetrisch** zum Nullpunkt des Koordinatensystems, weil für alle $x \in \mathbb{R}$ gilt:

$$f(-x) = (-x)^3 = -x^3 = -f(x).$$

Man spricht hier von einer „**ungeraden Funktion**". Allgemein definiert man:

D 2.1 Eine Funktion f heißt eine

„**gerade Funktion**"	„**ungerade Funktion**"
genau dann, wenn für alle $x \in D(f)$ gilt:	
$f(-x) = f(x)$.	$f(-x) = -f(x)$.

Wie die Beispiele bereits zeigen, ist der Graph einer

geraden Funktion achsensymmetrisch zur W-Achse.	ungeraden Funktion punktsymmetrisch zum Nullpunkt.

Die Bezeichnungen „gerade" bzw. „ungerade" erklären sich daraus, daß Potenzfunktionen f zu $f(x) = cx^n$ (mit $n \in \mathbb{N}$) bei geraden bzw. ungeraden Exponenten n die betreffende Eigenschaft haben (Aufgabe 5). Es gibt aber auch ganz andere Funktionen mit diesen Eigenschaften: so ist z.B. die Sinusfunktion ungerade, die Kosinusfunktion gerade.

Weitere **Beispiele** sind:

1) $f(x) = 3x^4 + x^2 - 1$. Für alle $x \in \mathbb{R}$ gilt:

$$f(-x) = 3(-x)^4 + (-x)^2 - 1 = 3x^4 + x^2 - 1 = f(x).$$

Also ist f eine **gerade** Funktion.

2) $f(x) = \dfrac{5x}{x^2+8}$. Für alle $x \in \mathbb{R}$ gilt: $f(-x) = \dfrac{5(-x)}{(-x)^2+8} = -\dfrac{5x}{x^2+8} = -f(x)$.

Also ist f eine **ungerade** Funktion.

Viele Funktionen sind weder gerade noch ungerade.

Beispiel: $f(x) = 2x^3 - 5x + 1$; $f(-x) = 2(-x)^3 - 5(-x) + 1 = -2x^3 + 5x + 1$.

4. Den Graphen der Funktion f zu $f(x) = x^2 + 1$ erhält man aus der Normalparabel offensichtlich durch Verschieben um eine Einheit nach oben (Bild 2.18). Der Scheitelpunkt ist $S(0|1)$.
Entsprechend ergibt sich der Graph zu $f(x) = (x-2)^2$ aus der Normalparabel durch Verschieben um zwei Einheiten nach rechts (Bild 2.19). Der Scheitelpunkt ist $S(2|0)$.

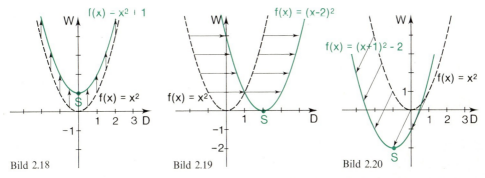

Bild 2.18   Bild 2.19   Bild 2.20

Die durch $f(x) = (x+1)^2 - 2$ gegebene Parabel erhält man ebenfalls durch Verschiebung der Normalparabel um eine Einheit nach links und um zwei Einheiten nach unten (Bild 2.20). Der Scheitelpunkt ist $S(-1|-2)$.
Allgemein gilt der Satz:

S 2.1   **Der Graph einer Funktion f zu einem Term der Form**

$$f(x) = (x-\alpha)^2 + \beta \quad \text{(mit } \alpha, \beta \in \mathbb{R}\text{)}$$

ist eine verschobene Normalparabel mit dem Scheitelpunkt $S(\alpha|\beta)$.

Mit Hilfe dieses Satzes können wir die Graphen aller Funktionen ermitteln, die durch Terme der Form $f(x) = x^2 + px + q$ gegeben sind. Wir wenden das Verfahren der „quadratischen Ergänzung" an.

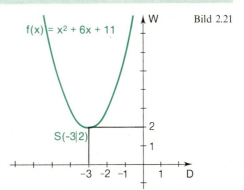

Bild 2.21

Beispiel:

$f(x) = x^2 + 6x + 11$
$= (x^2 + 6x + 9) + 2 = (x+3)^2 + 2$

Der Scheitelpunkt der Parabel ist $S(-3|2)$ (Bild 2.21).

Entsprechend kann man auch bei Funktionen mit Termen der Form

$$f(x) = ax^2 + bx + c$$

(mit a, b, c ∈ ℝ, a ≠ 0)

vorgehen.

Beispiel:

$$f(x) = \tfrac{1}{2}x^2 + 5x + 9 = \tfrac{1}{2}(x^2 + 10x + 18)$$
$$= \tfrac{1}{2}(x^2 + 10x + 25 - 7) = \tfrac{1}{2}(x+5)^2 - \tfrac{7}{2}$$

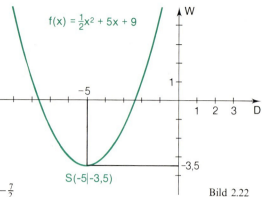

Bild 2.22

Die gesuchte Parabel ergibt sich also durch Verschiebung der Parabel zu $f(x) = \tfrac{1}{2}x^2$; der Scheitelpunkt ist S(−5|−3,5) (Bild 2.22).

5. Wenn man die Normalparabel, also den Graphen zu $f(x) = x^2$ (Bild 2.12) im Sinne wachsender x-Werte (also von links nach rechts) durchläuft, so stellt man fest, daß die Funktionswerte im negativen Bereich (für x<0) stets kleiner werden, daß sie im Nullpunkt ihren kleinsten Wert (ihr „Minimum") haben und dann im positiven Bereich (für x>0) wieder größer werden. Man sagt: die Funktion ist im negativen Bereich **„monoton fallend"**, im positiven Bereich **„monoton steigend"**.
Allgemein definiert man

D 2.2 Eine Funktion f, die über einer Menge M definiert ist, heißt

„monoton steigend über M"	„monoton fallend über M"
genau dann, wenn für $x_1, x_2 \in M$ gilt:	
$x_1 < x_2 \Rightarrow f(x_1) \leq f(x_2)$.	$x_1 < x_2 \Rightarrow f(x_1) \geq f(x_2)$.
Gilt sogar	
$x_1 < x_2 \Rightarrow f(x_1) < f(x_2)$,	$x_1 < x_2 \Rightarrow f(x_1) > f(x_2)$,
so heißt f	
„streng monoton steigend über M"	„streng monoton fallend über M"
(Bild 2.23).	(Bild 2.24).

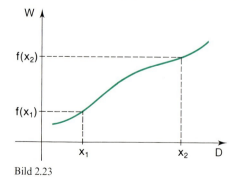

Bild 2.23

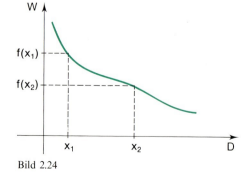

Bild 2.24

§2, II. Quadratische Funktionen. Potenzfunktionen

Die Funktion f zu $f(x)=x^2$ ist also über $\mathbb{R}^{\geq 0}$ (streng) monoton steigend und über $\mathbb{R}^{\leq 0}$ (streng) monoton fallend. Rechnerisch ergibt sich dies aus dem Monotoniegesetz für Quadrate:

$$x_1 < x_2 \leq 0 \Rightarrow x_1^2 > x_2^2 \quad \text{und} \quad 0 \leq x_1 < x_2 \Rightarrow x_1^2 < x_2^2 \quad \text{(Aufgabe 9).}$$

6. In §1, I haben wir gesehen, daß eine Funktion f **umkehrbar** ist, wenn zu verschiedenen x-Werten auch verschiedene Funktionswerte gehören, wenn also gilt:

$$x_1 \neq x_2 \Rightarrow f(x_1) \neq f(x_2) \quad \text{(Satz S 1.1).}$$

Diese Bedingung ist bei streng monotonen Funktionen sicher erfüllt. Es gilt der Satz

S 2.2   **Ist eine Funktion f streng monoton, so ist sie auch umkehrbar.**

Beweis: Wählt man zwei verschiedene Zahlen $x_1, x_2 \in D(f)$, so muß eine die kleinere sein, etwa x_1. Dann gilt:

$$x_1 < x_2 \Rightarrow f(x_1) < f(x_2), \text{ falls } f \text{ streng monoton steigt;}$$
$$x_1 < x_2 \Rightarrow f(x_1) > f(x_2), \text{ falls } f \text{ streng monoton fällt;}$$

in beiden Fällen also $f(x_1) \neq f(x_2)$,   q.e.d.

Die strenge Monotonie einer Funktion f überträgt sich unmittelbar auf die zugehörige Umkehrfunktion $\overset{-1}{f}$. Es gilt der Satz

S 2.3   **Die Umkehrfunktion $\overset{-1}{f}$ einer streng monoton steigenden (fallenden) Funktion f ist ebenfalls streng monoton steigend (fallend).**

Wir führen den **Beweis** für den Fall, daß f streng monoton steigt (Bild 2.25). Wir behaupten für diesen Fall:

$$x_1 < x_2 \Rightarrow \overset{-1}{f}(x_1) < \overset{-1}{f}(x_2) \quad (\text{für } x_1, x_2 \in D(\overset{-1}{f})).$$

Wir führen die folgenden Bezeichnungen ein (Bild 2.25):

$$y_1 = \overset{-1}{f}(x_1), \text{ also } x_1 = f(y_1) \text{ und}$$
$$y_2 = \overset{-1}{f}(x_2), \text{ also } x_2 = f(y_2).$$

Entgegen der Behauptung nehmen wir an, es sei $y_1 \not< y_2$, also

$$y_1 = y_2 \vee y_1 > y_2.$$

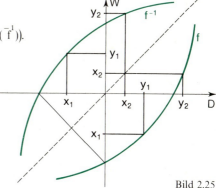

Bild 2.25

Daraus würde folgen $f(y_1) = f(y_2) \vee f(y_1) > f(y_2)$, also $x_1 = x_2 \vee x_1 > x_2$.

Beide Bedingungen widersprechen der Voraussetzung $x_1 < x_2$. Für den Fall, daß f streng monoton fällt, ist der Beweis entsprechend zu führen (Aufgabe 15).

Übungen und Aufgaben

1. Zeichne die Funktionsgraphen!
   a) $f(x) = \frac{1}{2}x^2$ **b)** $f(x) = -\frac{1}{2}x^2$ **c)** $f(x) = \frac{1}{3}x^2$ **d)** $f(x) = -\frac{3}{4}x^2$ **e)** $f(x) = \frac{2}{5}x^2$

2. Untersuche die Funktionen auf Symmetrieeigenschaften! Skizziere jeweils den Funktionsgraphen!
   a) $f(x) = |x|$ **b)** $f(x) = |x+1|$ **c)** $f(x) = x$ **d)** $f(x) = x+1$
   e) $f(x) = -x^2$ **f)** $f(x) = x^2 + 1$ **g)** $f(x) = \frac{1}{x}$ **h)** $f(x) = \frac{1}{|x|}$
   i) $f(x) = \sin x$ **j)** $f(x) = \cos x$ **k)** $f(x) = 5$ **l)** $f(x) = 0$

3. Untersuche mit Hilfe von D 2.1 die Funktionen auf Symmetrieeigenschaften!
   a) $f(x) = \sqrt{|x|}$ **b)** $f(x) = \frac{x}{|x|}$ **c)** $f(x) = x^4$ **d)** $f(x) = 2x^5$
   e) $f(x) = 3|x|^3$ **f)** $f(x) = (1+x)^2$ **g)** $f(x) = \frac{1}{x^2}$ **h)** $f(x) = x^4 + 2x^2 + 3$
   i) $f(x) = x^5 + 4x^3 - 2x$ **j)** $f(x) = x^5 + 1$ **k)** $f(x) = x \cdot |x|$ **l)** $f(x) = 12$

4. **a)** Zeichne die Graphen der Potenzfunktionen zu $f_1(x) = x^4$, $f_2(x) = x^5$ und $f_3(x) = x^6$ über dem Intervall $[-1, 2; 1, 2]$! Ermittle die Funktionswerte mit Hilfe eines Taschenrechners!
   b) Untersuche die Funktionen auf Symmetrie und Monotonie!

5. Beweise: Eine Potenzfunktion f zu $f(x) = c \cdot x^n$ (mit $c \neq 0$, $n \in \mathbb{N}$) ist eine gerade (ungerade) Funktion, wenn n gerade (ungerade) ist!

6. Ermittle jeweils den Scheitelpunkt $S(\alpha|\beta)$ und zeichne den Funktionsgraphen! Untersuche an der Zeichnung, über welchen Mengen f streng monoton ist!
   a) $f(x) = x^2 - 2$ **b)** $f(x) = x^2 + 1$ **c)** $f(x) = x^2 + 4x + 4$
   d) $f(x) = x^2 - 6x + 9$ **e)** $f(x) = x^2 - 2x + 1$ **f)** $f(x) = x^2 - 6x + 10$
   g) $f(x) = x^2 + 2x + 3$ **h)** $f(x) = x^2 - 2x$ **i)** $f(x) = -x^2 + x$
   j) $f(x) = 2x^2 - 8x + 10$ **k)** $f(x) = \frac{1}{2}x^2 + 4x + 10$ **l)** $f(x) = 16x^2 - 9$

7. Ermittle die Gleichung einer Parabel, deren Scheitelpunkt $S(\alpha|\beta)$ gegeben ist!
   a) $S(1|1)$ **b)** $S(-4|0)$ **c)** $S(0|2)$ **d)** $S(-2|-1)$ **e)** $S(5|-1)$ **f)** $S(3|4,5)$

8. Zeichne jeweils die Funktionsgraphen und ermittle daraus die Teilmengen von $D(f)$, über denen f monoton steigend (fallend) ist! Prüfe an der Zeichnung auch, ob **strenge** Monotonie vorliegt!
   a) $f(x) = 2x$ **b)** $f(x) = |x|$ **c)** $f(x) = x^3$ **d)** $f(x) = |x|^3$ **e)** $f(x) = \sqrt{x}$
   f) $f(x) = 2$ **g)** $f(x) = \frac{1}{x}$ **h)** $f(x) = \frac{x}{|x|}$ **i)** $f(x) = \sin x$ **j)** $f(x) = \cos x$

9. Leite aus dem Monotoniegesetz für die Multiplikation (Anhang, S. 303) das Monotoniegesetz für Quadrate her!

§2, II. Quadratische Funktionen. Potenzfunktionen

10. f_1 und f_2 seien zwei Funktionen, die beide monoton steigend (fallend) sind. Was läßt sich über die Monotonieeigenschaften der Funktion f aussagen?
    Anleitung: Benutze die Monotoniegesetze der Addition und der Multiplikation (Anhang, S. 303)!
    a) $f(x) = f_1(x) + f_2(x)$ b) $f(x) = f_1(x) - f_2(x)$ c) $f(x) = f_1(x) \cdot f_2(x)$

11. Beschreibe jeweils die Umkehrrelation $\overset{-1}{f}$ mit Hilfe des Mengenbildungsoperators! Ist $\overset{-1}{f}$ eine Funktion? Wenn ja, ermittle den Funktionsterm $\overset{-1}{f}(x)$! Skizziere die Graphen von f und $\overset{-1}{f}$!

    a) $f(x) = 2x - 1$ b) $f(x) = \dfrac{x}{3} + 2$ c) $f(x) = 3 - \dfrac{x}{2}$ d) $f(x) = -x$

    e) $f(x) = \dfrac{x^2}{4}$ f) $f(x) = x^2 - 1$ g) $f(x) = (x+1)^2$ h) $f(x) = 3$

    i) $f(x) = x^3$ j) $f(x) = -\dfrac{x^3}{4}$ k) $f(x) = \dfrac{x^4}{16}$ l) $f(x) = \sqrt{x-1}$

12. Schränke bei den nicht umkehrbaren Funktionen aus Aufgabe 11 — wenn möglich — die Definitionsmenge so ein, daß umkehrbare Funktionen entstehen!

13. Beweise: Ist f eine gerade Funktion, so ist sie nicht umkehrbar!

14. Begründe, warum man den Graphen der Umkehrrelation $\overset{-1}{R}$ aus dem Graphen von R durch Spiegelung an der Geraden zu $y = x$ erhält!

15. Beweise den Satz S 2.3 für den Fall, daß f streng monoton fällt!

16. Für die potentielle Energie E einer Spiralfeder gilt: $E = \frac{1}{2} D x^2$. Dabei bezeichnet D die Federkonstante und x die Auslenkung der Feder aus der Ruhelage.
    a) Zeichne den Graphen der Energiefunktion für $D = 100 \dfrac{N}{m}$!
    b) Erkläre die Bedeutung des Scheitelpunktes! Was bedeutet bei diesem Beispiel $x < 0$?

17. In einer Wäscheschleuder wird das Wasser durch die Zentrifugalkraft F aus der Wäsche gepreßt. Es gilt: $F = m r \omega^2$. Dabei bezeichnen m die Masse des Wassers in der Wäsche und r den Radius der Trommel. Für die Winkelgeschwindigkeit ω gilt: $\omega = 2\pi n \left[\dfrac{1}{\sec}\right]$, wobei n die Anzahl der Umdrehungen pro Sekunde bedeutet. Vergleiche die Schleuderleistung einer Waschmaschine mit 500 Umdrehungen pro Minute und einer solchen mit 1000 Umdrehungen pro Minute!

18. Für die Energie E, die ein Körper der Masse m aufgrund seiner Geschwindigkeit v besitzt, gilt: $E = \frac{1}{2} m v^2$. Fährt ein Auto bei einem Unfall gegen ein Hindernis, so wird diese Bewegungsenergie in Verformungsenergie umgesetzt.
    Ein PKW habe die Masse $m = 1200$ kg. Vergleiche die Verformungsenergien, die auftreten, wenn der Wagen mit $v_1 = 50 \dfrac{km}{h}$, mit $v_2 = 100 \dfrac{km}{h}$ und $v_3 = 150 \dfrac{km}{h}$ auf ein festes Hindernis prallt!

19. Beim senkrechten Wurf nach oben gilt für die zur Zeit t erreichte Höhe h:

$h = -\frac{1}{2}gt^2 + v_0 t + h_0$. Dabei bezeichnet g die Erdbeschleunigung $\left(g \approx 10 \frac{m}{\sec^2}\right)$, v_0 die Abwurfgeschwindigkeit und h_0 die Abwurfhöhe.

a) Stelle für $v_0 = 15 \frac{m}{\sec}$ und $h_0 = 2m$ die Höhe h in Abhängigkeit von der Zeit graphisch dar!

b) Drücke allgemein die Koordinaten des Scheitelpunktes durch g, v_0 und h_0 aus!

c) Welche physikalische Bedeutung hat der Scheitelpunkt?

III. Ganze rationale Funktionen

1. Im vorigen Abschnitt haben wir quadratische Funktionen und andere Potenzfunktionen, namentlich die Funktionen f zu $f(x) = x^n$ betrachtet.

Diese Funktionen sind Sonderfälle von **ganzen rationalen Funktionen**, deren Funktionsterme **Polynome** sind. Wir definieren:

> **D 2.3** Eine Funktion f heißt eine „ganze rationale Funktion" genau dann, wenn der Funktionsterm ein Polynom, d.h. von folgender Form ist:
>
> $f(x) = a_n x^n + a_{n-1} x^{n-1} + \ldots + a_1 x + a_0$ (mit $n \in \mathbb{N}_0$, $a_k \in \mathbb{R}$ und $a_n \neq 0$ für $n \neq 0$).
>
> Die Zahl n heißt der „Grad" des Polynoms. Die Zahlen a_k heißen die „Koeffizienten" des Polynoms; a_0 heißt das „Absolutglied" des Polynoms.

Beispiele:

1) $f_1(x) = 3x^4 - 5x^3 + 7x - 6$ (n = 4), 2) $f_2(x) = \sqrt[5]{2} x^5 + \pi x^3 - \frac{3}{5} x$ (n = 5), 3) $f(x) = 4$ (n = 0)

Beachte:

1) Ist $a_n = 1$ und sind alle anderen $a_k = 0$, so handelt es sich um eine **Potenzfunktion** f zu $f(x) = x^n$.

2) Ist n = 1, so handelt es sich um eine **lineare Funktion**.

3) Ist n = 0, wie bei Beispiel 3), so handelt es sich um eine **konstante Funktion**.

4) Sind **alle** $a_k = 0$, so spricht man vom „**Nullpolynom**".

Wir bezeichnen ein Polynom n-ten Grades in der Variablen x gelegentlich mit „$P_n(x)$".

2. Um einen Funktionsgraphen zeichnen zu können, ist es zweckmäßig, einige markante Punkte des Graphen zu ermitteln. Dazu gehören nicht zuletzt die Schnittpunkte des Graphen mit den beiden Koordinatenachsen.

1) Der Schnittpunkt mit der W-Achse ist gegeben durch den Funktionswert f(0); diesen kann man leicht ermitteln.

Beispiel: $f(x) = 4x^3 - 5x^2 + 6x - 3$; es ist $f(0) = -3$.

§2, III. Ganze rationale Funktionen

2) Die Schnittpunkte mit der D-Achse müssen der Bedingung $f(x)=0$ genügen. Die Lösungen dieser Gleichung heißen daher die **„Nullstellen"** der betreffenden Funktion.

Beispiel: $f(x) = x^2 + 2x - 35$

Wir zerlegen den Funktionsterm z.B. mit Hilfe des Verfahrens der **„quadratischen Ergänzung"** unter Anwendung der binomischen Formeln in seine **„Linearfaktoren"**:

$$x^2 + 2x - 35 = (x^2 + 2x + 1) - 36 = (x+1)^2 - 6^2 = (x+1-6)(x+1+6) = (x-5)(x+7).$$

Somit gilt:

$$f(x) = 0 \Leftrightarrow (x-5)(x+7) = 0 \Leftrightarrow x = 5 \vee x = -7.$$

Die Nullstellen dieses Polynoms sind also 5 und -7.

3. Bei Funktionen dritten oder höheren Grades kann man eine entsprechende Abspaltung von Linearfaktoren durchführen, wenn es gelingt, durch „Probieren" eine Nullstelle (oder sogar mehrere Nullstellen) zu ermitteln.

Beispiele:

1) $\quad f(x) = x^3 - x^2 - 6x.$

Bei diesem Beispiel kann man x ausklammern, d.h. den Linearfaktor $x - 0$ abspalten. Der zweite Faktor ist dann quadratisch und kann weiter zerlegt werden; insgesamt ergibt sich:

$$x^3 - x^2 - 6x = x(x^2 - x - 6) = x(x-3)(x+2).$$

Die Funktion hat also die Nullstellen 0, 3 und -2.

2) $\quad f(x) = x^3 + x^2 - 10x + 8$

Man findet bei diesem Beispiel durch Einsetzen leicht die Nullstelle 1. Daher kann man den Linearfaktor $x - 1$ abspalten:

$$
\begin{array}{l}
(x^3 + x^2 - 10x + 8) : (x-1) = x^2 + 2x - 8 \\
\underline{\pm x^3 \mp x^2} \\
\quad\quad 2x^2 - 10x \\
\quad\quad \underline{\pm 2x^2 \mp 2x} \\
\quad\quad\quad\quad - 8x + 8 \\
\quad\quad\quad\quad \underline{\mp 8x \pm 8}
\end{array}
$$

Ferner gilt:

$$\begin{aligned}x^2 + 2x - 8 &= (x^2 + 2x + 1) - 9 = (x+1)^2 - 3^2 = (x+1-3)(x+1+3) \\ &= (x-2)(x+4).\end{aligned}$$

Insgesamt erhält man also:

$$f(x) = x^3 + x^2 - 10x + 8 = (x-1)(x-2)(x+4).$$

Somit hat die Funktion f die Nullstellen 1, 2 und -4.

4. Wir wollen nun zeigen, daß dieses Verfahren der Abspaltung eines Linearfaktors immer dann anwendbar ist, wenn es gelingt, wenigstens eine Nullstelle des Polynoms durch probeweises Einsetzen von Zahlen zu ermitteln. Es gilt der Satz:

> **S. 2.4** Hat ein Polynom n-ten Grades die Nullstelle x_1, gilt also $P_n(x_1) = 0$, so gibt es ein Polynom $(n-1)$-ten Grades $P_{n-1}(x)$ mit
> $$P_n(x) = (x - x_1) \cdot P_{n-1}(x).$$

Beweis: Wenn wir das Polynom $P_n(x)$ durch einen Linearterm $x - x_1$ dividieren, so ergibt sich in jedem Falle ein Polynom $(n-1)$-ten Grades und evtl. ein Rest R. Es gilt also:

$$\frac{P_n(x)}{x - x_1} = P_{n-1}(x) + \frac{R}{x - x_1} \quad \text{mit } R \in \mathbb{R} \text{ und } x \neq x_1.$$

Durch Multiplikation mit dem Term $x - x_1$ und anschließendem Kürzen erhält man:

$$P_n(x) = (x - x_1) \cdot P_{n-1}(x) + R.$$

Bei dieser Gleichung entfällt die Einschränkung $x \neq x_1$, weil der Nenner $x - x_1$ weggekürzt worden ist. Wir können daher x_1 in x einsetzen und erhalten:

$$P_n(x_1) = 0 \cdot P_{n-1}(x_1) + R.$$

Aus der vorausgesetzten Bedingung $P_n(x_1) = 0$ ergibt sich: $R = 0$. Also gilt in der Tat:

$$P_n(x) = (x - x_1) \cdot P_{n-1}(x), \quad \text{q.e.d.}$$

Beispiel: $f(x) = x^4 - 4x^3 - 13x^2 + 4x + 12$

Durch Einsetzen erhält man die Nullstelle $x_1 = 1$. Wir dividieren das Polynom durch den zugehörigen Linearfaktor $x - 1$ und erhalten:

$$(x^4 - 4x^3 - 13x^2 + 4x + 12) : (x - 1) = x^3 - 3x^2 - 16x - 12.$$

Das Restpolynom $x^3 - 3x^2 - 16x - 12$ hat — wie man durch Einsetzen ermittelt — die Nullstelle $x_2 = -1$. Wir dividieren durch den zugehörigen Linearfaktor $x + 1$:

$$(x^3 - 3x^2 - 16x - 12) : (x + 1) = x^2 - 4x - 12.$$

Für das verbleibende quadratische Polynom gilt:

$$x^2 - 4x - 12 = (x^2 - 4x + 4) - 16 = (x - 2)^2 - 4^2 = (x - 2 - 4)(x - 2 + 4) = (x - 6)(x + 2).$$

Somit gilt insgesamt:

$$f(x) = x^4 - 4x^3 - 13x^2 + 4x + 12 = (x - 1)(x + 1)(x - 6)(x + 2).$$

Die Funktion hat also die Nullstellen 1, -1, 6 und -2.

5. Zu jeder Nullstelle eines Polynoms gehört nach S 2.4 ein abspaltbarer Linearfaktor. Nun können aber höchstens so viele Linearfaktoren abgespalten werden, wie der Grad des Polynoms angibt. Daher gilt der Satz:

> **S 2.5** Eine ganze rationale Funktion n-ten Grades ($n \in \mathbb{N}$) hat höchstens n Nullstellen.

6. Eine Zerlegung eines Polynoms in lauter Linearfaktoren läßt sich aber nur dann durchführen, wenn jedes bei der Durchführung des Verfahrens auftretende Restpolynom wieder eine reelle Zahl als Nullstelle hat. Daß diese Bedingung nicht immer erfüllt ist, zeigt schon das Beispiel $P_2(x) = x^2 + 1$ (Bild 2.26). Dieses quadratische Polynom läßt sich nicht weiter zerlegen, weil die Gleichung $x^2 + 1 = 0$ in $\mathbb{R}$ unerfüllbar ist. Wir können hier nur — ohne Beweis — mitteilen, daß jedes Polynom sich als Produkt darstellen läßt, welches aus Linearfaktoren und/oder quadratischen Faktoren besteht.

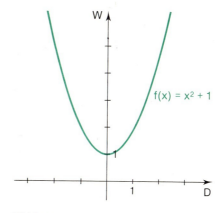

Bild 2.26

Beispiel: $f(x) = x^4 - x^2 - 12$

Da hier nur Potenzen mit geradzahligen Exponenten vorkommen, können wir zunächst das Verfahren der quadratischen Ergänzung anwenden:

$$f(x) = x^4 - x^2 - 12 = \left(x^4 - 2\frac{x^2}{2} + \frac{1}{4}\right) - \frac{49}{4} = (x^2 - \tfrac{1}{2})^2 - (\tfrac{7}{2})^2 = (x^2 - \tfrac{1}{2} - \tfrac{7}{2})(x^2 - \tfrac{1}{2} + \tfrac{7}{2})$$
$$= (x^2 - 4)(x^2 + 3) = (x+2)(x-2)(x^2+3).$$

Der quadratische Faktor $x^2 + 3$ ist nicht weiter zerlegbar, weil er keine reelle Nullstelle hat. Die Funktion hat also nur die Nullstellen 2 und -2.

Übungen und Aufgaben

1. Prüfe jeweils, ob es sich um den Term einer ganzen rationalen Funktion handelt! Welchen Grad n hat die Funktion? Wie lauten die Koeffizienten a_n und a_0?

    a) $f(x) = 2x + 4$ **b)** $f(x) = -\tfrac{1}{3}x^3$ **c)** $f(x) = 2x + \dfrac{1}{x}$

    d) $f(x) = \sqrt{3}x^2 - \sqrt{5}x^4 - 2$ **e)** $f(x) = (x+2)^2$ **f)** $f(x) = x \cdot (x + \tfrac{1}{2}) \cdot (8 - \tfrac{1}{2}x)$

    g) $f(x) = 0$ **h)** $f(x) = \dfrac{x}{|x|}$ **i)** $f(x) = |x|$

    j) $f(x) = \sqrt{x}$ **k)** $f(x) = \sqrt{x^2}$ **l)** $f(x) = \sqrt{x^4}$

2. f_1 und f_2 seien ganze rationale Funktionen vom Grade n bzw. m. Welchen Grad hat die Funktion f höchstens (mindestens)?

    a) $f(x) = f_1(x) + f_2(x)$ **b)** $f(x) = f_1(x) \cdot f_2(x)$

3. Gibt es eine ganze rationale Funktion, deren Graph symmetrisch zum Nullpunkt ist und den Punkt $P(0|2)$ enthält? Beweis!

4. Der Graph der Funktion f zu $f(x) = x^2 - 2x$ wird den folgenden geometrischen Abbildungen unterworfen. Ermittle den Term der Bildfunktion!
   a) Spiegelung an der W-Achse
   b) Spiegelung an der D-Achse
   c) Spiegelung am Nullpunkt
   d) Verschiebung um 2 Einheiten in Richtung der positiven W-Achse
   e) Verschiebung um eine Einheit in Richtung der negativen D-Achse
   f) Verschiebung um den Vektor $\vec{v} = \begin{pmatrix} 1 \\ -2 \end{pmatrix}$

5. Bestimme jeweils die Nullstellen!
   a) $f(x) = x^2 - 1$
   b) $f(x) = x^2 - 4$
   c) $f(x) = x^2 + 6x + 9$
   d) $f(x) = \frac{1}{4}x^2 - x + 1$
   e) $f(x) = 9x^2 - 12x + 4$
   f) $f(x) = 2x^2 + x$
   g) $f(x) = \frac{1}{2}x^2 - 2x$
   h) $f(x) = x^2 + 3x - 4$
   i) $f(x) = x^2 + 5x + 6$
   j) $f(x) = x^2 + 8x - 9$
   k) $f(x) = 2x^2 + 6$
   l) $f(x) = 3x^2 - 8x - 16$

6. Ermittle jeweils den Term einer quadratischen Funktion, die folgende Nullstellen besitzt!
   a) $1; -7$
   b) $\frac{1}{2}; 2$
   c) $0; -\frac{1}{2}$
   d) $\sqrt{2}; 3$
   e) 4
   f) 0

7. Ermittle jeweils die Nullstellen!
   a) $f(x) = x^3 + x$
   b) $f(x) = x^3 - 3x^2$
   c) $f(x) = x^3 + 2x^2 - x - 2$
   d) $f(x) = x^3 - 5x^2 + 6x$
   e) $f(x) = x^3 - 27$
   f) $f(x) = x^3 + x^2 - x - 1$
   g) $f(x) = x^4 - 5x^2 + 4$
   h) $f(x) = x^4 - 16$
   i) $f(x) = x^4 - 10x^2 + 9$
   j) $f(x) = x^5 - 5x^3 + 4x$
   k) $f(x) = 4x^2 - x^4$
   l) $f(x) = x^4 + 4x^3 - x^2 - 4x$

   Anleitung: Versuche gegebenenfalls durch Einsetzen „einfacher" Zahlen eine Nullstelle zu finden und wende den Satz S 2.4 an!

8. Ermittle jeweils den Term einer ganzen rationalen Funktion mit folgenden Nullstellen!
   a) $0; 1; -1$
   b) $2; -1; 3$
   c) $0; 1; 2; -4$
   d) $1; 2; -3; -4; -5$

9. Zerlege den Funktionsterm jeweils so weit wie möglich in Linearfaktoren und ermittle die Nullstellen!
   a) $f(x) = x^4 - 9x^2 + 20$
   b) $f(x) = x^4 - 1$
   c) $f(x) = x^4 - 3x^2 + 2$
   d) $f(x) = x^3 - 2x^2 + x$
   e) $f(x) = x^4 - 13x^2 + 36$
   f) $f(x) = x^4 + 6x^2 - 7$
   g) $f(x) = x^4 - 29x^2 + 100$
   h) $f(x) = x^4 - 4x^2 + 3$
   i) $f(x) = x^3 - x^2 - x + 1$
   j) $f(x) = -x^3 + 3x^2 + x - 3$
   k) $f(x) = x^3 + 3x^2 - 6x - 8$
   l) $f(x) = x^3 + 3x^2 - 9x - 27$
   m) $f(x) = x^3 - 4x^2 + 2x + 3$
   n) $f(x) = x^5 - x^3 + x^2 - 1$
   o) $f(x) = x^5 + 5x^3 - 8x^2 - 40$

10. Gegeben sei eine ganze rationale Funktion n-ten Grades und $f(x_1) = a$ ein beliebiger Funktionswert dieser Funktion. Beweise, daß die Funktion den Funktionswert a höchstens n-mal annehmen kann!

    Anleitung: Bilde eine Hilfsfunktion g mit $g(x) = f(x) - a$. Auf welche Aussage für g führt die Behauptung?

11. Es sei f eine ganze rationale Funktion n-ten Grades und g eine ganze rationale Funktion m-ten Grades mit f≠g und m≤n. Beweise, daß die Graphen von f und g höchstens n Punkte gemeinsam haben!
Anleitung: Prüfe, für welche Hilfsfunktion die Behauptung auf eine Aussage über die Nullstellen einer ganzen rationalen Funktion führt!

IV.   Weitere einfache Funktionen

1. In den vorangehenden Abschnitten haben wir u.a. **Potenzfunktionen** betrachtet, bei denen die Exponenten natürliche Zahlen sind. In vielen Anwendungssituationen treten aber Potenzfunktionen mit negativen Exponenten auf, insbesondere der Fall, daß zwei Größen x und y zueinander **umgekehrt proportional** oder „antiproportional" sind. Die Funktionsgleichung hat dann die Form $y = \frac{c}{x}$, der Funktionsterm also die Form

$$f(x) = \frac{c}{x} = c \cdot x^{-1}.$$

Da der Funktionsterm $\frac{c}{x}$ für x=0 nicht definiert ist, nennt man die Stelle 0 eine „**Definitionslücke**" der Funktion. Für alle anderen reellen Zahlen ist die Funktion definiert, daher gilt: $D(f) = \mathbb{R}^{\neq 0}$, gelesen „$\mathbb{R}$ ungleich Null".

Das Bild 2.27 zeigt den Graphen für c=1. Es handelt sich um eine „**Hyperbel**". Der Graph zerfällt in zwei Teile, sogenannte „Äste"; er ist punktsymmetrisch zum Nullpunkt; es handelt sich also um eine ungerade Funktion.

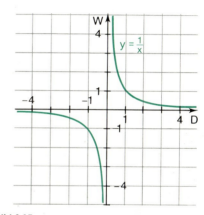

Bild 2.27

Der Graph hat in der Umgebung der beiden Achsen eine Besonderheit. Setzt man in x immer größere Zahlen ein, so ergeben sich für f(x) immer kleinere Zahlen, genauer gesagt: Zahlen, die sich beliebig wenig von Null unterscheiden; das Entsprechende gilt auch für den negativen Bereich. Die Kurve nähert sich also der D-Achse von beiden Seiten immer mehr an, ohne sie jedoch zu erreichen. Man sagt, die D-Achse ist eine „**Asymptote**"[1] für die Kurve. Die Kurve hat keinen Schnittpunkt mit der D-Achse, die Funktion also keine Nullstelle. Da alle anderen reellen Zahlen als Funktionswerte vorkommen, ist auch $W(f) = \mathbb{R}^{\neq 0}$.

In der gleichen Weise nähert sich der Graph auch der W-Achse immer mehr an, ohne sie zu erreichen. Setzt man nämlich in x immer kleinere positive Zahlen ein, so ergeben sich für f(x) immer größere Zahlen: die Funktionswerte übertreffen dabei jede noch so große positive Zahl. Entsprechendes gilt für die Annäherung von links, hier werden die Funktionswerte immer kleiner, d.h. jede vorgegebene negative Zahl wird von den Funktionswerten unterschritten. Man nennt die Definitionslücke 0 daher eine „**Unendlichkeitsstelle mit Vorzeichenwechsel**". Auch die W-Achse ist Asymptote der Kurve.

---
[1] griech.: nicht zusammenfallen

2. Bild 2.28 zeigt den Graphen der Funktion f zu $f(x) = \dfrac{c}{x^2} = c \cdot x^{-2}$.

Es gilt $D(f) = \mathbb{R}^{\ne 0}$ und $W(f) = \mathbb{R}^{>0}$. Auch hier sind die beiden Koordinatenachsen Asymptoten der Kurve. Die Definitionslücke 0 ist hier eine **Unendlichkeitsstelle ohne Vorzeichenwechsel.**

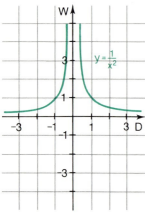

Bild 2.28

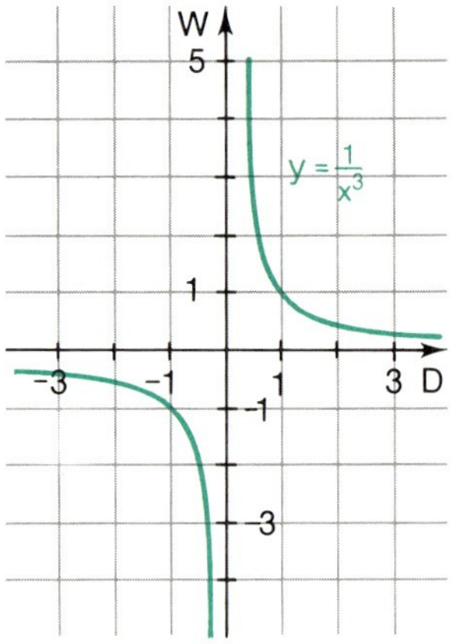

Bild 2.29

Allgemein haben Potenzfunktionen zu (ganzzahligen) negativen Exponenten einen Funktionsterm der Form

$$f(x) = c \cdot x^{-n} \quad (\text{mit } c \in \mathbb{R}^{\ne 0} \text{ und } n \in \mathbb{N}).$$

Die Eigenschaften dieser Funktionen sind Gegenstand der Aufgaben 3 und 4. Bild 2.29 zeigt den Graphen zu $f(x) = x^{-3}$.

3. Die Potenzfunktionen zu $f(x) = cx^{-n}$ weisen bei 0 ein besonderes Verhalten auf: sie haben dort Unendlichkeitsstellen mit oder ohne Vorzeichenwechsel. Dies bedeutet, daß z. B. die Funktion f zu

$$f(x) = \dfrac{1}{x^2}$$

in der Nähe der Zahl 0 beliebig große Funktionswerte annimmt; genauer gesagt: jede noch so große Zahl wird von den Funktionswerten übertroffen. Man sagt: diese Funktion ist **„nach oben nicht beschränkt"**; sie besitzt **keine „obere Schranke"**.

Wählt man beispielsweise die Zahl 1000, so ist es nicht schwer, einen Funktionswert anzugeben, der diese Zahl übertrifft, nämlich z. B.

$$f(0{,}01) = \dfrac{1}{0{,}01^2} = 10\,000.$$

Auch die Zahl 500 000 kann übertroffen werden; es gilt z. B.

$$f(0{,}001) = \dfrac{1}{0{,}001^2} = 1\,000\,000.$$

§2, IV. Weitere einfache Funktionen 43

Dagegen ist die Funktion f **„nach unten beschränkt"**, weil sie nur positive Funktionswerte besitzt. Die Zahl 0 ist eine **„untere Schranke"** der Funktion, weil für alle $x \in D(f)$ gilt:

$$\frac{1}{x^2} \geq 0.$$

Natürlich ist auch jede negative Zahl eine untere Schranke von f.

Im Gegensatz dazu ist die Funktion f zu $f(x) = \frac{1}{x^3}$ weder nach oben noch nach unten beschränkt.

Beispiele:

1) Um zu zeigen, daß z.B. die Zahl 800000 keine obere Schranke der Funktion ist, setzen wir etwa $x = 0{,}01$; es gilt

$$f(0{,}01) = \frac{1}{0{,}01^3} = 1\,000\,000.$$

2) Um zu zeigen, daß z.B. die Zahl -5000 keine untere Schranke der Funktion ist, setzen wir $x = -0{,}05$; es gilt

$$f(-0{,}05) = \frac{1}{(-0{,}05)^3} = -8000 < -5000.$$

Beachte, daß wir hier keinen Beweis geführt, sondern nur an Beispielen verdeutlicht haben, daß f weder nach oben noch nach unten beschränkt ist!

4. Ist eine Funktion nach oben **und** nach unten beschränkt, so sagt man kurz: die Funktion ist **„beschränkt"**.

Beispiel:

Die Funktion f zu $f(x) = \sqrt{4-x^2}$ mit $D(f) = [-2; 2]$ ist beschränkt (Bild 2.30); denn für alle $x \in D(f)$ gilt:

$$0 \leq \sqrt{4-x^2} \leq 2;$$

die Zahl 0 ist also eine untere und die Zahl 2 ist eine obere Schranke der Funktion; daher ist f beschränkt über D(f). Diese Eigenschaft können wir durch eine einzige Bedingung erfassen; bei einer beschränkten Funktion muß es nämlich eine Zahl S geben, so daß für alle $x \in D(f)$ gilt:

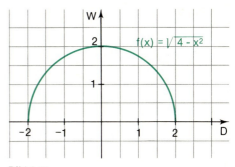

Bild 2.30

$$|f(x)| \leq S.$$

Beim letzten Beispiel genügt z.B. die Zahl 2 dieser Bedingung; denn für alle $x \in D(f)$ gilt:

$$|f(x)| = |\sqrt{4-x^2}| = \sqrt{4-x^2} \leq 2.$$

5. Die meisten Funktionen, die wir bisher betrachtet haben, sind über ihrer Definitionsmenge nicht beschränkt (Aufgaben 5 und 6). Anders ist die Situation, wenn man eine Funktion nur über einer Teilmenge M von D(f) betrachtet, z.B. über einem Intervall A.

Beispiele:

1) Die Funktion f zu $f(x) = x^2$ ist beschränkt über dem Intervall $[0; 2]$; denn für alle $x \in [0; 2]$ gilt:

$$|f(x)| = |x^2| = x^2 \leq 4.$$

2) Die Funktion f zu $f(x) = \dfrac{1}{x}$ ist beschränkt über $[1; 4]$ denn für alle $x \in [1; 4]$ gilt:

$$|f(x)| = \left|\dfrac{1}{x}\right| \leq 1.$$

3) Die gleiche Funktion ist aber **nicht** beschränkt über $]0; 2[$ (Aufgabe 8).

Bei der folgenden Definition setzen wir voraus, daß $M \subseteq D(f)$ gilt.

D 2.4 1) Eine Funktion heißt

„nach oben beschränkt über M" | „nach unten beschränkt über M"

genau dann, wenn es eine Zahl

S_o („obere Schranke") | S_u („untere Schranke")

gibt, so daß für alle $x \in M$ gilt:

$\qquad f(x) \leq S_o.$ | $\qquad f(x) \geq S_u.$

2) Eine Funktion f heißt „beschränkt über M" genau dann, wenn sie über M nach oben und nach unten beschränkt ist, wenn es also eine Zahl S gibt, so daß für alle $x \in M$ gilt:

$$|f(x)| \leq S.$$

Ist $M = D(f)$, so sagt man kurz: „f ist (nach oben, nach unten) beschränkt".

Beispiel:

Wir betrachten die lineare Funktion f zu $f(x) = 2x + 1$ über dem Intervall $[-2; 2]$. Dem Graphen von Bild 2.31 kann man schon entnehmen, daß die Zahl 5 eine Schranke der Funktion über dem Intervall $[-2; 2]$ ist. Wir können dies auch rechnerisch bestätigen; denn für alle $x \in [-2; 2]$ gilt: $|x| \leq 2$. Daraus ergibt sich:

$|2x| = 2|x| \leq 4$, also
$|2x + 1| \leq |2x| + 1 \leq 5.$

Die Funktion ist also beschränkt über dem Intervall $[-2; 2]$.

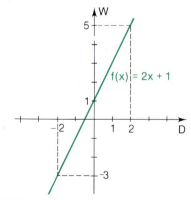

Bild 2.31

6. Schließlich treten in Anwendungssituationen noch Potenzfunktionen mit **gebrochenen Exponenten** auf, namentlich mit den Exponenten $\frac{1}{2}$ und $-\frac{1}{2}$.

Bild 2.32 zeigt den Graphen der Funktion f zu $f(x) = \sqrt{x}$. Es gilt $D(f) = W(f) = \mathbb{R}^{\geq 0}$. Die Funktion ist nach unten, aber nicht nach oben beschränkt.

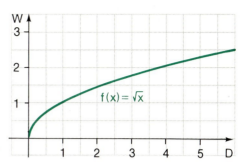

Bild 2.32

Bild 2.33 zeigt den Graphen der Funktion f zu $f(x) = \dfrac{1}{\sqrt{x}} = x^{-\frac{1}{2}}$. Es gilt $D(f) = W(f) = \mathbb{R}^{>0}$. Die beiden Achsen sind auch hier Asymptoten der Kurve. Die Funktion ist nach unten, aber nicht nach oben beschränkt.

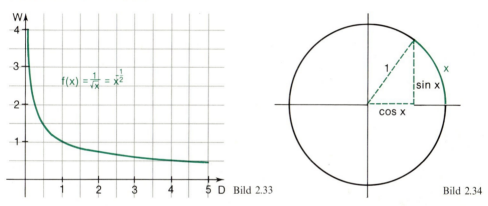

Bild 2.33   Bild 2.34

7. Von großer Bedeutung für die Anwendungen der Mathematik sind neben den bisher betrachteten Funktionen die **Winkelfunktionen.** Eine ausführliche Wiederholung der Eigenschaften dieser Funktionen würde den Rahmen dieses Buches sprengen. Bild 2.34 zeigt die Definition der Sinus- und der Kosinusfunktion am Einheitskreis und die Gültigkeit der sich daraus nach dem Lehrsatz des Pythagoras ergebenden wichtigen allgemeingültigen Gleichung

$$\sin^2 x + \cos^2 x = 1.$$

Es ist zu beachten, daß wir das Argument x in der Analysis in aller Regel im **Bogenmaß** messen. Die beiden anderen Winkelfunktionen lassen sich auf den Sinus und den Kosinus zurückführen. Es gilt:

$$\tan x = \frac{\sin x}{\cos x} \quad \text{und} \quad \cot x = \frac{1}{\tan x} = \frac{\cos x}{\sin x}.$$

Wir erwähnen ferner noch die Periodizitätseigenschaften der vier Winkelfunktionen. Für alle $x \in \mathbb{R}$ und für alle $n \in \mathbb{Z}$ gilt:

$$\sin(x + n \cdot 2\pi) = \sin x; \quad \cos(x + n \cdot 2\pi) = \cos x;$$
$$\tan(x + n\pi) = \tan x; \quad \cot(x + n\pi) = \tan x.$$

Die Sinus- und die Kosinusfunktion (Bilder 2.35 und 2.36) haben also eine Periode der Länge 2π, während die Tangens- und die Kotangensfunktion (Bilder 2.37 und 2.38) eine Periode der Länge π haben.

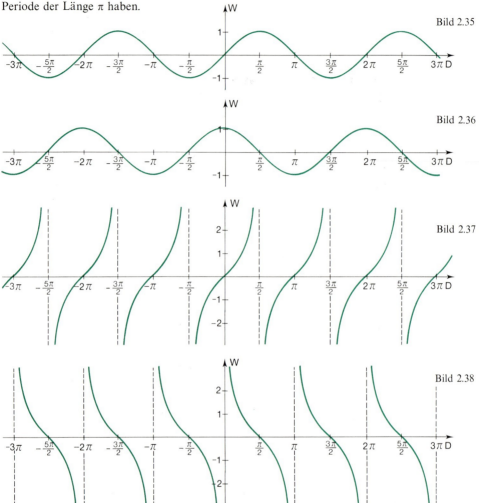

Bild 2.35

Bild 2.36

Bild 2.37

Bild 2.38

8. Mit den ebenfalls für die Anwendungen sehr wichtigen **Exponential- und Logarithmusfunktionen** werden wir uns im 5. Abschnitt des Buches ausführlich beschäftigen.

9. Abschließend wollen wir noch einige **besondere Funktionen** betrachten:

1) Der Betrag einer reellen Zahl x ist definiert durch die Bedingung

$$|x| = \begin{cases} x & \text{für } x \geq 0 \\ -x & \text{für } x < 0 \end{cases}.$$ **Beispiele:** $|3|=3$; $|0|=0$ und $|-5|=-(-5)=5$

Bild 2.39 zeigt den Graphen der **Betragsfunktion** f zu $f(x)=|x|$. Es gilt $D(f)=\mathbb{R}$ und $W(f)=\mathbb{R}^{\geq 0}$. Es handelt sich um eine gerade Funktion, die nach unten, aber nicht nach oben beschränkt ist.

§2, IV. Weitere einfache Funktionen

2) Eine wichtige Funktion ist auch die **„Vorzeichenfunktion"**. Diese ist festgelegt durch den Term sign x, gelesen „signum x":

$$\text{sign } x = \begin{cases} 1 & \text{für } x > 0 \\ 0 & \text{für } x = 0. \\ -1 & \text{für } x < 0 \end{cases}$$

Diese Funktion kann z.B. zur Beschreibung der Wirkungsweise von Wechselschaltern angewendet werden. Bild 2.40 zeigt den Graphen der Vorzeichenfunktion.
Es gilt $D(f) = \mathbb{R}$ und $W(f) = \{-1; 0; 1\}$. Die Funktion ist daher (nach unten und nach oben) beschränkt. Im Unterschied zu den bisher betrachteten Funktionen weist der Graph der Vorzeichenfunktion bei $x = 0$ eine „Sprungstelle" auf; wenn man den Graphen von links nach rechts durchläuft, springt er von -1 nach 0 und von dort nach 1. Man sagt: die Funktion ist an dieser Stelle **„unstetig"**.

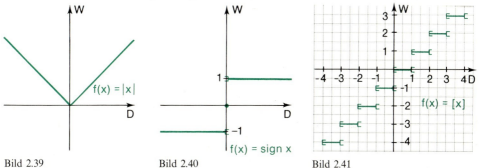

Bild 2.39   Bild 2.40   Bild 2.41

3) Schließlich erwähnen wir noch die durch die sogenannte **„Gaußklammer"** $[x]$ definierte Funktion. Unter $[x]$ versteht man die größte ganze Zahl k mit $k \leq x$.
Für alle $x \in \mathbb{R}$ gilt also $[x] = k$ mit $k \in \mathbb{Z}$ und $k \leq x < k+1$.

Beispiele: $[3] = 3$; $[4,7] = 4$; $[-2,3] = -3$; $[-7] = -7$

Bild 2.41 zeigt den Graphen der Funktion f zu $f(x) = [x]$. Es gilt $D(f) = \mathbb{R}$ und $W(f) = \mathbb{Z}$. Die Funktion ist weder nach oben noch nach unten beschränkt. Der Graph zeigt, daß die Funktion unendlich viele Unstetigkeitsstellen besitzt, nämlich für alle ganzzahligen Werte von x. Einen ähnlichen Graphen hat auch die Steuerfunktion (vgl. S. 20).

Übungen und Aufgaben

1. Zeichne jeweils den Funktionsgraphen und ermittle die Gleichungen für die zugehörigen Asymptoten!

a) $f(x) = -\dfrac{1}{x}$ b) $f(x) = \dfrac{3}{x}$ c) $f(x) = \dfrac{1}{2} x^{-1}$ d) $f(x) = (x+1)^{-1}$

e) $f(x) = x^{-1} - 2$ f) $f(x) = \dfrac{1}{x-1} + 3$ g) $f(x) = -x^{-2}$ h) $f(x) = 2 + x^{-3}$

2. Ermittle jeweils den Term einer Funktion, deren Graph die angegebene(n) Gerade(n) als Asymptote(n) hat!
   a) $x=1; y=3$ b) $x=-2; y=0$ c) $x=0; y=2$ d) $y=0$ e) $y=1$

3. Begründe, daß die Funktionen zu $f(x)=c \cdot x^{-n}$ ($n \in \mathbb{N}$) eine Unendlichkeitsstelle mit (ohne) Vorzeichenwechsel haben, wenn n eine ungerade (gerade) Zahl ist!

4. Beweise: Die Funktionen zu $f(x)=c \cdot x^{-n}$ ($n \in \mathbb{N}$) sind gerade (ungerade), wenn n für eine gerade (ungerade) Zahl steht!

5. Untersuche jeweils, ob die Funktion f insgesamt beschränkt oder nur nach oben oder nur nach unten beschränkt ist! Für den Fall, daß f unbeschränkt ist, zeige, daß es wenigstens ein x_1 gibt, so daß $f(x_1) > 10^5$ (10^6, 10^7 usw.) bzw., daß es wenigstens ein x_2 gibt, so daß $f(x_2) < -10^5$ (-10^6, -10^7 usw.) ist!
   a) $f(x)=x^2$ b) $f(x)=-|x|$ c) $f(x)=\text{sign } x$ d) $f(x)=x^3$
   e) $f(x)=4-x^2$ f) $f(x)=\dfrac{1}{|x|}$ g) $f(x)=\sin x$ h) $f(x)=17$
   i) $f(x)=\dfrac{1}{1+x^2}$ j) $f(x)=2^x$ k) $f(x)=\cos x$ l) $f(x)=-\dfrac{1}{x^4}$

6. Untersuche jeweils, ob die Funktion f nach oben beschränkt (nach unten beschränkt) ist oder nicht! Ermittle jeweils eine solche Schranke oder zeige, daß es eine Stelle $x_0 \in D(f)$ gibt mit $f(x_0) > 10^6$ (10^7, 10^8 usw.) bzw. $f(x_0) < -10^6$ (-10^7, -10^8 usw.)!
   a) $f(x)=3x+2$ b) $f(x)=x^2-1000$ c) $f(x)=-x^4$ d) $f(x)=\dfrac{1}{x-1}$
   e) $f(x)=\dfrac{1}{(x-1)^2}$ f) $f(x)=x^5$ g) $f(x)=\sqrt{x}$ h) $f(x)=\tan x$

7. a) Für jede Funktion f von Aufgabe 6 lassen sich beliebig viele Intervalle finden, über denen sie beschränkt sind. Suche für jede Funktion wenigstens ein solches Intervall!
   b) Prüfe jeweils, ob es ein Intervall gibt, über dem f unbeschränkt ist! Ermittle gegebenenfalls ein solches Intervall! Durch welche Eigenschaft unterscheiden sich diese Funktionen von denen, für die es kein solches Intervall gibt?

8. Beweise, daß die Funktion f zu $f(x)=\dfrac{1}{x}$ über dem Intervall $]0; 2[$ nach oben nicht beschränkt ist!
   Anleitung: Führe den Beweis indirekt, indem du annimmst, es gäbe eine Zahl S_0, so daß für alle $x \in]0; 2[$ gilt: $f(x) \leq S_0$!

9. Zeige, daß die Funktion f zu $f(x)=x^{-3}$ weder nach oben noch nach unten beschränkt ist! Beachte die Anleitung zu Aufgabe 8!

10. Untersuche die Funktionen zu $f(x)=x^n$ ($n \in \mathbb{N}$) darauf, ob sie nach oben (nach unten) beschränkt sind oder nicht! Beweise deine Aussage!
    Hinweis: Es ist eine Fallunterscheidung hinsichtlich der Werte von n zu machen. Beachte die Anleitung zu Aufgabe 8!

§2, IV. Weitere einfache Funktionen

11. Die Anziehungskraft F zwischen zwei Massen m_1 und m_2, die den Abstand r haben, ist gegeben durch

$$F = \gamma \cdot \frac{m_1 \cdot m_2}{r^2} \text{ (Gravitationsgesetz).}$$

Dabei bezeichnet γ die Gravitationskonstante $\left(\gamma = 6{,}67 \cdot 10^{-11} \frac{m^3}{kg \cdot sec^2}\right)$. In welchem Abstand von der Erdoberfläche ist die Anziehungskraft der Erde nur noch halb so groß wie auf der Erdoberfläche? Für den Erdradius gilt: $R = 6370$ km.

Anleitung: Zur Lösung nimmt man an, die gesamte Erdmasse sei im Mittelpunkt der Erde vereinigt.

12. Für die Geschwindigkeit v eines frei fallenden Körpers, der die Höhe h durchfallen hat, gilt $v = \sqrt{2g} \sqrt{h}$. Dabei bezeichnet g die Erdbeschleunigung $\left(g = 9{,}81 \frac{m}{sec^2}\right)$.

a) Vergleiche die Geschwindigkeiten, die zwei Körper am Boden erreicht haben, wenn sie von der Turmspitze des Kölner Doms (h = 159 m) bzw. von der Spitze des Eiffelturms (h = 300,5 m) herunter gefallen sind!

b) Vergleiche die Geschwindigkeiten, die ein aus 50 m Höhe fallender Körper auf der Erde bzw. auf dem Mond erreicht. Die Schwerebeschleunigung auf dem Mond beträgt $g_M \approx 1{,}64 \frac{m}{sec^2}$.

13. Für die Schwingungsdauer T eines Pendels gilt: $T = 2\pi \sqrt{\frac{l}{g}}$.

Dabei bezeichnet g die Schwerebeschleunigung und l die Länge des Pendels. Für die Erde gilt: $g_E = 9{,}81 \frac{m}{sec^2}$; für den Mond gilt: $g_M = 1{,}64 \frac{m}{sec^2}$.

a) Vergleiche die Schwingungsdauer von zwei gleichlangen Pendeln auf der Erde und auf dem Mond!

b) Wie wirkt sich der Unterschied auf die Ganggeschwindigkeit einer Pendeluhr aus?

c) Welche Länge muß ein Pendel **1)** auf der Erde, **2)** auf dem Mond haben, wenn eine Halbschwingung eine Sekunde dauern soll (Sekundenpendel)?

14. Ermittle die Werte der Sinusfunktion für die folgenden Argumente! Rechne die gegebenen Bogenmaßwerte gegebenenfalls zuerst ins Gradmaß um! $\left(\text{Es gilt: } \alpha = \frac{180°}{\pi} \cdot x\right)$

a) $\frac{\pi}{2}$ **b)** $\frac{\pi}{3}$ **c)** $\frac{\pi}{4}$ **d)** $\frac{\pi}{6}$ **e)** $\frac{3\pi}{2}$ **f)** $\frac{5\pi}{6}$ **g)** $\frac{11\pi}{6}$ **h)** $\frac{7\pi}{3}$

i) $\frac{9\pi}{4}$ **j)** $\frac{15\pi}{2}$ **k)** $\frac{17\pi}{6}$ **l)** $-\frac{\pi}{3}$ **m)** $-\frac{3\pi}{4}$ **n)** $-\frac{7\pi}{4}$ **o)** $-\frac{13\pi}{6}$ **p)** $-\frac{10\pi}{3}$

q) 1 **r)** 1,5 **s)** 2 **t)** 3,5 **u)** −0,5 **v)** −2,4 **w)** −6,8 **x)** −14,7

15. Verfahre wie in Aufgabe 14 für die
a) Kosinusfunktion, **b)** Tangensfunktion, **c)** Kotangensfunktion!

16. Bestimme jeweils die Lösungsmenge der Gleichung in $\mathbb{R}$!
    a) $\sin x = \frac{1}{2}$
    b) $\sin x = \frac{1}{2}\sqrt{2}$
    c) $\sin x = 0{,}8$
    d) $\sin x = -0{,}2$
    e) $\cos x = \frac{1}{2}\sqrt{3}$
    f) $\cos x = -\frac{1}{2}$
    g) $\cos x = 0{,}4$
    h) $\cos x = -0{,}6$
    i) $\tan x = 1$
    j) $\tan x = \sqrt{3}$
    k) $\tan x = -0{,}5$
    l) $\tan x = 4$
    m) $\cot x = -1$
    n) $\cot x = -\frac{1}{3}\sqrt{3}$
    o) $\cot x = 0{,}8$
    p) $\cot x = -2$

17. Gib die Formeln an, mit deren Hilfe man die Werte der vier Winkelfunktionen für Argumentwerte aus dem 2., 3. und 4. Quadranten auf Argumentwerte im 1. Quadranten $\left(\text{also für } x \in \left[0; \frac{\pi}{2}\right]\right)$ zurückführen kann!

18. Untersuche die vier Winkelfunktionen auf Monotonie! Ermittle die Intervalle, in denen die betreffende Funktion streng monoton steigt bzw. streng monoton fällt!

19. Welche der vier Winkelfunktionen sind beschränkt, welche sind nicht beschränkt? Begründe deine Aussage mit Hilfe der Definitionen der Winkelfunktionen!

20. Zeichne jeweils den Funktionsgraphen!
    a) $f(x) = |x| \operatorname{sign} x$
    b) $f(x) = x \operatorname{sign} x$
    c) $f(x) = x^2 \operatorname{sign} x$
    d) $f(x) = -x^3 \operatorname{sign} x$
    e) $f(x) = (\operatorname{sign} x)^2$
    f) $f(x) = \sqrt{|x|} \operatorname{sign} x$
    g) $f(x) = [x+1]$
    h) $f(x) = x + [x]$
    i) $f(x) = x \cdot [x]$

21. Mit der Gaußklammer kann man Funktionen darstellen, bei denen ganzen Intervallen derselbe Funktionswert zugeordnet wird.
    a) Beim Abitur werden Intervallen von je 18 Punkten bestimmte Durchschnittsnoten zugeordnet gemäß
    $$f(x) = \frac{1}{10}\left[\frac{1020 - x}{18}\right], \quad \text{falls } 300 \leq x < 840.$$
    Dabei steht x für die erreichte Punktzahl. Stelle eine Tabelle auf, der man die Durchschnittsnote zu jeder Punktzahl entnehmen kann!
    b) Im Abitur werden die Punktzahlen für die sportlichen Leistungen ebenfalls abschnittweise vergeben. Zum Beispiel erhält ein Schüler der Jahrgangsstufe 13 im 100 m-Lauf die folgenden Punktzahlen:

Zeit in sec	12,90	12,80	12,70	12,60	12,50	12,40	12,30	12,20	12,10	12,00
Punktzahl	408	426	444	463	482	501	520	540	560	580

Durch welche Funktionsterme kann die Zuordnung zwischen der Zeit und der Punktzahl wiedergegeben werden? Stelle die Funktion graphisch dar!

2. Abschnitt:
Einführung in die Differentialrechnung[1])
§ 3 Der Begriff der Ableitung einer Funktion

I. Mittlere Änderungsraten

1. In § 1 haben wir an einer Reihe von Beispielen deutlich gemacht, wie Situationen aus verschiedenen Bereichen des menschlichen Lebens mit Hilfe von Funktionen beschrieben werden können.

Für die Beurteilung einer solchen Situation kommt es nun sehr häufig nicht nur darauf an, die Funktionswerte selbst zu kennen; vielmehr ist es wichtig, ja notwendig, Aufschluß darüber zu erhalten, wie die Funktionswerte sich **ändern**.

Beispiele:

1) In § 1, II haben wir z.B. schon erläutert, daß der Gesetzgeber genau zu bedenken hat, wie sich bei einer Änderung des steuerpflichtigen Einkommens der zu entrichtende Steuerbetrag **ändert** bzw. ändern soll.

2) Bei der Bewegung eines Raumfahrzeuges ist es z.B. für den Mann im Raumfahrzentrum nicht nur wichtig, zu wissen, wo sich die Raumkapsel zu einem bestimmten Zeitpunkt befindet, sondern es kommt wesentlich darauf an, wie sich die Position des Fahrzeuges im Raum **ändert**. Man muß wissen, mit welcher Geschwindigkeit sich das Raumfahrzeug bewegt und darüberhinaus auch noch, wie stark sich diese Geschwindigkeit — etwa durch die größerwerdende Anziehungskraft des Mondes oder der Erde oder durch Einschalten der Triebwerke — **ändert**.

3) Bei der Analyse eines Wahlergebnisses kommt es für die Politiker nicht nur darauf an, zu wissen, wie hoch der Stimmenanteil ist, der auf die einzelnen Parteien entfallen ist, sondern auch darauf, wie stark sich dieser Stimmenanteil im Vergleich zu vorangegangenen Wahlen **geändert** hat.

Bemerkung: Dadurch ist es zu erklären, daß nach manchen Wahlen sich mehrere der beteiligten Parteien für den „Wahlsieger" halten: sowohl die Partei, die den größten Stimmenanteil auf sich vereinigen konnte, dabei vielleicht aber weniger Stimmen erreicht hat als bei der vorhergehenden Wahl, als auch die Partei, die an sich nur „zweiter Sieger" oder sogar nur „dritter Sieger" ist, ihren Stimmenanteil gegenüber der Vorwahl aber hat vergrößern können.

2. Ausführlich wollen wir das angedeutete Problem an dem folgenden **Beispiel** erörtern. Angesichts der ständig steigenden Benzinpreise hat Herr L. von Dezember 1979 bis Oktober 1981 über die durchschnittlichen Preise Buch geführt, die er für einen Liter Superbenzin (bei Selbstbedienung) zu bezahlen hatte. Die folgende Tabelle enthält diese durchschnittlichen

---

[1]) Falls der Grenzwertbegriff mit Hilfe von Zahlenfolgen eingeführt werden soll, ist an dieser Stelle § 16, I bis III einzufügen (vgl. die Hinweise zum Einsatz des Buches).

Preise für jeden Monat des genannten Zeitraumes, jeweils auf volle Pfennigbeträge gerundet. Die betreffenden Monate sind von 0 bis 22 durchnumeriert.

Monat	0	1	2	3	4	5	6	7	8	9	10
	Dez. 79	Jan. 80	Febr. 80	März 80	April 80	Mai 80	Juni 80	Juli 80	Aug. 80	Sept. 80	Okt. 80
Preis in Pf	107	111	113	115	118	119	119	120	118	118	118

11	12	13	14	15	16	17	18	19	20	21	22
Nov. 80	Dez. 80	Jan. 81	Febr. 81	März 81	April 81	Mai 81	Juni 81	Juli 81	Aug. 81	Sept. 81	Okt. 81
120	122	124	128	131	138	138	143	145	150	148	142

In Bild 3.1 ist die Entwicklung der Benzinpreise vom Dezember 1979 bis zum Oktober 1981 graphisch dargestellt. Zur Vereinfachung beginnt die Preisachse mit 100 Pf. Die einzelnen Punkte sind durch Strecken verbunden.

Das Verbinden der Punkte soll nicht etwa bedeuten, daß die Zwischenpunkte die „Zwischenpreise" korrekt wiedergeben; dadurch soll lediglich die Preisentwicklung zwischen den einzelnen Monaten graphisch verdeutlich werden.

Bild 3.1

3. Eine genauere Betrachtung von Bild 3.1 zeigt, daß man hinsichtlich der Entwicklung der Benzinpreise fünf Phasen unterscheiden kann:

1) von Dezember 79 bis Mai 80 (0 bis 5): deutlicher Anstieg;

2) von Mai 80 bis Oktober 80 (5 bis 10): annähernder Stillstand;

3) von Oktober 80 bis März 81 (10 bis 15): deutlicher Anstieg;

4) von März 81 bis August 81 (15 bis 20): starker Anstieg, u.a. ausgelöst durch die Erhöhung der Benzinsteuer im April 1981;

5) von August 81 bis Oktober 81 (20 bis 22): Abfall.

Quantitativ können wir die unterschiedliche Preisentwicklung in den vier Phasen dadurch erfassen, daß wir den durchschnittlichen Preisanstieg z.B. pro Monat, die **„mittlere Preiszuwachsrate"** für diese vier Zeiträume berechnen; dazu haben wir die fragliche **Preisdifferenz** durch die zugehörige **Zeitdifferenz** (gemessen in Monaten) zu dividieren. Wir erhalten für die fünf Phasen:

1) $\dfrac{119-107}{5-0} = \dfrac{12}{5} = 2{,}4$, also eine Zuwachsrate von durchschnittlich 2,4 Pf pro Monat,

2) $\dfrac{118-119}{10-5} = -\dfrac{1}{5} = -0{,}2$;

3) $\dfrac{131-118}{15-10} = \dfrac{13}{5} = 2{,}6$;

4) $\dfrac{150-131}{20-15} = \dfrac{19}{5} = 3{,}8$;

5) $\dfrac{142-150}{22-20} = -\dfrac{8}{2} = -4{,}0$.

Die negativen Ergebnisse in der zweiten und in der fünften Phase bedeuten, daß der Preis in diesen Zeiträumen gefallen ist. (Für die zweite Phase kann diese überraschende Tatsache ihre Erklärung in dem Umstand haben, daß Herr L. nach der Rückkehr aus seinem Urlaub wieder die preisgünstigere Tankstelle seiner Heimatstadt aufsuchen konnte. In der letzten Phase sind die Benzinpreise tatsächlich gefallen.)

4. Allgemein ist die auf eine Zeiteinheit bezogene „**mittlere Änderungsrate**" einer Funktion, die die Änderung des Preises P einer Ware in Abhängigkeit von der Zeit t beschreibt, gegeben durch den Quotienten aus der Preisdifferenz $P_2 - P_1$ und der zugehörigen Zeitdifferenz $t_2 - t_1$, also durch

$$\frac{P_2 - P_1}{t_2 - t_1}.$$

Dabei ist zu beachten, daß es sich um einen auf den betreffenden Zeitraum bezogenen **Durchschnittswert** handelt; Preisschwankungen, die während dieses Zeitraums eingetreten sind, werden von diesem Wert nicht erfaßt.

5. Als weiteres **Beispiel** betrachten wir eine Weg-Zeit-Funktion. Ein Pkw fährt auf einer Autobahn von Kilometerstein 132 bis zum Kilometerstein 252. In Abständen von jeweils 20 km wird bei der Vorbeifahrt an dem betreffenden Kilometerstein die Uhrzeit abgelesen. Es ergeben sich die Werte der folgenden Tabelle

Wegmarke	132	152	172	192	212	232	252
Zeit	9^{34} h	9^{48} h	9^{57} h	10^{14} h	10^{23} h	10^{38} h	10^{48} h

In Bild 3.2 sind die Meßwerte der zugehörigen Weg-Zeit-Funktion eingetragen.

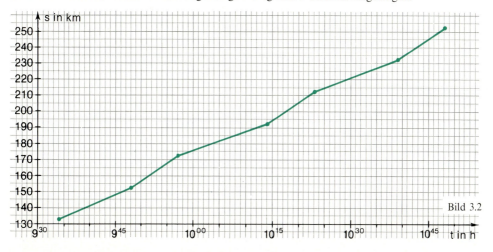

Bild 3.2

Die mittleren Änderungsraten zwischen den einzelnen Meßwerten haben bei diesem Beispiel eine einfache physikalische Bedeutung. Da das Fahrzeug die erste Teilstrecke in 14 min zurückgelegt hat, beträgt die mittlere Änderungsrate pro Minute:

$$\frac{152\,\text{km} - 132\,\text{km}}{14\,\text{min}} = \frac{20\,\text{km}}{14\,\text{min}} \approx 1{,}43\,\frac{\text{km}}{\text{min}}.$$

Es handelt sich um die **mittlere Geschwindigkeit** $\bar{v}$, mit der das Automobil die erste Teilstrecke durchfahren hat; bei Umrechnung auf die übliche Maßeinheit $\frac{\text{km}}{\text{h}}$ ergibt sich:

$$\bar{v} \approx 1{,}43\,\frac{\text{km}}{\text{min}} = 1{,}43 \cdot 60\,\frac{\text{km}}{\text{h}} \approx 85{,}7\,\frac{\text{km}}{\text{h}}.$$

Auch hier ist zu beachten, daß es sich um einen Durchschnittswert handelt. Geschwindigkeitsänderungen zwischen den Meßwerten werden nicht erfaßt.

Auf die gleiche Weise ergeben sich für die weiteren Teilstrecken die in der folgenden Tabelle angegebenen mittleren Geschwindigkeiten, einmal in der Einheit $\frac{\text{km}}{\text{min}}$, zum anderen in der Maßeinheit $\frac{\text{km}}{\text{h}}$. Die Teilstrecken sind der Einfachheit halber durchnumeriert.

Teilstrecke	1	2	3	4	5	6
$\bar{v}$ in $\frac{\text{km}}{\text{min}}$	1,43	2,22	1,18	2,22	1,33	2,00
$\bar{v}$ in $\frac{\text{km}}{\text{h}}$	85,7	133,3	70,6	133,3	80	120

Allgemein können wir sagen:
Bei einer Weg-Zeit-Funktion mit einer Funktionsgleichung der Form $s = f(t)$ haben die mittleren Änderungsraten

$$\frac{s_2 - s_1}{t_2 - t_1}$$

die Bedeutung der mittleren Geschwindigkeit zwischen den Zeitpunkten t_1 und t_2.

6. Abschließend behandeln wir noch ein **Beispiel**, bei dem die betrachtete Größe nicht – wie bei den bisherigen Beispielen – von der Zeit, sondern von einer anderen Größe, nämlich einer Länge, abhängt.

Schon in §1, I haben wir erwähnt, daß einfache Höhenmesser in einem Flugzeug nicht unmittelbar die Flughöhe, sondern den Luftdruck messen. Hierbei wird der zwischen Höhe und Luftdruck herrschende funktionale Zusammenhang ausgenutzt.

Für den Fall, daß am Erdboden ein Luftdruck von 1000 mb herrscht, gibt die folgende Tabelle für Abstände von je 500 m an, welcher Luftdruck in der betreffenden Höhe auftritt.

h (in m)	0	500	1000	1500	2000	2500	3000	3500	4000	4500	5000	5500	6000
p (in mb)	1000	952	895	840	789	741	696	653	615	577	545	509	479

Auch bei diesem Beispiel stellt sich die Frage, wie stark sich der Druck mit zunehmender Höhe ändert, in diesem Falle also abnimmt. Bei dieser Luftdruck-Höhen-Funktion sind die mittleren Änderungsraten gegeben durch Quotienten der Form

$$\frac{p_2 - p_1}{h_2 - h_1}.$$

Für die Höhenintervalle $[0\,m; 500\,m]$ und $[4500\,m; 5000\,m]$ ergeben sich z.B. die folgenden Werte:

1) $\dfrac{952\,mb - 1000\,mb}{500\,m - 0\,m} = -\dfrac{48}{500}\dfrac{mb}{m} = -0{,}096\,\dfrac{mb}{m};$

2) $\dfrac{545\,mb - 577\,mb}{5000\,m - 4500\,m} = -\dfrac{32\,mb}{500\,m} = -0{,}064\,\dfrac{mb}{m}.$

Die Tatsache, daß der Luftdruck mit zunehmender Höhe abnimmt, hat zur Folge, daß die mittleren Änderungsraten negativ sind. Die ausgerechneten Werte zeigen, daß die Luftdruckänderung mit zunehmender Höhe − absolut gemessen − immer geringer wird.

7. Was wir an den voranstehenden Beispielen gelernt haben, versuchen wir nun zu verallgemeinern. Wir können sagen:
Wenn der Zusammenhang zwischen zwei Größen x und y durch eine Funktion f beschrieben wird, dann sind für die Beurteilung der jeweiligen Situation häufig nicht nur die Funktionswerte, sondern darüber hinaus die **„mittleren Änderungsraten"** von Bedeutung.
Wir definieren:

D 3.1 Unter der „mittleren Änderungsrate" einer Funktion f zwischen zwei Stellen x_1 und x_2 versteht man den Quotienten aus der Differenz der Funktionswerte und der Differenz der zugehörigen Argumentwerte, also den Quotienten

$$\frac{f(x_2) - f(x_1)}{x_2 - x_1}.$$

Da es sich um den Quotienten zweier Differenzen handelt, spricht man auch von einem **„Differenzenquotienten"**.

---

8. An Bild 3.3 erkennt man, daß die mittlere Änderungsrate, der Differenzenquotient zwischen zwei Stellen x_1 und x_2 eine einfache geometrische Bedeutung hat; sie gibt nämlich die **Steigung** m der Verbindungsstrecke zwischen den beiden Punkten $P_1(x_1|y_1)$ und $P_2(x_2|y_2)$ an (Bild 3.3).

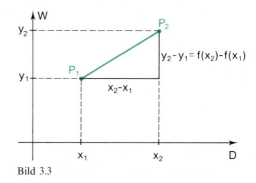
Bild 3.3

Wir halten fest:

> **S 3.1** Stellt man eine Funktion f in einem Kartesischen Koordinatensystem graphisch dar, so ist die mittlere Änderungsrate, der Differenzenquotient, zwischen zwei Stellen x_1 und x_2 gleich der Steigung der Verbindungsstrecke zwischen den zugehörigen Punkten $P_1(x_1|y_1)$ und $P_2(x_2|y_2)$:
>
> $$m = \frac{y_2 - y_1}{x_2 - x_1} = \frac{f(x_2) - f(x_1)}{x_2 - x_1}.$$

Da wir in aller Regel Funktionen durch ihre Funktionsgraphen in einem Kartesischen Koordinatensystem darstellen, werden wir in Zukunft statt von der mittleren Änderungsrate häufig von der Steigung des Funktionsgraphen zwischen den betreffenden Punkten sprechen.

Übungen und Aufgaben

1. In Bild 3.4 ist ein Querschnitt durch eine gebirgige Landschaft dargestellt. Die Werte auf der D-Achse geben die Entfernung x in der Luftlinie, die Werte auf der W-Achse geben die Höhe h über dem Meeresspiegel an. Bestimme die durchschnittlichen Steigungen des Geländes zwischen den eingezeichneten Punkten $P_1, P_2, \ldots, P_6$! Miß dazu in Bild 3.4 die Differenzen $h_2 - h_1$ und $x_2 - x_1$ (entsprechend für andere Punktepaare) und berechne die mittlere Änderungsrate der Höhenfunktion!

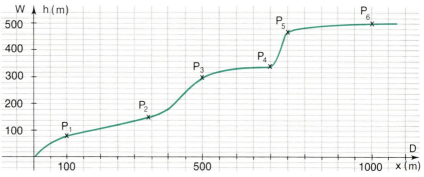

Bild 3.4

2. Auf Wetterkarten werden die Punkte gleichen Luftdrucks durch Linien, sogenannte Isobaren, verbunden. Die Zahlen an den Isobaren geben den Luftdruck in Millibar an.
Ermittle auf der in Bild 3.5 dargestellten Wetterkarte die mittleren Änderungsraten des Luftdrucks auf den Verbindungslinien von London und Stockholm und von Frankfurt und Haparanda in Schweden, bezogen auf jeweils 100 km Entfernung!

Bild 3.5

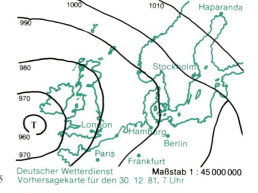

3. Auf Wanderkarten wird die Geländeform durch sogenannte Höhenlinien dargestellt. Diese verbinden Punkte gleicher Höhe miteinander. Die Höhe ist an die betreffende Linie herangeschrieben. Ermittle die Steigungen des Geländes, das in Bild 3.6 im Maßstab 1:100000 dargestellt ist entlang den drei eingezeichneten Richtungen zwischen jeweils benachbarten Höhenlinien von den Ausgangspunkten P_1, P_2 und P_3 bis zum Gipfelpunkt P!

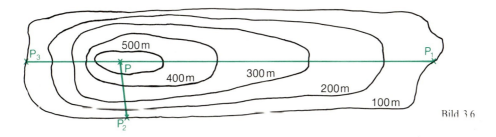

Bild 3.6

4. In Bild 3.7 ist die Entladung eines Kondensators mit der Kapazität $C = 0,05\,\mu F$ über einem Ohmschen Widerstand $R = 5\,M\Omega$ dargestellt.

   a) Wie groß ist die mittlere Änderungsrate für den Zeitraum, in dem die Ladung Q von $Q_0 = 10^{-6}\,C$ auf $Q_1 = 0,5 \cdot 10^{-6}\,C$ absinkt?

   b) Wie groß ist die mittlere Änderungsrate für den Zeitraum, in dem die Ladung von $Q_1 = 0,5 \cdot 10^{-6}\,C$ auf $Q_2 = 0,25 \cdot 10^{-6}\,C$ absinkt?

   c) Was fällt dir beim Vergleich von Aufgabe a) und Aufgabe b) auf?

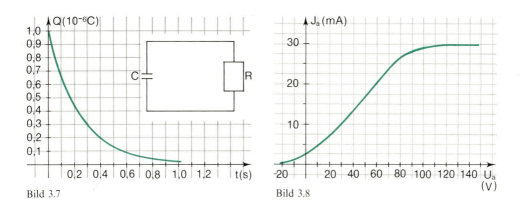

Bild 3.7   Bild 3.8

5. In Bild 3.8 ist die Anodenstromstärke J_a einer Elektronenröhre in Abhängigkeit von der Anodenspannung U_a dargestellt („Kennlinie").

   a) Berechne die mittleren Änderungsraten der Funktion über den Spannungsintervallen [30 V; 50 V] und [100 V; 120 V]!

   b) Interpretiere das Ergebnis physikalisch!

6. Enthält eine Gesteinsprobe das Element Uran, so kann man das Alter t des Gesteins aus der Kenntnis des radioaktiven Zerfalls bestimmen. Man geht von der Annahme aus, daß die gesamte Menge des Bleiisotops Pb 206, die das Gestein enthält, durch den Zerfall von Uran entstanden ist. So ist es möglich, die ursprünglich vorhandene Anzahl von Uranatomen zu ermitteln.

Den Zusammenhang zwischen dem Prozentsatz p des noch vorhandenen Urans bezogen auf die ursprüngliche Uranmenge und dem Alter t des Gesteins zeigt Bild 3.9.

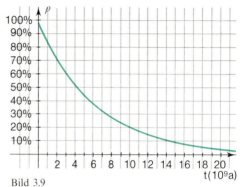

Bild 3.9

a) Berechne die mittlere Änderungsrate der Funktion während der ersten 2 Milliarden Jahre und während des Zeitintervalls $[10 \cdot 10^9 \, a; 12 \cdot 10^9 \, a]$!

b) In welchen Zeiträumen nimmt die jeweils noch vorhandene Menge Uran um die Hälfte ab?

7. Als Wirkungsgrad η bei einer Rakete bezeichnet man den Quotienten aus der Bewegungsenergie der Rakete nach dem Verbrennen ihres Treibstoffes und der verfügbaren Energie des Treibstoffs. Dieser Wirkungsgrad hängt ab vom Verhältnis der Masse der Rakete beim Start m_R und der Treibstoffmasse beim Start m_T. Die folgende Tabelle gibt den Zusammenhang wieder.

	1	2	3	4	5	6	7	8
$\frac{m_R}{m_T}$	1,001	1,010	1,105	1,5	2	2,72	4,93	6
η	0,001	0,010	0,095	0,329	0,480	0,582	0,647	0,642

	9	10	11	12	13	14	15	16
$\frac{m_R}{m_T}$	7	8	9,5	10	10,5	12	55	22000
η	0,631	0,618	0,596	0,589	0,582	0,561	0,299	0,0045

a) Berechne die mittleren Änderungsraten der Funktion zwischen dem sechsten und siebten Wertepaar, sowie zwischen dem siebten und dreizehnten Wertepaar!

b) Skizziere den Verlauf der Funktion bis $\frac{m_R}{m_T} = 12$ und entscheide anhand der Skizze, ob eine Abweichung vom optimalen Wert für $\frac{m_R}{m_T} = 4,93$ um 5% nach oben oder nach unten günstiger ist!

c) In welchem Bereich ist die Funktion monoton fallend, in welchem ist sie monoton steigend? Welcher Zusammenhang besteht zwischen diesen Eigenschaften und den mittleren Änderungsraten in diesen Bereichen?

8. Um zu erforschen, welchen Gefahren die Insassen von Personenwagen bei Unfällen ausgesetzt sind, führt man sogenannte Crash-Tests durch. Bild 3.10 zeigt das Geschwindigkeits-Zeit-Diagramm eines PKW's beim Crash-Test ohne Knautsch-Zone (durchgezogene Linie) und mit Knautsch-Zone (gestrichelte Linie).

a) Bestimme für beide Kurven die mittlere Änderungsrate der Geschwindigkeit v vom Zeitpunkt des Zusammenstoßes bis zum Stillstand!

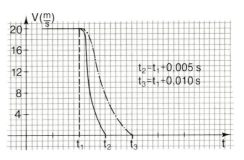

Bild 3.10

b) Die auftretenden Kräfte sind proportional zu den Geschwindigkeitsänderungen. Vergleiche die Kraft beim Aufprall ohne Knautsch-Zone mit der Kraft beim Aufprall mit Knautsch-Zone!

II. Der Begriff der Ableitung

1. Im vorigen Abschnitt haben wir bei den Beispielen zu mittleren Änderungsraten nur solche Fälle betrachtet, bei denen von der einen Vorgang beschreibenden Funktion nur **einzelne Wertepaare** gegeben waren, z.B. bei der Autobahnfahrt die im Abstand von je 20 km abgelesenen Uhrzeiten (vgl. Bild 3.2, S. 53).
Daher haben wir bei diesem Beispiel zur Beschreibung des Bewegungsablaufes jeweils nur Geschwindigkeiten bestimmen können, die einen **Durchschnittswert** für die betreffende Strecke (bzw. für den betreffenden Zeitraum) darstellen.
Es ist aber nicht anzunehmen, daß das Fahrzeug zwischen den einzelnen Messungen ständig mit gleichbleibender Geschwindigkeit gefahren ist, weil der Fahrer sich ja der jeweiligen Verkehrssituation anpassen mußte. So könnte er z.B. auf der dritten Teilstrecke (Bild 3.2) zeitweilig in eine kleine Stauung geraten sein, so daß er zwischendurch abbremsen mußte und hinterher wieder beschleunigen konnte.
Mit welcher Geschwindigkeit ein Auto gerade fährt, das kann der Fahrer ständig am Geschwindigkeitsmeßgerät seines Fahrzeuges, am Tachometer, ablesen. Es handelt sich dabei nicht um eine Durchschnittsgeschwindigkeit, wie wir sie oben berechnet haben, sondern um die Geschwindigkeit zu einem bestimmten Zeitpunkt t_0, um die sogenannte „**Momentangeschwindigkeit**".

2. Auch bei anderen Funktionen, die zur Beschreibung irgendwelcher Situationen herangezogen werden, genügt es häufig nicht, die **Änderungstendenz** der Funktion durch mittlere Änderungsraten zwischen zwei herausgegriffenen Stellen x_1 und x_2 zu erfassen; vielmehr kommt es darauf an, das Veränderungsverhalten der betreffenden Funktion **an einer einzigen Stelle** zu beurteilen, also eine „**lokale Änderungsrate**" angeben zu können. Wie man zu einer solchen Größe kommen kann, damit wollen wir uns im folgenden beschäftigen.

3. Wir betrachten dazu zunächst das folgende

Beispiel:

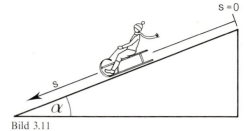

Am Kopf eines mit Schnee bedeckten, vereisten Hügels steht an der „Startmarke" (s = 0) ein Schlitten. Zur Zeit t = 0 wird er losgelassen und gleitet den Hügel, der die Form einer schiefen Ebene hat, hinunter (Bild 3.11).

Bild 3.11

Aus den Grundgesetzen der Mechanik ist die Weg-Zeit-Funktion für einen solchen Bewegungsvorgang ableitbar. Wenn man vom Reibungswiderstand (an der Eisfläche und an der Luft) absieht, dann hat die Funktionsgleichung die Form

$$s = c \cdot t^2.$$

Dabei bedeutet t die Zeit (gemessen in sec) und s die Länge der zurückgelegten Strecke (gemessen in m). Ferner gilt $c = \frac{1}{2} \cdot g \cdot \sin \alpha$, wobei g die Erdbeschleunigung und α die Größe des Neigungswinkels der Ebene gegenüber der Horizontalen bezeichnet. Zur Vereinfachung wollen wir hier die Buchstaben s, t und c aber nur als Variable für die **Maßzahlen** der betreffenden Größen auffassen.

Für einen Neigungswinkel von etwa 2,9° gilt $c = \frac{1}{4}$. Dann lautet die Funktionsgleichung

$$s = \tfrac{1}{4} t^2.$$

(Beachte, daß diese Gleichung nur für die Maßzahlen von Weglänge und Zeit gelten kann; denn die Maßeinheit einer Länge kann nicht gleich der Maßeinheit des Quadrates einer Zeit sein.)
Bild 3.12 zeigt den Graphen dieser Weg-Zeit-Funktion f; wir wählen $D(f) = \mathbb{R}^{\geq 0}$.

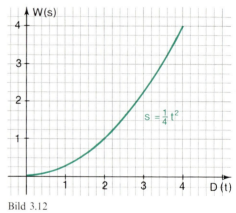

Bild 3.12

4. Wir fragen nun nach der **Geschwindigkeit**, welche der Schlitten etwa nach einer Sekunde, nach zwei Sekunden, usw. hat, also nach der Geschwindigkeit in einem Augenblick, zu einem bestimmten Zeitpunkt, nach der sogenannten **„Momentangeschwindigkeit"**.

Aus den Überlegungen, die wir im vorigen Abschnitt angestellt haben, wissen wir bereits, daß die **Geschwindigkeit** eines bewegten Körpers durch die **Steigung des Funktionsgraphen** der zugehörigen Weg-Zeit-Funktion erfaßt wird.

In anderen Fällen wird die Änderungstendenz einer Funktion ebenfalls durch die Steigung des Funktionsgraphen erfaßt, z.B. der Anstieg der Preise für eine bestimmte Ware im Laufe der Zeit, der Abfall des Luftdruckes bei zunehmender Höhe usw.

Es liegt daher nahe, das Problem sofort allgemeiner anzugehen, also unabhängig von der betreffenden Anwendungssituation nach der Steigung eines Funktionsgraphen zu einer Funktion f in einem bestimmten Punkt P zu fragen. Und zwar nehmen wir die Funktion f,

§3, II. Der Begriff der Ableitung

die zum oben geschilderten Problem der Schlittenfahrt gehört, also die Funktion f zu

$$f(x) = \tfrac{1}{4}x^2 \quad \text{mit} \quad D(f) = \mathbb{R}^{\geq 0}.$$

Wir fragen also nach der Steigung des zugehörigen Funktionsgraphen (Bild 3.13) zur Stelle $x_0 = 1$. Wenn wir dieses Problem gelöst haben, können wir auch sagen, welche Momentangeschwindigkeit der Schlitten nach einer Sekunde erreicht hat.

5. Nun erkennt man sofort, daß der Graph in Bild 3.13 für wachsende x-Werte immer steiler wird. Wir können die Steigung im Punkt $P_0(1|\tfrac{1}{4})$ noch gar nicht berechnen; strenggenommen ist nicht einmal definiert, was man unter der „Steigung einer Kurve in einem Punkt P_0" verstehen soll.
Wir wissen bisher lediglich, daß die Steigung der Verbindungsstrecke zwischen zwei Punkten $P_0(x_0|y_0)$ und $P_1(x_1|y_1)$ durch

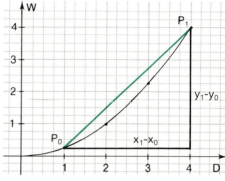

Bild 3.13

$$m = \frac{y_1 - y_0}{x_1 - x_0} \quad \text{(Bild 3.13)}$$

gegeben ist.

Um einen Näherungswert für die Steigung zur Stelle $x_0 = 1$ zu erhalten, greifen wir daher zusätzlich zum Punkt $P_0(1|\tfrac{1}{4})$ z.B. noch den Punkt $P_1(4|4)$ aus dem Funktionsgraphen heraus; dann ergibt sich als Steigung für die Sehne zwischen P_0 und P_1:

$$m_{P_0P_1} = \frac{y_0 - y_1}{x_0 - x_1} = \frac{4 - \tfrac{1}{4}}{4 - 1} = \frac{\tfrac{15}{4}}{3} = \frac{5}{4} = 1{,}25 \quad \text{(Bild 3.13)}.$$

Man nennt $m_{P_0P_1}$ eine **„Sehnensteigung"** oder **„Intervallsteigung"**.

6. Da der Funktionsgraph im Punkte $P_0(1|\tfrac{1}{4})$ deutlich weniger steil verläuft als die Sehne, ist der berechnete Steigungswert viel zu groß.
Einen besseren Näherungswert für die Steigung in $P_0(1|\tfrac{1}{4})$ erhält man, wenn man den zweiten Punkt näher beim Punkt P_0 wählt. Mit $P_2(3|\tfrac{9}{4})$ erhält man die Sehnensteigung

$$m_{P_0P_2} = \frac{y_2 - y_0}{x_2 - x_0} = \frac{\tfrac{9}{4} - \tfrac{1}{4}}{3 - 1} = \frac{2}{2} = 1$$

und mit $P_3(2|1)$ die Sehnensteigung

$$m_{P_0P_3} = \frac{y_3 - y_0}{x_3 - x_0} = \frac{1 - \tfrac{1}{4}}{2 - 1} = \frac{3}{4} = 0{,}75.$$

Wenn wir das angedeutete Verfahren fortsetzen, müssen wir eine Folge von x-Werten $x_1, x_2, x_3, \ldots$, allgemein x_n wählen, die sich immer mehr der Zahl $x_0 = 1$ nähern und die zugehörigen Sehnensteigungen

$$m_{P_0P_n} = \frac{y_n - y_0}{x_n - x_0}$$

berechnen.

Es ist zweckmäßig, die x_n-Werte durch eine Hilfsvariable h zu erfassen, die den Abstand des jeweiligen x_n-Wertes vom gewählten x_0-Wert (hier: $x_0 = 1$) angibt, also durch

$$h = x_n - x_0 \quad \text{bzw.} \quad x_n = x_0 + h$$
(Bild 3.14).

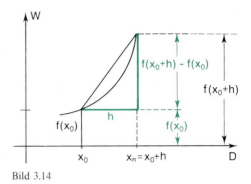

Bild 3.14

Dabei ist zu beachten, daß $h \neq 0$ sein muß, weil sonst $x_n = x_0$ und somit $P_n = P_0$ wäre und eine Sehnensteigung nicht berechnet werden könnte.

Der zu $x_n = x_0 + h$ gehörende Funktionswert ist dann allgemein gegeben durch

$$y_n = f(x_n) = f(x_0 + h),$$

in unserem Beispiel mit $f(x) = \frac{1}{4}x^2$ also durch

$$f(x_0 + h) = \frac{1}{4}(x_0 + h)^2.$$

Die Sehnensteigung zwischen P_0 und P_n hängt dann – außer von der Funktion f – nur noch von der gewählten Stelle x_0 (hier: $x_0 = 1$) und von h ab; wir bezeichnen sie daher mit „$m_f(x_0; h)$" oder kurz mit „$m(x_0; h)$", gelesen „m von x_0 und h". Es gilt:

$$m(x_0; h) = \frac{f(x_0 + h) - f(x_0)}{(x_0 + h) - x_0} = \frac{f(x_0 + h) - f(x_0)}{h} \quad \text{(für } h \neq 0\text{)} \quad \text{(Bild 3.14)}.$$

In unserem Falle ist $x_0 = 1$, also

$$m(1; h) = \frac{f(1 + h) - f(1)}{h} = \frac{1}{h}\left[\frac{1}{4}(h + 1)^2 - \frac{1}{4}\right].$$

7. Wir wählen nun für h immer kleinere Zahlen und berechnen (etwa mit Hilfe eines Taschenrechners) die zugehörigen Sehnensteigungen. Wir erhalten dann z.B. die Werte der folgenden Tabelle.

h	$1 + h$	$f(1 + h) = \frac{1}{4}(1 + h)^2$	$m(1; h) = \frac{1}{h}[f(1 + h) - f(1)]$
0,1	1,1	0,3025	0,525
0,01	1,01	0,255025	0,5025
0,001	1,001	0,25050025	0,50025
0,0001	1,0001	0,2500500025	0,500025
⋮	⋮	⋮	⋮

Bemerkung: Die Werte, die wir hier für h gewählt haben, sind gegeben durch den Term 10^{-n}, wenn man in n der Reihe nach die natürlichen Zahlen (1, 2, 3, ...) einsetzt. Statt „von rechts" kann man sich der betreffenden Stelle (hier: $x_0 = 1$) auch „von links" annähern. Das können wir dadurch erfassen, daß wir in den Differenzenquotienten für h eine Folge negativer Zahlen einsetzen, die ebenfalls der Zahl 0 immer näher kommen.

Auf diese Weise erhält man z.B. die Werte der folgenden Tabelle.

h	1+h	$f(1+h) = \frac{1}{4}(1+h)^2$	$m(1;h) = \frac{1}{h}[f(1+h)-f(1)]$
−0,1	0,9	0,2025	0,475
−0,01	0,99	0,245025	0,4975
−0,001	0,999	0,24950025	0,49975
−0,0001	0,9999	0,2499500025	0,499975
⋮	⋮	⋮	⋮

Die Werte von h sind hier gegeben durch den Term -10^{-n}. Man erkennt, daß sich in beiden Fällen die Folge der Zahlen, die man auf diese Weise für $m(1;h)$ erhält, immer mehr der Zahl 0,5 nähert, und zwar unabhängig davon, ob man für h positive oder negative Werte wählt, ob man sich also der Zahl $x_0 = 1$ „von rechts" oder „von links" nähert. Je kleiner – absolut genommen – die Zahl h gewählt wird, je näher also die Zahl $1+h$ bei $x_0 = 1$ liegt, um so näher liegt der Wert von $m(1;h)$ bei 0,5.

Man spricht von einem „**Grenzwert**", einem „**limes**" und schreibt:

$$\lim_{h \to 0} m(1;h) = \lim_{h \to 0} \frac{f(1+h)-f(1)}{h} = 0,5, \text{ gelesen „limes von } m(1;h) \text{ für h gegen 0 gleich...".}$$

Offensichtlich haben wir mit diesem Grenzwert 0,5 eine Zahl erhalten, die wir als „**lokale Änderungsrate**" der Funktion an der Stelle $x_0 = 1$ und somit als Steigung des Funktionsgraphen im Punkte $P_0(1 | \frac{1}{4})$ auffassen können.

Für unser Ausgangsbeispiel (Schlittenfahrt auf einer vereisten schiefen Ebene) bedeutet dies, daß wir dem Schlitten nach einer Sekunde Fahrzeit eine Momentangeschwindigkeit von $0,5 \frac{m}{\text{sec}}$ zuschreiben können.

8. Was wir bisher nur den in den obigen Tabellen aufgeführten Zahlenwerten entnommen haben, können wir durch eine Umformung des Terms $\frac{f(1+h)-f(1)}{h}$ noch verdeutlichen. Es gilt nämlich für $h \neq 0$:

$$m(1;h) = \frac{f(1+h)-f(1)}{h} = \frac{1}{h}\left[\frac{1}{4}(1+h)^2 - \frac{1}{4}\right] = \frac{1}{4h}(1+2h+h^2-1) = \frac{2h+h^2}{4h} = \frac{h(2+h)}{4h} = \frac{2+h}{4} = \frac{1}{2} + \frac{h}{4}.$$

Beachte, daß das Kürzen durch den Faktor h erlaubt ist, weil wir $h \neq 0$ vorausgesetzt haben. Am Ergebnis dieser Umformungen kann man noch deutlicher als an den Werten in der Tabelle erkennen, daß $m(1;h)$ gegen $\frac{1}{2}$ strebt, wenn h gegen 0 strebt. Je kleiner nämlich – absolut genommen – der Wert von h gewählt wird, um so kleiner ist – absolut genommen – auch der Wert von $\frac{h}{4}$ und um so näher liegt der Wert von $m(1;h)$ bei $\frac{1}{2}$. Man erkennt daran auch, daß es nicht darauf ankommt, welche Werte man für h auswählt, sondern nur darauf, daß diese Werte schließlich beliebig nahe bei 0 liegen. Statt der h-Werte in obigen Tabellen hätte man z.B. auch die Zahlen $\frac{1}{2}, \frac{1}{4}, \frac{1}{8}, \frac{1}{16}, \frac{1}{32}, \ldots$, also die Potenzen $\left(\frac{1}{2}\right)^n$ (mit $n \in \mathbb{N}$) oder die negativen Werte $-\frac{1}{2}, -\frac{1}{4}, -\frac{1}{8}, -\frac{1}{16}, -\frac{1}{32}$, also die Zahlen $-\left(\frac{1}{2}\right)^n$ (mit $n \in \mathbb{N}$)

wählen können (Aufg. 1). Denn auch diese Zahlen kommen der Zahl 0 schließlich beliebig nahe.

Es ist natürlich sehr wichtig, daß der Grenzwert nicht davon abhängig sein darf, welche Folge von gegen 0 strebenden h-Werten ausgewählt wird, insbesondere nicht davon, ob diese Zahlen positiv oder negativ sind. Daß diese Bedingung nicht in jedem Fall erfüllt ist, werden wir im III. Abschnitt an einigen Beispielen zeigen.

9. Bei unserem Beispiel konnten wir bei der Umformung des Differenzenquotienten $\frac{f(1+h)-f(1)}{h}$ durch h kürzen. Dies ist, wie wir später sehen, keineswegs immer so. In diesem Fall ist der sich am Ende der Umformungen ergebende Term $\frac{1}{2}+\frac{h}{4}$ sogar für $h=0$ definiert. Wir können den Grenzwert $\frac{1}{2}$ bei diesem Beispiel also sogar dadurch ermitteln, daß wir in $\frac{1}{2}+\frac{h}{4}$ den Wert $h=0$ einsetzen. Dies ist aber keineswegs bei jedem Beispiel so einfach. Es ist auch keineswegs gesagt, daß ein solcher Grenzwert in jedem Fall existiert.

Ferner ist zu beachten, daß wir hier **keine strenge Definition des Grenzwertbegriffes** herausgearbeitet, sondern nur an einem einfachen Beispiel verdeutlicht haben, wie man einen Grenzwert ermitteln kann. Eine ausführliche Darstellung des **Grenzwertbegriffs für Zahlenfolgen** findet sich in §16. Die Behandlung dieses Paragraphen kann daher an dieser Stelle eingeschoben werden.

Falls §16, I–III schon vor §3 behandelt worden ist, kann an dieser Stelle §16, IV eingefügt werden.

10. Der berechnete Grenzwert $\lim_{h \to 0} \frac{f(1+h)-f(1)}{h} = \frac{1}{2}$ ist aus dem Funktionsterm $f(x)=\frac{1}{4}x^2$ zur Funktion f abgeleitet worden, und zwar zur Stelle $x_0 = 1$. Man nennt diesen Grenzwert daher auch die „**Ableitung der Funktion f an der Stelle 1**" und bezeichnet ihn mit

„**f′(1)**", gelesen „f Strich an der Stelle 1" oder kurz „f Strich von 1".

Da der Grenzwert f′(1) existiert, sagt man:
die Funktion f ist „**differenzierbar an der Stelle 1**".
Den Wert f′(1) ordnet man dem Funktionsgraphen als Steigung im Punkt $P_0(1|\frac{1}{4})$ zu:

$$m_{P_0} = f'(1).$$

11. Was wir an obigem Beispiel kennengelernt haben, wollen wir nun in der folgenden Definition allgemein formulieren:

D 3.2 1) Unter der „**Ableitung $f'(x_0)$ einer Funktion f an einer Stelle $x_0 \in D(f)$**" versteht man den Grenzwert des Differenzenquotienten; also

$$f'(x_0) = \lim_{h \to 0} m(x_0; h) = \lim_{h \to 0} \frac{f(x_0+h)-f(x_0)}{h}.$$

2) Falls die Ableitung $f'(x_0)$ existiert, nennt man die Funktion f „**differenzierbar an der Stelle x_0**".

3) Den Wert $f'(x_0)$ ordnet man dem Funktionsgraphen von f als Steigung im Punkt $P_0(x_0|f(x_0))$ zu.

Bemerkungen:

1) Statt des Ausdrucks „Ableitung" ist in der mathematischen Literatur auch das Wort „Differentialquotient" zur Bezeichnung von $f'(x_0)$ gebräuchlich. Diese Bezeichnung erinnert daran, daß $f'(x_0)$ der Grenzwert von Differenzenquotienten ist. Der Name „Differentialquotient" kann aber leicht zu dem Mißverständnis führen, es handle sich bei $f'(x_0)$ um einen Quotienten. Da dies nicht der Fall ist, wollen wir diese Bezeichnung hier nicht verwenden.

2) Auch der Ausdruck **„differenzierbar"** erinnert an die Tatsache, daß $f'(x_0)$ der Grenzwert einer Folge von **Differenz**quotienten ist. Man nennt daher das Berechnen der Ableitung $f'(x_0)$ auch **„Differenzieren"**. Das Teilgebiet der Mathematik, das sich mit dem Differenzieren beschäftigt, nennt man **„Differentialrechnung"**.

3) Der Begriff der Ableitung einer Funktion f in D 3.2 bezieht sich auf eine **einzelne** Stelle $x_0 \in D(f)$; er beschreibt also eine **lokale** Eigenschaft der Funktion. Wir werden den Begriff später erweitern, z.B. auf Intervalle oder andere Teilmengen von $\mathbb{R}$.

4) Auf die Bezeichnung der Stelle x_0 kommt es nicht an; statt „x_0" können wir auch einfach „x" schreiben; dann gilt:

$$f'(x) = \lim_{h \to 0} \frac{f(x+h) - f(x)}{h}.$$

5) Bei der Grenzwertbildung ist von entscheidender Bedeutung, daß der Grenzwert unabhängig davon ist, welche Folge von gegen 0 strebenden h-Werten ausgewählt wird. Beispiele für Fälle, bei denen dies nicht der Fall ist, werden wir im folgenden Abschnitt kennenlernen.

Übungen und Aufgaben

1. f sei die Funktion zu $f(x) = \frac{1}{4}x^2$. Ermittle für die folgenden Werte von h die Werte des Differenzenquotienten zur Stelle $x_0 = 1$! Welcher Grenzwert zeichnet sich jeweils ab?

a) $\frac{1}{2}, \frac{1}{4}, \frac{1}{8}, \frac{1}{16}, \frac{1}{32}, \ldots, 2^{-n}$ b) $-\frac{1}{2}, -\frac{1}{4}, -\frac{1}{8}, -\frac{1}{16}, -\frac{1}{32}, \ldots, -2^{-n}$

c) $0{,}1;\ 0{,}01;\ 0{,}001;\ 0{,}0001;\ \ldots;\ 10^{-n}$ d) $-0{,}1;\ -0{,}01;\ -0{,}001;\ -0{,}0001;\ \ldots;\ -10^{-n}$

2. Verfahre mit der Funktion f zu $f(x) = x^2 - 2$ und der Stelle $x_0 = -2$ wie in Aufgabe 1!

3. Welche Geschwindigkeit hat ein Schlitten, der sich gemäß der Gleichung $s = \frac{1}{4}t^2$ bewegt, nach 2, 3, 5 Sekunden?

4. Gegeben sind die Funktion f zu $f(x) = [x]$ und die Stelle $x_0 = 3$.

a) Berechne die Differenzenquotienten für $h = -\frac{1}{n}$ und für $h = \frac{1}{n}$ (jeweils mit n = 1, 2, 3, 4, 10, 100)!

b) Verfahre entsprechend an der Stelle $x_1 = 2{,}5$!

c) Vergleiche die Werte der Differenzenquotienten, die sich in den beiden Fällen ergeben!

d) Was läßt sich über die Differenzierbarkeit der Gaußklammerfunktion an den Stellen 3 und 2,5 aussagen?

e) Kann man die Aussagen von d) auf andere Stellen übertragen? Begründung!

5. Berechne jeweils zur Stelle x_0 und mit den angegebenen Werten von h so viele Glieder einer Folge von Differenzenquotienten, bis du erkennen kannst, welcher Grenzwert sich wahrscheinlich ergibt! Lege eine Tabelle wie im Lehrtext (S. 62) an! Benutze gegebenenfalls einen Taschenrechner!

a) $f(x) = x^2 + 1$; $x_0 = 1$; $h = 2^{-n}$
b) $f(x) = (x-1)^2$; $x_0 = 0$; $h = -10^{-n}$
c) $f(x) = 3 - x^2$; $x_0 = 2$; $h = -n^{-2}$
d) $f(x) = x^3$; $x_0 = -1$; $h = 10^{-n}$

6. Ermittle jeweils den Grenzwert des Differenzenquotienten zur Stelle x_0 nach dem Verfahren, welches im Lehrtext unter 8. (S. 63) dargestellt ist!

a) $f(x) = \frac{1}{2}x^2$; $x_0 = -1$
b) $f(x) = -\frac{1}{4}x^2$; $x_0 = 2$
c) $f(x) = 3x^2 - 2x$; $x_0 = 1$
d) $f(x) = (x-2)^2$; $x_0 = 3$
e) $f(x) = x^3 - 5$; $x_0 = -1$
f) $f(x) = x^2 + 3x - 2$; $x_0 = -2$

7. Welche Geschwindigkeit würde ein Abfahrtsläufer nach 10 Sekunden Fahrtzeit erreichen, der eine Skipiste mit einem Neigungswinkel von $\alpha = 17{,}5°$ herabfährt, wenn weder Luftwiderstand noch Reibungskräfte aufträten? Die Weg-Zeit-Funktion ist unter diesen Annahmen gegeben durch $s = \frac{1}{2} g \cdot \sin\alpha \cdot t^2 \approx 1{,}5 \cdot t^2$, wobei s in m und t in sec gemessen werden. Berechne die Geschwindigkeit auch in der Einheit $\frac{\text{km}}{\text{h}}$!

III. Beispiele für Ableitungen. Gegenbeispiele

1. Zur Erläuterung des Ableitungsbegriffs behandeln wir in diesem Abschnitt einige einfache

Beispiele:

1) $f(x) = x^2 + 2x - 3$; wir wählen $x_0 = 2$ mit $f(2) = 5$. Dann gilt:

$$m(2; h) = \frac{1}{h}[f(2+h) - f(2)] = \frac{1}{h}[(2+h)^2 + 2(2+h) - 3 - 5]$$

$$= \frac{1}{h}[(4 + 4h + h^2) + (4 + 2h) - 8] = \frac{1}{h}(6h + h^2) = 6 + h.$$

Also ist $f'(2) = \lim\limits_{h \to 0} (6+h) = 6$.

2) $f(x) = x^3$; wir wählen $x_0 = -1$ mit $f(-1) = -1$. Dann gilt:

$$m(-1; h) = \frac{1}{h}[f(-1+h) - f(-1)] = \frac{1}{h}[(h-1)^3 - (-1)]$$

$$= \frac{1}{h}[(h^3 - 3h^2 + 3h - 1) + 1] = \frac{1}{h}[h^3 - 3h^2 + 3h] = h^2 - 3h + 3.$$

Also ist $f'(-1) = \lim\limits_{h \to 0} (h^2 - 3h + 3) = 3$.

§3, III. Beispiele für Ableitungen. Gegenbeispiele

3) $f(x) = \dfrac{1}{x}$ mit $D(f) = \mathbb{R}^{\neq 0}$. Wir wählen $x_0 = 1$ mit $f(1) = 1$. Dann gilt:

$$m(1;h) = \dfrac{1}{h}[f(1+h) - f(1)] = \dfrac{1}{h}\left[\dfrac{1}{1+h} - 1\right] = \dfrac{1}{h}\left[\dfrac{1-(1+h)}{1+h}\right] = \dfrac{-h}{h(1+h)} = \dfrac{-1}{1+h}.$$

Also ist: $f'(1) = \lim\limits_{h \to 0}\left(\dfrac{-1}{1+h}\right) = -1.$

4) $f(x) = \dfrac{2x+1}{x-2}$ mit $D(f) = \mathbb{R}^{\neq 2}$. Wir wählen $x_0 = 3$ mit $f(3) = 7$. Dann gilt:

$$m(3;h) = \dfrac{1}{h}\left[\dfrac{2(3+h)+1}{(3+h)-2} - 7\right] = \dfrac{1}{h} \cdot \dfrac{6+2h+1-7(h+1)}{h+1} = \dfrac{-5h}{h(h+1)} = -\dfrac{5}{h+1}.$$

Also ist: $f'(3) = \lim\limits_{h \to 0}\left(\dfrac{-5}{h+1}\right) = -5.$

5) $f(x) = \sqrt{x}$ mit $D(f) = \mathbb{R}^{\geq 0}$. Wir wählen $x_0 = 4$ mit $f(4) = 2$. Dann gilt:

$$m(4;h) = \dfrac{1}{h}[\sqrt{4+h} - 2] = \dfrac{1}{h} \cdot \dfrac{(\sqrt{4+h}-2)(\sqrt{4+h}+2)}{\sqrt{4+h}+2} = \dfrac{4+h-4}{h(\sqrt{4+h}+2)} = \dfrac{1}{\sqrt{4+h}+2}.$$

Hierbei ist zu beachten, daß $h \geq -4$ sein muß, damit $\sqrt{4+h}$ definiert ist. Diese Einschränkung ist aber unwesentlich, weil wir uns für den Grenzwert mit $h \to 0$ interessieren. Es ergibt sich:

$$f'(4) = \lim_{h \to 0} \dfrac{1}{\sqrt{4+h}+2} = \dfrac{1}{4}.$$

2. Bei allen hier behandelten Beispielen können wir bei der Umformung des Differenzenquotienten durch den Faktor h kürzen. Der sich ergebende Term ist dann auch für $h = 0$ definiert. Der Grenzwert für $h \to 0$ ergibt sich daher bei allen fünf Beispielen am Ende einfach durch Einsetzen der Zahl 0 in die Variable h. Dies ist jedoch keineswegs immer so einfach.

Beispiel:

Bild 3.15 zeigt den Graphen der Sinusfunktion. Es ist augenscheinlich, daß dieser Graph z.B. an der Stelle 0 eine bestimmte Steigung, die Sinusfunktion, also einen bestimmten Ableitungswert hat. Wegen $\sin 0 = 0$ gilt:

$$f'(0) = \lim_{h \to 0} m(0;h)$$
$$= \lim_{h \to 0} \dfrac{\sin(0+h) - \sin 0}{h}$$
$$= \lim_{h \to 0} \dfrac{\sin h}{h}.$$

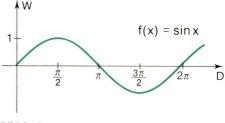

Bild 3.15

Hier ist ein Kürzen des Differenzenquotienten nicht möglich; daher können wir diesen Grenzwert vorerst noch nicht berechnen. Wir kommen auf dieses Problem in §4,V zurück.

3. An weiteren **Beispielen** wollen wir zeigen, daß eine Ableitung nicht in jedem Falle existiert.

1) $f(x) = \sqrt{x}$ mit $D(f) = \mathbb{R}^{\geq 0}$. Wir wählen $x_0 = 0$ mit $f(0) = 0$. Dann gilt:

$$m(0, h) = \frac{1}{h}(\sqrt{0+h} - \sqrt{0}) = \frac{\sqrt{h}}{h} = \frac{1}{\sqrt{h}}.$$

Für $h \to 0$ existiert hier kein Grenzwert. Setzt man nämlich in h immer kleinere (positive) Zahlen ein, so werden die Werte von $\frac{1}{\sqrt{h}}$ immer größer; z.B. gilt:

$$m(0; \tfrac{1}{100}) = \sqrt{100} = 10; \quad m(0; 10^{-6}) = \sqrt{10^6} = 10^3; \quad m(0; 10^{-12}) = \sqrt{10^{12}} = 10^6, \text{ usw.}$$

Man sagt: „$\frac{1}{\sqrt{h}}$ strebt für $h \to 0$ über alle Schranken".

Diesen Sachverhalt haben wir schon in §2,IV erörtert. Bild 2.33 (S. 45) zeigt den Graphen der zu $\frac{1}{\sqrt{x}}$ gehörenden Funktion; diese Funktion strebt für $x \to 0$ über alle Schranken; die W-Achse ist Asymptote des Funktionsgraphen.

Man bringt diesen Sachverhalt gelegentlich durch die folgende Schreibweise zum Ausdruck:

$$\lim_{h \to 0} \frac{1}{\sqrt{h}} = \infty, \text{ gelesen: „...gleich unendlich"}.$$

Man spricht von einem **„uneigentlichen Grenzwert"**, weil das Zeichen „∞" keine Zahl bezeichnet. Durch diese Schreibweise wird vielmehr lediglich der oben geschilderte Sachverhalt in knapper Form ausgedrückt.

Wir können diesen Sachverhalt auch am Graphen der Quadratwurzelfunktion anschaulich klarmachen (Bild 3.16). Nähert man sich nämlich der Stelle $x_0 = 0$, so wird der Funktionsgraph immer steiler; die Kurve läuft schließlich senkrecht von oben in den Nullpunkt hinein, hat also für $x_0 = 0$ genau so wenig eine Steigung wie z.B. auch alle Geraden, die parallel zur W-Achse verlaufen. Die Quadratwurzel hat also an der Stelle $x_0 = 0$ keinen Ableitungswert, sie ist dort **nicht differenzierbar**.

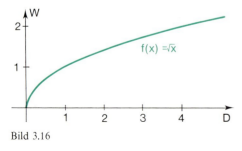

Bild 3.16

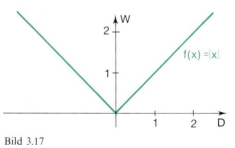

Bild 3.17

2) $f(x) = |x|$ mit $D(f) = \mathbb{R}$. Wir wählen $x_0 = 0$ mit $f(0) = 0$ (Bild 3.17). Dann gilt:

$$m(0; h) = \frac{f(0+h) - f(0)}{h} = \frac{|0+h| - 0}{h} = \frac{|h|}{h}.$$

§3, III. Beispiele für Ableitungen. Gegenbeispiele

Nun gilt $|h| = \begin{cases} h & \text{für } h \geq 0 \\ -h & \text{für } h < 0. \end{cases}$

Wir haben bei der Berechnung des Grenzwertes also zwei Fälle zu unterscheiden, nämlich für $h \geq 0$ und für $h < 0$.

a) Für $h \geq 0$ gilt: $m(0;h) = \dfrac{|h|}{h} = 1$, also auch $\lim\limits_{h \to 0} m(0;h) = 1$.

b) Für $h < 0$ gilt: $m(0;h) = \dfrac{|h|}{h} = -1$, also auch $\lim\limits_{h \to 0} m(0;h) = -1$.

Das Ergebnis ist also davon abhängig, ob man bei der Folge der h-Werte positive oder negative Werte wählt, ob man sich also der Zahl 0 „von rechts" oder „von links" nähert. Man erkennt dies auch unmittelbar am Funktionsgraphen (Bild 3.17), der ja aus zwei geradlinigen Teilen mit den Steigungen 1 und -1 besteht, die im Nullpunkt zusammenstoßen.

Ein eindeutig bestimmter Grenzwert existiert bei dieser Funktion zur Stelle $x_0 = 0$ also nicht. Insofern ist die Betragsfunktion an der Stelle $x_0 = 0$ **nicht differenzierbar;** dem Graphen kann keine Steigung im Nullpunkt zugeordnet werden.

Die beiden oben berechneten Grenzwerte nennt man einen „**rechtsseitigen**" bzw. einen „**linksseitigen Grenzwert**", in diesem Fall eine „**rechtsseitige**" bzw. eine **linksseitige Ableitung**". Man schreibt:

$$r\text{-}\lim_{h \to 0} m(0;h) = f'_r(0) = 1 \quad \text{und} \quad l\text{-}\lim_{h \to 0} m(0;h) = f'_l(0) = -1.$$

Man erkennt also, daß eine Funktion f an einer Stelle x_0 nur dann differenzierbar ist, wenn der Grenzwert des Differenzenquotienten unabhängig davon ist, **wie** die Folge der h-Werte ausgewählt wird. Insbesondere muß die linksseitige Ableitung mit der rechtsseitigen Ableitung übereinstimmen.

Übungen und Aufgaben

1. Berechne jeweils die Ableitung an der Stelle x_0!

a) $f(x) = x^2$; $x_0 = 2$ b) $f(x) = x^2 - 2$; $x_0 = -1$ c) $f(x) = -x^2$; $x_0 = 3$

d) $f(x) = x^2 + x - 4$; $x_0 = 1$ e) $f(x) = \dfrac{1}{x^2}$; $x_0 = -1$ f) $f(x) = -x^3$; $x_0 = 1$

g) $f(x) = 5$; $x_0 = -2$ h) $f(x) = 3x - 7$; $x_0 = 5$ i) $f(x) = \sqrt{x}$; $x_0 = 9$

j) $f(x) = \dfrac{2x}{x-1}$; $x_0 = 4$ k) $f(x) = \dfrac{x-1}{x^2+1}$; $x_0 = -1$ l) $f(x) = \operatorname{sign} x$; $x_0 = 3$

2. Zeige jeweils, daß die Funktion an der Stelle x_0 nicht differenzierbar ist! Ermittle zwei Zahlenfolgen für h, für die die Differenzenquotienten gegen verschiedene Grenzwerte streben!

a) $f(x) = |x - 2|$; $x_0 = 2$ b) $f(x) = -|x|$; $x_0 = 0$ c) $f(x) = \sqrt{|x|}$; $x_0 = 0$

d) $f(x) = \operatorname{sign} x$; $x_0 = 0$ e) $f(x) = x - |x|$; $x_0 = 0$ f) $f(x) = |x^2 - 2x - 3|$; $x_0 = 3$

3. Zeichne die Graphen der Funktionen von Aufgabe 2! Begründe jeweils an Hand des Funktionsgraphen, daß die Funktion an der Stelle x_0 nicht differenzierbar ist!

4. Zeige jeweils, daß die Funktion f an der Stelle x_0 nicht differenzierbar ist!

   a) $f(x) = \sqrt{x-2}$; $x_0 = 2$
   b) $f(x) = -\sqrt{2x+1}$; $x_0 = -\frac{1}{2}$

5. Untersuche jeweils, ob die Funktion f an der Stelle x_0 differenzierbar ist und berechne gegebenenfalls die Ableitung an der Stelle x_0!

   a) $f(x) = \dfrac{1}{x^2+1}$; $x_0 = -1$
   b) $f(x) = [x]$; $x_0 = 1$
   c) $f(x) = x^2 \operatorname{sign} x$; $x_0 = 0$
   d) $f(x) = |x+1|$; $x_0 = -1$
   e) $f(x) = x|x-1|$; $x_0 = 1$
   f) $f(x) = |x^2 + 2x|$; $x_0 = 0$; $x_0 = -2$

IV. Der Begriff der Tangente

1. Mit dem im II. Abschnitt definierten Begriff der Ableitung ist es uns gelungen, eine „**lokale Änderungsrate**" für eine Funktion f zu definieren, d.h. die „**Änderungstendenz**" einer Funktion f an einer Stelle x_0 quantitativ zu erfassen. Wir haben dabei gleichzeitig den Begriff der „**Steigung**" eines Funktionsgraphen in einem Punkt $P_0(x_0 \,|\, f(x_0))$ definieren können.

Wir wollen in diesem Abschnitt zeigen, daß es mit Hilfe des Ableitungsbegriffs gelingt, einen weiteren Begriff allgemein zu definieren, nämlich den Begriff der „**Tangente an eine Kurve in einem Punkt**".

2. Dem Begriff der „Tangente" liegt anschaulich die folgende Vorstellung zugrunde: unter allen Geraden, die durch einen Punkt P auf einer Kurve hindurchgehen, ist die Tangente t diejenige, die sich der Kurve am besten „anschmiegt", die die Kurve in diesem Punkt „berührt" (Bild 3.18)

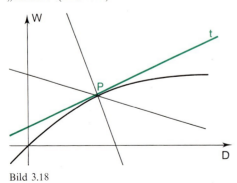
Bild 3.18

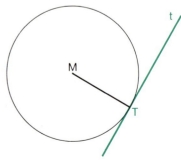
Bild 3.19

Bei einem **Kreis** ist jede Tangente eine Gerade, die mit dem Kreis **genau einen** Punkt T gemeinsam hat (Bild 3.19).

§3, IV. Der Begriff der Tangente

3. Wir wollen zunächst zeigen, daß wir bei einer **Parabel** unter einer „Tangente" ebenfalls eine Gerade verstehen können, die mit der Kurve genau einen Punkt gemeinsam hat. Dabei müssen wir lediglich die Geraden ausnehmen, die parallel zur Symmetrieachse der Parabel verlaufen.

Als **Beispiel** betrachten wir wiederum die Parabel zu

$$f(x) = \tfrac{1}{4} x^2 \text{ im Punkte } P_0(1 \mid \tfrac{1}{4})$$

(Bild 3.20).

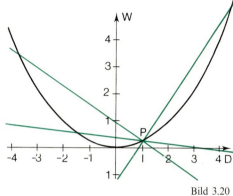

Bild 3.20

Außer den Parallelen zur W-Achse, der Symmetrieachse der Parabel, können wir jede Gerade durch diesen Punkt durch eine Gleichung nach der Punkt-Steigungs-Form

$$y = m(x - x_0) + y_0$$

(vgl. S. 27) erfassen:

$$y = m(x-1) + \tfrac{1}{4}, \text{ also } y = mx - m + \tfrac{1}{4}.$$

Die verschiedenen Geraden unterscheiden sich also nur durch ihren Steigungswert m. In der Regel haben diese Geraden außer P_0 einen weiteren Schnittpunkt mit der Parabel (Bild 3.20). Die Schnittpunkte zwischen Parabel und Gerade müssen der Bedingung

$$y = \tfrac{1}{4} x^2 \land y = mx - m + \tfrac{1}{4}$$

genügen. Nach dem Gleichsetzungsverfahren erhält man:

$$\tfrac{1}{4} x^2 = mx - m + \tfrac{1}{4} \Leftrightarrow x^2 - 4mx + (4m-1) = 0.$$

Dies ist die Normalform einer quadratischen Gleichung mit $p = -4m$ und $q = 4m - 1$. Die Diskriminante dieser quadratischen Gleichung ist

$$D = \left(\tfrac{p}{2}\right)^2 - q = (-2m)^2 - 4m + 1 = 4m^2 - 4m + 1 = (2m-1)^2.$$

Parabel und Gerade haben nur **einen** Schnittpunkt genau dann, wenn die quadratische Gleichung nur **eine** Lösung hat, wenn also gilt: $D = 0$.
Dies ist der Fall für $2m - 1 = 0$, also für $m = \tfrac{1}{2}$. Die zugehörige Gerade können wir daher als Tangente an die Parabel im Punkt P_0 ansehen; ihre Gleichung ist

$$y = \tfrac{1}{2} x - \tfrac{1}{4}.$$

4. Wenn wir das hier gewonnene Ergebnis mit dem Resultat der Überlegungen des II. Abschnittes (S. 63) vergleichen, so fällt sofort auf, daß der auf diese Weise ermittelte Steigungswert $\tfrac{1}{2}$ exakt gleich dem Ableitungswert $f'(1)$ ist, den wir auf S. 63 ermittelt haben. Bei diesem Beispiel ist die Tangente also diejenige Gerade, die durch den Punkt P_0 hindurchgeht und als Steigung m den zu dieser Stelle gehörenden Ableitungswert $f'(x_0)$ hat. Dieses Ergebnis ist nicht erstaunlich; denn auch anschaulich ist einleuchtend, daß die im II. Abschnitt betrachteten Sekanten um so „näher" bei der Tangente zum Punkt P_0 liegen, je näher der Punkt P_n bei P_0 liegt. Zu beachten ist aber, daß der Punkt P_n nie mit dem Punkt P_0 übereinstimmen darf; denn sonst wäre die fragliche Sekante nicht eindeutig festgelegt, weil es durch **einen** Punkt beliebig viele Geraden gibt.

5. Während wir bei Kreis und Parabel unter einer Tangente eine Gerade verstehen können, die mit der Kurve genau einen Punkt gemeinsam hat, zeigt Bild 3.21, daß diese Eigenschaft bei anderen Kurven für Tangenten nicht kennzeichnend ist. Es genügt auch nicht, sich auf eine „Umgebung" des Punktes T zu beschränken; denn der zweite Schnittpunkt mit der Kurve könnte beliebig nahe bei T liegen.

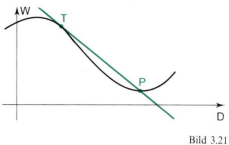

Bild 3.21

Aufgrund der Erkenntnis, die wir an obigem Parabelbeispiel gewonnen haben, können wir nun aber den Ableitungsbegriff heranziehen, um allgemein zu definieren, was unter einer **„Tangente"** zu verstehen ist.

D 3.3   **Unter der „Tangente" an einen Funktionsgraph im Punkte $P(x_0 | f(x_0))$ versteht man diejenige Gerade g, die**
     a) durch den Punkt P_0 geht und
     b) die Steigung $m = f'(x_0)$ hat.

Beachte: In D 3.3 wird natürlich vorausgesetzt, daß die Funktion f an der Stelle x_0 differenzierbar ist; anderenfalls existiert ja $f'(x_0)$ nicht.

6. Zum Abschluß behandeln wir noch ein

Beispiel:

Es soll die Tangente zu $f(x) = \dfrac{2}{x-1}$ mit $D(f) = \mathbb{R}^{\neq 1}$ zur Stelle $x_0 = -1$ bestimmt werden (Bild 3.22). Es ist $f(-1) = -1$. Es gilt:

$$m(-1; h) = \frac{1}{h}[f(-1+h) - f(-1)]$$

$$= \frac{1}{h}\left[\frac{2}{-2+h} - (-1)\right]$$

$$= \frac{1}{h} \cdot \left[\frac{2-2+h}{h-2}\right] = \frac{1}{h-2}.$$

Hierbei ist die Bedingung $h \neq 2$ zu beachten. Hieraus ergibt sich:

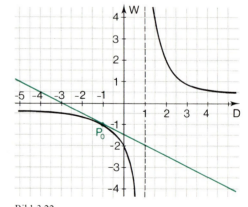

Bild 3.22

$$f'(-1) = \lim_{h \to 0} \left(\frac{1}{h-2}\right) = -\frac{1}{2}.$$

Die Tangentengleichung lautet somit in Punkt-Steigungs-Form

$$y = m(x - x_0) + y_0 \text{ (vgl. S. 27): } y = -\tfrac{1}{2}(x+1) - 1, \text{ also } y = -\tfrac{1}{2}x - \tfrac{3}{2} \text{ (Bild 3.22).}$$

Übungen und Aufgaben

1. Gegeben sind die Gleichung einer Parabel und eine Stelle x_0. Bestimme nach dem im Lehrtext unter 3. dargestellten Verfahren die Gleichung der Geraden in Normalform, die mit der Parabel nur den Punkt $P_0(x_0|y_0)$ gemeinsam hat!
   a) $y = x^2$; $x_0 = -1$ b) $y = x^2 - 2x$; $x_0 = 3$ c) $y = x^2 + 3x - 1$; $x_0 = -2$

2. Gegeben sind die Gleichungen einer Hyperbel und eine Stelle x_0. Verfahre wie in Aufgabe 1!
   a) $y = \frac{1}{x}$; $x_0 = 1$ b) $y = \frac{1}{x}$; $x_0 = -2$ c) $y = -\frac{2}{x}$; $x_0 = -1$

3. Ermittle jeweils die Gleichung der Tangente an den Funktionsgraphen im Punkte $P_0(x_0|y_0)$!
   a) $f(x) = x^3$; $x_0 = 2$ b) $f(x) = -x^2$; $x_0 = -1$ c) $f(x) = x^2 - 2x$; $x_0 = 1$
   d) $f(x) = \frac{1}{x+1}$; $x_0 = 0$ e) $f(x) = \frac{1}{x^2}$; $x_0 = -1$ f) $f(x) = \sqrt{x}$; $x_0 = 16$
   g) $f(x) = x^3 - x$; $x_0 = 0$ h) $f(x) = \sqrt{1-x}$; $x_0 = -8$ i) $f(x) = \frac{x+1}{x-1}$; $x_0 = 3$

4. Ermittle die Gleichungen der Tangenten an den Funktionsgraphen zu den Stellen x_k! Zeichne den Funktionsgraphen mit den Tangenten in den betreffenden Punkten! Welchen Zusammenhang zwischen dem Monotonieverhalten der Funktion und den Steigungen der Tangenten kann man erkennen?
   a) $f(x) = \frac{1}{x}$; $x_1 = 2$; $x_2 = 1$; $x_3 = \frac{1}{2}$; $x_4 = \frac{1}{4}$; $x_5 = -1$; $x_6 = -2$
   b) $f(x) = x^3 - 3x$; $x_1 = -2$; $x_2 = -1$; $x_3 = 0$; $x_4 = 1$; $x_5 = 2$

5. Wenn ein Automobil bei Glatteis aus einer Kurve „ausbricht", fährt es in Richtung der Tangente an die Bahnkurve weiter. Berechne die Gleichung für die Bahn eines Autos, das aus einer Kurve mit folgender Gleichung am Punkt $P_0(x_0|y_0)$ ausbricht!
   a) $f(x) = x^2 - 4x$; $x_0 = 3$ b) $f(x) = \sqrt{x}$; $x_0 = \frac{1}{4}$

V. Anwendungen des Ableitungsbegriffs

1. Bei der Einführung des Begriffs der Ableitung einer Funktion an einer Stelle x_0 haben wir einen Bewegungsvorgang betrachtet; wir haben gesehen, daß in diesem Fall die Ableitung eine sehr wichtige Bedeutung hat: sie erfaßt nämlich die Geschwindigkeit des bewegten Körpers in einem bestimmten Zeitpunkt, die sogenannte „Momentangeschwindigkeit"; genau genommen wird der Begriff der Momentangeschwindigkeit auf diese Weise sogar erst **definiert**.

Im folgenden wollen wir an einigen Beispielen zeigen, welche Bedeutung die Ableitung einer Funktion in anderen Zusammenhängen haben kann. Häufig wird sogar durch die Ableitung eine neue Größe definiert.

2. Wir betrachten zunächst zwei **Beispiele,** bei denen die betrachtete Größe von der **Zeit** t abhängt.

1) Wenn ein elektrischer Strom — z.B. durch einen Draht — fließt, so bedeutet dies, daß unter dem Einfluß einer elektrischen Spannung eine elektrische Ladung Q bewegt wird. Ein Maß für die Größe des elektrischen Stromes ist die „**Stromstärke**".

Um diesen Begriff zu definieren, betrachten wir die Ladungsmenge Q, die — etwa vom Einschalten des Stromes an gerechnet — bis zu einem Zeitpunkt t durch einen Leiterquerschnitt geflossen ist. Diese Ladungsmenge erfassen wir durch eine Funktion mit einer Gleichung der Form

$$Q = f(t).$$

Bemerkung: In der Physik bezeichnet man eine Funktion häufig mit demselben Buchstaben wie die betreffende Größe. In diesem Falle schreibt man meist:

$$Q = Q(t).$$

Dies ist zwar nicht ganz korrekt, weil der betreffende Buchstabe (hier Q) in doppelter Bedeutung verwendet wird, wegen der großen Zahl der in der Physik vorkommenden Größen aber zweckmäßig, da man auf diese Weise jeweils einen Buchstaben einspart.

Ein Maß für die Stärke des elektrischen Stromes erhält man, wenn man die Ladungsmenge, die zwischen zwei Zeitpunkten t_0 und t_1 an einer bestimmten Stelle durch einen Leiterquerschnitt fließt, ins Verhältnis setzt zur Größe dieser Zeitspanne, wenn man also den Differenzenquotienten

$$\frac{Q(t_1) - Q(t_0)}{t_1 - t_0}$$

bildet.

In der Physik ist es üblich, die Zeitdifferenz $t_1 - t_0$ nicht durch den Buchstaben „h", sondern durch das Symbol „Δt" (gelesen: „Delta t") auszudrücken. Dann lautet der Differenzenquotient:

$$\frac{Q(t + \Delta t) - Q(t)}{\Delta t}.$$

Dieser Quotient ist ein Maß für die „mittlere Stromstärke" während der Zeitspanne Δt.
Er gibt die Stromstärke in einem Zeitpunkt t nur dann korrekt wieder, wenn diese während der Zeit Δt konstant ist. Dies ist jedoch häufig nicht der Fall. Allgemein erhält man die momentane Stärke eines elektrischen Stromes dadurch, daß man den Grenzwert dieses Differenzenquotienten, also die Ableitung bildet.

Statt des Striches schreibt man in der Physik der Ableitungen „nach der Zeit t" einen über den Funktionsbuchstaben gesetzten Punkt; in diesem Falle also:

„$\dot{Q}(t)$", gelesen „Q Punkt von t".

Die Stromstärke J eines elektrischen Stromes ist also allgemein gegeben durch:

$$J = \dot{Q}(t) = \lim_{\Delta t \to 0} \frac{Q(t + \Delta t) - Q(t)}{\Delta t}.$$

2) Der Zerfall der Atome bei einer radioaktiven Substanz wird durch eine Funktion N mit einer Gleichung der Form N = f(t) bzw. N = N(t) beschrieben; diese gibt die Zahl der Atome an, die zum Zeitpunkt t noch vorhanden sind.

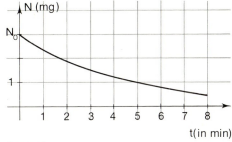

Bild 3.23

Bild 3.23 zeigt den typischen Verlauf einer solchen Zerfallsfunktion. Die mittlere Zerfallsrate wird wiederum erfaßt durch den Differenzenquotienten

$$\frac{N(t+\Delta t)-N(t)}{\Delta t},$$

die momentane Zerfallsgeschwindigkeit also durch die Ableitung

$$\dot N(t) = \lim_{\Delta t \to 0} \frac{N(t+\Delta t)-N(t)}{\Delta t}.$$

Wir werden auf den radioaktiven Zerfall in §14 und §15 zurückkommen.

3. In manchen Anwendungssituationen besteht die Definitionsmenge einer Funktion nicht aus einem Intervall, sondern nur aus einzelnen Werten. Bei solchen Funktionen kann ein Grenzwert von Differenzenquotienten natürlich nicht gebildet werden.

Wir haben schon in §1,II erwähnt, daß man aus diesem Grunde die tatsächliche gegebene Funktion durch eine Interpolations- oder durch eine Ausgleichsfunktion ersetzt, die über einem Intervall oder sogar über $\mathbb{R}$ definiert ist. Der Graph der tatsächlich gegebenen Funktion wird dabei durch eine lückenlose, kontinuierliche Kurve ersetzt. Ein solches Vorgehen ist natürlich nur dann sinnvoll, wenn die Beschreibung der fraglichen Situation auf diese Weise nur geringfügig verfälscht wird. Wir behandeln ein

Beispiel:

Die **Einkommensteuerfunktion** S ist nur für einzelne Geldbeträge definiert. Zur Vereinfachung der Steuerberechnung ist sie sogar als eine „**Treppenfunktion**" festgelegt; d.h. sie ist für bestimmte Einkommensbereiche konstant und weist an den Randstellen dieser Bereiche „Sprünge" auf (vgl. S. 20 und Bild 3.24). Eine solche Funktion ist an diesen Sprungstellen natürlich nicht differenzierbar.

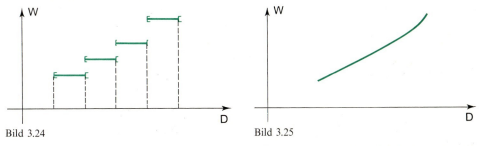

Bild 3.24   Bild 3.25

Zur Vereinfachung denken wir uns die tatsächliche Steuerfunktion durch eine für alle $x \in \mathbb{R}^{>0}$ erklärte Funktion ersetzt, bei der die Sprungstellen der tatsächlichen Steuerfunktion zu einem „glatten" Funktionsverlauf ausgeglichen sind (Bild 3.25).

Schon in § 1 haben wir das Problem erörtert, wie sich eine Erhöhung des Einkommens von x DM auf (x + h) DM auf die zu entrichtende Steuer auswirkt. Diese Steueränderung wird erfaßt durch die mittlere Zuwachsrate

$$\frac{S(x+h) - S(x)}{h}.$$

Auch hier ergibt sich ein auf die Stelle x bezogener Wert durch Grenzwertbildung. Diese punktuelle Zuwachsrate

$$S'(x) = \lim_{h \to 0} \frac{S(x+h) - S(x)}{h}$$

nennt man „**Spitzensteuersatz**". Diese Größe wird häufig folgendermaßen erklärt: der Spitzensteuersatz ist der Steueranteil, den man bei Erhöhung seines Einkommens um eine DM für diese zusätzlich verdiente DM aufzubringen hat (vergleiche Aufgabe 3).

4. Wir betrachten noch ein **Beispiel:**

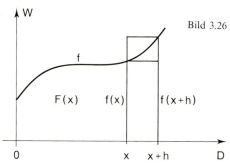
Bild 3.26

Die Flächenmaßzahl der Fläche unter dem Graphen einer Funktion f werde beschrieben durch eine Funktion F; sie betrage von 0 bis zur Stelle x gerade F(x) (Bild 3.26). Der Einfachheit halber betrachten wir eine monoton steigende Funktion f.
Den Zuwachs des Flächeninhaltes beim Übergang von x nach x + h, also

$$F(x+h) - F(x) \quad \text{können wir so abschätzen} \quad f(x) \cdot h \leq F(x+h) - F(x) \leq f(x+h) \cdot h.$$

Daraus ergibt sich für $h > 0$: $f(x) \leq \dfrac{F(x+h) - F(x)}{h} \leq f(x+h).$

Nun gilt bei einem Beispiel wie in Bild 3.26 sicherlich: $\lim_{h \to 0} f(x+h) = f(x).$

Daraus ergibt sich: $f(x) \leq \lim_{h \to 0} \dfrac{F(x+h) - F(x)}{h} \leq f(x),$ also $F'(x) = f(x).$

Dieses (überraschende) Ergebnis können wir folgendermaßen mit Worten beschreiben:
Die Ableitung F'(x) der Flächenfunktion F zu einer Funktion f ist gleich dem Funktionswert der Funktion f an der Stelle x, also f(x). Zur Verdeutlichung bestätigen wir den Sachverhalt noch an dem folgenden

Beispiel: $f(x) = \dfrac{x}{2} + 1$ (Bild 3.27).

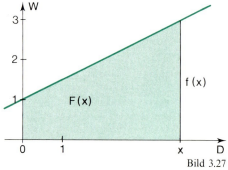

Die Fläche über dem Intervall [0; x] ist ein Trapez; für die Flächenmaßzahl gilt:

$$F(x) = \frac{1}{2}[f(x) + 1] \cdot x = \frac{1}{2}\left(\frac{x}{2} + 2\right) \cdot x = \frac{x^2}{4} + x.$$

Bild 3.27

Für die Ableitung gilt (Aufgabe 4): $F'(x) = \dfrac{1}{4} \cdot 2x + 1 = \dfrac{x}{2} + 1 = f(x),$ q.e.d.

Übungen und Aufgaben

1. Unter der „Leistung" P versteht man in der Physik die Ableitung der Arbeit W nach der Zeit t. Für die Arbeit, die ein Hammerwerfer zu verrichten hat, gilt:
$W(t) = m \cdot r^2 \cdot k^2 \cdot t^2$.
Dabei bezeichnet m die Masse des Hammers ($m = 7{,}25$ kg), und r den Radius der Kreisbahn des Hammers ($r = 2$ m). Ferner sei $k = \frac{6{,}3}{\sec^2}$. Berechne die Leistung nach $t_1 = 2$ sec und $t_2 = 4$ sec!

2. Die Weg-Zeit-Funktion einer Pendelschwingung ist gegeben durch $s(t) = A \cdot \sin\left(\sqrt{\frac{g}{l}}\, t\right)$.
Dabei bezeichnet A die maximale Auslenkung des Pendels aus der Ruhelage ($A = 1$ m), l die Pendellänge ($l = 10$ m) und g die Erdbeschleunigung $\left(g \approx 10 \frac{m}{\sec^2}\right)$. Bestimme die Geschwindigkeit des Pendels beim Durchgang durch die Ruhelage ($t_1 = 0$ sec)!
Anleitung: Es gilt $\lim_{h \to 0} \frac{\sin(\alpha h)}{h} = \alpha$.

3. Im Lehrtext ist unter 3. (S. 76) der Begriff des „Spitzensteuersatzes" erläutert. Diese Größe wird häufig erklärt als der Steueranteil, den man bei Erhöhung seines Einkommens um eine DM für diese zusätzlich verdiente DM aufzubringen hat. Erläutere und kritisiere diese Erklärung!

4. Berechne nach dem im III. Abschnitt behandelten Verfahren die Ableitung der Funktion F zu $F(x) = \frac{x^2}{4} + x$ an einer beliebigen Stelle x!

5. Der Luftdruck p hängt von der Höhe x über der Erde ab. Welche physikalische Bedeutung hat die Ableitung $p'(x)$?

6. Eine Funktion f beschreibe eine Größe, die sich im Laufe der Zeit ändert, die also eine Funktion der Zeit ist. Dabei sind die Zwischenwerte zu den gegebenen Funktionswerten durch Interpolation oder durch Ausgleich gewonnen. Erkläre jeweils, welche Bedeutung die Ableitung $\dot{f}(t)$ im betreffenden Zusammenhang hat!
   a) Anzahl der von einer ansteckenden Krankheit zur Zeit t infizierten Personen.
   b) Anzahl der Personen, die über eine sich ausbreitende Nachricht zur Zeit t informiert sind.
   c) Anzahl der Atome, die eine Menge eines radioaktiven Stoffes zur Zeit t enthält.
   d) Anzahl der Zellen, aus denen eine im Wachsen begriffene Pflanze zur Zeit t besteht.
   e) Wert (Kaufkraft) der DM zur Zeit t.
   f) Anzahl der zur Zeit t durch Umwelteinflüsse geschädigten Pflanzen.
   g) Anzahl der zur Zeit t in einem Land lebenden Menschen.

§ 4 Differenzierbare Funktionen (I)

I. Differenzierbarkeit über einer Menge

1. Die in D 3.2 erklärten Begriffe der Ableitung und der Differenzierbarkeit einer Funktion f beziehen sich auf eine bestimmte Stelle $x_0 \in D(f)$, beschreiben also eine **„lokale"** Eigenschaft der betreffenden Funktion. Viele Funktionen sind aber an allen Stellen eines (offenen) Intervalls oder sogar an allen Stellen ihrer Definitionsmenge differenzierbar.

Allgemein definieren wir für eine beliebige Menge M mit $M \subseteq D(f)$:

> **D 4.1** Eine Funktion f heißt „differenzierbar über einer Menge M" (mit $M \subseteq D(f)$) genau dann, wenn sie für alle $x \in M$ differenzierbar ist.

Dabei kann M die Menge $\mathbb{R}$, ein Intervall $]a; b[$ oder z.B. auch $\mathbb{R}^{>0}$, $\mathbb{R}^{>2}$ oder $\mathbb{R}^{<-4}$ sein.

Bemerkungen:

1) Ist M eine abgeschlossene Menge, z.B. ein Intervall $[a; b]$, so wird für die Randstellen nur vorausgesetzt, daß eine einseitige (rechts- oder linksseitige) Ableitung existiert (vgl. § 3, III, S. 69).

2) Die Differenzierbarkeit einer Funktion f über einer Menge M ist eine **„globale"** Eigenschaft der Funktion f.

Beispiel:

Wir betrachten die Funktion f zu $f(x) = x^2$ an einer beliebigen Stelle $x \in \mathbb{R}$. Der Differenzenquotient lautet:

$$\frac{f(x+h) - f(x)}{h} = \frac{(x+h)^2 - x^2}{h} = \frac{x^2 + 2xh + h^2 - x^2}{h} = \frac{2xh + h^2}{h} = 2x + h.$$

Also ist: $f'(x) = \lim_{h \to 0} (2x + h) = 2x$.

Wir erhalten in diesem Falle als „Ableitung" keine bestimmte Zahl, sondern einen Term, den **Ableitungsterm** $f'(x)$. Setzt man in die Variable x dieses Terms eine Zahl ein, so erhält man die Ableitung an der betreffenden Stelle, z.B.

$f'(3) = 6; \quad f'(-2) = -4 \quad \text{und} \quad f'(0) = 0.$

2. Durch den Term $f'(x)$ wird eine neue Funktion festgelegt; wir bezeichnen diese Funktion mit „f'" und nennen sie **„Ableitungsfunktion f' zur Funktion f"**.

§4, I., II. Beispiele für differenzierbare Funktionen

Bemerkungen:

1) Wir verwenden das Wort „**Ableitung**" sowohl für den Ableitungsterm f'(x) wie für einen einzelnen Ableitungswert, z.B. für f'(2). Die Funktion f' nennen wir dagegen in der Regel die „**Ableitungsfunktion**".

2) Wir verwenden den Strich sowohl bei Funktionszeichen zur Kennzeichnung der zugehörigen Ableitungsfunktion als auch bei Funktionstermen zur Kennzeichnung des zugehörigen Ableitungsterms.

   Beispiel: Es ist $(x^2)' = 2x$.

Allgemein setzen wir also: $[f(x)]' = f'(x)$.

3) Im folgenden werden wir häufig kurz von einer „**differenzierbaren Funktion**" sprechen. Die Menge M, auf die sich die Differenzierbarkeit bezieht, ergibt sich dann stets aus dem Zusammenhang. Meist wird es sich um die volle Definitionsmenge der Funktion handeln.

Übungen und Aufgaben zu diesem Abschnitt finden sich auf S. 81.

II. Beispiele für differenzierbare Funktionen

Im vorigen Abschnitt haben wir als erstes Beispiel zur Funktion f mit $f(x) = x^2$ den Ableitungsterm berechnet: $f'(x) = 2x$. Wir werden in diesem Abschnitt die Ableitungsterme zu einigen weiteren einfachen Funktion ermitteln.

1. Beispiele für rationale Funktionen

1) **f(x) = c** mit $c \in \mathbb{R}$ und $D(f) = \mathbb{R}$ (Bild 4.1).
Der Funktionsgraph ist für jeden Wert von c eine Parallele zur D-Achse. Daraus ergibt sich anschaulich unmittelbar, daß f'(x) = 0 sein muß. Wir können das auch rechnerisch herleiten.

Es gilt: $\dfrac{f(x+h) - f(x)}{h} = \dfrac{c - c}{h} = 0.$

Der Differenzenquotient hängt also gar nicht von h ab. Folglich gilt auch für den Grenzwert

$$f'(x) = \lim_{h \to 0} \frac{f(x+h) - f(x)}{h} = 0 \quad \text{(für alle } x \in \mathbb{R}\text{)}.$$

Jede konstante Funktion ist also differenzierbar über $\mathbb{R}$; für alle $x \in \mathbb{R}$ gilt: **f'(x) = 0.**

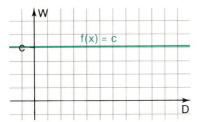

Bild 4.1

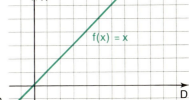

Bild 4.2

2) **f(x) = x** mit $D(f) = \mathbb{R}$ (Bild 4.2).
Der Funktionsgraph ist eine Gerade mit der Steigung 1. Daraus folgt unmittelbar, daß

$f'(x) = 1$ sein muß. Dies kann man auch rechnerisch herleiten. Es ist:

$$\frac{f(x+h)-f(x)}{h} = \frac{(x+h)-x}{h} = \frac{h}{h} = 1.$$

Auch hier hängt der Differenzenquotient nicht von h ab. Daher gilt:

$$f'(x) = \lim_{h \to 0} \frac{f(x+h)-f(x)}{h} = 1 \quad \text{(für alle } x \in \mathbb{R}\text{)}.$$

Die identische Funktion ist also ebenfalls differenzierbar über $\mathbb{R}$; für alle $x \in \mathbb{R}$ gilt: $\mathbf{f'(x)=1}$.

3) $\mathbf{f(x)=x^3}$ mit $D(f) = \mathbb{R}$.

Es ist
$$\frac{f(x+h)-f(x)}{h} = \frac{(x+h)^3 - x^3}{h} = \frac{(x^3 + 3x^2 h + 3xh^2 + h^3) - x^3}{h}$$
$$= \frac{3x^2 h + 3xh^2 + h^3}{h} = 3x^2 + 3xh + h^2.$$

Also ist $f'(x) = \lim_{h \to 0} (3x^2 + 3xh + h^2) = 3x^2.$

Die Funktion f zu $f(x) = x^3$ ist also differenzierbar über $\mathbb{R}$; für alle $x \in \mathbb{R}$ gilt: $\mathbf{f'(x) = 3x^2}$.

4) $\mathbf{f(x) = \frac{1}{x}}$ mit $D(f) = \mathbb{R}^{\neq 0}$.

Es ist $\frac{f(x+h) - f(x)}{h} = \frac{1}{h}\left[\frac{1}{x+h} - \frac{1}{x}\right] = \frac{1}{h} \cdot \frac{x - (x+h)}{(x+h)x} = \frac{-1}{(x+h)x}.$

Also ist: $f'(x) = \lim_{h \to 0} \left[\frac{-1}{(x+h)x}\right] = -\frac{1}{x^2}$ (für $x \neq 0$) (Aufgabe 1).

Wir werden auf diesen Grenzwert unter III, 6. (S. 85) nochmals eingehen.

Die Funktion f zu $f(x) = \frac{1}{x}$ ist also differenzierbar über $\mathbb{R}^{\neq 0}$;

es gilt: $\mathbf{f'(x) = -\frac{1}{x^2}}$ (für alle $x \in \mathbb{R}^{\neq 0}$).

2. Die Quadratwurzelfunktion

Für die Funktion f zu $\mathbf{f(x) = \sqrt{x}}$ mit $D(f) = \mathbb{R}^{\geq 0}$ gilt:

$$\frac{f(x+h)-f(x)}{h} = \frac{\sqrt{x+h} - \sqrt{x}}{h} = \frac{(\sqrt{x+h} - \sqrt{x})(\sqrt{x+h} + \sqrt{x})}{h(\sqrt{x+h} + \sqrt{x})} = \frac{(x+h) - x}{h(\sqrt{x+h} + \sqrt{x})}$$
$$= \frac{1}{\sqrt{x+h} + \sqrt{x}}.$$

Also ist $f'(x) = \lim_{h \to 0} \left(\frac{1}{\sqrt{x+h} + \sqrt{x}}\right) = \frac{1}{2\sqrt{x}}$ (für alle $x \in \mathbb{R}^{>0}$) (Aufgabe 2).

Wir gehen auf diesen Grenzwert unter III, 6. (S. 85) nochmals ein.

Beachte, daß die Ableitungsfunktion f' bei diesem Beispiel eine andere Definitionsmenge hat als die gegebene Funktion f:

$D(f) = \mathbb{R}^{\geq 0}$ und $D(f') = \mathbb{R}^{> 0}$.

In §3, III (S. 68) haben wir ausführlich begründet, daß diese Funktion f an der Stelle 0 nicht differenzierbar ist (Bild 4.3).

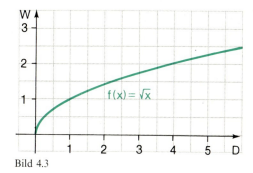

Bild 4.3

Wir fassen zusammen:

S 4.1 Die Funktion f zu $f(x) = \sqrt{x}$ mit $D(f) = \mathbb{R}^{\geq 0}$ ist differenzierbar über $\mathbb{R}^{> 0}$; für alle $x \in \mathbb{R}^{> 0}$ gilt:

$$f'(x) = \frac{1}{2\sqrt{x}}.$$

Übungen und Aufgaben

1. Im Lehrtext ist die Ableitung der Funktion f zu $f(x) = \frac{1}{x}$ berechnet und dabei der Grenzwert $\lim\limits_{h \to 0} \left[\frac{-1}{(x+h)x} \right] = -\frac{1}{x^2}$ angegeben worden. Überprüfe das für bestimmte Werte von x anhand einzelner Folgen für h. Berechne jeweils mit Hilfe eines Taschenrechners die Differenzenquotienten $\frac{-1}{(x+h)x}$ für die angegebenen Werte!

   a) $x = 1$; $h = 1, \frac{1}{2}, \frac{1}{4}, \frac{1}{8}, \ldots$, allgemein: $h = 2^{-n}$ (bis $n = 8$)
   b) $x = -2$; $h = 1, \frac{1}{10}, \frac{1}{100}, \ldots$, allgemein: $h = 10^{-n}$ (bis $n = 6$)
   c) $x = \frac{1}{2}$; $h = 1, \frac{1}{4}, \frac{1}{8}, \ldots$, allgemein: $h = n^{-2}$ (bis $n = 8$)

2. Verfahre wie in Aufgabe 1 mit dem Differenzenquotienten $\frac{1}{\sqrt{x+h} + \sqrt{x}}$ der Quadratwurzelfunktion!

   a) $x = 1$; $h = 1, \frac{1}{2}, \frac{1}{4}, \frac{1}{8}, \ldots$, allgemein: $h = 2^{-n}$ (bis $n = 8$)
   b) $x = 4$; $h = 1, \frac{1}{10}, \frac{1}{100}, \ldots$, allgemein: $h = 10^{-n}$ (bis $n = 6$)

3. Ermittle jeweils mit Hilfe des Differenzenquotienten $f'(x)$!

   a) $f(x) = 3x - 7$ b) $f(x) = 3x + 98$ c) $f(x) = x^2 - x$

   d) $f(x) = -x^2 + 2x - 4$ e) $f(x) = 3 - x^3$ f) $f(x) = \frac{1}{3x}$

   g) $f(x) = \frac{1}{2x + 1}$ h) $f(x) = \sqrt{1 - x}$ i) $f(x) = x \cdot |x|$

III. Grenzwertsätze

1. Ist ein Funktionsterm wie z.B. $f(x) = 2x^3 - 5x^2 + 7x - 4$ aus Termen aufgebaut, deren Ableitungen wir schon kennen, so liegt es nahe, zur Berechnung von $f'(x)$ diese schon bekannten Ableitungen heranzuziehen. Dazu benötigen wir Regeln, die sich auf das Differenzieren von Summen, Differenzen, Produkten und Quotienten beziehen. Es liegt auf der Hand, daß wir bei der Herleitung dieser Regeln Grenzwerte von Summen, Differenzen, Produkten und Quotienten zu bilden haben. Wir benötigen dabei Sätze, die sich auf solche Grenzwertbildungen beziehen. Da wir auf eine strenge Definition des Grenzwertbegriffes verzichtet haben, können wir uns hier die Gültigkeit der fraglichen Sätze nur an Beispielen einsichtig machen; wir können sie nicht beweisen.[1])

2. Wir betrachten zunächst ein **Beispiel** für den Grenzwert einer Summe.
Es sei $f_1(h) = 4 + h$ und $f_2(h) = 3 - \dfrac{h}{2}$. Offensichtlich gilt:

$$\lim_{h \to 0} f_1(h) = 4 \quad \text{und} \quad \lim_{h \to 0} f_2(h) = 3.$$

Wir bilden nun die Summe

$$f_1(h) + f_2(h) = (4 + h) + \left(3 - \frac{h}{2}\right) = 7 + \frac{h}{2}.$$

Für diese Summe gilt:

$$\lim_{h \to 0} [f_1(h) + f_2(h)] = \lim_{h \to 0} \left(7 + \frac{h}{2}\right) = 7.$$

Diese Zahl 7 ist gleich der Summe der beiden einzelnen Grenzwerte: $4 + 3 = 7$.
Bei diesem Beispiel gilt also:

$$\lim_{h \to 0} [f_1(h) + f_2(h)] = \lim_{h \to 0} f_1(h) + \lim_{h \to 0} f_2(h).$$

Die Vermutung liegt nahe, daß diese Gleichung nicht nur für das Beispiel, sondern allgemein gilt. Dabei ist aber zu beachten, daß die Gleichung nur unter der Voraussetzung gelten kann, daß die Grenzwerte von $f_1(h)$ und von $f_2(h)$ existieren. Es kann durchaus sein, daß der Grenzwert einer Summe $[f_1(h) + f_2(h)]$ existiert, ohne daß die Grenzwerte der Summanden existieren.

Beispiel: $f_1(h) = 5 + \dfrac{1}{h}$ und $f_2(h) = h - \dfrac{1}{h}$.

Für $h \to 0$ werden die Werte von $\dfrac{1}{h}$ immer größer; daher hat weder $f_1(h)$ noch $f_2(h)$ einen Grenzwert für $h \to 0$. Bilden wir dagegen die Summe

$$f_1(h) + f_2(h) = \left(5 + \frac{1}{h}\right) + \left(h - \frac{1}{h}\right) = 5 + h, \quad \text{so gilt:}$$

$$\lim_{h \to 0} [f_1(h) + f_2(h)] = \lim_{h \to 0} (5 + h) = 5.$$

---

[1]) Vgl. hierzu § 16, IV!

§4, III. Grenzwertsätze

Diesen Umstand müssen wir bei der Formulierung des betreffenden „Grenzwertsatzes" berücksichtigen. Allgemein gilt:

S 4.2 $\quad \lim\limits_{h \to 0} f_1(h) = g_1 \wedge \lim\limits_{h \to 0} f_2(h) = g_2 \Rightarrow \lim\limits_{h \to 0} [f_1(h) + f_2(h)] = g_1 + g_2.$

Bemerkungen:

1) Häufig schreibt man stattdessen kurz:

$$\lim_{h \to 0} [f_1(h) + f_2(h)] = \lim_{h \to 0} f_1(h) + \lim_{h \to 0} f_2(h).$$

Bei der Anwendung dieser Gleichung muß aber stets beachtet werden, daß sie nur gilt, wenn die Grenzwerte von $f_1(h)$ und $f_2(h)$ existieren.

Beispiel: $\lim\limits_{h \to 0} \left(\dfrac{3}{1-h} + \dfrac{6+h}{3} \right) = \lim\limits_{h \to 0} \left(\dfrac{3}{1-h} \right) + \lim\limits_{h \to 0} \left(\dfrac{6+h}{3} \right) = 3 + 2 = 5.$

2) Ein Sonderfall von S 4.2 liegt vor, wenn ein Term gar nicht von h abhängt, sondern für eine bestimmte Zahl $c \in \mathbb{R}$ steht. Dann gilt natürlich $\lim\limits_{h \to 0} c = c$ und mithin

$$\lim_{h \to 0} [f(h) + c] = \lim_{h \to 0} f(h) + c \quad (\text{für } c \in \mathbb{R}).$$

Beispiel: $\lim\limits_{h \to 0} \left(\dfrac{4}{2+h} + 1 \right) = \lim\limits_{h \to 0} \left(\dfrac{4}{2+h} \right) + 1 = 2 + 1 = 3.$

3. Entsprechend S 4.2 gilt natürlich auch der Satz

S 4.3 $\quad \lim\limits_{h \to 0} f_1(h) = g_1 \wedge \lim\limits_{h \to 0} f_2(h) = g_2 \Rightarrow \lim\limits_{h \to 0} [f_1(h) - f_2(h)] = g_1 - g_2.$

Auch hierfür schreibt man häufig kurz:

$$\lim_{h \to 0} [f_1(h) - f_2(h)] = \lim_{h \to 0} f_1(h) - \lim_{h \to 0} f_2(h).$$

Auch hier wird die Existenz der Grenzwerte von $f_1(h)$ und $f_2(h)$ vorausgesetzt.

Beispiel: $\lim\limits_{h \to 0} \left(\dfrac{3h}{h+1} - \dfrac{h-3}{1-h} \right) = \lim\limits_{h \to 0} \left(\dfrac{3h}{h+1} \right) - \lim\limits_{h \to 0} \left(\dfrac{h-3}{1-h} \right) = 0 - (-3) = 3.$

Zeige durch ein selbstgewähltes Gegenbeispiel, daß die Umkehrung von S 4.3 nicht zu gelten braucht (Aufgabe 3)!

4. Zum Grenzwert eines Produktes betrachten wir das folgende

Beispiel: $f_1(h) = 3 - 2h$ und $f_2(h) = 2 + h^2$; es gilt:

$$\lim_{h \to 0} f_1(h) = 3 \quad \text{und} \quad \lim_{h \to 0} f_2(h) = 2.$$

Nun bilden wir das Produkt der beiden Terme:

$$f_1(h) \cdot f_2(h) = (3 - 2h)(2 + h^2) = 6 - 4h + 3h^2 - 2h^3.$$

Offensichtlich gilt

$$\lim_{h \to 0} [f_1(h) \cdot f_2(h)] = \lim_{h \to 0} (6 - 4h + 3h^2 - 2h^3) = 6,$$

insgesamt also:

$$\lim_{h \to 0} [f_1(h) \cdot f_2(h)] = \lim_{h \to 0} f_1(h) \cdot \lim_{h \to 0} f_2(h) = 3 \cdot 2 = 6.$$

Auch hier müssen wir bei der Formulierung des fraglichen Grenzwertsatzes die Existenz der Grenzwerte von $f_1(h)$ und $f_2(h)$ voraussetzen. Es gilt:

S 4.4 $\quad \lim_{h \to 0} f_1(h) = g_1 \wedge \lim_{h \to 0} f_2(h) = g_2 \Rightarrow \lim_{h \to 0} [f_1(h) \cdot f_2(h)] = g_1 \cdot g_2.$

Schreibt man stattdessen kurz

$$\lim_{h \to 0} [f_1(h) \cdot f_2(h)] = \lim_{h \to 0} f_1(h) \cdot \lim_{h \to 0} f_2(h),$$

so wird die Existenz der Grenzwerte von $f_1(h)$ und von $f_2(h)$ vorausgesetzt (Aufgabe 3).

Bemerkung: Ein Sonderfall von S 4.4 liegt vor, wenn ein Term nicht von h abhängt, sondern für eine bestimmte Zahl $c \in \mathbb{R}$ steht. Dann ist $\lim_{h \to 0} c = c$ und daher:

$$\lim_{h \to 0} [c \cdot f(h)] = c \cdot \lim_{h \to 0} f(h).$$

Beispiel: $\lim_{h \to 0} \left[3 \left(\frac{2+h}{3-h} \right) \right] = 3 \cdot \lim_{h \to 0} \frac{2+h}{3-h} = 3 \cdot \frac{2}{3} = 2.$

5. Ein entsprechender Satz gilt schließlich auch noch für Quotienten; dabei muß natürlich beachtet werden, daß die auftretenden Nenner von 0 verschieden sind; insbesondere muß der Grenzwert des Nenners ungleich 0 sein.

Beispiel: $f_1(h) = h + 4$ und $f_2(h) = h - 2$; es gilt:

$\lim_{h \to 0} f_1(h) = 4$ und $\lim_{h \to 0} f_2(h) = -2.$

Für den Quotienten $\dfrac{f_1(h)}{f_2(h)} = \dfrac{h+4}{h-2}$ gilt: $\lim_{h \to 0} \left(\dfrac{h+4}{h-2} \right) = \dfrac{4}{-2} = -2.$

Auch hier muß beachtet werden, daß der Grenzwert eines Quotienten $\dfrac{f_1(h)}{f_2(h)}$ existieren kann, ohne daß die Grenzwerte von $f_1(h)$ bzw. $f_2(h)$ existieren.

Beispiel: $f_1(h) = 2 + \dfrac{1}{h} = \dfrac{2h+1}{h}$ und $f_2(h) = \dfrac{h+2}{h}.$

Für $h \to 0$ werden die Werte von $\dfrac{1}{h}$ immer größer; $f_1(h)$ besitzt also für $h \to 0$ keinen Grenzwert. Wir bilden nun den Quotienten:

$$f_1(h) : f_2(h) = \frac{2h+1}{h} : \frac{h+2}{h} = \frac{2h+1}{h} \cdot \frac{h}{h+2} = \frac{2h+1}{h+2}; \quad \text{es gilt: } \lim_{h \to 0} \frac{2h+1}{h+2} = \frac{1}{2}.$$

§4, III. Grenzwertsätze

Allgemein gilt der Satz:

S 4.5 $\quad \lim_{h\to 0} f_1(h) = g_1 \wedge \lim_{h\to 0} f_2(h) = g_2 \neq 0 \;\Rightarrow\; \lim_{h\to 0} [f_1(h) : f_2(h)] = g_1 : g_2.$

Beachte die Bemerkungen hinsichtlich der Kurzformulierungen bei den vorangehenden Sätzen. Hier ist zusätzlich darauf zu achten, daß $\lim_{h\to 0} f_2(h) \neq 0$ sein muß.

Beispiel: $\lim_{h\to 0}\left(\dfrac{h+2}{3} : \dfrac{3-h}{5}\right) = \lim_{h\to 0}\left(\dfrac{h+2}{3}\right) : \lim_{h\to 0}\left(\dfrac{3-h}{5}\right) = \dfrac{2}{3} : \dfrac{3}{5} = \dfrac{10}{9}.$

Die behandelten Beispiele sprechen für die Richtigkeit der Grenzwertsätze S 4.2 bis S 4.5, beweisen diese Sätze aber nicht. Die behandelten **Gegenbeispiele beweisen** aber, daß **die Umkehrungen dieser Sätze nicht gelten.**

6. Abschließend wollen wir noch anmerken, daß wir bei der Berechnung von Ableitungstermen schon einige Male – ohne dies ausdrücklich zu erwähnen – von den hier angegebenen Grenzwertsätzen Gebrauch gemacht haben.

Beispiele:

1) Auf S. 80 haben wir gerechnet: $\lim_{h\to 0}\left[\dfrac{-1}{(x+h)x}\right] = -\dfrac{1}{x^2}.$ Genauer wäre unter Anwendung von S 4.5 und S 4.2 zu rechnen:

$$\lim_{h\to 0}\left[\dfrac{-1}{(x+h)x}\right] = \dfrac{\lim_{h\to 0}(-1)}{\lim_{h\to 0}[(x+h)x]} = \dfrac{-1}{\lim_{h\to 0}(x+h)\cdot \lim_{h\to 0} x} = \dfrac{-1}{x\cdot x} = -\dfrac{1}{x^2}.$$

2) Auf S. 80 haben wir gerechnet: $\lim_{h\to 0}\dfrac{1}{\sqrt{x+h}+\sqrt{x}} = \dfrac{1}{2\sqrt{x}}.$ Genauer wäre unter Anwendung von S 4.5 und S 4.2 zu rechnen:

$$\lim_{h\to 0}\dfrac{1}{\sqrt{x+h}+\sqrt{x}} = \dfrac{\lim_{h\to 0} 1}{\lim_{h\to 0}(\sqrt{x+h}+\sqrt{x})} = \dfrac{1}{\lim_{h\to 0}\sqrt{x+h}+\lim_{h\to 0}\sqrt{x}} = \dfrac{1}{\sqrt{x}+\sqrt{x}} = \dfrac{1}{2\sqrt{x}}.$$

Hier ist am Schluß überdies von der Beziehung $\lim_{h\to 0}\sqrt{x+h} = \sqrt{x}$ Gebrauch gemacht worden. Auch die Gültigkeit dieser Gleichung ist nicht selbstverständlich. Sie wäre z.B. nicht erfüllt, wenn die Quadratwurzelfunktion an einer Stelle x einen „Sprung" hätte, also „unstetig" wäre. Wir haben in diesem Buch bisher auf die Behandlung des Stetigkeitsbegriffs verzichtet, werden aber im VI. Abschnitt dieses Paragraphen kurz darauf eingehen.

Übungen und Aufgaben

1. Bestätige die Gültigkeit der Sätze S 4.2 und S 4.3 anhand der folgenden Beispiele dadurch, daß du die Grenzwerte für $h \to 0$ von $f_1(h)$, $f_2(h)$, $f_1(h)+f_2(h)$ und von $f_1(h)-f_2(h)$ ohne die Benutzung dieser Sätze berechnest!

	a)	b)	c)	d)	e)	f)	g)
$f_1(h)$	$2+h$	$1+2h$	$\dfrac{h}{h+1}$	h^2	$\dfrac{h^2-1}{h-1}$	$\dfrac{1}{4+3h}$	$\sqrt{1-2h}$
$f_2(h)$	$2-h$	$3h-2$	$\dfrac{h+1}{h+2}$	$\dfrac{h-1}{h+1}$	$\dfrac{1}{\sqrt{4+h}}$	$\sqrt{h^2+9}$	$\dfrac{h+2}{\sqrt{1-h}}$

2. Im Lehrtext ist mehrfach das Verhalten des Terms $\dfrac{1}{h}$ für $h \to 0$ angesprochen worden.

a) Setze bei $\dfrac{1}{h}$ in h die Zahlen der Folge $1, \tfrac{1}{10}, \tfrac{1}{100}, \ldots, 10^{-n}$ (bis $n=6$) ein! Was stellst du fest?

b) Zeige, daß die Werte von $\dfrac{1}{h}$ für $h \to 0$ beliebig groß werden, d.h. über alle Schranken wachsen! Dies bedeutet, daß man zu jeder noch so großen Zahl S eine Zahl für h finden kann, so daß $\dfrac{1}{h} > S$ ist. Wie muß h gewählt werden, damit diese Bedingung für $S = 100000$ ($S = 10^{10}$, für irgendein $S \in \mathbb{R}^{>0}$) erfüllt ist?

3. Zeige durch Gegenbeispiele, daß die Umkehrungen von S 4.3 und S 4.4 nicht gelten!

4. Gegeben sind die Terme $f_1(h)=h+6$; $f_2(h)=h-2$; $f_3(h)=\sqrt{h^2+4}$; $f_4(h)=\dfrac{1}{h^2}$. Ermittle mit Hilfe der Grenzwertsätze jeweils den Grenzwert von $f(h)$ für $h \to 0$, falls er existiert!

a) $f(h)=f_1(h)-f_2(h)$ **b)** $f(h)=f_1(h) \cdot f_2(h)$ **c)** $f(h)=f_3(h) \cdot f_4(h)$ **d)** $f(h)=\dfrac{f_1(h)}{f_2(h)}$

e) $f(h)=\dfrac{f_2(h)}{f_4(h)}$ **f)** $f(h)=\dfrac{1}{f_4(h)}$ **g)** $f(h)=f_2(h) \cdot f_4(h)$ **h)** $f(h)=\dfrac{f_3(h)}{f_4(h)}$

5. Berechne jeweils den Grenzwert für $h \to 0$. Gib bei jedem Schritt an, welchen Grenzwertsatz du benutzt hast!

a) $f(h)=h^4$ **b)** $f(h)=h(5-h^2)$ **c)** $f(h)=(h-1)^2$ **d)** $f(h)=\dfrac{h-7}{h+3}$

e) $f(h)=\dfrac{h^4-1}{h^2-1}$ **f)** $f(h)=\dfrac{h^2+2h-7}{h+5}$

g) $f(h)=\dfrac{1}{h^2+1}+\sqrt{h^2+1}$ **h)** $f(h)=\sqrt{4+h^2}-\sqrt{\dfrac{1}{4+h^2}}$

IV. Grundlegende Regeln der Differentialrechnung

1. Mit Hilfe der Grenzwertsätze S 4.2 bis S 4.5 können wir nun einige grundlegende Sätze zur Differentialrechnung herleiten.
Häufig steht vor einem Funktionsterm, dessen Ableitung bekannt ist, ein Zahlenfaktor.

Beispiel:

Wir kennen bereits die Ableitung der Funktion φ zu $\varphi(x)=x^2$; es gilt $\varphi'(x)=2x$ für alle $x\in\mathbb{R}$. Betrachten wir nun die Funktion f zu $f(x)=\frac{1}{2}x^2$, so gilt für alle $x\in\mathbb{R}$: $f(x)=\frac{1}{2}\varphi(x)$.
Es ist zu vermuten, daß derselbe Zusammenhang auch für die Ableitungen gilt, also $f'(x)=\frac{1}{2}\varphi'(x)$. Diese Vermutung wird erhärtet durch die Betrachtung der beiden Funktionsgraphen und der zugehörigen Tangenten, etwa zur Stelle $x_0=1$ (Bild 4.4).
Wir können dies auch rechnerisch leicht bestätigen. Es gilt für alle $x\in\mathbb{R}$:

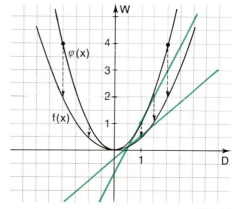

Bild 4.4

$$f'(x) = \lim_{h\to 0}\frac{f(x+h)-f(x)}{h}$$
$$= \lim_{h\to 0}\frac{\frac{1}{2}(x+h)^2-\frac{1}{2}x^2}{h} = \lim_{h\to 0}\frac{1}{2h}(x^2+2xh+h^2-x^2) = \lim_{h\to 0}\frac{1}{2}(2x+h) = x,$$

also in der Tat $f'(x)=\frac{1}{2}\varphi'(x)$.

Allgemein gilt die „**Faktorregel**":

> **S 4.6** Ist eine Funktion φ differenzierbar an einer Stelle x, so ist auch die Funktion f zu $f(x)=c\cdot\varphi(x)$ für alle $c\in\mathbb{R}$ an der Stelle x differenzierbar, und es gilt:
>
> $$f'(x)=c\cdot\varphi'(x).$$

Beweis: $f'(x) = \lim\limits_{h\to 0}\dfrac{f(x+h)-f(x)}{h} = \lim\limits_{h\to 0}\dfrac{c\cdot\varphi(x+h)-c\cdot\varphi(x)}{h}$

$= \lim\limits_{h\to 0} c\dfrac{\varphi(x+h)-\varphi(x)}{h} = c\cdot\lim\limits_{h\to 0}\dfrac{\varphi(x+h)-\varphi(x)}{h} = c\cdot\varphi'(x)$, q.e.d.

Begründe jede einzelne Umformung! Wo ist ein Grenzwertsatz angewendet worden (Aufg. 1)?

Beispiel: Für $f(x)=5x^2$ gilt: $f'(x)=5\cdot(2x)=10x$ (für alle $x\in\mathbb{R}$).

2. Für Summen zweier Funktionsterme gilt die „**Summenregel**":

> **S 4.7** Sind zwei Funktionen f_1 und f_2 differenzierbar an der Stelle x, so ist auch die Funktion f zu $f(x)=f_1(x)+f_2(x)$ differenzierbar an der Stelle x, und es gilt:
>
> $$f'(x)=f_1'(x)+f_2'(x).$$

Beweis: $f'(x) = \lim\limits_{h \to 0} \dfrac{f(x+h) - f(x)}{h} = \lim\limits_{h \to 0} \dfrac{[f_1(x+h) + f_2(x+h)] - [f_1(x) + f_2(x)]}{h}$

$= \lim\limits_{h \to 0} \dfrac{[f_1(x+h) - f_1(x)] + [f_2(x+h) - f_2(x)]}{h}$

$= \lim\limits_{h \to 0} \dfrac{f_1(x+h) - f_1(x)}{h} + \lim\limits_{h \to 0} \dfrac{f_2(x+h) - f_2(x)}{h} = f'_1(x) + f'_2(x),$ q.e.d.

Welcher Grenzwertsatz wird bei diesen Umformungen angewendet (Aufgabe 1)?

Beispiel: $f(x) = 5x^3 + \dfrac{2}{x}$; nach S 4.7 gilt: $f'(x) = 5 \cdot 3x^2 + 2\left(-\dfrac{1}{x^2}\right) = 15x^2 - \dfrac{2}{x^2}$ (für alle $x \in \mathbb{R}^{\neq 0}$).

Ein **Sonderfall** von S 4.7 liegt vor, wenn f_2 eine konstante Funktion ist, wenn also gilt $f_2(x) = c$ mit $c \in \mathbb{R}$. Wegen $c' = 0$ (S. 79) gilt für $f(x) = f_1(x) + c$

$$f'(x) = f'_1(x) + c' = f'_1(x).$$

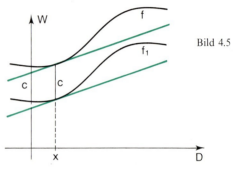

Bild 4.5

Dieser Zusammenhang wird auch unmittelbar an den Funktionsgraphen deutlich; denn die Hinzufügung der additiven Konstanten c bedeutet, daß der Graph von f gegenüber dem Graphen von f_1 um c Einheiten parallel zur W-Achse verschoben ist. Für jeden Wert von x sind die zugehörigen Tangenten daher parallel und haben somit die gleiche Steigung (Bild 4.5).

3. Entsprechend dem Satz S 4.7 gilt für Differenzen der Satz

S 4.8 Sind zwei Funktionen f_1 und f_2 differenzierbar an der Stelle x, so ist auch die Funktion f zu $f(x) = f_1(x) - f_2(x)$ differenzierbar an der Stelle x, und es gilt:

$$f'(x) = f'_1(x) - f'_2(x).$$

Der **Beweis** kann analog zu dem von S 4.7 oder aber auch mit Hilfe von S 4.6 und von S 4.7 geführt werden (Aufgabe 2).

Übungen und Aufgaben

1. An welchen Stellen werden in den Beweisen von S 4.6 und S 4.7 Grenzwertsätze benutzt?

2. Beweise den Satz S 4.8
    a) analog zu S 4.7 und b) durch Rückführung auf die Sätze S 4.6 und S 4.7!

3. Berechne jeweils die Ableitung und gib an, welchen Satz bzw. welche Sätze du benutzt hast!
    a) $f(x) = 7x^3$ b) $f(x) = x^3 - x^2$ c) $f(x) = 2x^2 - 5x + 1$ d) $f(x) = 2x^3 + 7x^2 - 5x$
    e) $f(x) = \sqrt{x} + \dfrac{1}{x}$ f) $f(x) = 2\sqrt{x} - \dfrac{x^3}{5}$ g) $f(x) = 5x^2 - \dfrac{3}{x}$ h) $f(x) = (3x - 7)^2$

V. Die Ableitung der Sinusfunktion

1. Mit Hilfe des Grenzwertsatzes S 4.4 können wir nun auch die Ableitung der **Sinusfunktion** ermitteln. Dem Beweis stellen wir die folgende Überlegung voran.

Bild 4.6a zeigt einen Ausschnitt des Graphen der Sinusfunktion. Für die Stellen $0, \frac{\pi}{6}, \frac{\pi}{3},$ und $\frac{\pi}{2}$ ermitteln wir die Näherungswerte für die Ableitung dadurch, daß wir nach Augenmaß jeweils die Tangente an den betreffenden Kurvenpunkt einzeichnen und deren Steigung durch Ausmessen der Katheten eines Steigungsdreieckes bestimmen (Aufgabe 1). Zur Ermittlung der Steigung an den weiteren Stellen $\frac{2\pi}{3}, \frac{5\pi}{6}, \ldots$ berücksichtigen wir die Symmetrieeigenschaften der Sinuskurve. Wir erhalten die folgenden Werte:

x	0	$\frac{\pi}{6}$	$\frac{\pi}{3}$	$\frac{\pi}{2}$	$\frac{2\pi}{3}$	$\frac{5\pi}{6}$	π	$\frac{7\pi}{6}$	$\frac{4\pi}{3}$	$\frac{3\pi}{2}$	$\frac{5\pi}{3}$	$\frac{11\pi}{6}$	2π
m	1	0,85	0,5	0	$-0,5$	$-0,85$	-1	$-0,85$	$-0,5$	0	0,5	0,85	1

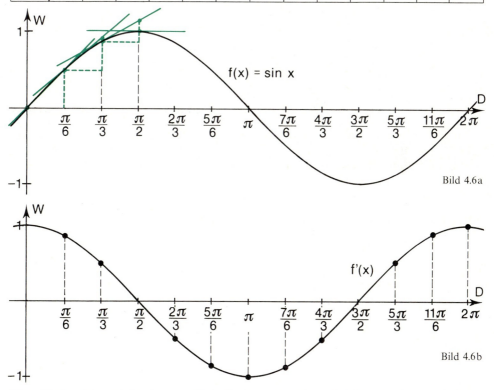

Bild 4.6a

Bild 4.6b

Diese Werte tragen wir in ein neues Koordinatensystem ein und verbinden die so erhaltenen Punkte durch eine möglichst „glatte" Kurve (Bild 4.6b). Offensichtlich handelt es sich hier um den Funktionsgraphen zur **Kosinusfunktion.** In der Tat gilt der Satz:

S 4.9 Die Funktion f zu f(x) = sin x ist differenzierbar über ℝ. Es gilt:

$$f'(x) = \cos x \quad \text{für alle } x \in \mathbb{R}.$$

2. Zum Beweis von S 4.9 bilden wir zunächst den Differenzenquotienten:

$$\frac{f(x+h)-f(x)}{h} = \frac{\sin(x+h)-\sin x}{h}.$$

Diesen Term können wir mit Hilfe des folgenden Additionstheorems umformen:

$$\sin\alpha - \sin\beta = 2\cos\frac{\alpha+\beta}{2}\sin\frac{\alpha-\beta}{2}.$$

Wir setzen $\alpha = x+h$ und $\beta = x$, also $\frac{\alpha+\beta}{2} = \frac{2x+h}{2}$ und $\frac{\alpha-\beta}{2} = \frac{h}{2}$. Es ergibt sich:

$$\frac{\sin(x+h)-\sin x}{h} = \frac{2}{h}\cos\frac{2x+h}{2}\cdot\sin\frac{h}{2} = \cos\frac{2x+h}{2}\cdot\frac{\sin\frac{h}{2}}{\frac{h}{2}}.$$

Den Grenzwertsatz S 4.4 können wir nur anwenden, wenn die Grenzwerte

$$\lim_{h\to 0}\cos\frac{2x+h}{2} \quad \text{und} \quad \lim_{h\to 0}\frac{\sin\frac{h}{2}}{\frac{h}{2}} \quad \text{existieren.}$$

Es liegt nahe, daß $\lim\limits_{h\to 0}\cos\frac{2x+h}{2} = \lim\limits_{h\to 0}\cos\left(x+\frac{h}{2}\right) = \cos x$ ist (Aufgabe 2); den Beweis dafür können wir allerdings hier nicht erbringen; wir gehen im VI. Abschnitt auf diese Beziehung ein.

Bei dem anderen Grenzwert können wir $\frac{h}{2}$ auch durch h ersetzen, weil die Bedingungen $h \to 0$ und $\frac{h}{2} \to 0$ gleichwertig sind. Wir haben also den Grenzwert $\lim\limits_{h\to 0}\frac{\sin h}{h}$ zu ermitteln.

Bild 4.7 zeigt einen Ausschnitt aus dem Einheitskreis. Die Winkelgröße h wird im Bogenmaß gemessen. Mit den Bezeichnungen der Figur gilt für die Flächenmaßzahlen der beiden Dreiecke OAB, OCD und des Kreisausschnittes OCB:

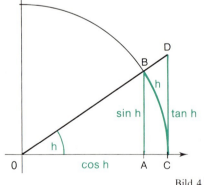

Bild 4.7

$$F_{OAB} < F_{OCB} < F_{OCD}.$$

Nun ist $F_{OAB} = \frac{1}{2}\sin h \cdot \cos h$; $F_{OCB} = \frac{1}{2}h$ und $F_{OCD} = \frac{1}{2}\tan h$.

Also gilt: $\sin h \cdot \cos h < h < \frac{\sin h}{\cos h}$.

6. Beweise mit Hilfe der Grenzwertsätze die Gültigkeit der folgenden Sätze!
   a) Ist f stetig bei x_0, so ist für jede Zahl $c \in \mathbb{R}$ auch die Funktion g zu $g(x) = c \cdot f(x)$ stetig bei x_0.
   b) Sind f_1 und f_2 stetig bei x_0, so ist auch die Funktion f zu $f(x) = f_1(x) + f_2(x)$ stetig bei x_0.
   c) Sind f_1 und f_2 stetig bei x_0, so ist auch die Funktion f zu $f(x) = f_1(x) \cdot f_2(x)$ stetig bei x_0.
   d) Welche Einschränkung ist beim entsprechenden Satz für Quotienten zu machen?

7. Welche Sätze von Aufgabe 6 sind umkehrbar? Widerlege gegebenenfalls die Umkehrung durch ein Gegenbeispiel!

8. Untersuche jeweils, ob man die Stetigkeit der betreffenden Funktion für alle $x \in \mathbb{R}$ mit Hilfe der Sätze von Aufgabe 6 beweisen kann! Dabei soll die Stetigkeit aller konstanten, aller linearen Funktionen, der Sinus- und der Kosinusfunktion vorausgesetzt werden.
   a) $f(x) = x^2$
   b) $f(x) = x^5$
   c) $f(x) = 3x^2 - x$
   d) $f(x) = x \cdot \sin x$
   e) $f(x) = \sin x \cdot \cos x$
   f) $f(x) = 2x^2 - \sin^2 x$
   g) $f(x) = x \cdot \text{sign } x$
   h) $f(x) = (x - 1) \cdot |x|$
   i) $f(x) = |x^2 - 4|$
   j) $f(x) = \dfrac{x + 2}{x^2 + 1}$
   k) $f(x) = \dfrac{\sin x}{2 + \cos x}$
   l) $f(x) = \dfrac{x^2 - 1}{|x - 1|}$

VII. Ableitungen höherer Ordnung

1. In §3 haben wir den Ableitungsbegriff am Beispiel der Momentangeschwindigkeit eingeführt. Wir haben gesehen, daß für eine Weg-Zeit-Funktion mit einer Gleichung der Form $s = f(t)$ die Momentangeschwindigkeit v gegeben ist durch

$$v = \dot{f}(t) = \lim_{h \to 0} \frac{f(t + h) - f(t)}{h}.$$

(Wir erinnern daran, daß man Ableitungen nach der Zeit t mit einem Punkt statt mit einem Strich kennzeichnet.)

Als **Beispiel** haben wir die Fahrt eines Schlittens betrachtet, der einen schneebedeckten, vereisten Hügel hinunterfährt. Die Weg-Zeit-Funktion lautet — wie wir schon auf S. 60 angegeben haben — bei einem Neigungswinkel der Ebene von ungefähr 2,9°:

$$s = f(t) = \tfrac{1}{4} t^2.$$

Nach t Sekunden hat der Schlitten daher die Momentangeschwindigkeit

$$v = \dot{f}(t) = \tfrac{2}{4} t = \tfrac{1}{2} t.$$

(Bemerkung: In der Physik schreibt man häufig kurz: $v = \dot{s}(t)$.)
Man erkennt, daß diese Geschwindigkeit wieder von der Zeit t abhängt: der Schlitten wird immer schneller. Es stellt sich daher die Frage nach einem quantitiven Maß für das Schnellerwerden des Schlittens, für seine **„Beschleunigung"**.

2. Wir können zunächst wieder eine mittlere Zuwachsrate der Geschwindigkeit zwischen zwei Zeitpunkten t und t+h mit Hilfe des Differenzenquotienten

$$\frac{\dot{f}(t+h)-\dot{f}(t)}{h}$$

erfassen; man nennt diese Größe „mittlere Beschleunigung".
Um ein Maß der Geschwindigkeitsänderung in einem Augenblick zu erhalten, müssen wir wiederum den Grenzwert dieses Differenzenquotienten mit der Bedingung h→0 ermitteln, also:

$$\lim_{h\to 0}\frac{\dot{f}(t+h)-\dot{f}(t)}{h}.$$

Da die betrachtete Funktion hier die Ableitungsfunktion $\dot{f}$ ist, kennzeichnen wir diesen Grenzwert mit einem zweiten Punkt und nennen ihn die **„zweite Ableitung"** der Weg-Zeit-Funktion f:

$$\ddot{f}(t)=\lim_{h\to 0}\frac{\dot{f}(t+h)-\dot{f}(t)}{h}, \text{ gelesen „f zwei Punkt von t gleich..."}.$$

Dieser Grenzwert heißt **„Momentanbeschleunigung" a:** Bei unserem Beispiel ist:

$$\dot{f}(t)=\tfrac{1}{2}t, \text{ also } a=\ddot{f}(t)=\tfrac{1}{2}.$$

(Bemerkung: In der Physik schreibt man häufig kurz a = s̈(t).)
Der Schlitten erfährt also (da wir von Reibungswiderständen abgesehen haben) durch die Anziehungskraft der Erde eine konstante Beschleunigung.

3. Wie bei dem vorstehenden Beispiel sind auch bei vielen anderen Funktionen die Ableitungsfunktionen f' ihrerseits wiederum differenzierbar über $\mathbb{R}$ oder über einer Teilmenge von $\mathbb{R}$. Man kann dann jeweils von f'(x) wiederum den Ableitungsterm

$$[f'(x)]' = f''(x), \text{ gelesen „f zwei Strich von x"}$$

berechnen. Wir definieren:

> **D 4.3** Ist die Ableitungsfunktion f' einer Funktion f differenzierbar, so heißt
> f''(x) = [f'(x)]' die „zweite Ableitung von f an der Stelle x".
> Ist f'' differenzierbar, so heißt
> f'''(x) = [f''(x)]' die „dritte Ableitung von f an der Stelle x", usw.

Von der 4. Ableitung an verwendet man an Stelle der Striche hochgestellte und geklammerte Indizes: $f^{(4)}$; $f^{(5)}$; ..., allgemein: $f^{(n)}$.
Die Zahl $n \in \mathbb{N}$ heißt die **„Ordnung der Ableitungsfunktion $f^{(n)}$"**.

Beispiele:

1) $f(x)=5x^3$; $f'(x)=15x^2$; $f''(x)=30x$; $f'''(x)=30$; $f^{(4)}(x)=f^{(5)}(x)=\ldots=0$ (für alle $x\in\mathbb{R}$)

2) $f(x)=\sin x$; $f'(x)=\cos x$; $f''(x)=-\sin x$; $f'''(x)=-\cos x$;
$f^{(4)}(x)=\sin x$; $f^{(5)}(x)=\cos x$; $f^{(6)}(x)=-\sin x$; $f^{(7)}(x)=-\cos x$; ... (für alle $x\in\mathbb{R}$).

Beachte, daß die Ableitungen der Sinusfunktion sich „reproduzieren". Das Gleiche gilt für die Kosinusfunktion.

4. Bei den vorstehenden Beispielen existieren Ableitungen beliebig hoher Ordnung. Das ist nicht immer so.

Beispiel: $f(x) = |x|^3 = \begin{cases} x^3 & \text{für } x \geq 0 \\ -x^3 & \text{für } x < 0 \end{cases}$; es ist $f(0) = 0$.

1. Ableitung: $f'(x) = \begin{cases} 3x^2 & \text{für } x \geq 0 \\ -3x^2 & \text{für } x < 0 \end{cases}$; es ist $f'(0) = 0$.

2. Ableitung: $f''(x) = \begin{cases} 6x & \text{für } x \geq 0 \\ -6x & \text{für } x < 0 \end{cases}$; es ist $f''(0) = 0$.

3. Ableitung: $f'''(x) = \begin{cases} 6 & \text{für } x > 0 \\ -6 & \text{für } x < 0 \end{cases}$ $f'''(0)$ existiert nicht.

Beachte: $f(x)$, $f'(x)$, $f''(x)$ und $f'''(x)$ werden jeweils durch zwei Terme dargestellt. Bei f, f' und f'' stimmen die Werte dieser beiden Terme an der „Nahtstelle" ($x = 0$) überein. Überprüfe dies! Diese drei Funktionen sind also alle **stetig** an der Stelle 0; die Funktionswerte existieren; es gilt $f(0) = f'(0) = f''(0) = 0$. Bei f''' ist dies **nicht** der Fall; $f'''(0)$ existiert nicht.

Man sagt: die Funktion f zu $f(x) = |x|^3$ ist an der Stelle 0 „**zweimal differenzierbar**". Man definiert:

> **D 4.4** Eine Funktion f heißt „**n-mal differenzierbar an einer Stelle x**" genau dann, wenn die Ableitungen $f'(x)$, $f''(x)$, ..., $f^{(n)}(x)$ existieren.

Bemerkungen:

1) Die beiden Anteile des Terms zu f'' bei obigem Beispiel kann man mit Hilfe des Betragszeichens zusammenfassen zu

$$f''(x) = 6|x|.$$

Da die Betragsfunktion auch an der Stelle 0 **stetig** ist (vgl. S. 93), gilt dies auch für f''. Man sagt daher genauer: die Funktion f ist an der Stelle 0 „zweimal **stetig** differenzierbar".

2) Der Begriff von D 4.4 läßt sich analog zur Definition D 4.1 so erweitern, daß er sich nicht nur auf eine Stelle $x \in D(f)$ bezieht, also nur eine „**lokale**", sondern sogar eine „**globale**" Eigenschaft der betreffenden Funktion f beschreibt, sich also auf ein offenes Intervall oder eine andere offene Teilmenge von $\mathbb{R}$ bezieht.

Übungen und Aufgaben

1. Berechne $f'(x)$, $f''(x)$, ..., $f^{(n)}(x)$!

    a) $f(x) = x^4$; $n = 5$ **b)** $f(x) = 4x^7 - 6x^2$; $n = 4$ **c)** $f(x) = 2x^3 + 6x^2 + 5x - 1$; $n = 4$

    d) $f(x) = 1 - 4x^5$; $n = 6$ **e)** $f(x) = (2 - 3x)^2$; $n = 3$

    f) $f(x) = \sqrt{x}$; $n = 3$ **g)** $f(x) = \dfrac{1}{x}$; $n = 3$

Anleitung: für alle $n \in \mathbb{N}$ gilt: $(x^n)' = n x^{n-1}$.

2. Wie oft muß man die Funktion f zu $f(x) = x^n (n \in \mathbb{N})$ differenzieren, bis man eine konstante Funktion erhält?

3. Die Weg-Zeit-Funktion einer Pendelschwingung ist gegeben durch $s(t) = A \cdot \sin\left(\sqrt{\frac{g}{l}} \cdot t\right)$. Dabei bezeichnet A die größte Auslenkung aus der Ruhelage, die „Amplitude" (A = 1 m) und g die Erdbeschleunigung $\left(g \approx 10 \frac{m}{sec^2}\right)$. Wählt man die Pendellänge $l = 10$ m, so ist die Maßzahl von $\sqrt{\frac{g}{l}} \approx 1$. Verwende für die Rechnung den vereinfachten Term $s(t) = A \cdot \sin t$!

a) Berechne den Term der Geschwindigkeits-Zeit-Funktion $\dot{s}(t)$!
b) Berechne den Term der Beschleunigungs-Zeit-Funktion $\ddot{s}(t)$!
c) Zu welchen Zeitpunkten ist die Geschwindigkeit des Pendels maximal, wann ist sie null?
d) Zu welchen Zeitpunkten ist die Beschleunigung maximal, wann ist sie null?
e) Vergleiche die Richtung des Pendelausschlags $s(t)$ mit der Richtung der Beschleunigung $\ddot{s}(t)$!

4. a) Für welche dir bekannten Funktionen gilt die Gleichung $f''(x) = k \cdot f(x)$ mit $k \in \mathbb{R}$?
b) Bei einer Weg-Zeit-Funktion schreibt man die Gleichung in der Form $\ddot{s}(t) = k \cdot s(t)$. Welche Bedeutung hat diese Gleichung physikalisch? Welche Bewegungsarten werden durch sie gekennzeichnet?

§ 5 Differenzierbare Funktionen (II)

I. Die Produktregel

1. Im vorigen Abschnitt haben wir die Summenregel der Differentialrechnung mit Hilfe des entsprechenden Grenzwertsatzes (S 4.2) hergeleitet. Da für Produkte ein analoger Grenzwertsatz gilt (S 4.4), könnte man vermuten, daß eine der Summenregel entsprechende Regel auch für Produkte gilt. Wir wollen dies an einem Beispiel überprüfen, bei dem wir den Ableitungsterm schon kennen.

Beispiel: Für $f(x) = x^3$ gilt $f'(x) = 3x^2$.

Wir zerlegen den Funktionsterm in zwei Faktoren und differenzieren diese Faktoren getrennt: $f(x) = x \cdot x^2$ mit $f_1(x) = x$ und $f_2(x) = x^2$.
Es gilt: $f_1'(x) = 1$ und $f_2'(x) = 2x$. Also ist $f_1'(x) \cdot f_2'(x) = 1 \cdot 2x = 2x \neq f'(x)$.
Schon an diesem Beispiel erkennt man, daß man ein Produkt **nicht faktorweise** differenzieren darf. Wir müssen die Regel für die Berechnung der Ableitung eines Produktes also durch Rückgriff auf die Definition der Ableitung ermitteln.

2. Es ist üblich, bei der Formulierung der gesuchten Produktregel der Differentialrechnung den Funktionsterm in der Form

$$f(x) = u(x) \cdot v(x)$$

zu schreiben. Die Differenzenquotienten der beiden Funktionen u und v bezeichnen wir zur Unterscheidung mit $m_u(x; h)$ und $m_v(x; h)$. Es gilt also

$$m_u(x; h) = \frac{u(x+h) - u(x)}{h} \quad \text{und} \quad m_v(x; h) = \frac{v(x+h) - v(x)}{h}.$$

Daraus ergibt sich durch einfache Umformungen:

$$u(x+h) = u(x) + h \cdot m_u(x; h) \quad \text{und} \quad v(x+h) = v(x) + h \cdot m_v(x; h) \qquad (1)$$

Wir setzen nun voraus, daß die beiden Funktionen u und v jeweils an der Stelle x differenzierbar sind, daß also gilt:

$$\lim_{h \to 0} m_u(x; h) = u'(x) \quad \text{und} \quad \lim_{h \to 0} m_v(x; h) = v'(x). \qquad (2)$$

Um den Differenzenquotienten der Funktion f bilden zu können, berechnen wir zunächst $f(x+h)$ und setzen dabei die oben hergeleiteten Ausdrücke (1) ein:

$$f(x+h) = u(x+h) \cdot v(x+h) = [u(x) + h \cdot m_u(x; h)][v(x) + h \cdot m_v(x; h)]$$
$$= \underbrace{u(x) \cdot v(x)}_{f(x)} + u(x) \cdot h \cdot m_v(x; h) + h \cdot m_u(x; h) \cdot v(x) + h^2 \cdot m_u(x; h) \cdot m_v(x; h).$$

Daraus ergibt sich für den Differenzenquotienten von f:

$$\frac{f(x+h)-f(x)}{h} = u(x) \cdot m_v(x;h) + m_u(x;h) \cdot v(x) + h \cdot m_u(x;h) \cdot m_v(x;h).$$

Unter Berücksichtigung der vorausgesetzten Bedingungen (2) ergibt sich daraus nach den Grenzwertsätzen S 4.2 und S 4.4 für $h \to 0$:

$$f'(x) = \lim_{h \to 0} \frac{f(x+h)-f(x)}{h} = u(x) \cdot v'(x) + u'(x) \cdot v(x) + 0 \cdot u'(x) \cdot v'(x)$$
$$= u(x) \cdot v'(x) + u'(x) \cdot v(x).$$

Damit haben wir bewiesen:

> **S 5.1** **Sind zwei Funktionen u und v differenzierbar an der Stelle x, so ist auch die Funktion f zu $f(x) = u(x) \cdot v(x)$ differenzierbar an der Stelle x, und es gilt:**
>
> $$f'(x) = u(x) \cdot v'(x) + u'(x) \cdot v(x) \quad \text{(Produktregel)}.$$

Wir wiederholen das Beispiel aus 1.:

$$f(x) = x \cdot x^2 \text{ mit } u(x) = x;\ u'(x) = 1;\ v(x) = x^2 \text{ und } v'(x) = 2x.$$

Nach der Produktregel ergibt sich:

$$f'(x) = x \cdot 2x + 1 \cdot x^2 = 3x^2.$$

Dies entspricht dem bereits bekannten Ergebnis.

3. Mit Hilfe der Produktregel können wir jetzt zahlreiche Funktionen differenzieren, deren Ableitungsterme wir bisher noch nicht ermitteln konnten.

Beispiele:

1) $f(x) = x^4 = x \cdot x^3$. Mit $u(x) = x$, $u'(x) = 1$; $v(x) = x^3$ und $v'(x) = 3x^2$ ergibt sich für alle $x \in \mathbb{R}$:
$$f'(x) = x \cdot 3x^2 + 1 \cdot x^3 = 4x^3.$$

2) $f(x) = x^5 = x \cdot x^4$. Mit $u(x) = x$, $u'(x) = 1$, $v(x) = x^4$ und $v'(x) = 4x^3$ ergibt sich für alle $x \in \mathbb{R}$:
$$f'(x) = x \cdot 4x^3 + 1 \cdot x^4 = 5x^4.$$

4. Die vorstehenden Beispiele legen die Vermutung nahe, daß für die Ableitung einer beliebigen **Potenzfunktion** f zu $f(x) = x^n$ (mit $n \in \mathbb{N}$) gilt: $f'(x) = nx^{n-1}$, also $(x^n)' = nx^{n-1}$. Wir haben bereits gezeigt, daß diese Gleichung für $n = 1, 2, 3, 4$ und 5 gültig ist.
Beim vorstehenden Beweis der Gleichung für $n = 4$, also für $(x^4)' = 4x^3$, haben wir die Gültigkeit der Gleichung für $n = 3$, also die Gültigkeit von $(x^3)' = 3x^2$ benutzt. Entsprechend haben wir beim Beweis für $n = 5$ von der Gültigkeit für $n = 4$ Gebrauch gemacht.
Grundsätzlich könnten wir so fortfahren, also aus der Gültigkeit der Gleichung für $n = 5$ die für $n = 6$ herleiten; aus der Gültigkeit für $n = 6$ die für $n = 7$ herleiten, usw. Der Beweis würde auf diese Weise aber nie zu einem Ende kommen; die Allgemeingültigkeit der Gleichung, die Gültigkeit für **alle** $n \in \mathbb{N}$ würden wir so nicht beweisen können.

§5, I. Die Produktregel

5. Wir können jedoch den Grundgedanken, den wir bei den obigen Beweisen angewendet haben, zu einem allgemeinen Beweis ausbauen. Wir versuchen nämlich, zu beweisen: wenn für eine beliebige Zahl $n \in \mathbb{N}$ gilt $(x^n)' = nx^{n-1}$, dann gilt auch $(x^{n+1})' = (n+1) \cdot x^n$, formal ausgedrückt:

$$(x^n)' = nx^{n-1} \Rightarrow (x^{n+1})' = (n+1) \cdot x^n.$$

Man nennt eine solche Folgerung einen „**Schluß von n auf n+1**". Wenn wir diesen Schluß durchgeführt haben, können wir aus der schon vorher bewiesenen Gültigkeit für $n=1$ zunächst auf die Gültigkeit für $n=2$, von dort auf die für $n=3$ schließen, usw. Auf diese Weise ist dann sichergestellt, daß tatsächlich für alle $n \in \mathbb{N}$ gilt:

$$(x^n)' = nx^{n-1}.$$

Wir führen den Schluß von n auf n+1 nun mit Hilfe der Produktregel durch:

$$(x^n)' = nx^{n-1} \Rightarrow (x^{n+1})' = (x \cdot x^n)' = x \cdot nx^{n-1} + 1 \cdot x^n = (n+1)x^n, \text{ q.e.d.}$$

In der Tat gilt also der Satz

S 5.2 Jede Potenzfunktion f zu $f(x) = x^n$ (mit $n \in \mathbb{N}$) ist differenzierbar über $\mathbb{R}$ und es gilt:
$$f'(x) = nx^{n-1}.$$

Wir werden uns mit dem hier angewendeten Beweisverfahren noch näher beschäftigen.

6. Aus den Sätzen S 4.6, S 4.7 und S 5.2 folgt nun unmittelbar die Gültigkeit des Satzes

S 5.3 Jede ganze rationale Funktion ist differenzierbar über $\mathbb{R}$.

Der Beweis soll in Aufgabe 2 geführt werden.

Beispiel: $f(x) = 3x^5 - \sqrt{2} \cdot x^3 + \frac{4}{3}x^2 - 7x$. Für alle $x \in \mathbb{R}$ gilt: $f'(x) = 15x^4 - 3\sqrt{2}x^2 + \frac{8}{3}x - 7$.

7. Die Produktregel läßt sich keineswegs nur auf ganze rationale Funktionen anwenden.

Beispiele:

1) $f(x) = (x^2 - 3) \cdot \sin x$ mit $D(f) = \mathbb{R}$.
Mit $u(x) = x^2 - 3$, $u'(x) = 2x$; $v(x) = \sin x$ und $v'(x) = \cos x$ ergibt sich für alle $x \in \mathbb{R}$:

$$f'(x) = 2x \cdot \sin x + (x^2 - 3) \cos x.$$

2) $f(x) = \frac{1}{x}\sqrt{x}$ mit $D(f) = \mathbb{R}^{>0}$.

Mit $u(x) = \frac{1}{x}$; $u'(x) = -\frac{1}{x^2}$; $v(x) = \sqrt{x}$ und $v'(x) = \frac{1}{2\sqrt{x}}$ ergibt sich für alle $x \in \mathbb{R}^{>0}$:

$$f'(x) = -\frac{1}{x^2} \cdot \sqrt{x} + \frac{1}{2\sqrt{x}} \cdot \frac{1}{x} = -\frac{1}{x\sqrt{x}} + \frac{1}{2x\sqrt{x}} = -\frac{1}{2x\sqrt{x}}.$$

Bemerkung: Da für alle $x \in \mathbb{R}^{>0}$ gilt: $\frac{1}{x}\sqrt{x} = \frac{1}{\sqrt{x}} = x^{-\frac{1}{2}}$, haben wir damit die Ableitung zu $f(x) = x^{-\frac{1}{2}}$ berechnet. Bestätige, daß die Gleichung von S 5.2 auch für $n = -\frac{1}{2}$ gilt (Aufgabe 4)!

3) $f(x) = \sqrt{x} \cdot \cos x$ mit $D(f) = \mathbb{R}^{\geq 0}$.

Mit $u(x) = \sqrt{x}$, $u'(x) = \dfrac{1}{2\sqrt{x}}$, $v(x) = \cos x$ und $v'(x) = \sin x$ ergibt sich für alle $x \in \mathbb{R}^{>0}$:

$$f'(x) = \frac{1}{2\sqrt{x}} \cos x - \sqrt{x} \cdot \sin x.$$

Übungen und Aufgaben

1. Differenziere mit Hilfe der Produktregel!

   a) $f(x) = x^2(1 - 4x^3)$ **b)** $f(x) = (x^2 - 1)(x^3 - 5x)$ **c)** $f(x) = (x^3 - 4) \cdot \dfrac{1}{x}$

   d) $f(x) = \dfrac{1}{x^2}$ **e)** $f(x) = (x^4 - 2x^3) \cdot \sqrt{x}$ **f)** $f(x) = (x^3 - \sqrt{x}) \cdot \dfrac{1}{x}$

   g) $f(x) = x^2 \sin x$ **h)** $f(x) = \sin^2 x$ **i)** $f(x) = \cos^2 x$

   j) $f(x) = \sqrt{x} \cos x$ **k)** $f(x) = \dfrac{1}{x} \sin x$ **l)** $f(x) = \sin x \cdot \cos x$

2. Beweise mit Hilfe von S 4.6, S 4.7 und S 5.2, daß jede ganze rationale Funktion differenzierbar über $\mathbb{R}$ ist!

3. Ermittle allgemein die Ableitung von Potenzfunktionen zu $f(x) = \dfrac{1}{x^n} = x^{-n}$ ($n \in \mathbb{N}$)! Führe den Beweis analog zum Beweis von S 5.2!

4. Im Lehrtext (S. 101) ist die Ableitung zu $f(x) = \dfrac{1}{x} \sqrt{x}$ berechnet worden. Bestätige an Hand dieser Ergebnisse, daß die Gleichung von S 5.2 auch für $n = -\dfrac{1}{2}$ gilt!

5. Differenziere die folgenden Funktionen zuerst nach der Produktregel und anschließend nach der Regel $(x^n)' = nx^{n-1}$, als ob die Regel auch für $n \in \mathbb{Q}^{>0}$ bewiesen wäre! Vergleiche jeweils die Ergebnisse miteinander!

   a) $f(x) = x \cdot \sqrt{x} = x^{\frac{3}{2}}$ **b)** $f(x) = x^2 \sqrt{x} = x^{\frac{5}{2}}$ **c)** $f(x) = x \sqrt[3]{x} = x^{\frac{4}{3}}$

   Anleitung zu c): Setze voraus: $(\sqrt[3]{x})' = \dfrac{1}{3} \cdot \dfrac{1}{\sqrt[3]{x^2}} = \dfrac{1}{3} x^{-\frac{2}{3}}$!

6. Leite aus der Produktregel für zwei Faktoren eine solche für drei Faktoren, also für $f(x) = u(x) \cdot v(x) \cdot w(x)$ her!

7. Berechne jeweils die Ableitung $f'(x)$! Benutze dabei gegebenenfalls die Regel $(x^n)' = nx^{n-1}$ auch für $n \in \mathbb{Z}$ (vgl. Aufgabe 3) und für $n \in \mathbb{Q}$, was durch das Ergebnis von Aufgabe 4 nahegelegt wird!

   a) $f(x) = (2x - 1)^3$ **b)** $f(x) = \sqrt{x}(x^3 - 2x)$ **c)** $f(x) = x^2 \cdot \sqrt[3]{x}$

   d) $f(x) = x^{2n}$ **e)** $f(x) = (x^{2n+1})^2$ **f)** $f(x) = \sqrt[4]{x} \cdot (x^2 + 1)$

8. Berechne jeweils die Ableitung f'(x) wie in Aufgabe 7!

a) $f(x) = \dfrac{1}{x^2} \sin x$ **b)** $f(x) = 2x^3 (\sin x - \cos x)$ **c)** $f(x) = \sqrt[3]{x} \cdot \cos x$

d) $f(x) = x \cdot \sqrt[5]{x^2}$ **e)** $f(x) = \dfrac{1}{x^3} \cdot \sqrt[3]{x^2}$ **f)** $f(x) = \sqrt[4]{x^3} \cdot \sin x$

g) $f(x) = x \cdot \sin x \cdot \cos x$ **h)** $f(x) = \sin^2 x \cdot \cos x$ **i)** $f(x) = x \cdot \cos^2 x$

9. Der Betrag der Bahngeschwindigkeit v eines Körpers, der sich auf einer Kreisbahn bewegt, ist gegeben durch $v = \omega \cdot r$. Dabei bezeichnet ω die Kreisfrequenz und r den Radius der Bahn. Wir nehmen an, daß sowohl ω wie r von der Zeit t abhängig sind: $v(t) = \omega(t) \cdot r(t)$.
a) Berechne mit Hilfe der Produktregel die Beschleunigung $\dot{v}(t)$!
b) Interpretiere die Gleichung für $\dot{v}(t)$! Unter welchen Bedingungen wird je einer der beiden Summanden den Betrag 0 haben? Beschreibe mit Worten den Verlauf der Bewegung, wenn beide Summanden der Beschleunigung ungleich 0 sind!

II. Zum Beweisverfahren der vollständigen Induktion

1. Das Beweisverfahren, welches wir beim Beweis von S 5.2 angewendet haben, nennt man das Verfahren der „**vollständigen Induktion**". Wir wollen dieses Verfahren im folgenden noch etwas näher erläutern.
Das Beweisverfahren der „vollständigen Induktion" ist grundsätzlich nur dann anwendbar, wenn es um den Beweis für die Allgemeingültigkeit einer Aussageform A(n) in der Menge $\mathbb{N}$ geht, wenn also bewiesen werden soll, daß eine Aussageform A(n) für alle $n \in \mathbb{N}$ gilt.
Der Grundgedanke des Verfahrens ist der, daß man

    von der Gültigkeit von A(1) auf die von A(2),
    von der Gültigkeit von A(2) auf die von A(3),
    von der Gültigkeit von A(3) auf die von A(4) schließt, usw.

Grundlage der Beweiskette bildet also die Gültigkeit von A(1). Daher hat man zunächst zu zeigen, daß A(1) eine wahre Aussage ist. Diesen Beweisschritt nennt man „**Induktionsverankerung**".
Der zweite Schritt besteht dann im „**Schluß von n auf n + 1**", auch „**Induktionsschluß**" genannt. Man zeigt:

    A(n) $\Rightarrow$ A(n + 1).

Dabei nennt man A(n) auch die „**Induktionsvoraussetzung**". Hierbei ist jedoch zu beachten, daß **nicht** etwa die Allgemeingültigkeit von A(n) vorausgesetzt wird. Wenn wir diese voraussetzen könnten, brauchten wir den fraglichen Satz gar nicht mehr zu beweisen; der „Beweis" wäre zirkelhaft, d.h. wir würden das „beweisen", was wir schon vorausgesetzt haben. Dies wäre offensichtlich nicht nur falsch, sondern sogar unsinnig.
Im Schluß von n auf n + 1 wird vielmehr bewiesen: **wenn** eine natürliche Zahl n die Aussageform A(n) erfüllt, **dann** erfüllt auch der Nachfolger dieser Zahl, also die Zahl n + 1 die Aussageform. Ob es überhaupt Zahlen gibt, die die Aussageform erfüllen und welche dies gegebenenfalls sind, spielt beim Schluß von n auf n + 1 keine Rolle.

2. Ein Beweis durch „vollständige Induktion" besteht also aus zwei Schritten:

    1. Schritt (Induktionsverankerung): Wir zeigen: A(1) ist eine wahre Aussage.

    2. Schritt (Schluß von n auf n+1): Wir zeigen: $A(n) \Rightarrow A(n+1)$.

Auf Grund des 1. Schrittes gilt A(1). Daraus ergibt sich nach dem 2. Schritt die Gültigkeit von A(2); daraus wiederum die Gültigkeit von A(3), usw.

Daß man durch die Fortsetzung dieser Schlußreihe jede natürliche Zahl erreichen und somit die Aussageform A(n) für **alle** natürlichen Zahlen als gültig erweisen kann, ergibt sich aus dem „Satz von der vollständigen Induktion":

S 5.4   Gehört zu einer Menge M natürlicher Zahlen ($M \subseteq \mathbb{N}$)
1) die Zahl 1 und
2) mit jeder Zahl n auch ihr Nachfolger n+1,
dann ist M die Menge aller natürlicher Zahlen: $M = \mathbb{N}$.

(Auf einen Beweis für diesen Satz verzichten wir in diesem Buch.)
Hier ist $M = L(A)$ die Lösungsmenge der Aussageform A(n) in der Grundmenge $\mathbb{N}$.

    1. Schritt: A(1) ist wahr, d.h. es gilt $1 \in L(A)$.

    2. Schritt: $A(n) \Rightarrow A(n+1)$, d.h. $n \in L(A) \Rightarrow (n+1) \in L(A)$.

Nach S 5.4 ist also $L(A) = \mathbb{N}$, d.h. A(n) ist allgemeingültig in $\mathbb{N}$.

Bemerkung: Manchmal wird als Induktionsverankerung nicht die Gültigkeit von A(1), sondern z.B. von A(0), A(2) oder z.B. auch von A(5) genommen. Dann gilt die Behauptung natürlich von der Zahl an, für die die Induktionsverankerung gezeigt worden ist.

3. Als **Beispiel** behandeln wir die sogenannte „Bernoullische Ungleichung".

Behauptung: Für alle $n \in \mathbb{N}$ und für alle $a \in \mathbb{R}$ mit $a > -1$ gilt:

    A(n): $(1+a)^n \geq 1 + na$.

Beweis:
1. Schritt: Induktionsverankerung

    A(1): $(1+a)^1 \geq 1 + 1 \cdot a$ ist eine wahre Aussage; es gilt das Gleichheitszeichen.

2. Schritt: Schluß von n auf n+1: $A(n) \Rightarrow A(n+1)$:
Weil nach Voraussetzung $a > -1$, also $1 + a > 0$ ist, gilt nach dem Monotoniegesetz für die Multiplikation reeller Zahlen:

$$\underbrace{(1+a)^n \geq 1 + na}_{A(n)} \Rightarrow (1+a)^n \cdot (1+a) \geq (1+na) \cdot (1+a)$$
$$\Rightarrow (1+a)^{n+1} \geq 1 + a + na + na^2$$
$$\Rightarrow \underbrace{(1+a)^{n+1} \geq 1 + (n+1)a}_{A(n+1)}, \text{ weil } na^2 > 0 \text{ ist.}$$

Damit ist der Beweis vollständig erbracht.

Bemerkung: Für $n \geq 2$ und für $a \neq 0$ gilt sogar: $(1+a)^n > 1 + na$.

§5, II. Zum Beweisverfahren der vollständigen Induktion

4. Für die Durchführung eines Beweises nach dem Verfahren der vollständigen Induktion sind **beide** Beweisschritte unbedingt erforderlich. Für den zweiten Beweisschritt ist dies offensichtlich. Würde man nur diesen zweiten Schritt durchführen, so hätte der Beweis keine Verankerung in einer wahren Aussage; alles würde „in der Luft hängen"; nichts wäre bewiesen. Wir zeigen dies an dem folgenden

Beispiel:

Gesucht ist ein einfacherer Term zur Berechnung der Summe

$$s_n = \frac{1}{1\cdot 2} + \frac{1}{2\cdot 3} + \ldots + \frac{1}{n(n+1)} \quad (\text{für } n\in\mathbb{N}).$$

Jemand behauptet, für alle $n\in\mathbb{N}$ sei diese Summe auch darstellbar durch den Term

$$T(n) = \frac{2n+1}{n+1}.$$

Er behauptet also, die Gleichung A(n): $s_n = T(n)$ sei allgemeingültig in $\mathbb{N}$.
Zum „Beweis" führt er den Schluß von n auf n+1 durch:

$$A(n) \Rightarrow A(n+1),$$

in diesem Falle also:

$$s_n = T(n) \Rightarrow s_{n+1} = T(n+1).$$

Dabei ist

$$s_{n+1} = s_n + \frac{1}{(n+1)(n+2)} \quad \text{und} \quad T(n+1) = \frac{2(n+1)+1}{(n+1)+1} = \frac{2n+3}{n+2}.$$

Er rechnet – völlig korrekt – folgendermaßen:

$$s_n = T(n) \Rightarrow \underbrace{s_n + \frac{1}{(n+1)(n+2)}}_{s_{n+1}} = T(n) + \frac{1}{(n+1)(n+2)}$$

$$\Rightarrow s_{n+1} = \frac{2n+1}{n+1} + \frac{1}{(n+1)(n+2)}$$

$$\Rightarrow s_{n+1} = \frac{(2n+1)(n+2)+1}{(n+1)(n+2)} = \frac{2n^2+5n+3}{(n+1)(n+2)} = \frac{(n+1)(2n+3)}{(n+1)(n+2)}$$

$$= \frac{2n+3}{n+2} = T(n+1), \text{ q.e.d.}$$

Der Schluß von n auf n+1 ist also völlig korrekt durchführbar. Dennoch ist die Behauptung falsch, weil schon

$$A(1): \frac{1}{1\cdot 2} = \frac{2+1}{1+1} \text{ eine } \textbf{falsche} \text{ Aussage ist.}$$

Bemerkung: Allgemeingültig in $\mathbb{N}$ ist tatsächlich die Gleichung:

$$\frac{1}{1\cdot 2} + \frac{1}{2\cdot 3} + \ldots + \frac{1}{n(n+1)} = \frac{n}{n+1} \quad (\text{Aufgabe 2e}).$$

Übungen und Aufgaben

1. Beweise durch vollständige Induktion die Allgemeingültigkeit in $\mathbb{N}$!

a) $1+2+3+\ldots+n=\dfrac{n}{2}+\dfrac{n^2}{2}$ 　　　b) $2+4+6+\ldots+2n=n+n^2$

c) $3+7+11+\ldots+(4n-1)=n+2n^2$ 　　　d) $2+4+8+\ldots+2^n=2\cdot(2^n-1)$

e) $1+5+25+\ldots+5^{n-1}=\tfrac{1}{4}(5^n-1)$ 　　　f) $1+2+4+\ldots+2^{n-1}=2^n-1$

g) $1+\dfrac{1}{2}+\dfrac{1}{4}+\ldots+\dfrac{1}{2^{n-1}}=2\left(1-\dfrac{1}{2^n}\right)$ 　　　h) $1+\dfrac{1}{3}+\dfrac{1}{9}+\ldots+\dfrac{1}{3^{n-1}}=\dfrac{3}{2}\left(1-\dfrac{1}{3^n}\right)$

i) $1^2+2^2+3^2+\ldots+n^2=\dfrac{n(n+1)(2n+1)}{6}$ 　　　j) $1^3+2^3+3^3+\ldots+n^3=\left[\dfrac{n(n+1)}{2}\right]^2$

2. Verfahre wie in Aufgabe 1!

a) $1^2+3^2+5^2+\ldots+(2n-1)^2=\tfrac{1}{3}n(2n-1)(2n+1)$

b) $1\cdot 2+2\cdot 3+3\cdot 4+\ldots+n(n+1)=\tfrac{1}{3}n(n+1)(n+2)$

c) $1^2-2^2+3^2-4^2+\ldots+(-1)^{n-1}n^2=(-1)^{n-1}\cdot\dfrac{n(n+1)}{2}$

d) $\dfrac{1}{1\cdot 2}+\dfrac{1}{2\cdot 3}+\dfrac{1}{3\cdot 4}+\ldots+\dfrac{1}{n(n+1)}=\dfrac{n}{n+1}$ 　　　e) $\dfrac{1}{1\cdot 3}+\dfrac{1}{3\cdot 5}+\ldots+\dfrac{1}{(2n-1)(2n+1)}=\dfrac{n}{2n+1}$

f) $\dfrac{1}{1\cdot 4}+\dfrac{1}{4\cdot 7}+\ldots+\dfrac{1}{(3n-2)(3n+1)}=\dfrac{n}{3n+1}$ 　　　g) $\dfrac{1}{1\cdot 5}+\dfrac{1}{5\cdot 9}+\ldots+\dfrac{1}{(4n-3)(4n+1)}=\dfrac{n}{4n+1}$

h) $\dfrac{1}{a\cdot(a+1)}+\dfrac{1}{(a+1)(a+2)}+\ldots+\dfrac{1}{(a+n-1)(a+n)}=\dfrac{n}{a(a+n)}$ 　　(für $a\in\mathbb{R}^{>0}$)

i) $1\cdot 1!+2\cdot 2!+3\cdot 3!+\ldots+n\cdot n!=(n+1)!-1$

Bemerkung: Es gilt $n!=1\cdot 2\cdot 3\cdot\ldots\cdot n$; das Zeichen $n!$ wird gelesen „n Fakultät".

3. Versuche, das Bildungsgesetz für die Summenformel zu erraten und beweise es durch vollständige Induktion!

a) $1=1$; $\;1+3=4$; $\;1+3+5=9$; $\;1+3+5+7=16$; $\ldots$

b) $1=1$; $\;1-4=-(1+2)$; $\;1-4+9=1+2+3$; $\;1-4+9-16=-(1+2+3+4)$; $\ldots$

c) $1+\tfrac{1}{2}=2-\tfrac{1}{2}$; $\;1+\tfrac{1}{2}+\tfrac{1}{4}=2-\tfrac{1}{4}$; $\;1+\tfrac{1}{2}+\tfrac{1}{4}+\tfrac{1}{8}=2-\tfrac{1}{8}$; $\ldots$

4. Gegeben sind folgende Aussageformen:

$A_1(n): 2^n>n^2$;　 $A_2(n): n^n>k^n\,(k\in\mathbb{N})$;　 $A_3(n): n=n+1$

$A_4(n): \sqrt{n}\leq n$;　 $A_5(n): 1+2+3+\ldots+n=\tfrac{1}{8}(2n+1)^2$.

a) Welche dieser Aussageformen sind allgemeingültig in $\mathbb{N}$? Beweis!
b) Welche dieser Aussageformen gelten erst ab einer natürlichen Zahl $n_0>1$? Beweis!
c) Welche dieser Aussageformen gelten für keine einzige natürliche Zahl? Versuche, den Schluß von n auf $n+1$ dennoch durchzuführen! Was stellst du fest?

§ 5, III. Die Quotientenregel

III. Die Quotientenregel

1. Mit Hilfe der Produktregel haben wir bewiesen (S 5.3), daß jede **ganze** rationale Funktion über $\mathbb{R}$ differenzierbar ist. Wenn wir die entsprechende Frage für beliebige (also auch für gebrochene) rationale Funktionen beantworten wollen, müssen wir uns mit Funktionen beschäftigen, die durch Bruchterme, also durch Terme der Form

$$f(x) = \frac{u(x)}{v(x)}$$

gegeben sind. Wir setzen dabei voraus, daß die Funktionen u und v an der Stelle x differenzierbar sind und daß $v(x) \neq 0$ ist.

2. Wir gehen genau so vor wie bei der Herleitung der Produktregel (S. 99) und benutzen auch die dort angegebenen Beziehungen (1) und (2). In unserem Falle gilt aufgrund von (1):

$$f(x+h) = \frac{u(x+h)}{v(x+h)} = \frac{u(x) + h \cdot m_u(x; h)}{v(x) + h \cdot m_v(x; h)}.$$

Somit gilt für den Differenzenquotienten von f:

$$\frac{f(x+h) - f(x)}{h} = \frac{1}{h}\left[\frac{u(x) + h \cdot m_u(x; h)}{v(x) + h \cdot m_v(x; h)} - \frac{u(x)}{v(x)}\right]$$

$$= \frac{1}{h}\left[\frac{u(x) \cdot v(x) + h \cdot m_u(x; h) \cdot v(x) - u(x) \cdot v(x) - h \cdot m_v(x; h) \cdot u(x)}{v^2(x) + h \cdot m_v(x; h) \cdot v(x)}\right]$$

$$= \frac{m_u(x; h) \cdot v(x) - m_v(x; h) \cdot u(x)}{v^2(x) + h \cdot m_v(x; h) \cdot v(x)}$$

Unter Berücksichtigung der Bedingungen (2) von S. 99 ergibt sich daraus nach den Grenzwertsätzen S 4.2 bis S 4.5:

$$f'(x) = \lim_{h \to 0} \frac{f(x+h) - f(x)}{h} = \frac{u'(x) \cdot v(x) - v'(x) \cdot u(x)}{v^2(x)}.$$

Damit haben wir bewiesen:

> **S 5.5** Sind die Funktionen u und v differenzierbar an der Stelle x und gilt $v(x) \neq 0$, so ist auch die Funktion f zu $f(x) = \dfrac{u(x)}{v(x)}$ differenzierbar an der Stelle x, und es gilt:
>
> $$f'(x) = \frac{u'(x) \cdot v(x) - u(x) \cdot v'(x)}{[v(x)]^2} \qquad \text{(Quotientenregel)}.$$

3. Wir behandeln einige **Beispiele**

1) $f(x) = \dfrac{3x-5}{x^2+1}$ mit $D(f) = \mathbb{R}$.

Mit $u(x) = 3x-5$, $u'(x) = 3$, $v(x) = x^2+1$ und $v'(x) = 2x$ ergibt sich für alle $x \in \mathbb{R}$:

$$f'(x) = \frac{3 \cdot (x^2+1) - 2x \cdot (3x-5)}{(x^2+1)^2} = \frac{3x^2 + 3 - 6x^2 + 10x}{(x^2+1)^2} = \frac{-3x^2 + 10x + 3}{(x^2+1)^2}.$$

2) $f(x) = \dfrac{x^4 - 3x^2 + 2}{x^2 - 1}$ mit $D(f) = \mathbb{R} \setminus \{-1; 1\}$.

Mit $u(x) = x^4 - 3x^2 + 2$, $u'(x) = 4x^3 - 6x$; $v(x) = x^2 - 1$ und $v'(x) = 2x$ ergibt sich für alle $x \in D(f)$:

$$f'(x) = \frac{(4x^3 - 6x) \cdot (x^2 - 1) - 2x(x^4 - 3x^2 + 2)}{(x^2 - 1)^2}$$

$$= \frac{4x^5 - 4x^3 - 6x^3 + 6x - 2x^5 + 6x^3 - 4x}{(x^2 - 1)^2} = \frac{2x^5 - 4x^3 + 2x}{(x^2 - 1)^2}.$$

Entsprechend kann man auch bei jedem Term zu einer gebrochenen rationalen Funktion vorgehen. Es gilt der Satz

S 5.6 **Jede rationale Funktion f ist differenzierbar über ihrer Definitionsmenge D(f).**

Der Beweis soll in Aufgabe 2 erbracht werden.

4. Ein Sonderfall von Satz S 5.5 liegt vor, wenn der Zähler des Bruchterms eine Zahl ist. Es gilt der Satz:

S 5.7 **Ist die Funktion v differenzierbar an der Stelle x und gilt $v(x) \neq 0$, so ist auch die Funktion f zu $f(x) = \dfrac{1}{v(x)}$ differenzierbar an der Stelle x, und es gilt:**

$$f'(x) = \frac{-v'(x)}{v(x)^2}.$$

Beweis: Mit $u(x) = 1$ und $u'(x) = 0$ folgt die Aussage unmittelbar aus Satz S 5.5.

Beispiele:

1) $f(x) = \dfrac{1}{x^2} = x^{-2}$ mit $D(f) = \mathbb{R}^{\neq 0}$. Mit $v(x) = x^2$ und $v'(x) = 2x$ ergibt sich für alle $x \in \mathbb{R}^{\neq 0}$:

$$f'(x) = \frac{-2x}{x^4} = -\frac{2}{x^3} = -2x^{-3}.$$

2) $f(x) = \dfrac{1}{x^3} = x^{-3}$ mit $D(f) = \mathbb{R}^{\neq 0}$. Mit $v(x) = x^3$ und $v'(x) = 3x^2$ ergibt sich für alle $x \in \mathbb{R}^{\neq 0}$:

$$f'(x) = \frac{-3x^2}{x^6} = -\frac{3}{x^4} = -3x^{-4}.$$

5. Diese Beispiele legen die Vermutung nahe, daß sich die Aussage von Satz S 5.2 auf ganzzahlige negative Werte von n übertragen läßt, daß also auch für diese Zahlen gilt:

$$(x^n)' = n x^{n-1}.$$

Beweis: Gegeben sei $f(x) = x^{-m} = \dfrac{1}{x^m}$ mit $m \in \mathbb{N}$. Dann gilt nach S 5.7 für alle $x \in D(f) = \mathbb{R}^{\neq 0}$:

$$f'(x) = \frac{-m x^{m-1}}{x^{2m}} = -m x^{m-1-2m} = -m x^{-m-1}, \quad \text{q.e.d.}$$

§ 5, III. Die Quotientenregel

Bemerkung: Will man diese Ableitungsregel auch auf den Term $f(x) = x^0 = 1$ anwenden, so ist zu beachten, daß der Ausdruck 0^0 nicht definiert ist. Diese Funktion hat also die Definitionsmenge $D(f) = \mathbb{R}^{\neq 0}$. In dieser Menge ist $f'(x) = 0 \cdot x^{-1} = 0 \cdot \frac{1}{x} = 0$.

Damit ist gezeigt, daß die Ableitungsregel für Potenzfunktionen auch für $n = 0$ gilt, wenn man die Stelle $x = 0$ ausschließt. Wir können also sagen:

S 5.8   Jede Potenzfunktion f zu $f(x) = x^n$ (mit $n \in \mathbb{Z}$) ist über ihrer Definitionsmenge $D(f)$ differenzierbar, und es gilt: $f'(x) = n x^{n-1}$.

Beachte: Für $n > 0$ ist $D(f) = \mathbb{R}$, für $n \leq 0$ ist $D(f) = \mathbb{R}^{\neq 0}$.

6. Wir können Satz S 5.5 selbstverständlich auch auf nichtrationale Funktionen anwenden.

Beispiele:

1) $f(x) = \tan x = \dfrac{\sin x}{\cos x}$ mit $D(f) = \left\{ x \mid x \neq (2n-1) \cdot \dfrac{\pi}{2} \wedge n \in \mathbb{Z} \right\}$.

Mit $u(x) = \sin x$, $u'(x) = \cos x$, $v(x) = \cos x$ und $v'(x) = -\sin x$ ergibt sich für alle $x \in D(f)$:

$$f'(x) = \frac{\cos^2 x + \sin^2 x}{\cos^2 x} = \frac{1}{\cos^2 x} = 1 + \tan^2 x.$$

2) $f(x) = \cot x = \dfrac{\cos x}{\sin x}$ mit $D(f) = \{ x \mid x \neq n\pi \wedge n \in \mathbb{Z} \}$.

Mit $u(x) = \cos x$, $u'(x) = -\sin x$, $v(x) = \sin x$ und $v'(x) = \cos x$ ergibt sich für alle $x \in D(f)$:

$$f'(x) = \frac{-\sin^2 x - \cos^2 x}{\sin^2 x} = -\frac{1}{\sin^2 x} = -(1 + \cot^2 x).$$

3) $f(x) = \dfrac{1 + \sin x}{x + 2\sqrt{x}}$ mit $D(f) = \mathbb{R}^{>0}$.

Mit $u(x) = 1 + \sin x$, $u'(x) = \cos x$, $v(x) = x + 2\sqrt{x}$ und $v'(x) = 1 + \dfrac{1}{\sqrt{x}} = \dfrac{1 + \sqrt{x}}{\sqrt{x}}$ ergibt sich für alle $x \in \mathbb{R}^{>0}$:

$$f'(x) = \frac{\cos x (x + 2\sqrt{x}) - \dfrac{1 + \sqrt{x}}{\sqrt{x}} (1 + \sin x)}{(x + 2\sqrt{x})^2} = \frac{\cos x (x\sqrt{x} + 2x) - (1 + \sqrt{x})(1 + \sin x)}{\sqrt{x} (x + 2\sqrt{x})^2}.$$

Das Beispiel zeigt, daß bei der Anwendung der Quotientenregel ziemlich komplizierte Ableitungen auftreten können.

Übungen und Aufgaben

1. Differenziere mit Hilfe der Quotientenregel!

a) $f(x) = \dfrac{x-1}{x+1}$ b) $f(x) = \dfrac{x^2}{1+x}$ c) $f(x) = \dfrac{x^2-4}{x-1}$ d) $f(x) = \dfrac{3-2x^2}{5-x}$

e) $f(x) = \dfrac{1}{1+2x^2}$ f) $f(x) = \dfrac{3}{x^2+1}$ g) $f(x) = \dfrac{x^3}{1+4x^2}$ h) $f(x) = \dfrac{x^2-2x}{x^2-4}$

i) $f(x) = \dfrac{\sqrt{x}}{1-x}$ j) $f(x) = \dfrac{\sin x}{x}$ k) $f(x) = \dfrac{x^2}{\cos x}$ l) $f(x) = \dfrac{\cos x + 1}{\sin x - 1}$

m) $f(x) = \dfrac{\cos x - \sin x}{\cos x + \sin x}$ n) $f(x) = \dfrac{\sin x - x}{\cos x - x}$ o) $f(x) = \dfrac{1}{x \cdot \cos x}$ p) $f(x) = \dfrac{\sin x}{\tan x}$

2. Beweise, daß jede rationale Funktion über ihrer Definitionsmenge differenzierbar ist!

3. Berechne jeweils die erste Ableitung!

a) $f(x) = \dfrac{1}{x^3}$ b) $f(x) = 6x^{-4}$ c) $f(x) = \dfrac{4}{3x^5}$ d) $f(x) = \dfrac{1}{\sin x}$

e) $f(x) = 2\tan x - \dfrac{1}{2x^3}$ f) $f(x) = \dfrac{1}{\sqrt{x}}$ g) $f(x) = \dfrac{x-1}{x\sqrt{x}}$ h) $f(x) = 2x^{-\frac{5}{2}}$

4. Beweise die Quotientenregel mit Hilfe der Produktregel! Benutze dabei, daß eine Funktion f mit $f(x) = \dfrac{1}{g(x)}$ differenzierbar an der Stelle x ist, wenn g differenzierbar bei x und $g(x) \neq 0$ ist!

IV. Die Kettenregel

1. Obwohl wir nun schon viele Funktionen differenzieren können, gibt es verhältnismäßig einfache Beispiele, bei denen wir den Ableitungsterm noch nicht berechnen können.

Beispiele: 1) $f(x) = \sqrt{1+x^3}$ 2) $f(x) = \sin(1-x^2)$

In beiden Fällen kann man sich die Funktionsterme durch Einsetzen eines Terms in einen anderen entstanden denken.

Zu 1): Mit $f_1(x) = 1+x^3$ und $f_2(x) = \sqrt{x}$ erhält man $f_2[f_1(x)] = \sqrt{1+x^3} = f(x)$.

Zu 2): Mit $f_1(x) = 1-x^2$ und $f_2(x) = \sin x$ erhält man $f_2[f_1(x)] = \sin(1-x^2) = f(x)$.

Man spricht von der „**Verkettung zweier Funktionen f_1 und f_2 zu einer Funktion f**".
Bei dieser Verkettung kommt es auf die Reihenfolge der beiden Funktionen wesentlich an. Mit den Funktionen der beiden obigen **Beispiele** erhält man bei einer Vertauschung der Reihenfolge:

Zu 1): $f_1[f_2(x)] = 1 + \sqrt{x}^3$ **Zu 2):** $f_1[f_2(x)] = 1 - \sin^2 x$.

§ 5, IV. Die Kettenregel

Bemerkung: Man kann den Prozeß des Einsetzens des einen Terms in den anderen dadurch verdeutlichen, daß man eine zusätzliche Variable für den einzusetzenden Term einführt, z.B. den Buchstaben z. Dann kann man obige Beispiele folgendermaßen schreiben:

Zu 1): a) Aus $z = f_1(x) = 1 + x^3$ und $f_2(z) = \sqrt{z}$ ergibt sich: $f_2[f_1(x)] = \sqrt{1 + x^3}$.
b) Aus $z = f_2(x) = \sqrt{x}$ und $f_1(z) = 1 + z^3$ ergibt sich: $f_1[f_2(x)] = 1 + \sqrt{x^3}$.

Zu 2): a) Aus $z = f_1(x) = 1 - x^2$ und $f_2(z) = \sin z$ ergibt sich: $f_2[f_1(x)] = \sin(1 - x^2)$.
b) Aus $z = f_2(x) = \sin x$ und $f_1(z) = 1 - z^2$ ergibt sich: $f_1[f_2(x)] = 1 - \sin^2 x$.

Notwendig ist die Hinzunahme der Variablen z für den Einsetzungsprozeß aber nicht.

2. Wenn zwei Funktionen f_1 und f_2 zu einer Funktion f gemäß $f(x) = f_2[f_1(x)]$ verkettet werden, so stellt sich die Frage nach der Definitions- und der Wertemenge von f. In Bild 5.1 ist der Zusammenhang zwischen den Definitions- und den Wertemengen von f_1, f_2 und f in einem Pfeilbild (mit endlichen Mengen) dargestellt.

Man erkennt: Stets gilt $D(f) \subseteq D(f_1)$ und $W(f) \subseteq W(f_2)$. Man erkennt außerdem, daß $D(f) \neq \emptyset$ nur dann gilt, wenn

$$W(f_1) \cap D(f_2) \neq \emptyset \text{ ist} \quad \text{(Aufgabe 1).}$$

3. Um Indizes einzusparen, vereinbaren wir, daß wir im folgenden bei der Verkettung von zwei Funktionen zu einer Funktion f die „innere" Funktion in der Regel mit φ und die „äußere" Funktion mit g bezeichnen wollen gemäß

$$f(x) = g[\varphi(x)].$$

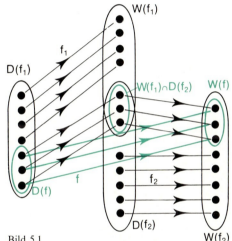

Bild 5.1

4. An einem einfachen Beispiel, bei dem wir die Ableitung bereits nach den bisher bewiesenen Sätzen berechnen können, wollen wir nun versuchen, eine Vermutung über die Ableitungsregel für **„Verkettungsfunktionen"** zu gewinnen.

Beispiel: $f(x) = x^6$; es gilt: $f'(x) = 6x^5$.

Wir können den Funktionsterm auch in der Form $(x^3)^2$ schreiben; dies bedeutet, daß wir uns die Funktion f durch die Verkettung der beiden Funktionen φ und g mit den folgenden Funktionstermen entstanden denken:

$$z = \varphi(x) = x^3 \quad \text{und} \quad g(z) = z^2; \quad \text{denn es ist } g[\varphi(x)] = (x^3)^2 = x^6 = f(x).$$

Wir bilden nun die Ableitungsterme zu g und zu φ:

$$g'(z) = 2z, \quad \text{also } g'[\varphi(x)] = 2 \cdot \varphi(x) = 2x^3 \quad \text{und} \quad \varphi'(x) = 3x^2.$$

Man erkennt, daß man die beiden Terme $2x^3$ und $3x^2$ untereinander multiplizieren muß, um den Ableitungsterm $f'(x)$ zu erhalten: $f'(x) = 2x^3 \cdot 3x^2 = 6x^5$.

Wir können also vermuten, daß für eine Funktion f mit f(x)=g[φ(x)] gilt:

f′(x) = g′[φ(x)] · φ′(x).

Diese Regel nennt man die „**Kettenregel der Differentialrechnung**". Selbstverständlich müssen wir dabei voraussetzen, daß die beiden verketteten Funktionen φ und g an den betrachteten Stellen differenzierbar sind.
Beachte, daß der Ableitungsstrich jeweils die Ableitung nach dem angegebenen Argument bezeichnet! Das Zeichen „g′[φ(x)]" stellt also die Ableitung von g nach dem Argument φ(x) − nicht etwa nach x − dar.
Die „**Kettenregel**" lautet:

> **S 5.9** Ist eine Funktion φ differenzierbar an der Stelle x und eine Funktion g differenzierbar an der Stelle z = φ(x), so ist auch die Funktion f zu f(x) = g[φ(x)] differenzierbar an der Stelle x, und es gilt:
>
> **f′(x) = g′[φ(x)] · φ′(x).**

Bemerkung: Man nennt g′[φ(x)] die „**äußere**" und φ′(x) die „**innere Ableitung**". Das Hinzufügen des Faktors φ′(x) zur äußeren Ableitung g′[φ(x)] bezeichnet man gelegentlich als „Nachdifferenzieren".

5. Beim **Beweis** dieses Satzes ist es zweckmäßig, zunächst den Ausdruck auf der rechten Seite der Gleichung, also

$$g'[\varphi(x)] \cdot \varphi'(x)$$

zu betrachten. Wir bilden zunächst das Produkt der Differenzenquotienten der beiden Funktionen g und φ; anschließend berücksichtigen wir die Grenzwerte (Bilder 5.2a und 5.2b).

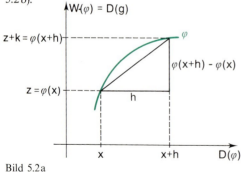
Bild 5.2a

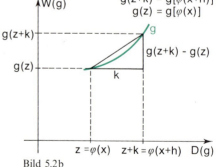
Bild 5.2b

Wir bilden den Differenzenquotienten der inneren Funktion φ zu den Stellen x und x+h:

$$\frac{\varphi(x+h) - \varphi(x)}{h} \quad \text{(Bild 5.2a)}.$$

Die Werte φ(x) und φ(x+h) sind dann als Argumentwerte der äußeren Funktion g zu nehmen. Zur Abkürzung setzen wir:

$$\varphi(x) = z \quad \text{und} \quad \varphi(x+h) = z+k; \quad \text{dann ist} \quad k = \varphi(x+h) - \varphi(x).$$

§ 5, IV. Die Kettenregel

Der Differenzenquotient von g lautet also:
$$\frac{g(z+k)-g(z)}{k}=\frac{g[\varphi(x+h)]-g[\varphi(x)]}{\varphi(x+h)-\varphi(x)}.$$

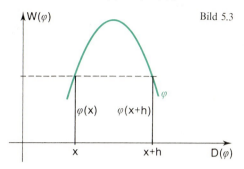

Bild 5.3

Dieser Quotient existiert nur, wenn $k=\varphi(x+h)-\varphi(x)\neq 0$ ist. Diese Bedingung ist keineswegs immer erfüllt. Bild 5.3 zeigt ein Beispiel, bei dem $\varphi(x+h)=\varphi(x)$; also $k=\varphi(x+h)-\varphi(x)=0$ ist. Für einen solchen Fall trifft unser Beweis **nicht** zu. Die Bedingung $k\neq 0$ ist nun aber sicher erfüllt, wenn die Funktion φ **streng monoton** über der betrachteten Menge ist. Dies setzen wir hier **zusätzlich** voraus, verzichten also auf den allgemeinen Beweis der Kettenregel.

Da wir zeigen wollen, daß die Ableitung f'(x) der Gesamtfunktion f gleich dem **Produkt** der beiden Ableitungen g'(z) und $\varphi'(x)$ ist, liegt die Vermutung nahe, daß auch der Differenzenquotient von f gleich dem **Produkt** der Differenzenquotienten von g und von φ ist. Um dies zu zeigen, bilden wir dieses Produkt:

$$\frac{g(z+k)-g(z)}{k}\cdot\frac{\varphi(x+h)-\varphi(x)}{h}=\frac{g[\varphi(x+h)]-g[\varphi(x)]}{\varphi(x+h)-\varphi(x)}\cdot\frac{\varphi(x+h)-\varphi(x)}{h}=\frac{f(x+h)-f(x)}{h}.$$

Es ergibt sich also tatsächlich der Differenzenquotient der Gesamtfunktion f.
Nun haben wir den Grenzwert mit der Bedingung $h\to 0$ zu bilden:

$$f'(x)=\lim_{h\to 0}\frac{f(x+h)-f(x)}{h}=\lim_{h\to 0}\left[\frac{g(z+k)-g(z)}{k}\cdot\frac{\varphi(x+h)-\varphi(x)}{h}\right].$$

Rechts können wir den Grenzwertsatz für Produkte anwenden, wenn die beiden einzelnen Grenzwerte existieren. Weil wir vorausgesetzt haben, daß die Funktion φ an der Stelle x differenzierbar sein soll, gilt:

$$\lim_{h\to 0}\frac{\varphi(x+h)-\varphi(x)}{h}=\varphi'(x).$$

Der erste Faktor ist der Differenzenquotient der Funktion g; allerdings müßte hier der Grenzwert mit der Bedingung $k\to 0$, nicht mit der Bedingung $h\to 0$ gebildet werden. Wir fragen daher zunächst nach dem Grenzwert von $k=\varphi(x+h)-\varphi(x)$, falls $h\to 0$ geht. Es gilt:

$$\lim_{h\to 0} k=\lim_{h\to 0}[\varphi(x+h)-\varphi(x)]=\varphi(x)-\varphi(x)=0.$$

Bemerkung: Hier haben wir wiederum von der Beziehung $\lim_{h\to 0}\varphi(x+h)=\varphi(x)$ Gebrauch gemacht, der Bedingung für die Stetigkeit der Funktion φ an der Stelle x. Diese Bedingung ist erfüllt, weil jede differenzierbare Funktion auch stetig ist (S 4.11).
Wir können also die Bedingung $h\to 0$ durch die Bedingung $k\to 0$ ersetzen. Da wir außerdem vorausgesetzt haben, daß die Funktion g an der Stelle $z=\varphi(x)$ differenzierbar sein soll, gilt:

$$\lim_{h\to 0}\frac{g[\varphi(x+h)]-g[\varphi(x)]}{\varphi(x+h)-\varphi(x)}=\lim_{k\to 0}\frac{g(z+k)-g(z)}{k}=g'(z)=g'[\varphi(x)].$$

Insgesamt gilt also:

$$f'(x) = \lim_{h \to 0} \frac{f(x+h)-f(x)}{h} = \lim_{k \to 0} \underbrace{\frac{g(z+k)-g(z)}{k}}_{g'(z)} \cdot \lim_{h \to 0} \underbrace{\frac{\varphi(x+h)-\varphi(x)}{h}}_{\varphi'(x)} = g'[\varphi(x)] \cdot \varphi'(x).$$

Damit ist die Kettenregel für den Sonderfall, daß φ streng monoton ist, bewiesen.

6. Wir behandeln einige **Beispiele.**

1) $f(x) = \sqrt{x^2+1}$.

Mit $z = \varphi(x) = x^2+1$, $\varphi'(x) = 2x$, $g(z) = \sqrt{z}$ und $g'(z) = \dfrac{1}{2\sqrt{z}} = \dfrac{1}{2\sqrt{x^2+1}}$ erhält man:

$$f'(x) = \frac{1}{2\sqrt{x^2+1}} \cdot 2x = \frac{x}{\sqrt{x^2+1}}.$$

2) $f(x) = \sin(1-x^2)$.

Mit $z = \varphi(x) = 1-x^2$, $\varphi'(x) = -2x$; $g(z) = \sin z$ und $g'(z) = \cos z = \cos(1-x^2)$ erhält man:

$$f'(x) = (-2x) \cdot \cos(1-x^2).$$

3) Schließlich zeigen wir noch, wie man mit Hilfe der Kettenregel die Ableitung der Kosinusfunktion auf die der Sinusfunktion zurückführen kann.

Für alle $x \in \mathbb{R}$ gilt: $\mathbf{f(x) = \cos x} = \sin\left(\dfrac{\pi}{2}-x\right)$.

Daraus ergibt sich: $\mathbf{f'(x)} = (-1) \cdot \cos\left(\dfrac{\pi}{2}-x\right) = \mathbf{-\sin x}$.

7. Mit Hilfe der Kettenregel können wir nun noch die Ableitungen weiterer Funktionen bestimmen, nämlich aller umkehrbaren Funktionen f, wenn die Ableitung der zugehörigen Umkehrfunktion $\overset{-1}{f}$ schon bekannt ist. Wir erläutern das Verfahren zunächst an einem Beispiel, bei dem wir die Ableitung schon kennen.

Beispiel: $f(x) = \sqrt{x}$ (für $x \in \mathbb{R}^{\geq 0}$).

Durch Quadrieren dieser Gleichung (also durch Anwendung der zugehörigen Umkehrfunktion) erhält man:

$$x = [f(x)]^2 \quad \text{(für alle } x \in \mathbb{R}^{\geq 0}\text{)}.$$

Nun kann man die beiden Seiten dieser Gleichung als Terme **derselben** Funktion g auffassen und daher beide Seiten nach x differenzieren; dabei ist auf der rechten Seite die Kettenregel anzuwenden. Wir müssen dabei voraussetzen, daß die Funktion f an der Stelle x differenzierbar ist. Bei diesem Beispiel wissen wir dies schon aus Satz S 4.1. Allgemein werden wir uns mit dieser Frage unter **9.** beschäftigen.

Durch Differenzieren beider Seiten der Gleichung erhält man:

$$1 = 2 \cdot f(x) \cdot f'(x) = 2 \cdot \sqrt{x} \cdot f'(x).$$

§ 5, IV. Die Kettenregel

Für $x > 0$ folgt daraus:

$$f'(x) = (\sqrt{x})' = \frac{1}{2\sqrt{x}}, \quad \text{also das uns schon bekannte Ergebnis (Satz S 4.1)}.$$

Beachte, daß wir beim Differenzieren der rechten Seite die Regel für die Ableitung der zugehörigen Umkehrfunktion $\overset{-1}{f}$ zu $\overset{-1}{f}(x) = x^2$ angewendet haben!

8. Wir behandeln zwei weitere **Beispiele.**

1) $f(x) = \sqrt[3]{x} \Leftrightarrow x = [f(x)]^3$ (für alle $x \in \mathbb{R}$).

Wenn wir diese Gleichung auf beiden Seiten differenzieren, müssen wir rechts die Kettenregel anwenden; dies ist nur möglich, wenn die Funktion f an der Stelle x differenzierbar ist. Mit dieser Frage werden wir uns allgemein unter **9.** beschäftigen. Durch Differenzieren beider Seiten erhält man:

$$1 = 3 \cdot [f(x)]^2 \cdot f'(x) = 3 \cdot (\sqrt[3]{x})^2 \cdot f'(x)$$

und daraus für $x \neq 0$: $f'(x) = (\sqrt[3]{x})' = \dfrac{1}{3 \cdot \sqrt[3]{x^2}}$.

Übertragen wir dieses Ergebnis in die Potenzschreibweise, so haben wir zu beachten, daß es dann nur für $x > 0$ gilt, weil der Term $x^{\frac{1}{3}}$ nur für $x \geq 0$ definiert ist:

$$(x^{\frac{1}{3}})' = \frac{1}{3} \cdot x^{-\frac{2}{3}} \quad \text{(für } x > 0\text{)}.$$

2) $f(x) = \sqrt[n]{x} \Leftrightarrow x = [f(x)]^n$ (für $n \in \mathbb{N}$; $x \in \mathbb{R}^{\geq 0}$).

Falls die Funktion f an der Stelle x differenzierbar ist (vgl. **9.**), erhält man durch Differenzieren beider Seiten:

$$1 = n \cdot [f(x)]^{n-1} \cdot f'(x) = n \cdot (\sqrt[n]{x})^{n-1} \cdot f'(x)$$

und daraus für $x > 0$: $f'(x) = (\sqrt[n]{x})' = \dfrac{1}{n} \dfrac{1}{(\sqrt[n]{x})^{n-1}}$.

Durch Übertragung auf die Potenzschreibweise erhält man:

$$\left(x^{\frac{1}{n}}\right)' = \frac{1}{n} \cdot \frac{1}{x^{\frac{n-1}{n}}} = \frac{1}{n} \cdot x^{-\frac{n-1}{n}} = \frac{1}{n} \cdot x^{\frac{1}{n}-1} \quad \text{(für } x > 0\text{)}.$$

Damit haben wir bewiesen, daß die Regel für das Differenzieren von Potenzfunktionen (S 5.2 und S 5.8) auch für Funktionen zu $f(x) = x^{\frac{1}{n}}$ (mit $n \in \mathbb{N}$) gilt.
In der gleichen Weise kann man auch zeigen, daß diese Regel auch für Potenzfunktionen zu $f(x) = x^{-\frac{1}{n}}$ (für $x > 0$ und $n \in \mathbb{N}$) gilt (Aufgabe 6).

3) Nun können wir sogar allgemein die Ableitung für Potenzfunktionen mit gebrochenen Exponenten, also zu $f(x) = x^{\frac{m}{n}}$ (für $m \in \mathbb{Z}$, $n \in \mathbb{N}$ und $x \in \mathbb{R}^{>0}$) herleiten. Es gilt:

$$f(x) = x^{\frac{m}{n}} = (x^m)^{\frac{1}{n}}.$$

Nach der Kettenregel erhält man daraus: $f'(x) = \frac{1}{n}(x^m)^{\frac{1}{n}-1} \cdot m\, x^{m-1} = \frac{m}{n} x^{\frac{m}{n}-m+m-1} = \frac{m}{n} x^{\frac{m}{n}-1}$.
Damit haben wir gezeigt:

> **S 5.10** Jede Potenzfunktion f zu $f(x) = x^r$ (mit $r \in \mathbb{Q}$) ist über $\mathbb{R}^{>0}$ differenzierbar, es gilt:
>
> $f'(x) = r\, x^{r-1}$.

9. Bei den oben behandelten Beispielen haben wir bei der Anwendung der Kettenregel voraussetzen müssen, daß die fragliche Funktion an der betrachteten Stelle differenzierbar ist. Mit dieser noch offenen Frage wollen wir uns jetzt beschäftigen. Gleichzeitig wollen wir mit Hilfe des bei den Beispielen benutzten Verfahrens allgemein zeigen, wie man die Ableitung einer Umkehrfunktion $\overset{-1}{f}$ auf die Ableitung der zugehörigen Funktion f zurückführen kann. Für eine umkehrbare Funktion f gilt:

$$y = f(x) \Leftrightarrow x = \overset{-1}{f}(y), \quad \text{also } x = \overset{-1}{f}[f(x)] \quad \text{für alle } x \in D(f).$$

Beim Differenzieren dieser Gleichung haben wir auf der rechten Seite die Kettenregel anzuwenden. Wir setzen voraus, daß die Funktion f an der Stelle x differenzierbar ist; wir müssen zeigen, daß dann die Umkehrfunktion $\overset{-1}{f}$ an der entsprechenden Stelle y mit $y = f(x)$ ebenfalls differenzierbar ist.

Bemerkung: Bei obigen Beispielen haben wir jeweils **nur** den Funktionsterm f(x) benutzt, und zwar für die Funktion, deren Ableitung zu ermitteln war. Bei der allgemeinen Betrachtung hier ist die Ableitung für die **Umkehrfunktion** $\overset{-1}{f}$ zu bestimmen; die Differenzierbarkeit der Funktion f wird vorausgesetzt.

Auf einen rechnerischen Beweis für diesen Sachverhalt wollen wir verzichten und uns mit einer geometrischen Überlegung an Hand der beiden Funktionsgraphen begnügen.

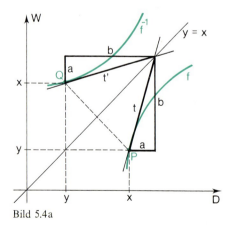

Bild 5.4a

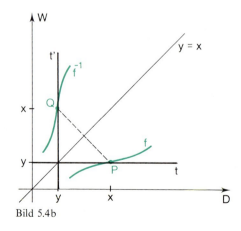

Bild 5.4b

Die Bilder 5.4a und 5.4b zeigen jeweils die Graphen einer Funktion f und der zugehörigen Umkehrfunktion $\overset{-1}{f}$ mit einander entsprechenden Punkten P(x|y) und Q(y|x); dabei gilt: $y = f(x)$. Die Differenzierbarkeit von f an der Stelle x bedeutet geometrisch, daß der Graph von f im Punkte P(x|y) eine eindeutig bestimmte Tangente t mit der Steigung $m = f'(x)$ besitzt.

§5, IV. Die Kettenregel

Da der Graph von $\overset{-1}{f}$ sich aus dem von f durch Spiegelung an der Geraden zu y=x ergibt, geht die Tangente t an den Graphen von f im Punkte P bei dieser Spiegelung in die Tangente t' an den Graphen von $\overset{-1}{f}$ im Punkte Q über. Dies bedeutet, daß in der Regel auch die Funktion $\overset{-1}{f}$ an der Stelle y (mit y=f(x)) differenzierbar ist. Eine Ausnahme bildet nur der in Bild 5.4b dargestellte Fall; dort verläuft die Tangente t an den Graphen von f parallel zur D-Achse; es gilt m=f'(x)=0. Daher verläuft die entsprechende Tangente t' an den Graphen von $\overset{-1}{f}$ parallel zur W-Achse; dieser Geraden kann keine Steigung zugeordnet werden. In diesem Ausnahmefall ist $\overset{-1}{f}$ an der Stelle y=f(x) also **nicht** differenzierbar.

Zeichnet man in Bild 5.4a zur Tangente t ein Steigungsdreieck ein, so wird dieses durch die Spiegelung an der Geraden zu y=x auf ein (dazu kongruentes) Steigungsdreieck der Tangente t' abgebildet; die Katheten vertauschen dabei allerdings ihre Rolle hinsichtlich der Parallelität zu den beiden Koordinatenachsen. Daher gilt für die Steigungen m von t bzw. m' von t':

$$m = \frac{b}{a} \quad \text{und} \quad m' = \frac{a}{b} = \frac{1}{m}.$$

Dies bedeutet, daß die **Steigungen der beiden Funktionsgraphen in den entsprechenden Punkten zueinander reziprok** sind (vgl. Aufgabe 8) und ferner, daß die Funktion $\overset{-1}{f}$ an der Stelle y differenzierbar ist, wenn die Funktion f an der Stelle x differenzierbar ist und wenn gilt: m=f'(x)≠0.

Wir können die Differenzierbarkeit der Funktion $\overset{-1}{f}$ an der Stelle y (mit y=f(x)) nun als gegeben ansehen und daher beide Seiten der Gleichung

$$x = \overset{-1}{f}[f(x)]$$

differenzieren; wir erhalten:

$$1 = (\overset{-1}{f})'[f(x)] \cdot f'(x) = (\overset{-1}{f})'(y) \cdot f'(x).$$

Falls nun f'(x)≠0 ist, folgt daraus:

$$(\overset{-1}{f})'(y) = \frac{1}{f'(x)} = \frac{1}{f'[\overset{-1}{f}(y)]}.$$

Es ergibt sich also auch bei dieser rechnerischen Herleitung, daß die Ableitungswerte von f und von $\overset{-1}{f}$ an den einander entsprechenden Stellen x und y zueinander **reziprok** sind. Es gilt der Satz

S 5.11 Ist eine Funktion f umkehrbar und differenzierbar an einer Stelle x und gilt f'(x)≠0, so ist auch die zugehörige **Umkehrfunktion** $\overset{-1}{f}$ differenzierbar an der entsprechenden Stelle y (mit y=f(x)), und es gilt:

$$(\overset{-1}{f})'(y) = \frac{1}{f'[\overset{-1}{f}(y)]}.$$

Man kann in dieser Gleichung noch y durch x ersetzen und erhält dann:

$$(\overset{-1}{f})'(x) = \frac{1}{f'[\overset{-1}{f}(x)]}.$$

Wir wiederholen nach diesem Satz ein bereits oben behandeltes

Beispiel: $y = f(x) = x^3 \Leftrightarrow x = \sqrt[3]{y} = \overset{-1}{f}(y)$.

Falls $x \neq 0$ ist, gilt $f'(x) = 3x^2 \neq 0$ und daher:

$$(\overset{-1}{f})'(y) = (\sqrt[3]{y})' = \frac{1}{3x^2} = \frac{1}{3(\sqrt[3]{y})^2} \quad \text{(für } y \neq 0\text{).}$$

Ersetzen wir wiederum y durch x, so erhalten wir:

$$(\sqrt[3]{x})' = \frac{1}{3 \cdot \sqrt[3]{x^2}} \quad \text{(für } x \neq 0\text{), also das gleiche Resultat wie oben.}$$

Übungen und Aufgaben

1. Bestimme jeweils $f_2[f_1(x)]$ und $f_1[f_2(x)]$! Ermittle ferner die Definitions- und Wertemenge von f_1, f_2 und den beiden Verkettungsfunktionen! Prüfe jeweils, ob $W(f_1) \cap D(f_2) \neq \emptyset$ bzw. $W(f_2) \cap D(f_1) \neq \emptyset$ ist!

   a) $f_1(x) = 2x$; $f_2(x) = x^2$
   b) $f_1(x) = 3x + 2$; $f_2(x) = x^3$
   c) $f_1(x) = x^3$; $f_2(x) = \sqrt{x}$
   d) $f_1(x) = \sin x$; $f_2(x) = x^4$
   e) $f_1(x) = 2x - 1$; $f_2(x) = \cos x$
   f) $f_1(x) = 1 - x^2$; $f_2(x) = \sqrt{x}$
   g) $f_1(x) = \sin x$; $f_2(x) = \sqrt{-x}$
   h) $f_1(x) = -|x|$; $f_2(x) = \sqrt{x}$

2. Bestimme jeweils $f'(x)$! Über welcher Menge ist f differenzierbar?

   a) $f(x) = (x^2 - 4x)^6$
   b) $f(x) = (1 + x^2)^5$
   c) $f(x) = (x^3 - 5x^6)^8$
   d) $f(x) = \dfrac{1}{(x^2 - 2)^3}$
   e) $f(x) = \dfrac{1}{(x^3 - 2x)^2}$
   f) $f(x) = \sqrt{2x + 1}$
   g) $f(x) = \sqrt[3]{1 + 2x^2}$
   h) $f(x) = \sqrt{\dfrac{1}{x}}$
   i) $f(x) = \sqrt{1 - 3x^4}$
   j) $f(x) = x \cdot \sqrt{1 - x^2}$
   k) $f(x) = (\sin x)^6$
   l) $f(x) = \dfrac{1}{\cos^2 x}$
   m) $f(x) = \sin(2x - 3)$
   n) $f(x) = \cos(x^2)$
   o) $f(x) = (\sin x)^n$
   p) $f(x) = (\cos x)^n$

3. Differenziere mit Hilfe der Kettenregel!

   a) $f(x) = \dfrac{1}{\sqrt{1 - 4x^2}}$
   b) $f(x) = \dfrac{x}{\sqrt{1 - x}}$
   c) $f(x) = \sqrt{3 \sin x}$
   d) $f(x) = \cos \sqrt{x}$
   e) $f(x) = \sin \dfrac{1}{x}$
   f) $f(x) = \cos \dfrac{1}{\sqrt{x}}$
   g) $f(x) = \sqrt{\cos(x^2)}$
   h) $f(x) = \dfrac{1}{(\cos x)^n}$

§ 5, IV. Die Kettenregel

4. Die Funktion φ sei an der Stelle x differenzierbar und es gelte $\varphi(x) \neq 0$. Beweise durch vollständige Induktion $\left(\dfrac{1}{[\varphi(x)]^n}\right)' = -\dfrac{n \cdot \varphi'(x)}{[\varphi(x)]^{n+1}}$!

5. Ermittle jeweils wie im Lehrtext unter 7. (S. 114) die Ableitung!

    a) $f(x) = \sqrt[4]{x}$ **b)** $f(x) = \sqrt[7]{x}$ **c)** $f(x) = \sqrt[4]{x^3}$ **d)** $f(x) = \sqrt[9]{x^5}$

6. Ermittle zu $f(x) = x^{-\frac{1}{n}}$ (für $n \in \mathbb{N}$) wie im Lehrtext unter 7. die Ableitung!
    Anleitung: Potenziere   **a)** mit n   **b)** mit $-n$!

7. Ermittle zu $f(x) = \sqrt[n]{x^m}$ (für $n \in \mathbb{N}$, $m \in \mathbb{Z}$) wie im Lehrtext unter 7. die Ableitung!
    Anleitung: Potenziere mit n!

8. In Bild 5.4a sind die Graphen einer Funktion f, ihrer Umkehrfunktion $\overset{-1}{f}$ und die beiden Tangenten an diese Kurven in einander entsprechenden Punkten P(x|y) und Q(y|x) eingezeichnet. Begründe mit Hilfe der Gleichungen der Tangenten, daß die beiden Tangenten zueinander reziproke Steigungen haben!
    Anleitung: Die Tangente an den Graphen von f im Punkte P(x|y) ist der Graph einer linearen Funktion t mit der Gleichung $y = mx + b$. Es liegt nahe, daß die Tangente an den Graphen von $\overset{-1}{f}$ im Punkte Q(y|x) Graph der zugehörigen Umkehrfunktion $\overset{-1}{t}$ ist. Ermittle die Gleichung von $\overset{-1}{t}$! Zeige, daß die Steigungswerte zueinander reziprok sind!

9. Ermittle die Ableitung jeweils mit Hilfe von Satz S 5.11!

    a) $f(x) = \sqrt[4]{x}$ **b)** $f(x) = \sqrt[5]{x}$ **c)** $f(x) = \sqrt[n]{x}$ ($n \in \mathbb{N}$)

10. Die Weg-Zeit-Funktion einer harmonischen Schwingung ist gegeben durch $s(t) = A \cdot \sin \omega t$. Dabei bezeichnet A die Amplitude und ω die Kreisfrequenz der Schwingung.
    a) Ermittle $\dot{s}(t)$ und $\ddot{s}(t)$!   **b)** Bilde den Quotienten $\dfrac{\ddot{s}(t)}{s(t)}$! Was stellst du fest?
    c) Für die bei der harmonischen Schwingung zu leistende Arbeit W gilt: $W(t) = k \cdot s^2(t)$, wobei k eine Konstante bezeichnet. Die Ableitung der Arbeit nach der Zeit ist die Leistung P. Berechne die Leistung!

11. Eine Rakete der Masse $m = 46 t$ entfernt sich nach der Beschleunigungsphase mit der konstanten Geschwindigkeit $v = 4000 \dfrac{km}{h}$ von der Erde weg. Ihr Abstand r vom Erdmittelpunkt vergrößert sich nach der Gleichung $r(t) = v \cdot t + r_0$.
Dabei bezeichnet r_0 den Abstand vom Erdmittelpunkt, den die Rakete am Ende der Beschleunigungsphase hat ($r_0 = 10000\,km$).
Die Erde zieht die Rakete mit der Kraft $F = \gamma \cdot \dfrac{M \cdot m}{r^2}$ an. Dabei bezeichnet γ die Gravitationskonstante $\left(\gamma \approx 6{,}7 \cdot 10^{-11} \dfrac{Nm^2}{kg^2}\right)$, M die Masse der Erde ($M = 6 \cdot 10^{24}\,kg$). Berechne die Momentanänderung der Anziehungskraft, die auf die Rakete wirkt, also die Größe $\dot{F}(t)$! Wird die Anziehungskraft jemals Null?
    Anleitung: Ersetze in der Gleichung für F die Größe r durch $v \cdot t + r_0$!

3. Abschnitt:
Anwendungen der Differentialrechnung
§ 6 Lineare Näherungsfunktionen

I. Die Tangentenfunktion als Näherungsfunktion

1. In den Anwendungen der Mathematik tritt nicht selten die Situation auf, daß ein Problem wegen der Kompliziertheit der dabei auftretenden Funktion(en) nur sehr schwer behandelt, unter Umständen sogar exakt gar nicht gelöst werden kann. In solchen Fällen besteht oft nur die Möglichkeit, das Problem dadurch zu vereinfachen, daß man die tatsächlich auftretende Funktion durch eine einfachere ersetzt, deren Funktionswerte möglichst wenig von den Werten der gegebenen Funktion abweichen. Die einfachsten Funktionen überhaupt sind die linearen Funktionen. Es geht dann darum, eine lineare Funktion zu finden, die die betreffende Funktion möglichst gut annähert, approximiert.

In vielen Fällen kann und braucht diese Näherung sich nur auf eine „**Umgebung**" $U(x_0)$ einer Stelle zu beziehen, in der das Verhalten der Funktion von Interesse ist. Unter einer Umgebung $U(x_0)$ versteht man ein offenes Intervall $]a;b[$, welches die Stelle x_0 enthält: $x_0 \in U(x_0)$ (Bild 6.1).

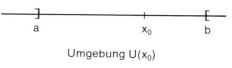

Bild 6.1

2. Nach den Überlegungen, die wir in § 3, IV (S. 70ff.) angestellt haben, schmiegt sich unter allen Geraden, die durch einen Punkt P_0 eines Funktionsgraphen hindurchgehen, die **Tangente** dem Funktionsgraphen am besten an (Bild 6.2); denn die Tangente ist diejenige Gerade, die mit dem Funktionsgraphen den Punkt P_0 und die Steigung $f'(x_0)$ gemeinsam hat. Es ist daher zu vermuten, daß unter allen linearen Funktionen die **Tangentenfunktion t** zur Stelle x_0 die beste lineare Annäherung der gegebenen Funktion f in einer Umgebung $U(x_0)$ darstellt, sofern diese Umgebung nicht „zu groß" gewählt wird.

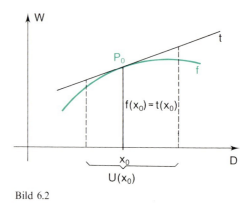

Bild 6.2

3. Im folgenden wollen wir zeigen, daß man tatsächlich auf die Tangentenfunktion t geführt wird, wenn man nach einer linearen Funktion sucht, die eine gegebene Funktion f bei Beschränkung auf eine „kleine" Umgebung einer Stelle x_0 möglichst gut annähert.
Wir stellen an die gesuchte lineare Funktion g zwei Bedingungen.

§6, I. Die Tangentenfunktion als Näherungsfunktion

1) Die zugehörige Gerade soll durch den Punkt $P_0(x_0|f(x_0))$ gehen; es soll also $g(x_0) = f(x_0)$ sein.

2) In der Nähe von x_0, d.h. für „kleine" Werte von h, soll die Annäherung möglichst gut, die Differenz $f(x_0+h) - g(x_0+h)$ — absolut genommen — also möglichst klein sein (Bild 6.3).

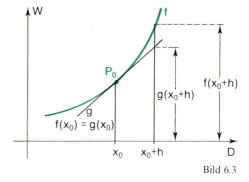

Bild 6.3

Zu 1): Nach der Punkt-Steigungs-Form lautet die Gleichung einer linearen Funktion g durch den Punkt $P(x_0|g(x_0))$ mit einer Steigung m:

$$g(x) = m(x-x_0) + g(x_0).$$

Da $g(x_0) = f(x_0)$ sein soll, ergibt sich: $g(x) = m(x - x_0) + f(x_0)$.
Bei dieser Gleichung ist der Wert der Steigung m noch offen.

Zu 2): Es gilt: $f(x_0+h) - g(x_0+h) = f(x_0+h) - m \cdot (x_0+h+x_0) - f(x_0) = f(x_0+h) - f(x_0) - m \cdot h$.

Damit der Differenzenquotient auftritt, erweitern wir die Differenz $f(x_0+h) - f(x_0)$ mit $h \neq 0$ und klammern dann h aus:

$$f(x_0+h) - g(x_0+h) = \left[\frac{f(x_0+h) - f(x_0)}{h} - m\right] \cdot h.$$

Weil hier der Faktor h auftritt, ist zu erwarten, daß diese Differenz für „kleine" Werte von h selbst „klein" wird. Dies ist aber erst recht der Fall, wenn für „kleine" Werte von h auch der erste Faktor, also

$$\frac{f(x_0+h) - f(x_0)}{h} - m$$

„klein" wird, wenn dieser Faktor also für $h \to 0$ ebenfalls gegen 0 strebt, wenn also gilt:

$$\lim_{h \to 0} \frac{f(x_0+h) - f(x_0)}{h} = m, \quad \text{also} \quad f'(x_0) = m.$$

$f'(x_0)$ aber ist — wie wir wissen — die Steigung der Tangente. Damit haben wir erkannt:

Ist eine an einer Stelle x_0 differenzierbare Funktion f gegeben, so stellt die Tangentenfunktion t zur Stelle x_0, also die Funktion t zu

$$t(x) = f(x_0) + f'(x_0) \cdot (x - x_0)$$

eine sehr gute lineare Näherungsfunktion für die Funktion f dar, falls man sich auf „kleine" Umgebungen der betrachteten Stelle x_0 beschränkt.

Für „kleine" Werte von $x - x_0$ gilt also:

$$f(x) \approx f(x_0) + f'(x_0) \cdot (x - x_0).$$

Ersetzen wir hier wieder $x - x_0$ durch h, so können wir auch schreiben:

$$f(x_0+h) \approx f(x_0) + f'(x_0) \cdot h.$$

4. Wir behandeln einige **Beispiele.**

1) $f(x) = \dfrac{x}{1+2x}$. Wir suchen die lineare Näherungsfunktion zur Stelle $x_0 = 2$.

Es gilt: $f(2) = \tfrac{2}{5} = 0{,}4$; $f'(x) = \dfrac{1}{(1+2x)^2}$ und $f'(2) = \tfrac{1}{25} = 0{,}04$. Damit erhält man:

$$t(x) = 0{,}4 + 0{,}04(x-2) = 0{,}04x + 0{,}32, \quad \text{also } f(x) \approx 0{,}04x + 0{,}32.$$

Beispiel: $f(2{,}1) \approx t(2{,}1) = 0{,}404$. Mit Hilfe eines Taschenrechners erhält man unmittelbar:

$$f(2{,}1) \approx 0{,}403846.$$

2) $f(x) = \sqrt[3]{1+x}$ mit $x_0 = 0$. Es gilt: $f(0) = 1$; $f'(x) = \dfrac{1}{3\sqrt[3]{(1+x)^2}}$ und $f'(0) = \tfrac{1}{3}$. Damit erhält man: $t(x) = 1 + \dfrac{x}{3}$, also $\sqrt[3]{1+x} \approx 1 + \dfrac{x}{3}$.

Beispiel: $\sqrt[3]{1{,}21} \approx 1 + \dfrac{0{,}21}{3} \approx 1{,}07$. Mit Hilfe eines Taschenrechners erhält man: $\sqrt[3]{1{,}21} \approx 1{,}0656$. Die Abweichung des Näherungswertes ist also kleiner als $0{,}005$.

5. Es soll $\sqrt{2}$ mit Hilfe einer linearen Annäherung berechnet werden. Wir setzen $f(x) = \sqrt{x}$. Um einfacher rechnen zu können, wählen wir für x_0 eine in der Nähe von 2 liegende Quadratzahl, nämlich $x_0 = 1{,}96$. Dann ist $h = x - x_0 = 2 - 1{,}96 = 0{,}04$. Wir erhalten:

$$f(1{,}96) = 1{,}4; \quad f'(x) = \dfrac{1}{2\sqrt{x}};$$

$$f'(1{,}96) = \dfrac{1}{2{,}8} \quad \text{und damit} \quad \sqrt{2} \approx 1{,}4 + \dfrac{1}{2{,}8} \cdot 0{,}04 \approx 1{,}41428.$$

Der Tafelwert für $\sqrt{2}$ in einer siebenstelligen Tafel ist $1{,}414213$. Die Abweichung ist also kleiner als $0{,}0001$.

Übungen und Aufgaben

1. Ermittle jeweils die Gleichung der Tangente zur Stelle x_0!

a) $f(x) = \dfrac{x^2}{2}$; $x_0 = 1$ **b)** $f(x) = (x-2)^2$; $x_0 = -1$ **c)** $f(x) = \dfrac{x^3}{10}$; $x_0 = -2$

d) $f(x) = x^3 + 3x^2$; $x_0 = -3$ **e)** $f(x) = \sqrt{3x}$; $x_0 = 3$ **f)** $f(x) = \dfrac{x^2}{4}\sqrt{8-x}$; $x_0 = -1$

g) $f(x) = \dfrac{1}{x+4}$; $x_0 = -3$ **h)** $f(x) = \sqrt[3]{x^2}$; $x_0 = -1$ **i)** $f(x) = \dfrac{1}{\sqrt[4]{x^3}}$; $x_0 = 1$

§6, I. Die Tangentenfunktion als Näherungsfunktion

2. Bestimme jeweils die Gleichung derjenigen linearen Funktion, die die gegebene Funktion f in einer Umgebung von x_0 am besten approximiert!

a) $f(x) = \dfrac{1}{x}$; $x_0 = 2$
b) $f(x) = \sqrt{x}$; $x_0 = 4$
c) $f(x) = \sin x$; $x_0 = \dfrac{\pi}{6}$

d) $f(x) = (1+x)^2$; $x_0 = 0$
e) $f(x) = \dfrac{1}{1+x}$; $x_0 = 0$
f) $f(x) = \dfrac{x^2}{x^2+1}$; $x_0 = 1$

g) $f(x) = \sqrt{1+x}$; $x_0 = 0$
h) $f(x) = \sqrt{1-x}$; $x_0 = 0$
i) $f(x) = (1+x)^3$; $x_0 = 0$

j) $f(x) = (1+x)^n$; $x_0 = 0$
k) $f(x) = (1+x)^{-n}$; $x_0 = 0$
l) $f(x) = \tan x$; $x_0 = 0$

3. Bestimme mit Hilfe linearer Näherungsfunktionen Näherungswerte für die Zahlen!

a) $\sqrt{26}$
b) $\sqrt[3]{9}$
c) $\sqrt{46}$
d) $\dfrac{1}{\sqrt{15}}$
e) $4{,}1^3$
f) $\dfrac{1}{\sqrt[3]{66}}$

g) $\sqrt[4]{17}$
h) $\sin 31°$
i) $\tan 47°$
j) $\cos 60{,}6°$
k) $\dfrac{1}{1{,}03^2}$
l) $\dfrac{1}{\sqrt[3]{7{,}94}}$

Beachte bei **h)**, **i)** und **j)**, daß die Winkelmaße ins Bogenmaß umgerechnet werden müssen! Überprüfe die Genauigkeit der ermittelten Näherungswerte mit Hilfe eines Taschenrechners!

4. Die Sichtweite von einem Satelliten in der Höhe h wird durch die Krümmung der Erdkugel begrenzt (Bild 6.4). Zeige, daß gilt:

$$a = \sqrt{(R+h)^2 - R^2} = \sqrt{2Rh} \cdot \sqrt{1 + \dfrac{h}{2R}}$$

$$= 2R\sqrt{\dfrac{h}{2R}} \cdot \sqrt{1 + \dfrac{h}{2R}}!$$

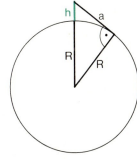

Bild 6.4

Setze $x = \dfrac{h}{2R}$ und berechne die maximale Sichtweite für folgende Werte von h!

a) 250 km b) 500 km c) 1000 km

Anleitung: Benutze die lineare Näherung von f zu $f(x) = \sqrt{1+x}$ an der Stelle $x_0 = 0$!
Für den Erdradius R gilt: R = 6370 km.

5. Die Beschleunigung a, die ein Körper im Schwerefeld der Erde erfährt, hängt vom Abstand r ab, den der Körper vom Erdmittelpunkt hat. Es gilt: $a(r) = \gamma \dfrac{M}{r^2}$. Dabei ist $\gamma = 6{,}7 \cdot 10^{-11} \dfrac{Nm^2}{kg^2}$ die Gravitationskonstante und $M \approx 6 \cdot 10^{24}$ kg die Masse der Erde.

a) Entwickle eine lineare Näherung für a(r) in der Nähe der Erdoberfläche; es ist $r_0 = R$, wobei R = 6370 km der Erdradius ist. Verfahre analog zur Anleitung in Aufgabe 4!
b) Berechne mit der Näherungsfunktion von **a)** a(r) auf dem Feldberg im Schwarzwald (Höhe: 1,493 km), auf dem Mount Everest (Höhe: 8,848 km) und in der Höhe einer Satellitenbahn (2000 km)!

II. Fehlerabschätzung und Fehlerfortpflanzung

1. Wenn man bei einer Rechnung einen Näherungswert benutzt, so erhält man als Resultat im allgemeinen wieder nur einen Näherungswert. Man sagt: der Fehler „pflanzt sich fort".

Beispiel:

Wie groß ist die Flächenmaßzahl A eines Quadrates, wenn die Messung der Seitenlänge 5 cm ergeben hat, wobei aber eine Abweichung von 0,1 cm nach oben oder unten möglich ist? Man schreibt kurz: $a = (5 \pm 0{,}1)$ cm. Bei diesem Beispiel kann man das Intervall, in dem die Flächenmaßzahl liegen muß, durch Berechnung von $4{,}9^2$ und $5{,}1^2$ leicht angeben:

$$24{,}01 \leq A \leq 26{,}01.$$

Die größtmögliche Abweichung vom Wert $A(5) = 25$ beträgt also 1,01.

2. In anderen Fällen ist es keineswegs so leicht wie beim vorstehenden Beispiel, die Fehlergrenzen exakt auszurechnen. Wir müssen den Fehler dann „abschätzen". Wir erläutern dies am gleichen **Beispiel.** Der Zusammenhang zwischen der Seitenlängenmaßzahl x und der Flächenmaßzahl A wird beschrieben durch den Funktionsterm

$$A(x) = x^2.$$

Wir benutzen eine lineare Näherung. Nach den Überlegungen des I. Abschnitts gilt für nicht zu große Werte von h:

$$A(x+h) \approx A(x) + A'(x) \cdot h = x^2 + 2xh.$$

Für $x = 5 \pm 0{,}1$ (s.o.) erhält man:

$$A(5+0{,}1) \approx 25 + 2 \cdot 5 \cdot 0{,}1 = 26 \quad \text{und} \quad A(5-0{,}1) \approx 25 - 2 \cdot 5 \cdot 0{,}1 = 24.$$

Die Abweichung vom Wert $A(5) = 25$ beträgt also ungefähr ± 1.

Beachte: Exakt beträgt die größtmögliche Abweichung — wie oben berechnet — 1,01. Der durch die Abschätzung erhaltene Wert von ± 1 stellt also eine gute Näherung für den exakten Wert dar.

3. Wir verallgemeinern: Hängt eine Größe y gemäß einer Gleichung der Form $y = f(x)$ von einer Größe x ab, so wirkt sich eine Abweichung (Ungenauigkeit) der Größe x bei der Berechnung des Funktionswertes $f(x)$ auf das Resultat aus. Handelt es sich bei der Abweichung bei x um einen Fehler, so sagt man: der Fehler „pflanzt sich fort."

Wir können die Abweichung in erster Näherung abschätzen durch

$$f(x+h) \approx f(x) + f'(x) \cdot h.$$

Bezeichnet man die Abweichung zwischen $f(x+h)$ und $f(x)$ mit „Δy", gelesen „Delta y", oder mit „$\Delta f(x)$", gilt also

$$\Delta y = \Delta f(x) = f(x+h) - f(x) \quad \text{(Bild 6.5)},$$

so ist

$$\Delta y \approx f'(x) \cdot h.$$

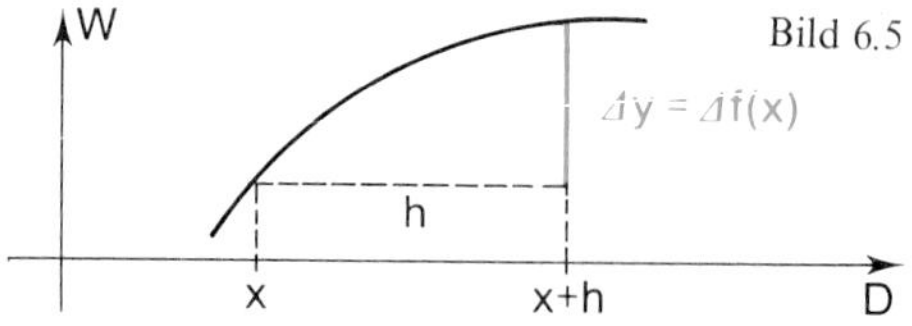

Bild 6.5

Statt mit „h" bezeichnet man die Abweichung der x-Werte häufig auch mit „Δx", dann gilt:

$$\Delta y \approx f'(x) \cdot \Delta x.$$

Beispiel:

Die lineare Ausdehnung einer Kugel beim Erwärmen wird mit 2‰ gemessen. Wie groß ist die Volumenzunahme, wenn der Radius 10 cm beträgt?

Es gilt: $V(x) = \frac{4}{3}\pi x^3$; $V'(x) = 4\pi x^2$; $\Delta x = 10 \cdot 0{,}002 = 0{,}02$ (cm).

Also ist: $\Delta V(x) \approx 4\pi \cdot 10^2 \cdot 0{,}02 = 8\pi \approx 25{,}1$.

Die Volumenänderung beträgt etwa 25,1 cm³; das ist gegenüber dem Ausgangsvolumen $V(10) \approx 4189$ cm³ eine Vergrößerung von etwa 6‰.

Beachte: Dieser einfache Ansatz für eine Fehlerabschätzung ist nur möglich, wenn die Ungenauigkeit im Resultat nur durch **eine** ungenaue Eingangsgröße bedingt ist. Beim letzten Beispiel haben wir z.B. davon abgesehen, daß auch die Zahl π durch einen Näherungswert ersetzt ist.

Übungen und Aufgaben

1. Wie genau kann der Flächeninhalt eines gleichseitigen Dreiecks mit der Seitenlänge $a = 20$ cm angegeben werden, wenn der Fehler beim Ausmessen der Länge ± 2 mm beträgt?

2. Wie genau kann der Flächeninhalt eines Kreises mit dem Radius $r = 20$ cm berechnet werden, wenn der Meßfehler beim Radius ± 2 mm beträgt? Vom Einfluß des Näherungswertes für π soll abgesehen werden.

3. Eine Würfelkante (der Radius einer Kugel) wird zu 6,5 cm mit einem Meßfehler von ± 5 mm gemessen. Wie groß ist der relative Fehler (Fehlerangabe in Prozent)? Berechne Oberfläche und Rauminhalt des Körpers! Wie genau sind die Ergebnisse?

4. Der Steigungswinkel einer Gebirgsstrecke beträgt auf einer 200 m langen geraden Strecke 7,5°. Er ist mit einem Fehler von höchstens $\pm 2{,}6'$ gemessen worden.
   a) Welcher Höhenunterschied h wird durch die Strecke überwunden?
   b) Wie genau ist der errechnete Wert von h?

5. Eine Eisenkugel wiegt 500 N. Die Gewichtsmessung ist bis auf 0,001 N genau. Bestimme den Radius der Kugel! Wie genau ist das Ergebnis? Vom Einfluß des Näherungswertes für π soll abgesehen werden.
   (Hinweis: Das spezifische Gewicht von Eisen ist $\gamma = 0{,}076 \frac{N}{cm^3}$.)

6. Bei einem Pendel der Länge l berechnet man die Schwingungsdauer T einer Schwingung nach der Formel $T = 2\pi \sqrt{\frac{l}{g}}$, mit $g \approx \frac{10 \, m}{sec^2}$.
   a) Auf wieviel Prozent genau kann man die Schwingungsdauer T angeben, wenn man die Pendellänge auf 1% genau gestimmt? **Anleitung:** Bilde $\frac{\Delta T}{T}$!
   b) Nach wieviel Sekunden geht ein Pendel mit T = 2 sec ("Sekundenpendel") um eine Sekunde vor, wenn man die Pendellänge um 1% zu kurz gemacht hat?

7. Mit Hilfe eines Pendels, dessen Länge exakt bekannt ist, soll die Erdbeschleunigung g auf 5 Stellen hinter dem Komma genau errechnet werden. Wie genau muß die Angabe der Schwingungsdauer dazu wenigstens sein? (Vgl. Aufgabe 6!)
Um T zu bestimmen, mißt man die Zeit, die das Pendel für mehrere Schwingungen braucht, und dividiert dann durch die Anzahl der gemessenen Schwingungen. Wie viele Schwingungen muß man wenigstens messen, wenn die Gesamtzeit nur auf $\frac{1}{100}$ sec genau bestimmt werden kann?

8. Bei einer Wheatstoneschen Brücke sei der Vergleichswiderstand 20Ω, die Länge des Meßdrahtes 50 cm, der Abstand bis zur Brücke 32,4 cm, wobei der Ablesefehler ±0,1 cm betrage. Wie groß ist der Fehler, der bei der Widerstandsmessung gemacht wird? Ermittle auch den prozentualen Fehler!

III.   Der Begriff des Differentials

1. Bei den Überlegungen im vorigen Abschnitt haben wir den Graphen einer Funktion f in der Umgebung einer Stelle x durch die zugehörige Tangente im Punkte P(x|f(x)) ersetzt. Wir können dies auch folgendermaßen ausdrücken: beim Vergleich der Funktionswerte f(x) und f(x+h) haben wir den Zuwachs der Funktion f durch den Zuwachs der Tangentenfunktion t ersetzt.

Schon im vorigen Abschnitt haben wir erwähnt, daß man den Zuwachs der Funktionswerte mit „Δy" bzw. „Δf(x)" bezeichnet:

$$\Delta y = f(x+h) - f(x),$$
gelesen „Delta y gleich ..."

Entsprechend bezeichnet man die Differenz zwischen den entsprechenden Werten der **Tangentenfunktion** t mit „dy" bzw. „df(x)":

$$dy = t(x+h) - t(x) \quad \text{(Bild 6.6).}$$

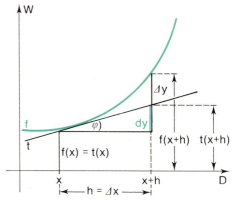

Bild 6.6

Aus Bild 6.6 ergibt sich unmittelbar, daß man dy mit Hilfe der Tangentensteigung, also durch f'(x) ausdrücken kann; es gilt:

$$f'(x) = \tan\varphi = \frac{dy}{h}, \quad \text{also} \quad \mathbf{dy = f'(x) \cdot h.}$$

Man nennt dy das „**Differential der Funktion f an der Stelle x**".

§6, III. Der Begriff des Differentials

2. Wir definieren:

D 6.1 Unter dem „Differential" einer an einer Stelle x differenzierbaren Funktion f versteht man den Term $dy = df(x) = f'(x) \cdot h$.

Das Differential dy hängt also von zwei Zahlen ab:

1) dy ist proportional zum Zuwachs h (Bild 6.7).

2) dy ist proportional zu f'(x); wählt man also bei derselben Funktion eine andere Stelle x, so ändert sich auch das Differential (Bild 6.8).

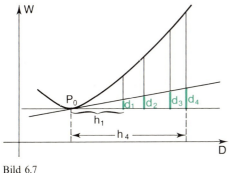

Bild 6.7

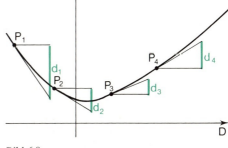

Bild 6.8

Beispiele:

Funktionsterm:	x	x^3	$x^3 - 4x + 3$	sin x	$\frac{1}{x}$	$\sqrt{x}$
Ableitungsterm:	1	2x	$3x^2 - 4$	cos x	$-\frac{1}{x^2}$	$\frac{1}{2\sqrt{x}}$
Differential $dy = f'(x) \cdot h$	h	2xh	$(3x^2 - 4) \cdot h$	$(\cos x) \cdot h$	$-\frac{h}{x^2}$	$\frac{h}{2\sqrt{x}}$

3. Im ersten Beispiel der Tabelle ist $y = f(x) = x$ und daher $dy = dx$. Mit $f'(x) = 1$ ergibt sich aus $dy = f'(x) \cdot dx$ hier $dy = 1 \cdot h = h$, also auch **$dx = h$** (Bild 6.9).

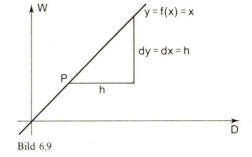

Bild 6.9

Daher können wir das Differential dy allgemein auch in der folgenden Form schreiben:

$$dy = f'(x) \cdot dx.$$

dy und dx nennt man „**Differentiale**".

Beachte: Wir haben in D 6.1 zunächst nur das Differential $dy = df(x)$ definiert; dadurch, daß wir die identische Funktion zur Gleichung $y = x$ betrachtet haben, haben wir aus dieser Definition hergeleitet, daß $dx = h$ ist.

Übungen und Aufgaben

1. Berechne jeweils das Differential zur Stelle x_0!

a) $f(x) = x^2 - 3x$; $x_0 = 1$
b) $f(x) = \dfrac{1}{x}$; $x_0 = 2$
c) $f(x) = \sqrt{x}$; $x_0 = 4$

d) $f(x) = \sin x$; $x_0 = \dfrac{\pi}{3}$
e) $f(x) = \dfrac{x^2}{x^2 + 1}$; $x_0 = 1$
f) $f(x) = \sqrt{25 - x^2}$; $x_0 = 3$

g) $f(x) = \sqrt[3]{x^2 - 9}$; $x_0 = 6$
h) $f(x) = \sqrt[4]{\dfrac{x+1}{1-x}}$; $x_0 = 0$
i) $f(x) = \sqrt[5]{x^3 + x + 2}$; $x_0 = 3$

2. Aus einer Entfernung von $a = 400$ m sieht man die Spitze eines Turmes unter dem Höhenwinkel $\alpha = 30°$. Auf dem Turm befindet sich eine Fahnenstange, deren Spitze unter dem Winkel $30°\,20'$ gesehen wird (Bild 6.10). Ermittle mit Hilfe eines Differentials, wie lang die Fahnenstange ist!

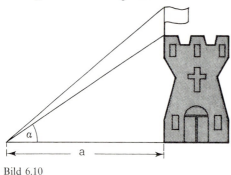
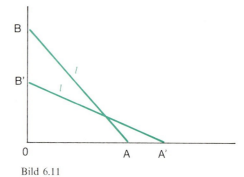

Bild 6.10   Bild 6.11

3. Eine Leiter von der Länge l ($l = 6$ m) steht schräg an einer Wand (Bild 6.11). Berechne mit Hilfe eines Differentials, um wieviel sich der Endpunkt B der Leiter senkt, wenn der Fußpunkt der Leiter von A nach A′ verschoben wird! Es sei $L(OA) = 1{,}2$ m und $L(AA') = 0{,}25$ m.

§ 7 Anwendung der Differentialrechnung bei der Funktionsdiskussion

I. Lokale Extrema

1. In § 1 haben wir an einigen Beispielen erläutert, welche Eigenschaften von Funktionen bei Anwendungen in der Technik, im Wirtschaftsleben, in der Physik und in vielen anderen Wissenschaften und Lebensbereichen interessieren.
Wir haben nun in den letzten Paragraphen die Hilfsmittel der Differentialrechnung kennengelernt, mit denen man eine Reihe der in Anwendungssituationen auftretenden Probleme angehen kann.

2. Den besten Überblick über die wichtigsten Eigenschaften einer Funktion gibt ohne Zweifel der **Funktionsgraph** in einem Kartesischen Koordinatensystem. Wir haben uns daher die Frage zu stellen, wie man auf möglichst einfache Weise den Graphen einer Funktion ermitteln kann. Um einen ersten Überblick zu gewinnen, genügt es in vielen Fällen, einige markante Punkte des Graphen zu bestimmen. Dies sind insbesondere die Schnittpunkte mit den beiden Koordinatenachsen und die Stellen, an denen die Funktion − im Vergleich zu den Werten in ihrer Umgebung − einen **größten** oder einen **kleinsten** Funktionswert hat. Mit der Ermittlung dieser Maxima und Minima werden wir uns im folgenden ausführlich beschäftigen.

3. In den Bildern 7.1 bis 7.4 sind einige Fälle von sogenannten „Extremstellen" dargestellt.

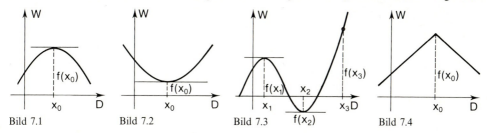

Bild 7.1 Bild 7.2 Bild 7.3 Bild 7.4

In Bild 7.1 ist die Stelle x_0 eine „**Maximalstelle**"; die Funktion f hat an dieser Stelle ein „**Maximum**", in Bild 7.2 ist die Stelle x_0 eine „**Minimalstelle**", die Funktion f hat an dieser Stelle ein „**Minimum**". In Bild 7.3 ist x_1 eine Maximal- und x_2 eine Minimalstelle.
Dieses Bild zeigt, daß an einer Maximalstelle keineswegs der absolut größte Funktionswert liegen muß; so gilt z.B. $f(x_3) > f(x_1)$.
Wir können nur sagen, daß der Funktionswert $f(x_1)$ ein Maximum darstellt, wenn wir uns auf eine passend gewählte Umgebung von x_1 beschränken. Man spricht daher von einem „**lokalen Maximum**" oder von einem „**lokalen Minimum**". Wenn man offen lassen will, ob es sich um ein Maximum oder um ein Minimum handelt, sagt man „**lokales Extremum**", manchmal auch „**relatives Extremum**".

4. Wir definieren

> **D 7.1** Eine Funktion f sei in einem Intervall A definiert. Dann liegt bei $x_0 \in A$ ein
>
> „lokales Maximum" | „lokales Minimum"
>
> genau dann, wenn es eine Umgebung $U(x_0) \subseteq A$ gibt, so daß für alle $x \in U(x_0)$ gilt:
>
> $f(x) \leq f(x_0)$. | $f(x) \geq f(x_0)$.

Gilt für $x \neq x_0$ sogar $f(x) < f(x_0)$ (bzw. $f(x) > f(x_0)$), so spricht man von einem **„strengen lokalen Maximum (Minimum)"**.

Den Punkt $P_0(x_0|f(x_0))$ nennt man auch einen **„Hochpunkt"** bzw. **„Tiefpunkt"** des Graphen.

5. Eine Funktion kann in einem Intervall mehrere lokale Maxima bzw. Minima haben, sie kann dort aber nur ein absolutes Maximum bzw. Minimum haben; diese können allenfalls an mehreren Stellen angenommen werden. Wir definieren:

> **D 7.2** Eine Funktion f sei in einem Intervall A definiert. Dann liegt bei $x_0 \in A$ ein
>
> „absolutes Maximum" | „absolutes Minimum"
>
> genau dann, wenn für alle $x \in A$ gilt:
>
> $f(x) \leq f(x_0)$. | $f(x) \geq f(x_0)$.

6. Aus den Definitionen D 7.1 und D 7.2 ergibt sich unmittelbar die Gültigkeit des Satzes:

> **S 7.1** Hat eine Funktion im Innern eines Intervalls $A \subseteq D(f)$ ein absolutes Extremum, so hat sie dort auch ein lokales Extremum.

Beim **Beweis** haben wir nur zu beachten, daß es zu jedem **inneren** Punkt x_0 eines Intervalls A stets eine ganz in A liegende Umgebung $U(x_0)$ gibt: $U(x_0) \subseteq A$. Daher gilt für alle $x \in U(x_0)$ im Fall des Maximums $f(x) \leq f(x_0)$, im Fall des Minimums $f(x) \geq f(x_0)$.

Bemerkung: Liegt ein absolutes Extremum auf dem Rand eines Intervalls A, so ist es kein lokales Extremum, weil es keine Umgebung $U(x_0)$ mit $U(x_0) \subseteq A$ gibt. Im Beispiel von Bild 7.5 liegt an der Randstelle b des Intervalls [a; b] ein absolutes Maximum, welches aber kein lokales Maximum ist.

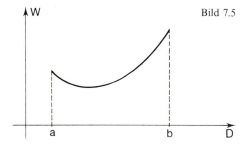

Bild 7.5

Zur Vereinfachung der Sprechweise treffen wir die folgende **Vereinbarung:** wenn wir von einem „Maximum", „Minimum" oder „Extremum" sprechen, so meinen wir stets ein **lokales** Extremum. Wenn ein absolutes Extremum gemeint ist, so wird dies in jedem Fall ausdrücklich gesagt.

7. In den Bildern 7.1, 7.2 und 7.3 haben die Funktionsgraphen an Extremstellen eine waagerechte Tangente; dort gilt also $f'(x_0)=0$. Beim Graphen in Bild 7.4 ist dies nicht der Fall; dies hat seinen Grund offenbar darin, daß die betreffende Funktion in x_0 nicht differenzierbar ist.

Wir können daher vermuten, daß bei differenzierbaren Funktionen für die Stelle x_0 eines lokalen Extremums gilt: $f'(x_0)=0$.

S 7.2   **Hat eine an einer Stelle x_0 differenzierbare Funktion an dieser Stelle ein lokales Extremum, so gilt $f'(x_0)=0$.**

Wir führen den **Beweis** für den Fall des **Maximums**. Aus dem Begriff des lokalen Maximums ergibt sich unmittelbar, daß die Funktionswerte vor und hinter der Maximalstelle x_0 kleiner sind als der Wert an der Stelle x_0 oder höchstens gleich diesem Wert.

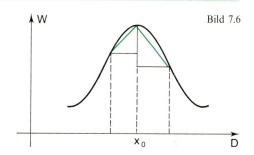

Bild 7.6

Für jede Zahl $x \in U(x_0)$ gilt also nach Voraussetzung $f(x) \leq f(x_0)$, in der Schreibweise $x = x_0 + h$ also: $f(x_0 + h) \leq f(x_0)$ und somit: $f(x_0 + h) - f(x_0) \leq 0$. Daraus ergibt sich

für $h < 0$: $\dfrac{f(x_0+h)-f(x_0)}{h} \geq 0$ und für $h > 0$: $\dfrac{f(x_0+h)-f(x_0)}{h} \leq 0.$

Nun haben wir vorausgesetzt, daß die Funktion f an der Stelle x_0 differenzierbar ist, daß also der Grenzwert

$$f'(x_0) = \lim_{h \to 0} \frac{f(x_0+h)-f(x_0)}{h}$$

existiert. Nun kann der Grenzwert einer Folge nichtnegativer Zahlen aber niemals negativ, der Grenzwert einer Folge nichtpositiver Zahlen niemals positiv sein; daher kann für den Grenzwert nur gelten:

$f'(x_0) = 0$, q.e.d.

Der Beweis für ein Minimum ist entsprechend zu führen (Aufgabe 10).

8. Die Umkehrung von Satz S 7.2 gilt nicht. Dies zeigt schon das **Gegenbeispiel**:

$f(x) = x^3$; $f'(x) = 3x^2$.

Daher ist zwar $f'(0)=0$, f hat aber an der Stelle 0 kein Extremum (Bild 7.7). Die Funktion f ist über $\mathbb{R}$ streng monoton steigend, also auch in der Umgebung der Stelle 0; sie besitzt daher kein lokales Extremum.

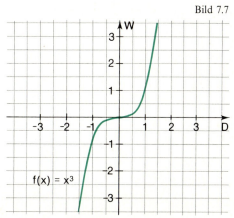

Bild 7.7

Man sagt: die Bedingung $f'(x_0)=0$ ist **notwendig**, aber **nicht hinreichend** für das Vorhandensein eines lokalen Extremums. Dies bedeutet: wenn man bei einer differenzierbaren Funktion f die Stellen bestimmt, die der Bedingung

$$f'(x)=0$$

genügen (also die Nullstellen der Ableitungsfunktion f'), so weiß man nur, daß **höchstens** an diesen Stellen (aber an keiner anderen Stelle) ein lokales Extremum vorliegen kann. Man weiß aber nicht, ob dies tatsächlich der Fall ist.

Beispiel: $f(x)=x^3-4x^2+4x$; $f'(x)=3x^2-8x+4$

Wir bestimmen die Nullstellen von f':

$$f'(x)=0 \Leftrightarrow x^2-\tfrac{8}{3}x+\tfrac{4}{3}=0 \quad (\text{Es ist } D=(\tfrac{4}{3})^2-\tfrac{4}{3}=\tfrac{16}{9}-\tfrac{12}{9}=\tfrac{4}{9}.)$$
$$\Leftrightarrow x=\tfrac{4}{3}+\tfrac{2}{3} \lor x=\tfrac{4}{3}-\tfrac{2}{3} \Leftrightarrow x=2 \lor x=\tfrac{2}{3}.$$

Aufgrund dieser Ergebnisse wissen wir: wenn die Funktion f lokale Extrema hat, dann können diese nur bei 2 und/oder bei $\tfrac{2}{3}$ liegen. Wir wissen aber noch nicht, ob an diesen Stellen tatsächlich Extrema vorliegen und auch noch nicht, um welche Art eines Extremums es sich gegebenenfalls handelt: um ein Maximum oder um ein Minimum.

9. Es stellen sich daher die folgenden Fragen:

1) Gibt es auch eine Bedingung, die für ein lokales Extremum hinreichend ist?

2) Gibt es vielleicht sogar eine Bedingung, die für ein lokales Extremum notwendig **und** hinreichend ist?

3) Gibt es eine Bedingung, mit deren Hilfe man ein lokales Maximum von einem lokalen Minimum unterscheiden kann?

Mit diesen Fragen werden wir uns in den nächsten Abschnitten beschäftigen.

Übungen und Aufgaben

1. Bestimme jeweils die Nullstellen!

- **a)** $f(x)=\tfrac{1}{2}x^2$
- **b)** $f(x)=3x-6$
- **c)** $f(x)=x^2-9$
- **d)** $f(x)=2x^2-8x$
- **e)** $f(x)=x^2+6x+9$
- **f)** $f(x)=x^3-4x$
- **g)** $f(x)=x^3-3x^2$
- **h)** $f(x)=x^3-8$
- **i)** $f(x)=x^2-2x-8$
- **j)** $f(x)=x^2-3x+2$
- **k)** $f(x)=x^2+6x+8$
- **l)** $f(x)=x^4-6x^3-7x^2$
- **m)** $f(x)=x^4-9x^2+20$
- **n)** $f(x)=x^5+x^3-12x$
- **o)** $f(x)=x^5-10x^3+9x$

2. Zeichne jeweils den Funktionsgraphen! Wo liegen lokale, wo liegen absolute Extrema?

- **a)** $f(x)=1-x^2$
- **b)** $f(x)=x^2+2x+1$
- **c)** $f(x)=x^2-3x$
- **d)** $f(x)=x^2-4x+5$
- **e)** $f(x)=|x-1|$
- **f)** $f(x)=|x|^3$
- **g)** $f(x)=\sqrt{|x|}$
- **h)** $f(x)=\sin x$
- **i)** $f(x)=\operatorname{sign} x$
- **j)** $f(x)=[x]$
- **k)** $f(x)=\begin{cases}-1 & \text{für } x\leq 2 \\ 1 & \text{für } x>2\end{cases}$
- **l)** $f(x)=2$

3. Bestimme jeweils die Stellen lokaler und die Stellen absoluter Extrema mit Hilfe des Funktionsgraphen!
   a) $f(x) = x^2$; $D(f) = [-1; 2]$
   b) $f(x) = x^2$; $D(f) = [0; 3]$
   c) $f(x) = 2 - x^2$; $D(f) = [-2; 2]$
   d) $f(x) = 2 - x^2$; $D(f) = [-2; 3]$
   e) $f(x) = [x]$; $D(f) = [0; 10]$
   f) $f(x) = |x - 2|$; $D(f) = [1; 3]$
   g) $f(x) = \cos x$; $D(f) = \left[-\frac{\pi}{2}; \frac{\pi}{2}\right]$
   h) $f(x) = \frac{1}{x^2 + 1}$; $D(f) = [-2; 2]$

4. Untersuche, bei welchen Beispielen aus Aufgabe 2 und Aufgabe 3 der Funktionsgraph in den Hoch- bzw. Tiefpunkten eine waagerechte Tangente hat!

5. Berechne jeweils die Stellen x_0, für die gilt $f'(x_0) = 0$! Zeichne den Funktionsgraphen und prüfe, ob es sich um Extremstellen handelt!
   a) $f(x) = x^2 + 1$
   b) $f(x) = (x - 2)^2$
   c) $f(x) = x^2 + 6x + 7$
   d) $f(x) = x^5$
   e) $f(x) = \frac{1}{4}x^4$
   f) $f(x) = \frac{1}{4}(x + 1)^3$
   g) $f(x) = x - \sqrt{x}$
   h) $f(x) = \cos 2x$

6. Im Monat Juni des Jahres 1980 fiel seit 50 Jahren die größte Niederschlagsmenge in einem Juni. Kann man nach dieser Aussage entscheiden, ob ein absolutes oder ein lokales Maximum der Niederschlagsmenge vorliegt?

7. In welchen Wochen des Jahres nimmt die Verkehrsdichte auf den Autobahnen in der Bundesrepublik Maximalwerte an? Wo liegt Deiner Ansicht nach das absolute Maximum?

8. Bild 7.8 zeigt die Energieaufnahme E eines Oszillators, der von einer äußeren Kraft zu einer erzwungenen Schwingung mit der Frequenz ω angeregt wird. Welche Bedeutung besitzt das Maximum der Funktion? (Ein Beispiel für diese Situation ist ein PKW ohne Stoßdämpfer auf einer holprigen Straße.)

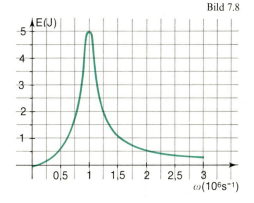

Bild 7.8

9. Bild 7.9 zeigt die elektrische Leitfähigkeit L von Schwefelsäure, in Abhängigkeit von der Säurekonzentration K. Wo liegen die Extrema? Wo liegen die absoluten Extrema?

10. Beweise: Ist eine Funktion f differenzierbar und hat sie an der Stelle x_0 ein lokales Minimum, so gilt: $f'(x_0) = 0$. Führe den Beweis analog zum Beweis von Seite 131!

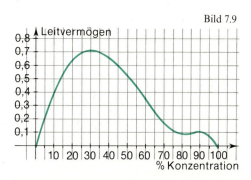

Bild 7.9

II. Kriterien für die Monotonie von Funktionen

1. Um der Beantwortung der am Ende des vorigen Abschnittes gestellten Fragen näherzukommen, betrachten wir Bild 7.10 (zu einem lokalen Maximum) und Bild 7.11 (zu einem lokalen Minimum).

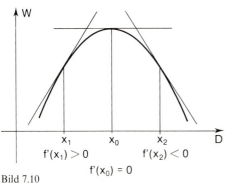

Bild 7.10

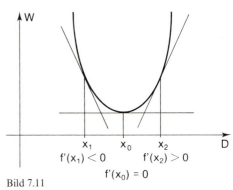

Bild 7.11

Für die hier gezeichneten einfachen Funktionsgraphen gilt: durchläuft man die Kurve in Richtung wachsender x-Werte, so ist die Funktion

1) $\left.\begin{matrix}\text{vor}\\\text{nach}\end{matrix}\right\}$ einem lokalen Maximum monoton $\left\{\begin{matrix}\text{steigend}\\\text{fallend}\end{matrix}\right.$;

2) $\left.\begin{matrix}\text{vor}\\\text{nach}\end{matrix}\right\}$ einem lokalen Minimum monoton $\left\{\begin{matrix}\text{fallend}\\\text{steigend}\end{matrix}\right.$.

Dieser anschaulich erfaßte Sachverhalt gilt – wie wir hier nur mitteilen können – zwar nicht in jedem Fall, gibt uns aber Veranlassung, nach Bedingungen für monotones Steigen bzw. Fallen Ausschau zu halten.

2. Die Bilder 7.10 und 7.11 legen die Vermutung nahe, daß das Steigen bzw. Fallen einer Kurve an einer Stelle x_0 mit den Bedingungen

$$f'(x_0) > 0 \text{ bzw. } f'(x_0) < 0$$

zusammenhängt. Bei dieser Vermutung ist aber Vorsicht geboten; dies zeigt das **Beispiel** der Funktion f zu $f(x) = x^3$ (Bild 7.7). Diese Funktion ist überall monoton steigend, sogar streng monoton steigend, auch in der Umgebung der Stelle 0. Dennoch gilt $f'(0) = 0$.
Wir können nur sagen: aus $f'(x_0) > 0$ folgt, daß in einer Umgebung $U(x_0)$ die Funktionswerte links von x_0 kleiner, rechts von x_0 größer sind als $f(x_0)$. Das Umgekehrte trifft – wie das Beispiel zeigt – nicht immer zu. Es gilt der „**lokale Monotoniesatz**"

S 7.3   Gilt für eine an einer Stelle x_0 differenzierbare Funktion f

$$f'(x_0) > 0, \quad | \quad f'(x_0) < 0,$$

so gibt es eine Umgebung $U(x_0)$, so daß für alle $x \in U(x_0)$ gilt:

$$x < x_0 \Rightarrow f(x) < f(x_0); \quad | \quad x < x_0 \Rightarrow f(x) > f(x_0);$$
$$x > x_0 \Rightarrow f(x) > f(x_0). \quad | \quad x > x_0 \Rightarrow f(x) < f(x_0).$$

§7, II. Kriterien für die Monotonie von Funktionen

Wir begründen diesen Satz für den Fall des monotonen Steigens. Es gilt:

$$f'(x_0) = \lim_{h \to 0} \frac{f(x_0+h) - f(x_0)}{h} > 0.$$

Dies bedeutet nach den Erläuterungen, die wir zum Grenzwertbegriff in §3 gegeben haben, daß die Werte des Differenzenquotienten $\frac{f(x_0+h) - f(x_0)}{h}$ sich vom Wert der Ableitung $f'(x_0)$ beliebig wenig unterscheiden, wenn man nur den Wert von h dem Betrage nach hinreichend „klein" wählt. Aus der Voraussetzung $f'(x_0) > 0$ ergibt sich daher, daß auch diese Differenzenquotienten positiv sind, wenn nur |h| klein genug gewählt wird:

$$\frac{f(x_0+h) - f(x_0)}{h} > 0.$$

Wäre dies nicht der Fall, so könnte auch der Grenzwert nicht positiv sein.
Nun ist ein Bruch aber positiv, wenn Zähler und Nenner **beide** positiv oder **beide** negativ sind. Für ausreichend kleine |h| gilt also:

1) $f(x_0+h) - f(x_0) > 0$, also $f(x_0+h) > f(x_0)$, falls $h > 0$ ist und

2) $f(x_0+h) - f(x_0) < 0$, also $f(x_0+h) < f(x_0)$, falls $h < 0$ ist (Bild 7.12).

Die Werte von h, für die diese Bedingungen zutreffen, bestimmen eine Umgebung $U(x_0)$; in dieser Umgebung gilt also in der Tat die Aussage von S 7.3. Der Fall $f'(x_0) < 0$ ist entsprechend zu behandeln (Aufgabe 1).

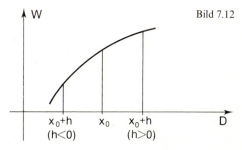

Bild 7.12

Beachte, daß die **Umkehrung** von Satz S 7.3 **nicht gilt**; dies haben wir oben am Beispiel der Funktion f zu $f(x) = x^3$ gezeigt. Die Bedingung $f'(x_0) > 0$ ist für die Aussage von S 7.3 also nur hinreichend, aber nicht notwendig. Dabei wird natürlich vorausgesetzt, daß f an der Stelle x_0 differenzierbar ist.

3. Der Satz S 7.3 bezieht sich nur auf eine Umgebung der betrachteten Stelle x_0; daher wird er „lokaler Monotoniesatz" oder „lokaler Wachstumssatz" genannt. Darüberhinaus ist man daran interessiert, Sätze über das Monotonieverhalten zu finden, die nicht nur lokalen, sondern „globalen" Charakter haben, sich also z.B. auf ein ganzes Intervall A beziehen.
Man kann vermuten, daß es bei dieser Frage darauf ankommt, daß die Bedingung $f'(x) > 0$ bzw. $f'(x) < 0$ für alle $x \in A$ erfüllt ist. Natürlich kann es sich auch in diesem Fall nur um eine hinreichende, aber nicht um eine notwendige Bedingung handeln, wie das Beispiel zu $f(x) = x^3$ bereits zeigt. Es gilt der „**globale Monotoniesatz**":

S 7.4	Ist eine Funktion f über einem Intervall A differenzierbar und gilt für alle $x \in A$	
	$f'(x) > 0$,	$f'(x) < 0$,
	so ist f über A streng monoton	
	steigend.	fallend.

Ein Beweis dieses Satzes erfordert mathematische Hilfsmittel, die uns hier nicht zur Verfügung stehen. Wir verzichten daher auf einen Beweis und betrachten ein

Beispiel:

$f(x) = x^2 - 4x + 3$ (Bild 7.13).

Es ist $f'(x) = 2x - 4 = 2(x - 2)$. Daher gilt:

$f'(x) = 2(x - 2) > 0 \Leftrightarrow x > 2$.
$f'(x) = 2(x - 2) < 0 \Leftrightarrow x < 2$.

Für $x > 2$ ist f also streng monoton steigend, für $x < 2$ streng monoton fallend.

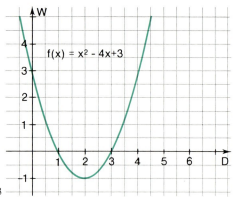

Bild 7.13

4. Wir haben oben am Beispiel $f(x) = x^3$ gezeigt, daß eine Funktion f, bei der es eine Stelle x_0 gibt mit $f'(x_0) = 0$, trotzdem in der Umgebung von x_0 streng monoton steigend sein kann. Solche Fälle können wir erfassen, wenn wir die Bedingung $f'(x) > 0$ ersetzen durch die Bedingung $f'(x) \geq 0$. Es ist klar, daß man auf Grund dieser Bedingung nicht mehr auf streng monotones Steigen, sondern nur noch auf monotones Steigen schließen kann.
So gilt z.B. bei jeder konstanten Funktion f für alle x: $f'(x) = 0$, eine konstante Funktion ist zwar monoton steigend (und auch fallend), aber eben nicht streng monoton steigend (bzw. fallend).
Es gilt der Satz

S 7.5   Eine über einem Intervall A differenzierbare Funktion f ist über A

monoton steigend	monoton fallend

genau dann, wenn für alle $x \in A$ gilt:

$f'(x) \geq 0$.	$f'(x) \leq 0$.

Beachte, daß dieser Satz im Gegensatz zu den Sätzen S 7.3 und S 7.4 wegen des „genau dann, wenn" in **beiden** Richtungen gilt! Aus der Bedingung $f'(x) \geq 0$ können wir nicht nur auf monotones Steigen schließen, sondern aus dem monotonen Steigen auch auf die Gültigkeit von $f'(x) \geq 0$ in dem betreffenden Intervall.
Auch der Beweis von S 7.5 erfordert Hilfsmittel, die wir nicht behandelt haben. Wir verzichten daher auf einen Beweis.

Beispiel: $f(x) = x^5$; es gilt $f'(x) = 5x^4 \geq 0$ für alle $x \in \mathbb{R}$;

daher ist f monoton steigend über $\mathbb{R}$.

Übungen und Aufgaben

1. Begründe die Gültigkeit von Satz S 7.3 für den Fall $f'(x_0)<0$!

2. Untersuche jeweils, über welchen Mengen die Funktion monoton steigend bzw. monoton fallend ist!

   a) $f(x)=x^2$ **b)** $f(x)=(x-3)^2$ **c)** $f(x)=x^2-3x$ **d)** $f(x)=x^2+2x+2$

   e) $f(x)=x^3$ **f)** $f(x)=\dfrac{1}{x}$ **g)** $f(x)=\sqrt{x}$ **h)** $f(x)=|x|$

   i) $f(x)=x^2-x-6$ **j)** $f(x)=x^3-4x$ **k)** $f(x)=(x+1)^5$ **l)** $f(x)=2-x^3$

   m) $f(x)=\sin x$ **n)** $f(x)=\cos x$ **o)** $f(x)=\tan x$ **p)** $f(x)=\cot x$

   q) $f(x)=\dfrac{1}{x^2+1}$ **r)** $f(x)=\dfrac{1}{x^3}$ **s)** $f(x)=x+\dfrac{1}{x}$ **t)** $f(x)=\dfrac{x+2}{x^2}$

   u) $f(x)=\sqrt[3]{x}$ **v)** $f(x)=\sqrt[3]{(x-1)^2}$ **w)** $f(x)=\dfrac{1}{\sqrt[4]{x^2+1}}$ **x)** $f(x)=\sqrt[5]{x^2-x}$

3. Beweise, daß jede Funktion f mit einem Term der Form $f(x)=x^{2n-1}$ ($n\in\mathbb{N}$) über $\mathbb{R}$ streng monoton steigend ist!

4. Beweise, daß jede Funktion f mit einem Term der Form $f(x)=(x-a)^{2n}$ ($n\in\mathbb{N}$) für $x\geq a$ monoton steigend und für $x\leq a$ monoton fallend ist!

III. Hinreichende Kriterien für lokale Extrema

1. Wir kommen zurück auf die Frage nach Bedingungen für lokale Maxima bzw. für lokale Minima. Den Bildern 7.14 und 7.15 kann man folgendes entnehmen:
wenn eine Funktion f links von einer Stelle x_0 monoton

steigt	fällt,

rechts von x_0 dagegen monoton

fällt	steigt,

dann hat sie an der Stelle x_0 ein lokales

Maximum.	Minimum.

Nach den Sätzen des letzten Abschnittes können wir also sagen: wenn beim Durchgang durch eine Extremstelle x_0 ein **Vorzeichenwechsel der 1. Ableitung**, also von $f'(x)$ stattfindet, so hat f bei x_0 ein lokales

Maximum	Minimum
(Bild 7.14)	(Bild 7.15)

falls der Graph von f' die D-Achse bei x_0

„von oben nach unten"	„von unten nach oben"

schneidet.

(Dabei wird natürlich vorausgesetzt, daß man den Graphen von f' im Sinne wachsender x-Werte durchläuft.)

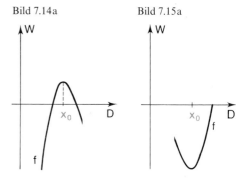

Bild 7.14a   Bild 7.15a

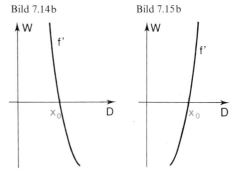

Bild 7.14b   Bild 7.15b

Es gilt der Satz:

> **S 7.6** Ist eine Funktion f differenzierbar in einer Umgebung $U(x_0)$, so hat sie an der Stelle x_0 ein lokales
>
> | | |
> |---|---|
> | Maximum, | Minimum, |
>
> wenn der Graph von f' die D-Achse in x_0
>
> | | |
> |---|---|
> | von oben nach unten | von unten nach oben |
>
> schneidet, wenn also für $x_0 + h \in U(x_0)$ gilt:
>
> | | |
> |---|---|
> | 1) $h < 0 \Rightarrow f'(x_0 + h) > 0$ und | 1) $h < 0 \Rightarrow f'(x_0 + h) < 0$ und |
> | 2) $h > 0 \Rightarrow f'(x_0 + h) < 0.$ | 2) $h > 0 \Rightarrow f'(x_0 + h) > 0.$ |

Auch bei diesem Satz verzichten wir auf einen Beweis.

§7, III. Hinreichende Kriterien für lokale Extrema

2. Hat man eine Nullstelle x_0 von f' gefunden, so müßte man bei Anwendung von Satz S 7.6 das Vorzeichen von f'(x) in einer ganzen Umgebung von x_0 untersuchen. Nun ändert sich das Vorzeichen bei einer **stetigen** Funktion f' zwischen zwei Nullstellen aber nicht. Man kann daher das Vorzeichen von f'(x) rechts und links von x_0 fast immer durch Einsetzen eines **einzelnen** Wertes bestimmen. Man muß nur sicher sein, daß die nächste Nullstelle von f' weiter entfernt liegt als die Zahl, die man in f'(x) einsetzt. Wir erläutern dies an einem

Beispiel: $f(x) = x^3 + 3x^2 - 9x + 2$; $f'(x) = 3x^2 + 6x - 9 = 3(x^2 + 2x - 3) = 3(x-1)(x+3)$

f' hat also die Nullstellen -3 und 1; diese Stellen **können** Extremstellen sein.
Zur Vorzeichenbestimmung von f'(x) setzen wir ein:

1) für $x < -3$ die Zahl -4: $\quad f'(-4) = 3 \cdot (-5) \cdot (-1) = 15 > 0$;
2) aus $]-3; 1[$ die Zahl 0: $\quad f'(0) = 3 \cdot (-1) \cdot 3 = -9 < 0$ und
3) für $x > 1$ die Zahl 2: $\quad f'(2) = 3 \cdot 1 \cdot 5 = 15 > 0$.

Nach S 7.6 hat f daher bei -3 ein Maximum, bei 1 ein Minimum.

Bemerkung: In der Formulierung von S 7.6 haben wir die Differenzierbarkeit der Funktion f in einer Umgebung $U(x_0)$ vorausgesetzt. Der Satz behält seine Gültigkeit, wenn man die darin enthaltene Voraussetzung, daß f an der Stelle x_0 selbst differenzierbar ist, fallen läßt; es genügt, daß f an der Stelle x_0 stetig ist.

Beispiel:

Die Funktion f zu $f(x) = |x-1|$ ist an der Stelle 1 stetig, aber nicht differenzierbar (Bild 7.16). Dennoch kann man die Bedingung von S 7.6 anwenden, weil f außer an der Stelle 1 überall differenzierbar ist. Es gilt nämlich

$$f(x) = \begin{cases} x-1 & \text{für } x \geq 1 \\ 1-x & \text{für } x < 1 \end{cases} \quad \text{und mithin} \quad f'(x) = \begin{cases} 1 & \text{für } x > 1 \\ -1 & \text{für } x < 1 \end{cases} \quad \text{(Bild 7.17)}.$$

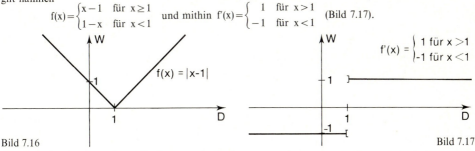

Bild 7.16   Bild 7.17

Beim Durchgang durch die Stelle 1 erfährt die Funktion f' — die für diese Stelle gar nicht definiert ist — einen Vorzeichenwechsel von minus nach plus. Daher hat die Funktion bei 1 ein Minimum.

3. Ein weiteres Kriterium zur Ermittlung von Extremstellen benutzt die Krümmungseigenschaften des Funktionsgraphen. In den Fällen der Bilder 7.18 und 7.19 sind die Kurven, wenn man sie in Richtung wachsender x-Werte durchläuft, in der Nähe eines lokalen Maximums „nach rechts gekrümmt", in der Nähe eines lokalen Minimums „nach links gekrümmt".

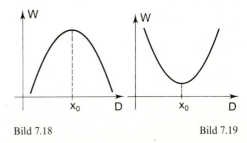

Bild 7.18   Bild 7.19

Dieser anschaulich erfaßte Sachverhalt gilt – wie wir hier nur mitteilen können – zwar nicht in jedem Fall, gibt uns aber Veranlassung, die Begriffe „Rechtskrümmung" und „Linkskrümmung" zu definieren. In den Bildern 7.20 und 7.21 sind an einigen Stellen Tangenten an eine rechts- bzw. an eine linksgekrümmte Kurve eingezeichnet.

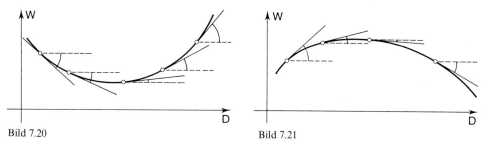

Bild 7.20   Bild 7.21

Man erkennt, daß die Steigung der Tangenten beim Durchlaufen der Graphen in Richtung wachsender x-Werte bei einer

| linksgekrümmten Kurve ständig | | rechtsgekrümmten Kurve ständig |
| zunimmt. | | abnimmt. |

Diesen anschaulich erfaßten Sachverhalt benutzen wir zur folgenden Definition:

D 7.4 **Der Graph einer über einem Intervall A differenzierbaren Funktion f heißt**

| **„linksgekrümmt"** | | **„rechtsgekrümmt"** |

genau dann, wenn f' über A streng monoton

| **steigt.** | | **fällt.** |

Das Steigen bzw. Fallen von f' hängt nach den Sätzen S 7.3, S 7.4 und S 7.5 zusammen mit den Vorzeichen von $f''(x)$. Bild 7.22 auf Seite 141 zeigt den Zusammenhang zwischen den Graphen von f, f' und f'' an zwei charakteristischen Beispielen.

4. Ist eine Funktion f zweimal differenzierbar, so kann man den Satz S 7.3 auf die Funktion f' anwenden.
Es ergibt sich:

S 7.7 **Ist eine Funktion f über einem Intervall A zweimal differenzierbar und gilt für alle $x \in A$**

| $f''(x) > 0,$ | | $f''(x) < 0,$ |

so ist der Graph von f über A

| **linksgekrümmt.** | | **rechtsgekrümmt.** |

Beweis: Ist $f''(x) > 0$ für alle $x \in A$, so ist f' nach S 7.3 über A streng monoton steigend; nach D 7.4 ist der Graph von f dann links gekrümmt. Für $f''(x) < 0$ ergibt sich entsprechend, daß der Graph über A rechts gekrümmt ist.

§7, III. Hinreichende Kriterien für lokale Extrema

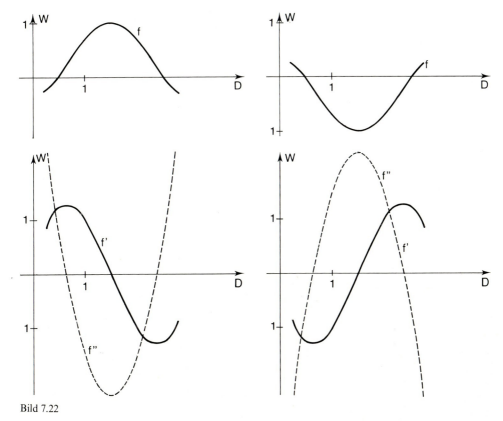

Bild 7.22

Beispiel: $f(x) = 2x^2 + 5$; $f'(x) = 4x$; $f''(x) = 4 > 0$

Der Graph von f ist also überall linksgekrümmt. Allgemein gilt für ganze rationale Funktionen 2. Grades:

$$f(x) = ax^2 + bx + c; \quad f'(x) = 2ax + b; \quad f''(x) = 2a \gtreqless 0, \quad \text{wenn } a \gtreqless 0 \text{ ist.}$$

Daher hat jede solche Funktion über $\mathbb{R}$ ein einheitliches Krümmungsverhalten.

Beachte: Die Bedingungen von S 7.7 sind für die Krümmung einer Kurve nur hinreichend, nicht notwendig. Der Graph kann bei x auch gekrümmt sein, wenn $f''(x) = 0$ ist.

Beispiel: $f(x) = x^4$; $f'(x) = 4x^3$;

$f''(x) = 12x^2$ mit $f''(0) = 0$, obwohl der Funktionsgraph im Nullpunkt gekrümmt ist (Bild 7.23).

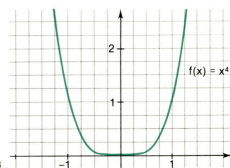

Bild 7.23

5. An den Bildern 7.18 und 7.19 auf Seite 139 erkennt man, daß es sich bei einer Extremstelle x_0 um ein

| Maximum | | Minimum |

handelt, wenn der Funktionsgraph dort

| rechtsgekrümmt | | linksgekrümmt |

ist. Wir können daher vermuten, daß an einer Stelle x_0 mit $f'(x_0)=0$ die Bedingung

| $f''(x_0)<0$ | | $f''(x_0)>0$ |

hinreichend ist für ein lokales

| Maximum. | | Minimum. |

Dabei muß natürlich vorausgesetzt werden, daß die Funktion an der Stelle x_0 zweimal differenzierbar ist. Wir vermuten also die Gültigkeit des Satzes

> **S 7.8** Ist eine Funktion f an einer Stelle x_0 zweimal differenzierbar und gilt
>
> $f'(x_0)=0 \wedge f''(x_0)<0,$ | $f'(x_0)=0 \wedge f''(x_0)>0,$
>
> so hat die Funktion an der Stelle x_0 ein lokales
>
> **Maximum.** | **Minimum.**

Beachte: Die genannten Bedingungen sind für ein lokales Extremum zwar **hinreichend, aber nicht notwendig.** So hat z.B. die Funktion f zu $f(x)=x^4$ an der Stelle 0 ein lokales Minimum (Bild 7.23). Dennoch gilt: $f'(x)=4x^3$, also $f'(0)=0$ und $f''(x)=12x^2$, also $f''(0)=0$.

Wir führen den **Beweis** für den Fall eines lokalen Maximums.
Aus der Voraussetzung $f''(x_0)<0 \wedge f'(x_0)=0$ ergibt sich nach S 7.3:
$x<x_0 \Rightarrow f'(x)>f'(x_0)$, also $f'(x)>0$ und
$x>x_0 \Rightarrow f'(x)<f'(x_0)$, also $f'(x)<0$.
Dies bedeutet, daß die Funktion f' beim Durchgang durch die Stelle x_0 einen Vorzeichenwechsel erleidet; und zwar schneidet der Graph von f' die D-Achse bei x_0 „von oben nach unten" (Bild 7.24). Nach S 7.6 liegt bei x_0 daher ein lokales Maximum, q.e.d.

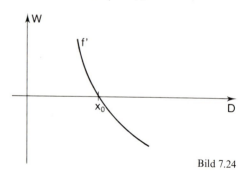

Bild 7.24

Für den Fall des Minimums ist der Beweis entsprechend zu führen (Aufgabe 8).

6. Wir behandeln einige **Beispiele.**

1) $f(x)=x^3+3x^2-9x+2$; $f'(x)=3x^2+6x-9=3(x^2+2x-3)=3(x-1)(x+3)$ und
$f''(x)=6x+6=6(x+1)$.
f' hat die Nullstellen -3 und 1. Es gilt:
$f''(-3)=6\cdot(-2)=-12<0$ und $f''(1)=6\cdot 2=12>0$.

Also hat f bei -3 ein Maximum und bei 1 ein Minimum.

§7, III. Hinreichende Kriterien für lokale Extrema

2) $f(x) = |x|^3 = \begin{cases} x^3 & \text{für } x \geq 0 \\ -x^3 & \text{für } x < 0 \end{cases}$; $\quad f'(x) = \begin{cases} 3x^2 & \text{für } x \geq 0 \\ -3x^2 & \text{für } x < 0 \end{cases} = 3x|x|$ (für alle $x \in \mathbb{R}$)

$f''(x) = \begin{cases} 6x & \text{für } x \geq 0 \\ -6x & \text{für } x < 0 \end{cases} = 6|x|$ (für alle $x \in \mathbb{R}$)

Es gilt also $f'(0) = f''(0) = 0$. Der Satz S 7.8 läßt sich also nicht anwenden. Wir versuchen es daher mit S 7.6. Für $x > 0$ gilt $f'(x) > 0$, und für $x < 0$ gilt $f'(x) < 0$; daher liegt bei x_0 ein Minimum.

3) $f(x) = x^5$; $f'(x) = 5x^4$; $f''(x) = 20x^3$;

es gilt also: $f'(0) = f''(0) = 0$.

Der Satz S 7.8 liefert keine Entscheidung. Aber auch die Bedingungen von S 7.6 sind nicht erfüllt; denn sowohl für $x > 0$ wie für $x < 0$ gilt: $f'(x) > 0$.

An Bild 7.25 erkennt man, daß f an der Stelle 0 **kein** Extremum hat; es liegt ein sogenannter „horizontaler Wendepunkt" vor. Mit solchen Wendepunkten werden wir uns im folgenden Abschnitt beschäftigen.

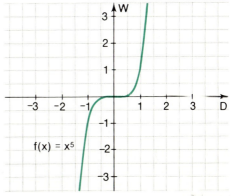

Bild 7.25

Übungen und Aufgaben

1. Untersuche jeweils mit Hilfe der Sätze S 7.2 und S 7.6, an welchen Stellen lokale Extrema vorliegen und ob es sich um ein Maximum oder um ein Minimum handelt!

    a) $f(x) = 1 - x^2$ b) $f(x) = x^2 - 4x$ c) $f(x) = x^3 - 27x$

    d) $f(x) = x^3 + 12x$ e) $f(x) = \dfrac{1}{1+x^2}$ f) $f(x) = \sin x$ mit $x \in [0; \pi]$

2. Zeige mit Hilfe von S 7.6, daß an der Stelle x_0 ein lokales Extremum vorliegt! Handelt es sich um ein Maximum oder um ein Minimum? Beachte die Bemerkung von S. 139!

    a) $f(x) = -|x+1|$; $x_0 = -1$ b) $f(x) = \sqrt{|x|}$; $x_0 = 0$ c) $f(x) = |\sin x|$; $x_0 = \pi$

    d) $f(x) = \sqrt{x^2}$; $x_0 = 0$ e) $f(x) = |\cos x|$; $x_0 = \dfrac{\pi}{2}$ f) $f(x) = |x^2 - 1|$; $x_0 = -1$

3. Zeichne jeweils den Funktionsgraphen und stelle an Hand der Zeichnung fest, über welchen Mengen er links- bzw. rechtsgekrümmt ist!

    a) $f(x) = -x^2$ b) $f(x) = x^3$ c) $f(x) = \dfrac{1}{x}$ d) $f(x) = \sqrt{x}$ e) $f(x) = \sin x$

4. Ermittle jeweils mit Hilfe von S 7.7 die Mengen über denen der Funktionsgraph links- bzw. rechtsgekrümmt ist!

    a) $f(x) = x^2 - 1$ b) $f(x) = 2x^2 - x^4$ c) $f(x) = x^3 - x + 1$ d) $f(x) = x^3 + 3x^2 - 2$

    e) $f(x) = |x^2 - 9|$ f) $f(x) = \dfrac{1}{x^2}$ g) $f(x) = \dfrac{1}{1+x^2}$ h) $f(x) = \cos x$

5. Zeige jeweils, daß an der Stelle x_0 ein lokales Extremum vorliegt! Benutze nach Möglichkeit den Satz S 7.8! Warum führt dieser Satz nicht bei jedem Beispiel zum Ziel?

a) $f(x) = x^6$; $x_0 = 0$ **b)** $f(x) = (x-2)^4$; $x_0 = 2$ **c)** $f(x) = x^3 - 4{,}5x^2$; $x_0 = 3$

d) $f(x) = \frac{1}{3}x^3 - 9x$; $x_0 = -3$ **e)** $f(x) = (x^2 - a^2)^2$; $x_0 = a$ **f)** $f(x) = \dfrac{x}{1+x^2}$; $x_0 = 1$

g) $f(x) = x^{2n}$ ($n \in \mathbb{N}$); $x_0 = 0$ **h)** $f(x) = (x+a)^{2n}$ ($n \in \mathbb{N}$); $x_0 = -a$

i) $f(x) = 2x^3 - 3x^2 - 36x + 4$; $x_0 = 3$ **j)** $f(x) = 2x^2 + 12x + 18$; $x_0 = -3$

6. Ermittle jeweils die lokalen Extrema!

a) $f(x) = x^3 - 6x^2 + 3x$ **b)** $f(x) = x^3 - 2x^2 + x$ **c)** $f(x) = 2x^3 - 3ax^2 - 12a^2 x$

d) $f(x) = x^2(1-x^2)$ **e)** $f(x) = x^2(x-4)$ **f)** $f(x) = x^2(4-x)^2$

g) $f(x) = x + \dfrac{1}{x}$ **h)** $f(x) = \dfrac{10}{1+x^2}$ **i)** $f(x) = \dfrac{x^2}{1-x^2}$

7. Welche Bedingung müssen die Formvariablen a, b und c erfüllen, damit eine Funktion f zu $f(x) = x^3 + ax^2 + bx + c$ zwei lokale Extrema hat?

8. Beweise den Satz S 7.8 für den Fall des Minimums!

IV. Wendepunkte

1. Beim Funktionsgraphen des letzten Beispiels im vorigen Abschnitt haben wir einen Punkt besonderer Art kennengelernt, einen sogenannten „**Wendepunkt**". Darunter versteht man einen Punkt, in dem die Kurve ihre Krümmungsrichtung ändert.
Bild 7.26 zeigt einen Funktionsgraphen, der beim Durchlaufen in Richtung wachsender x-Werte im Punkt $P(x_0|f(x_0))$ von der „Linkskrümmung" in die „Rechtskrümmung" übergeht. Beim Graphen von Bild 7.27 ist es gerade umgekehrt: hier geht die Kurve beim Durchgang durch P von der Rechtskrümmung in die Linkskrümmung über.

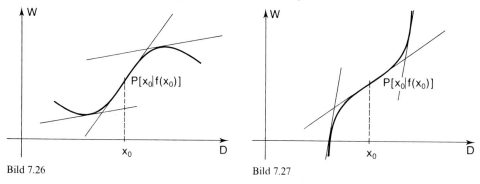

Bild 7.26   Bild 7.27

Solche Punkte nennt man „**Wendepunkte**"; die zugehörige Stelle x_0 nennt man eine „**Wendestelle**".

§7, IV. Wendepunkte

2. Um zu einer exakten Definition dieses Begriffes zu kommen, betrachten wir das Steigungsverhalten der beiden Kurven in der Umgebung ihrer Wendepunkte. In Bild 7.26 nimmt die Steigung bis zum Punkt P ständig zu; hinter Punkt P fällt sie wieder; im Punkt P hat die **Steigung** also ein **lokales Maximum**. In Bild 7.27 ist es gerade umgekehrt: bis zum Punkt P nimmt die Steigung ständig ab; hinter dem Punkt P steigt sie wieder an; die **Steigung** hat also in P ein **lokales Minimum**.
Diese – anschaulich erfaßten – Eigenschaften eines Wendepunktes nutzen wir zu einer Definition des Begriffs „**Wendestelle**" aus.

> **D 7.5** Eine Stelle x_0 einer in x_0 differenzierbaren Funktion f heißt eine „**Wendestelle**" genau dann, wenn die Funktion f' an der Stelle x_0 ein lokales Extremum hat. Der zugehörige Punkt $P(x_0 | f(x_0))$ des Funktionsgraphen heißt „**Wendepunkt**".

3. Aufgrund dieser Definition übertragen sich alle Sätze, die wir für Extrema bewiesen haben, auf Wendestellen; man muß lediglich die Ordnung der jeweiligen Ableitung um 1 erhöhen. Aus den Sätzen S 7.4, S 7.6 und S 7.8 ergibt sich daher unmittelbar die Gültigkeit des Satzes

> **S 7.9** 1) Hat eine an einer Stelle x_0 zweimal differenzierbare Funktion f in x_0 eine Wendestelle, so gilt: $f''(x_0) = 0$.
>
> 2) Erfährt bei einer in einer Umgebung $U(x_0)$ zweimal differenzierbaren Funktion die zweite Ableitung $f''(x)$ beim Durchgang durch die Stelle x_0 einen Vorzeichenwechsel, so ist x_0 eine Wendestelle.
>
> 3) Gilt für eine an einer Stelle x_0 dreimal differenzierbare Funktion f
> $$f''(x_0) = 0 \wedge f'''(x_0) \neq 0,$$
> so ist x_0 eine Wendestelle.

Bemerkung: Gilt überdies noch $f'(x_0) = 0$, so nennt man den Punkt $P(x_0 | f(x_0))$ einen „**horizontalen Wendepunkt**".

4. Wir behandeln einige **Beispiele**.

1) $f(x) = x^3 - 5x + 2$; $f'(x) = 3x^2 - 5$; $f''(x) = 6x$; $f'''(x) = 6$

Es gilt: $f''(x) = 0 \Leftrightarrow x = 0$. Da $f'''(0) \neq 0$ ist, ist der Punkt $P(0|2)$ ein Wendepunkt des Funktionsgraphen. Einen anderen Wendepunkt hat die Kurve nicht.

2) $f(x) = x^5 + 10$; $f'(x) = 5x^4$; $f''(x) = 20x^3$; $f'''(x) = 60x^2$.

Es gilt: $f''(x) = 0 \Leftrightarrow x = 0$. Da $f'''(0) = 0$ ist, kann die Entscheidung, ob es sich um einen Wendepunkt handelt oder nicht, mit Hilfe von S 7.9, 3) nicht herbeigeführt werden. Wir versuchen daher, den Teil 2) von S 7.9 anzuwenden. Es gilt:

$$x > 0 \Rightarrow f''(x) > 0 \quad \text{und} \quad x < 0 \Rightarrow f''(x) < 0;$$

daher ist 0 eine Wendestelle von f; wegen $f'(0) = 0$ handelt es sich sogar um eine horizontale Wendestelle.

5. Wir haben bereits einige Beispiele kennengelernt, bei denen man auf Grund der Sätze S 7.6 und S 7.8 keine Entscheidung darüber fällen kann, ob eine Extremstelle bzw. eine Wendestelle vorliegt. In solchen Fällen führt häufig – wenn auch nicht immer – ein weiteres Kriterium zum Ziel, welches wir jetzt – ohne nähere Begründung – mitteilen wollen. Es ist zu beachten, daß auch dieses Kriterium nur **hinreichend,** aber nicht notwendig ist.

S 7.10 1) **Ist eine Funktion f an einer Stelle x_0 wenigstens n-mal differenzierbar und gilt**

$$f'(x_0) = f''(x_0) = \ldots = f^{(n-1)}(x_0) = 0 \land f^{(n)}(x_0) \neq 0$$

für eine gerade Zahl n, so hat f bei x_0 ein lokales

	Maximum,		Minimum,
wenn gilt:	$f^{(n)}(x_0) < 0.$		$f^{(n)}(x_0) > 0.$

2) **Gilt $f''(x_0) = \ldots = f^{(n-1)}(x_0) = 0 \land f^{(n)}(x_0) \neq 0$ für eine ungerade Zahl n, so ist x_0 eine Wendestelle.**

Beispiele:

1) $f(x) = x^4$; $f'(x) = 4x^3$; $f''(x) = 12x^2$; $f'''(x) = 24x$; $f^{(4)}(x) = 24$.

Es ist also $f'(0) = f''(0) = f'''(0) = 0$ und $f^{(4)}(0) > 0$, also hat f an der Stelle 0 ein lokales Minimum (Bild 7.23).

2) $f(x) = x^5$; $f'(x) = 5x^4$; $f''(x) = 20x^3$; $f'''(x) = 60x^2$; $f^{(4)}(x) = 120x$; $f^{(5)}(x) = 120$.

Es ist also $f'(0) = f''(0) = f'''(0) = f^{(4)}(0) = 0$ und $f^{(5)}(0) \neq 0$; also hat f bei 0 eine horizontale Wendestelle.

6. Abschließend geben wir noch eine Übersicht in Tabellenform über die grundlegenden Eigenschaften von differenzierbaren Funktionen mit den wichtigsten Bedingungen, die für die betreffenden Eigenschaften notwendig bzw. hinreichend sind.

Eigenschaft	Notw. Bedingung	Hinr. Bedingung
Monotones Steigen	$f'(x) \geq 0$	$f'(x) \geq 0$
Monotones Fallen	$f'(x) \leq 0$	$f'(x) \leq 0$
Rechtskrümmung	$f''(x) \leq 0$	$f''(x) < 0$
Linkskrümmung	$f''(x) \geq 0$	$f''(x) > 0$
Maximum	$f'(x) = 0$	$f'(x) = 0$ und $f''(x) < 0$ **oder:** Vorzeichenwechsel bei $f'(x)$: $+ \to -$
Minimum	$f'(x) = 0$	$f'(x) = 0$ und $f''(x) > 0$ **oder:** Vorzeichenwechsel bei $f'(x)$: $- \to +$
Wendestelle	$f''(x) = 0$	$f''(x) = 0$ und $f'''(x) \neq 0$ **oder:** Vorzeichenwechsel bei $f''(x)$

§7, IV. Wendepunkte

Übungen und Aufgaben

1. Bestimme jeweils die Wendestellen!

   a) $f(x) = x^3 - x$
   b) $f(x) = \frac{1}{3}x^3 - \frac{3}{2}x^2 + x$
   c) $f(x) = \frac{1}{12}x^4 - 2x^2$
   d) $f(x) = \frac{1}{20}x^5 - \frac{8}{3}x^3$
   e) $f(x) = \frac{1}{1+x^2}$
   f) $f(x) = \frac{x}{1+x^2}$
   g) $f(x) = \sin x$
   h) $f(x) = \cos x$
   i) $f(x) = \cot x$

2. Untersuche jeweils, ob der Funktionsgraph einen horizontalen Wendepunkt besitzt!

   a) $f(x) = x^3 - 2$
   b) $f(x) = (x-2)^3$
   c) $f(x) = x^3 - 18x^2 + 27x + 10$
   d) $f(x) = x^4 - 2x^3$
   e) $f(x) = \frac{1}{20}x^5 - 4x^2 + 12x$
   f) $f(x) = x^4 - 24x^2 + 64x$

3. Beweise: Der Graph jeder Funktion f zu $f(x) = ax^3 + bx^2 + cx + d$ besitzt einen Wendepunkt, wenn $a \neq 0$ ist!

4. Welche Bedingungen müssen die Formvariablen in $f(x) = ax^3 + bx^2 + cx + d$ erfüllen, damit der Graph einen horizontalen Wendepunkt hat?

5. Welche Bedingungen müssen die Formvariablen in $f(x) = ax^3 + bx^2 + cx + d$ erfüllen, damit der Graph einen Wendepunkt auf der W-Achse hat?

6. Suche ein Beispiel für eine Funktion f, die bei $x_0 = 0$ einen Wendepunkt hat, für die aber $f'''(0) = 0$ ist! Was zeigt ein solches Beispiel?

7. Zeige, daß der Graph jeder Funktion zu $f(x) = (ax-b)^{2n-1} + c$ für $n \in \mathbb{N}^{\geq 2}$ und $a \neq 0$ bei $x_0 = \frac{b}{a}$ einen horizontalen Wendepunkt hat! Welche Kriterien aus Satz S 7.9 benötigst du für den Beweis? Wie verläuft der Graph einer solchen Funktion?

§ 8 Die Diskussion rationaler Funktionen

I. Erstes Beispiel einer ganzen rationalen Funktion

1. Die wesentlichen Fragen, die bei der Diskussion ganzer rationaler Funktionen auftreten, wollen wir im folgenden an Hand von typischen Beispielen erörtern.
Die **maximale Definitionsmenge** ist bei jeder ganzen rationalen Funktion die Menge $\mathbb{R}$; denn jedes Polynom ist für alle $x \in \mathbb{R}$ definiert.

Bemerkung: Wenn eine Funktion in einer Anwendungssituation auftritt, können sich aus den konkreten Bedingungen des Falles Einschränkungen der Definitionsmenge ergeben.

> **Beispiel:**

Der freie Fall eines Körpers im Schwerefeld der Erde wird durch das Weg-Zeit-Gesetz $s = \frac{1}{2} g t^2$ beschrieben. Dies ist die Gleichung einer ganzen rationalen Funktion zweiten Grades. Der Bewegungsvorgang beginnt zum Zeitpunkt $t = 0$ (sec) und endet zu einem Zeitpunkt t_E (sec). Daher ergibt sich aus der Situation bei diesem Beispiel: $D(f) = [0; t_E]$.

2. Wir betrachten nun als **Beispiel** die Funktion f zu

$$f(x) = x^3 - 3x^2 - x + 3 \quad \text{mit} \quad D(f) = \mathbb{R}.$$

Es ist zweckmäßig, zunächst zu prüfen, ob die Funktion gerade oder ungerade, der Funktionsgraph also achsen- oder punktsymmetrisch ist, ob also für alle $x \in \mathbb{R}$ gilt:

$$f(-x) = f(x) \quad \text{oder} \quad f(-x) = -f(x).$$

Man erkennt sofort, daß dies bei unserem Beispiel **nicht** der Fall ist, weil der Funktionsterm sowohl Summanden mit geradem wie mit ungeradem Exponenten enthält.

3. Wir ermitteln nun die Schnittpunkte des Funktionsgraphen mit den beiden Koordinatenachsen. Der **Schnittpunkt mit der W-Achse** ist der Punkt $P(0|3)$; denn es gilt $f(0) = 3$.
Die **Schnittpunkte mit der D-Achse** erhalten wir durch die Berechnung der **Nullstellen** der Funktion, also aus der Bedingung $f(x) = 0$. Schon in § 2, III (S. 37ff.) haben wir uns mit dieser Frage befaßt. Bei diesem Beispiel findet man durch „Probieren" leicht die Nullstelle 1; es gilt: $f(1) = 0$. Nach Satz S 2.4 können wir den Linearfaktor $x - 1$ „abspalten":

$$
\begin{array}{l}
(x^3 - 3x^2 - x + 3) : (x - 1) = x^2 - 2x - 3 \\
\underline{\pm x^3 \mp x^2} \\
 -2x^2 - x + 3 \\
 \underline{\mp 2x^2 \pm 2x} \\
 -3x + 3 \\
 \underline{\mp 3x \pm 3}
\end{array}
$$

§8, I. Erstes Beispiel einer ganzen rationalen Funktion   **149**

Ferner gilt: $x^2 - 2x - 3 = 0 \Leftrightarrow (x+1)(x-3) = 0 \Leftrightarrow x = -1 \vee x = 3$.

Die Funktion hat also die Nullstellen -1; 1 und 3 (Bild 8.1, S. 150).

4. Als nächstes untersuchen wir, ob die Funktion **Extrema** besitzt. Eine notwendige Bedingung dafür lautet: $f'(x) = 0$. Es gilt:

$$f'(x) = 3x^2 - 6x - 1 = 3(x^2 - 2x - \tfrac{1}{3}) \text{ und somit:}$$
$$f'(x) = 0 \Rightarrow x^2 - 2x - \tfrac{1}{3} = 0.$$

Die Diskriminante dieser quadratischen Gleichung ist:

$$D = \left(\frac{p}{2}\right)^2 - q = 1^2 + \frac{1}{3} = \frac{4}{3}; \text{ also gilt: } \sqrt{D} = \frac{2}{\sqrt{3}} = \frac{2}{3}\sqrt{3}.$$

Die Gleichung hat also die Lösungen

$$x_1 = 1 + \tfrac{2}{3}\sqrt{3} \approx 2{,}15 \quad \text{und} \quad x_2 = 1 - \tfrac{2}{3}\sqrt{3} \approx -0{,}15.$$

Die zugehörigen Funktionswerte sind:

$$f(x_1) \approx -3{,}08 \quad \text{und} \quad f(x_2) \approx 3{,}08.$$

Da wir bei diesem Beispiel die zweite Ableitung sehr leicht berechnen können, wenden wir das hinreichende Kriterium von S 7.8 an.
Es gilt: $f''(x) = 6x - 6$ und somit $f''(x_1) = 4\sqrt{3} > 0$ und $f''(x_2) = -4\sqrt{3} < 0$. Die Funktion hat bei x_1 also ein lokales Minimum und bei x_2 ein lokales Maximum (Bild 8.1, S. 150)

5. Eine notwendige Bedingung für **Wendestellen** lautet: $f''(x) = 0$. Daraus ergibt sich in unserem Fall:

$$6x - 6 = 0 \Leftrightarrow x = 1.$$

Ferner gilt für alle $x \in \mathbb{R}$: $f'''(x) = 6$, also auch $f'''(1) = 6 \neq 0$. Nach S 7.9 ist der Punkt $P(1|0)$ also in der Tat ein **Wendepunkt** des Funktionsgraphen, und zwar der einzige.

6. Schließlich ist noch zu untersuchen, wie die Funktion sich für − absolut genommen − große Werte von x verhält, also für $x \to \infty$ (gelesen „x gegen unendlich") und $x \to -\infty$ (gelesen „x gegen minus unendlich").
Es ist zu vermuten, daß sich in beiden Fällen die Werte der höchsten vorkommenden Potenz, hier also die Werte von x^3, gegenüber den anderen Summanden des Funktionsterms „durchsetzen", daß man die anderen Summanden gegenüber der höchsten Potenz in beiden Fällen „vernachlässigen" kann. Dies kann man in der Tat auch rechnerisch bestätigen, indem man beim Funktionsterm die höchste Potenz ausklammert:

$$f(x) = x^3 \left(1 - \frac{3}{x} - \frac{1}{x^2} + \frac{3}{x^3}\right).$$

Setzt man in x dem Betrage nach „große" Zahlen ein, z.B. 10000 oder -10000, so liegen die Werte des zweiten, dritten und vierten Summanden in der Klammer sehr nahe bei 0; der Wert des Klammerterms liegt also sehr nahe bei 1.

Da x^3 beim Einsetzen „großer" Zahlen x erst recht große Werte annimmt, gilt dies auch für f(x). Man sagt: „f(x) wächst für $x \to \infty$ über alle Schranken" oder „für $x \to \infty$ gilt auch $f(x) \to \infty$".
Man drückt diesen Sachverhalt häufig ebenfalls mit dem Limeszeichen aus und schreibt:

$$\lim_{x \to \infty} f(x) = \infty, \quad \text{gelesen „limes von f(x) für x gegen unendlich ist unendlich".}$$

Man spricht von einem **„uneigentlichen Grenzwert"**, weil das Zeichen „∞" ja keine Zahl bezeichnet. Die Gleichung ist lediglich eine Kurzschreibweise dafür, daß f(x) beim Einsetzen immer größerer x-Werte über alle Schranken wächst.
Entsprechend gilt bei unserem Beispiel:
$\lim_{x \to -\infty} f(x) = -\infty$, gelesen „limes für x gegen minus unendlich ist minus unendlich". An diesem Verhalten der Funktion für absolut große x-Werte erkennt man außerdem, daß die Funktion **jede** reelle Zahl als Funktionswert annimmt; es gilt also $W(f) = \mathbb{R}$.
Der **Funktionsgraph** ist in Bild 8.1 dargestellt.

Übungen und Aufgaben befinden sich hinter dem II. Abschnitt auf S. 153.

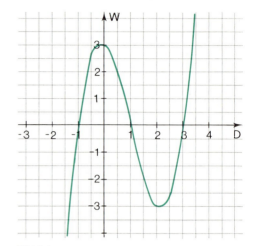

Bild 8.1

II. Zweites Beispiel einer ganzen rationalen Funktion

1. Wir besprechen nun das

   Beispiel: $f(x) = \frac{1}{2}x^4 - 3x^2 + 4$.

Auch hier ist $D(f) = \mathbb{R}$, weil der Funktionsterm für alle $x \in \mathbb{R}$ definiert ist.
Wir untersuchen die Funktion zunächst auf **Symmetrieeigenschaften**. Für alle $x \in \mathbb{R}$ gilt:

$$f(-x) = \tfrac{1}{2}(-x)^4 - 3(-x)^2 + 4 = \tfrac{1}{2}x^4 - 3x^2 + 4 = f(x).$$

Es handelt sich also um eine gerade Funktion; der Funktionsgraph ist achsensymmetrisch bzgl. der W-Achse.

2. Der Graph schneidet die W-Achse im Punkt (0|4), weil $f(0) = 4$ ist.
Zur Ermittlung der **Nullstellen** haben wir die Gleichung

$$\tfrac{1}{2}x^4 - 3x^2 + 4 = 0.$$

zu lösen. Da in dieser Gleichung nur Potenzen von x mit geraden Exponenten auftreten, liegt es nahe, $z = x^2$ zu substituieren[1]).

---

[1]) substituere (lat.), an die Stelle setzen

§8, II. Zweites Beispiel einer ganzen rationalen Funktion

Wir erhalten:
$$\tfrac{1}{2}z^2 - 3z + 4 = 0 \Leftrightarrow z^2 - 6z + 8 = 0$$
$$\Leftrightarrow (z-2)(z-4) = 0 \Leftrightarrow z = 2 \vee z = 4.$$

Also gilt:
$$\tfrac{1}{2}x^4 - 3x^2 + 4 = 0 \Leftrightarrow x^2 = 2 \vee x^2 = 4$$
$$\Leftrightarrow x = \sqrt{2} \vee x = -\sqrt{2} \vee x = 2 \vee x = -2.$$

Die Funktion hat also vier Nullstellen (Bild 8.2, S. 152)

3. Extrema:

a) Eine notwendige Bedingung für lokale Extrema lautet: $f'(x) = 0$.
Es gilt:
$$f'(x) = 2x^3 - 6x = 0 \Leftrightarrow 2x(x^2 - 3) = 0 \Leftrightarrow x = 0 \vee x = \sqrt{3} \vee x = -\sqrt{3}.$$

An den Stellen 0, $\sqrt{3}$ und $-\sqrt{3}$ **können** also lokale Extrema vorliegen.

b) Da die zweite Ableitung leicht zu berechnen ist, versuchen wir, das hinreichende Kriterium für lokale Extrema von S 7.8 anzuwenden:

Es ist $f''(x) = 6x^2 - 6 = 6(x^2 - 1)$; also $f''(0) = -6 < 0$; $f''(\sqrt{3}) = 12 > 0$; aus Symmetriegründen gilt auch $f''(-\sqrt{3}) = 12 > 0$.

An den Stellen $\sqrt{3}$ und $-\sqrt{3}$ liegen also lokale Minima, an der Stelle 0 liegt ein lokales Maximum vor. Die zugehörigen Funktionswerte sind:
$$f(0) = 4; \quad f(\sqrt{3}) = f(-\sqrt{3}) = -\tfrac{1}{2}.$$

4. Wendepunkte:

a) Eine notwendige Bedingung für Wendestellen ist: $f''(x) = 0$. Es ist $f''(x) = 6(x^2 - 1)$. Somit ergibt sich:
$$x^2 - 1 = 0 \Leftrightarrow x = 1 \vee x = -1.$$

Die Stellen 1 und -1 **können** Wendestellen sein.

b) Da die dritte Ableitung leicht zu berechnen ist, wenden wir das hinreichende Kriterium von S 7.9 an.
Es gilt $f'''(x) = 12x$, also $f'''(1) = 12 \neq 0$ und $f'''(-1) = -12 \neq 0$. Es handelt sich also tatsächlich um Wendestellen. Aus Symmetriegründen stimmen die Funktionswerte an beiden Stellen überein: $f(1) = f(-1) = \tfrac{3}{2}$.

5. Wir haben nun noch das Verhalten der Funktion für $x \to \infty$ und für $x \to -\infty$ zu untersuchen.
Es gilt:
$$f(x) = \tfrac{1}{2}x^4\left(1 - \frac{6}{x^2} + \frac{4}{x^4}\right).$$

Aus dieser Darstellung des Funktionsterms ist ersichtlich, daß bei diesem Beispiel für − absolut genommen − „große" Werte von x der Summand $\frac{1}{2}x^4$ maßgebend ist. Daraus ergibt sich:

$$\lim_{x \to \infty} f(x) = \lim_{x \to -\infty} f(x) = \infty \text{ (Bild 8.2)}.$$

Bei diesem Beispiel sind die **lokalen** Minima (bei $\sqrt{3}$ und $-\sqrt{3}$) zugleich **absolute** Minima; wir erhalten also als Wertemenge:

$$W(f) = \{y \mid y \geq -\tfrac{1}{2}\} = \mathbb{R}^{\geq -\frac{1}{2}}.$$

Der Funktionsgraph ist in Bild 8.2 dargestellt.

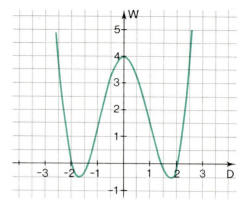

Bild 8.2

6. Was wir an den beiden behandelten Beispielen über das Verhalten von ganzen rationalen Funktionen mit einem Term der Form

$$f(x) = a_n x^n + a_{n-1} x^{n-1} + \ldots + a_1 x + a_0$$

für dem Betrage nach „große" x-Werte gelernt haben, können wir verallgemeinern. Die beiden Beispiele zeigen, daß man zwischen Funktionen mit **geradem** und **ungeradem** Grad unterscheiden muß. Es gilt der Satz

S 8.1 **1) Ist der Grad einer ganzen rationalen Funktion ungerade, so ist sie weder nach oben noch nach unten beschränkt.**

2) Ist der Grad einer ganzen rationalen Funktion gerade, so ist sie entweder nach oben oder nach unten beschränkt.

Zu 1): Ist $a_n > 0$, so gilt $\lim_{x \to \infty} f(x) = \infty$ und $\lim_{x \to -\infty} f(x) = -\infty$;

ist $a_n < 0$, so gilt $\lim_{x \to \infty} f(x) = -\infty$ und $\lim_{x \to -\infty} f(x) = \infty$.

In beiden Fällen ist die Funktion also weder nach oben noch nach unten beschränkt; da jede solche Funktion außerdem über $\mathbb{R}$ stetig ist, gilt $D(f) = \mathbb{R}$.

Zu 2): Ist $a_n > 0$, so gilt $\lim_{x \to \infty} f(x) = \lim_{x \to -\infty} f(x) = \infty$;

ist $a_n < 0$, so gilt $\lim_{x \to \infty} f(x) = \lim_{x \to -\infty} f(x) = -\infty$.

Im ersten Fall ist die Funktion nach unten, im zweiten Fall ist sie nach oben beschränkt. Die Wertemenge ist durch das absolute Minimum bzw. durch das absolute Maximum begrenzt.

Nach S 8.1 nimmt jede ganze rationale Funktion **ungeraden** Grades sowohl negative wie positive Funktionswerte an; da sie überdies über $\mathbb{R}$ stetig ist, ergibt sich daraus auch, daß der Graph an wenigstens einer Stelle die D-Achse schneidet, die Funktion also wenigstens eine Nullstelle besitzt.

Bei Funktionen **geraden** Grades braucht dies nicht der Fall zu sein.

Übungen und Aufgaben

1. Ermittle jeweils die Nullstellen!
   a) $f(x) = (x+2)(x^2-9)$ b) $f(x) = x^4 - 5x^2 + 4$ c) $f(x) = x^3 + 5x^2 - 16x - 80$
   d) $f(x) = x^4 + x^3 - 7x^2 - x + 6$ e) $f(x) = x^4 - 7x^3 + 8x^2 + 28x - 48$

2. Diskutiere jeweils die Funktion f zu f(x)!
   a) $f(x) = x^3 - x$ b) $f(x) = x^3 - x^2 - x + 1$ c) $f(x) = x^4 - 3x^2 - 4$
   d) $f(x) = x^3 - 2x^2$ e) $f(x) = x^4 - 9x^2$ f) $f(x) = x^5 + 20x^2$
   g) $f(x) = 2x^3 - x^4$ h) $f(x) = -x^3 + 3x^2 + x - 3$ i) $f(x) = 6x^4 - 16x^3 + 12x^2$

3. Es gilt der Satz: Eine ganze rationale Funktion n-ten Grades hat höchstens n Nullstellen. Beweise: Eine solche Funktion hat höchstens n−1 lokale Extremwerte!

4. Eine Parabel 4. Grades ist symmetrisch zur W-Achse. Sie hat im Punkt $P_1(2|0)$ die Steigung 2 und im Punkt $P_2(-1|y_2)$ einen Wendepunkt. Wie lautet der Funktionsterm? Ermittle die Gleichung der Wendetangente!
   Anleitung: Wegen der Achsensymmetrie ist anzusetzen: $f(x) = ax^4 + bx^2 + c$. Aus dem Text ergeben sich die Bedingungen $f(2) = 0$, $f'(2) = 2$ und $f''(-1) = 0$.

5. Eine Parabel 3. Grades geht durch den Nullpunkt des Koordinatensystems. Sie hat in $P_1(1|1)$ ein Maximum und in $P_2(3|y_2)$ einen Wendepunkt! Bestimme den Funktionsterm!

6. Eine Parabel 4. Grades hat im Nullpunkt des Koordinatensystems die Wendetangente mit der Gleichung $y = x$ und im Punkt $P(2|4)$ die Steigung Null. Wie lautet der Funktionsterm der Parabel?

7. Eine Parabel 3. Grades ist symmetrisch zum Nullpunkt des Koordinatensystems. Sie geht durch den Punkt $P(1|-1)$. An der Stelle $x = 2$ liegt ein Extremwert vor. Wie lautet ihr Funktionsterm?

8. Eine Parabel 3. Grades hat an der Stelle $x = -1$ eine Nullstelle. Sie schneidet die W-Achse mit der Ordinate 2 und berührt die D-Achse an der Stelle $x = 2$.

9. Eine Parabel 4. Grades ist symmetrisch zur W-Achse. Sie geht durch den Nullpunkt des Koordinatensystems und schneidet die D-Achse an der Stelle $x = 3$ mit der Steigung $m = -48$.

10. Eine zum Nullpunkt symmetrische Parabel 5. Ordnung hat in $P_1(0|0)$ die Steigung 2 und im Punkt $P_2(-1|0)$ einen Wendepunkt.

III. Erstes Beispiel einer gebrochen-rationalen Funktion

1. Um beim Fotografieren ein scharfes Bild zu erhalten, muß man bekanntlich u.a. die Entfernung des abzubildenden Gegenstandes auf dem Fotoapparat einstellen. Der physikalische Grund dafür ist der gesetzmäßige Zusammenhang, der bei der Abbildung eines Gegenstandes durch eine Linse oder durch ein Linsensystem, zwischen der Brennweite a^1), der Gegenstandsweite x und der Bildweite y besteht (Bild 8.3).
Es gilt nach der sogenannten „Linsenformel":

$$y = f(x) = \frac{ax}{x-a}.$$

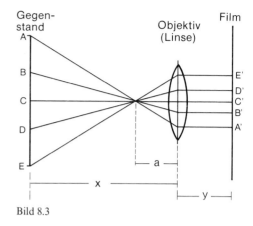

Bild 8.3

Der Funktionsterm ist hier ein Bruchterm mit rationalen Termen in Zähler und Nenner. Daher nennt man eine solche Funktion „gebrochen-rational". Allgemein definiert man:

D 8.1 Eine Funktion f heißt „gebrochen-rational" genau dann, wenn der Funktionsterm die Form

$$f(x) = \frac{P_n(x)}{Q_m(x)}$$

hat, wobei $P_n(x)$ und $Q_m(x)$ Polynome vom Grade n bzw. m bezeichnen.
Gilt $n < m$, so heißt $f(x)$ „echt gebrochen";
gilt $n \geq m$, so heißt $f(x)$ „unecht gebrochen".

Beispiele:

1) $f_1(x) = \dfrac{3x^2 - 4x}{x^5 + 3x^2 - 1}$; $f_1(x)$ ist echt gebrochen.

2) $f_2(x) = \dfrac{x^4 + \sqrt{3}x + \pi}{2x - 3x + 5}$; $f_2(x)$ ist unecht gebrochen.

3) $f_3(x) = 3x^2 - 5x + 1$; $f_3(x)$ ist unecht gebrochen.

Beispiel 3) zeigt, daß jede ganze rationale Funktion ebenfalls der Definition D 8.1 genügt, weil auch $Q_0(x) = 1$ ein Polygnom ist. Daher nennt man die gebrochen-rationalen Funktionen kurz auch **„rationale Funktionen"**.

---

[1]) In der Physik wird die Brennweite einer Linse in der Regel mit dem Buchstaben f bezeichnet; da wir diesen Buchstaben zur Bezeichnung von Funktionen verwenden, haben wir hier die Brennweite mit a bezeichnet.

§8, III. Erstes Beispiel einer gebrochen-rationalen Funktion

2. Wir wollen auch hier die wesentlichen Gesichtspunkte, die bei der Diskussion solcher Funktionen zu beachten sind, an Hand von Beispielen erörtern.

Beispiel: $f(x) = \dfrac{x^2 - 4}{1 - x^2}$.

Da der Grad von Zähler und Nenner jeweils die Zahl 2 ist, ist f(x) unecht gebrochen. Man erkennt sofort, daß es sich um eine **gerade** Funktion handelt; da im Zähler und im Nenner nur eine gerade Potenz von x vorkommt, gilt für alle $x \in D(f)$:

$$f(-x) = f(x).$$

Der Funktionsterm ist an den **Nullstellen des Nenners** nicht definiert. Es gilt:

$$1 - x^2 = 0 \Leftrightarrow (1-x)(1+x) = 0 \Leftrightarrow x = 1 \vee x = -1.$$

Die Stellen 1 und -1 sind also „**Definitionslücken**" der Funktion. Es gilt:

$$D(f) = \mathbb{R} \setminus \{-1; 1\}.$$

Setzt man in den Funktionsterm Zahlen ein, die in unmittelbarer Umgebung der beiden Definitionslücken liegen, so zeigt sich, daß die Funktionswerte dem Betrage nach sehr groß sind, und zwar um so größer, je näher der fragliche x-Wert bei 1 bzw. -1 liegt.

Beispiele: $f(1{,}1) = f(-1{,}1) \approx 13{,}3$; $f(0{,}9) = f(-0{,}9) \approx -16{,}8$;
$f(1{,}01) = f(-1{,}01) \approx 148$; $f(0{,}99) = f(-0{,}99) \approx -152$.

Es handelt sich in beiden Fällen um Unendlichkeitsstellen mit Vorzeichenwechsel. Daß ein Vorzeichenwechsel vorliegt, wird klar, wenn man den Nenner in Linearfaktoren zerlegt:

$$f(x) = \frac{x^2 - 4}{(1-x)(1+x)}.$$

Beschränkt man sich z.B. auf Funktionswerte in unmittelbarer Nähe der Definitionslücke 1, so ist für das Vorzeichen der Linearfaktor $1-x$ maßgebend; denn der „Ergänzungsfaktor" $\varphi(x) = \dfrac{x^2 - 4}{1 + x}$ ist für solche Werte stets negativ; er ist in einer ausreichend „kleinen" Umgebung U(1) „**vorzeichenbeständig**". Nun ist $1 - x$ für $x < 1$ positiv, für $x > 1$ negativ; daher wechselt die Funktion beim „Durchgang" durch die Definitionslücke 1 tatsächlich ihr Vorzeichen; es ist eine Unendlichkeitsstelle mit Vorzeichenwechsel. Entsprechendes gilt auch für die Definitionslücke -1 (Aufgabe 2).

3. Die **Nullstellen** der Funktion ergeben sich aus der Bedingung $f(x) = 0$. Nun hat ein Bruchterm genau dann den Wert 0, wenn der Zähler 0, der Nenner aber nicht 0 ist; es gilt:

$$\frac{P_n(x)}{Q_m(x)} = 0 \Leftrightarrow P_n(x) = 0 \wedge Q_m(x) \neq 0.$$

Eine Nullstelle des Zählers $P_n(x)$ ist also nur dann auch eine Nullstelle der gesamten Funktion, wenn sie **nicht** auch Nullstelle des Nenners $Q_m(x)$ ist, wenn sie also zu D(f) gehört. Es ist also stets zu prüfen, ob eine Nullstelle des Zählers zu D(f) gehört. Bei unserem Beispiel gilt:

$$P_n(x) = x^2 - 4 = 0 \Leftrightarrow (x-2)(x+2) = 0 \Leftrightarrow x = 2 \vee x = -2.$$

Beide Zahlen gehören zu D(f); also hat f die Nullstellen 2 und -2 (Bild 8.4 auf S. 156).

4. Zur Ermittlung etwaiger **Extremstellen** berechnen wir die erste Ableitung:

$$f'(x) = \frac{(1-x^2)2x - (x^2-4)(-2x)}{(1-x^2)^2} = \frac{2x - 2x^3 + 2x^3 - 8x}{(1-x^2)^2} = \frac{-6x}{(1-x^2)^2}.$$

Es ist also $D(f') = D(f) = \mathbb{R} \setminus \{-1; 1\}$. Ferner gilt: $f'(x) = 0 \Rightarrow x = 0$.
Wegen $0 \in D(f')$ kann also an der Stelle 0 ein Extremum vorliegen. Hier ist es am einfachsten, das hinreichende Kriterium von S 7.6 anzuwenden. Da der Nenner von $f'(x)$ an keiner Stelle negativ ist, gilt:

$$x < 0 \Rightarrow f'(x) > 0 \quad \text{und} \quad x > 0 \Rightarrow f'(x) < 0.$$

Also hat die Funktion an der Stelle 0 ein Maximum; es gilt $f(0) = -4$.

5. Zur ungefähren Ermittlung des Funktionsgraphen ist die Untersuchung auf Wendestellen in vielen Fällen entbehrlich. Man wird insbesondere dann darauf verzichten, wenn die Berechnung der zweiten Ableitung mühsam ist. Das ist bei gebrochen-rationalen Funktionen häufig der Fall.
Der Vollständigkeit halber untersuchen wir die Funktion unseres Beispiels aber auch noch auf **Wendestellen.** Dazu berechnen wir nach Satz S 7.9:

$$f''(x) = \frac{(1-x^2)^2(-6) - (-6x)2(1-x^2)(-2x)}{(1-x^2)^4} = \frac{(1-x^2)(-6) - 24x^2}{(1-x^2)^3} = \frac{-18x^2 - 6}{(1-x^2)^3} = \frac{(-6)(3x^2 + 1)}{(1-x^2)^3}.$$

Die notwendige Bedingung für Wendestellen $f''(x) = 0$ führt hier auf die Gleichung $3x^2 + 1 = 0$; diese ist unerfüllbar in $\mathbb{R}$; also besitzt die Funktion keine Wendestellen.

6. Es ist noch das Verhalten für $x \to \infty$ und für $x \to -\infty$ zu untersuchen. Dazu faktorisieren wir den Zähler und den Nenner, indem wir jeweils die höchste Potenz von x ausklammern.

$$f(x) = \frac{x^2 - 4}{1 - x^2} = \frac{x^2 \left(1 - \frac{4}{x^2}\right)}{x^2 \left(\frac{1}{x^2} - 1\right)} = \frac{1 - \frac{4}{x^2}}{\frac{1}{x^2} - 1}.$$

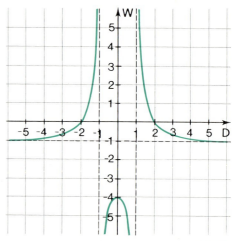

Für $x \to \infty$ und für $x \to -\infty$ streben die Summanden $\frac{4}{x^2}$ und $\frac{1}{x^2}$ gegen 0; man kann dies durch Einsetzen absolut genommen „großer Zahlen" leicht bestätigen (Aufgabe 3). Man schreibt:

$$\lim_{x \to \infty} \frac{4}{x^2} = \lim_{x \to -\infty} \frac{4}{x^2} = 0 \quad \text{und}$$

$$\lim_{x \to \infty} \frac{1}{x^2} = \lim_{x \to -\infty} \frac{1}{x^2} = 0.$$

Daher ist zu vermuten, daß $f(x)$ für $x \to \infty$ und für $x \to -\infty$ gegen die Zahl $\frac{1-0}{0-1}$, also gegen -1 strebt. Man schreibt: $\lim\limits_{x \to \infty} f(x) = \lim\limits_{x \to -\infty} f(x) = -1$.

Bild 8.4

§8, III., IV. Zweites Beispiel einer gebrochen-rationalen Funktion

Die Gerade g zu $g(x) = -1$ ist eine Asymptote des Funktionsgraphen (Bild 8.4); die Kurve nähert sich dieser Geraden immer mehr, erreicht sie aber nicht.
Beachte, daß wir auch hier den Grenzwertbegriff für $x \to \infty$ bzw. $x \to -\infty$ nicht definiert haben! Wir haben nur verständlich gemacht, daß sich die Funktionswerte für — absolut genommen — immer größere x-Werte der Zahl -1 immer mehr annähern, daß der Unterschied zwischen den Funktionswerten und der Zahl -1 schließlich beliebig klein wird. Bild 8.4 zeigt den Funktionsgraphen.

Übungen und Aufgaben

1. Bestimme jeweils die Nullstellen und die Definitionslücken! Untersuche jeweils, ob ein Vorzeichenwechsel stattfindet! Ist die Funktion echt oder unecht gebrochen?

    a) $f(x) = \dfrac{x^2 - 4x}{x^2 + 5x + 4}$ b) $f(x) = \dfrac{x^2 - 3x}{x^2 - 25}$ c) $f(x) = \dfrac{x + 2}{x^2 + 1}$

    d) $f(x) = \dfrac{1}{9 - x^2}$ e) $f(x) = \dfrac{4x^2 + 1}{x^2 + x}$ f) $f(x) = \dfrac{x - 1}{x^3 - 16x}$

2. Begründe, daß die Funktion f zu $f(x) = \dfrac{x^2 - 4}{1 - x^2}$ auch an der Stelle -1 eine Definitionslücke mit Vorzeichenwechsel hat!

3. Erläutere die Schreibweisen $\lim\limits_{x \to \infty} \dfrac{1}{x^2} = 0$ und $\lim\limits_{x \to -\infty} \dfrac{1}{x^2} = 0$ dadurch, daß du in den Term $\dfrac{1}{x^2}$ — absolut genommen — „große" positive und negative Zahlen einsetzt!

IV. Zweites Beispiel einer gebrochen-rationalen Funktion

1. Als zweites **Beispiel** betrachten wir die Funktion zu

$$f(x) = \frac{x}{x - x^3}.$$

Es ist $n = 1$; $m = 3$; also ist $f(x)$ echt gebrochen.
Zur Untersuchung auf **Symmetrie** berechnen wir $f(-x)$. Für alle $x \in D(f)$ gilt:

$$f(-x) = \frac{-x}{(-x) - (-x)^3} = \frac{x}{x - x^3} = f(x).$$

Es handelt sich also um eine **gerade** Funktion.
Zur Ermittlung der Definitionsmenge bestimmen wir die Nullstellen des Nenners:

$$x - x^3 = 0 \Leftrightarrow x(1 - x^2) = 0 \Leftrightarrow x(1 - x)(1 + x) = 0 \Leftrightarrow x = 0 \lor x = 1 \lor x = -1.$$

Daher gilt: $D(f) = \mathbb{R} \setminus \{-1; 0; 1\}$.

2. Bei diesem Beispiel fällt sofort auf, daß die Zahl 0 nicht nur Nullstelle des Nenners, sondern auch Nullstelle des Zählers ist. Man kann den Funktionsterm durch x kürzen und erhält, allerdings unter der einschränkenden Bedingung, daß $x \neq 0$ ist:

$$f(x) = \frac{x}{x - x^3} = \frac{1}{1 - x^2} \text{ (für } x \neq 0\text{).}$$

Hier liegt ein besonderer Fall vor. Durch den Term

$$\varphi(x) = \frac{1}{1-x^2}$$

ist nämlich eine neue Funktion φ festgelegt, die an allen Stellen − außer in $x = 0$ − mit f übereinstimmt. Die Funktion f ist für $x = 0$ **nicht** definiert; die Funktion φ ist für $x = 0$ sehr wohl definiert; es gilt $\varphi(0) = 1$. Daher liegt es nahe, die Definitionslücke $x = 0$ der Funktion f dadurch zu schließen, daß man definiert:

$$f(0) =_{Df} \varphi(0) = 1.$$

Man spricht von einer **„Fortsetzung"** der Funktion f, weil die Funktion durch diese Fortsetzung an der Stelle 0 stetig wird, genauer von einer **„stetigen Fortsetzung"** der Funktion f.
Beachte: Die Stelle 0 ist weder Nullstelle noch Unendlichkeitsstelle der Funktion f; durch die stetige Fortsetzung haben wir der ursprünglich an der Stelle 0 nicht definierten Funktion f den Funktionswert $f(0) = 1$ zugeschrieben.
Insgesamt ergibt sich: die Stellen 1 und −1 sind Unendlichkeitsstellen mit Vorzeichenwechsel; die Funktion besitzt **keine** Nullstellen.

3. Zur Ermittlung etwaiger **Extremstellen** berechnen wir die erste Ableitung und benutzen dabei die gekürzte Form des Funktionsterms. Es gilt:

$$\varphi'(x) = \frac{(-1)(-2x)}{(1-x^2)^2} = \frac{2x}{(1-x^2)^2} \text{ und somit:}$$

$$\varphi'(x) = 0 \Rightarrow x = 0, \text{ ferner } x < 0 \Rightarrow \varphi'(x) < 0 \text{ und } x > 0 \Rightarrow \varphi'(x) > 0.$$

An der Stelle 0, die ursprünglich nicht zu D(f) gehört, liegt also nach der Erweiterung durch $f(0) = 1$ ein Minimum vor. Die ursprüngliche Funktion hat natürlich kein Minimum.

4. Auch bei diesem Beispiel erübrigt sich im Grunde die Untersuchung auf **Wendestellen** Wir führen sie der Vollständigkeit halber aber trotzdem durch. Es gilt:

$$\varphi''(x) = \frac{(1-x^2)^2 \cdot 2 - 2x \cdot 2(1-x^2)(-2x)}{(1-x^2)^4} = \frac{(1-x^2)2 + 8x^2}{(1-x^2)^3} = \frac{2(1+3x^2)}{(1-x^2)^3}.$$

Die notwendige Bedingung für Wendestellen $f''(x) = 0$ führt auf die Gleichung $1 + 3x^2 = 0$; diese Gleichung ist unerfüllbar in $\mathbb{R}$; daher hat die Funktion keine Wendestelle.

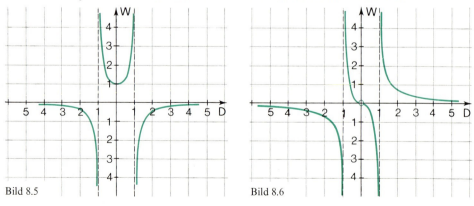

Bild 8.5

Bild 8.6

§8, IV. Zweites Beispiel einer gebrochen-rationalen Funktion

5. Wir untersuchen nun noch das Verhalten für $x \to \infty$ und $x \to -\infty$. Wie man unmittelbar erkennt, ist

$$\lim_{x \to \infty} f(x) = \lim_{x \to \infty} \frac{1}{1-x^2} = 0 \quad \text{und} \quad \lim_{x \to -\infty} f(x) = \lim_{x \to -\infty} \frac{1}{1-x^2} = 0.$$

Die D-Achse ist Asymptote des Funktionsgraphen (Bild 8.5).

6. Beim vorigen Beispiel gibt es eine Stelle, nämlich die Stelle $x_0 = 0$, die sowohl Nullstelle des Zählers $P_n(x)$ wie Nullstelle des Nenners $Q_m(x)$ ist. In solchen Fällen kann man stets faktorisieren und kürzen.

Anhand einiger Beispiele wollen wir solche Sonderfälle noch etwas näher untersuchen:

Beispiel 1): $f(x) = \dfrac{x^2}{x^3 - x} = \dfrac{x^2}{x(x^2-1)} = \dfrac{x}{x^2-1} = \varphi(x)$ (für $x \neq 0$).

Bei diesem Beispiel ist auch nach dem Kürzen die Zahl 0 noch Nullstelle des Zählers. Die Funktion läßt sich an der Stelle 0 stetig fortsetzen durch die Festsetzung

$$f(0) =_{Df} \varphi(0) = 0.$$

Bemerkung: Bei diesem Beispiel gilt:

$$\varphi'(x) = -\frac{x^2+1}{(x^2-1)^2} \quad \text{und} \quad \varphi''(x) = \frac{2x(x^2+3)}{(x-1)^3} \quad \text{(Aufgabe 3)}.$$

φ' hat keine Nullstelle; also hat diese Funktion keine Extrema.

φ'' hat die Nullstelle $x_0 = 0$; dort hat die Funktion einen Wendepunkt; denn es gilt $\varphi'''(0) \neq 0$.

Bild 8.6 zeigt den Funktionsgraphen der ursprünglichen Funktion f, die an der Stelle 0 eine Lücke hat. Wir haben bei diesem Beispiel die – an sich mögliche – stetige Fortsetzung nicht durchgeführt.

Beispiel 2): $f(x) = \dfrac{x-1}{x^2-x} = \dfrac{x-1}{x(x-1)} = \dfrac{1}{x} = \varphi(x)$ (für $x \neq 1$).

Hier ist die Zahl 1 Nullstelle des Zählers und des Nenners; der betreffende Linearfaktor läßt sich kürzen. Die Funktion f ist an der Stelle 1 stetig fortsetzbar durch die Festsetzung $f(1) =_{Df} \varphi(1) = 1$.

Beispiel 3): $f(x) = \dfrac{x^2+x}{x^3-x} = \dfrac{x(x+1)}{x^2(x-1)} = \dfrac{x+1}{x(x-1)} = \varphi(x)$ (für $x \neq 0$).

Bei diesem Beispiel ist die Zahl 0 nach dem Kürzen immer noch Nullstelle des Nenners. Die Funktion φ ist an der Stelle 0 also ebenfalls nicht definiert. Die Funktion f ist also nicht stetig fortsetzbar; sie hat bei 0 eine Unendlichkeitsstelle **mit** Vorzeichenwechsel.

Beispiel 4): $f(x) = \dfrac{x^2+x}{(x+1)^3} = \dfrac{x(x+1)}{(x+1)^3} = \dfrac{x}{(x+1)^2} = \varphi(x)$ (für $x \neq -1$)

Auch hier ist die Stelle -1 nach dem Kürzen immer noch Nullstelle des Nenners; die Funktion φ ist an dieser Stelle ebenfalls nicht definiert; die Funktion f läßt sich an der Stelle -1 **nicht** stetig fortsetzen; wegen des quadratischen Terms $(x+1)^2$ im Nenner von $\varphi(x)$ hat sie bei -1 eine Unendlichkeitsstelle **ohne** Vorzeichenwechsel.

Übungen und Aufgaben

1. Untersuche jeweils, bei welchen Definitionslücken die Funktion stetig fortsetzbar ist! Welchen Funktionswert muß man jeweils zuweisen?

a) $f(x) = \dfrac{x^2 - 9}{x^2 - 3x}$ b) $f(x) = \dfrac{x^2 + 2x}{3x - 2x^2}$ c) $f(x) = \dfrac{x^2 + 5x}{x^3 - 25x}$ d) $f(x) = \dfrac{(x+4)^2}{x^2 - 16}$

e) $f(x) = \dfrac{x^2 - 6x}{x^2 - 12x + 36}$ f) $f(x) = \dfrac{x^2}{x^3 - 4x}$ g) $f(x) = \dfrac{x^2}{x^3 + x}$ h) $f(x) = \dfrac{1 - x^2}{1 - x^4}$

2. Ermittle bei den Funktionen von Aufgabe 1. f) bis h) jeweils die Extrem- und Wendestellen! Zeichne die Funktionsgraphen!
Anleitung: Benutze bei den Rechnungen den gekürzten Term $\varphi(x)$!

3. Berechne zu $\varphi(x) = \dfrac{x}{x^2 - 1}$ die Ableitungen $\varphi'(x)$, $\varphi''(x)$ und $\varphi'''(x)$! Bestätige die im Lehrtext unter 6. angegebenen Ergebnisse!

4. Es seien f_1 und f_2 zwei ganze rationale Funktionen und f die Funktion zu $f(x) = \dfrac{f_1(x)}{f_2(x)}$. Beweise die folgenden Sätze!
a) Sind f_1 und f_2 gerade Funktionen, so ist auch f eine gerade Funktion.
b) Sind f_1 und f_2 ungerade Funktionen, so ist f eine gerade Funktion.
c) Ist von den Funktionen f_1 und f_2 die eine gerade, die andere ungerade, so ist f eine ungerade Funktion.

V. Asymptoten

Im folgenden wollen wir auf das Verhalten gebrochen-rationaler Funktionen für $x \to \infty$ bzw. $x \to -\infty$ noch etwas näher eingehen. Offensichtlich kommt es hierbei auf den Grad des Zähler- und den des Nennerpolynoms an.
Ist $f(x) = \dfrac{P_n(x)}{Q_m(x)}$, so ist zu unterscheiden, ob $n > m$, $n = m$ oder $n < m$ ist.

1. $\quad n < m.\quad$ **Beispiel:** $\quad f_1(x) = \dfrac{x}{x^2 + 1} = \dfrac{\dfrac{1}{x}}{1 + \dfrac{1}{x^2}}$ (für $x \neq 0$)

Es gilt $\lim\limits_{x \to \infty} \dfrac{1}{x} = \lim\limits_{x \to -\infty} \dfrac{1}{x} = 0$ und auch $\lim\limits_{x \to \infty} \dfrac{1}{x^2} = \lim\limits_{x \to -\infty} \dfrac{1}{x^2} = 0$;

daraus ergibt sich: $\lim\limits_{x \to \infty} f_1(x) = \lim\limits_{x \to -\infty} f_1(x) = 0$.
In diesem Fall ist die D-Achse Asymptote des Funktionsgraphen.

§8, V. Asymptoten

2.   n = m.   Beispiel: $f_2(x) = \dfrac{2x^2+1}{3x^2-1} = \dfrac{2+\dfrac{1}{x^2}}{3-\dfrac{1}{x^2}}$

Wegen $\lim\limits_{x \to \infty} \dfrac{1}{x^2} = \lim\limits_{x \to -\infty} \dfrac{1}{x^2} = 0$ ergibt sich in diesem Fall: $\lim\limits_{x \to \infty} f_2(x) = \lim\limits_{x \to -\infty} f_2(x) = \tfrac{2}{3}$.
Hier ist die Gerade g zu $g(x) = \tfrac{2}{3}$ Asymptote des Funktionsgraphen.

3.   n > m.   Beispiel: $f_3(x) = \dfrac{x^2+3}{x-1}$

Der Funktionsterm ist hier echt gebrochen; wir können ihn durch Ausführen der Division in einen ganzen und einen echt gebrochenen Anteil zerlegen:

$$(x^2+3):(x-1) = x+1+\underbrace{\dfrac{4}{x-1}}_{\varphi(x)} = f_3(x).$$
$$\underline{\pm x^2 \mp x}$$
$$x+3$$
$$\underline{\pm x \mp 1}$$
$$4$$

Für den echt gebrochenen Term $\varphi(x) = \dfrac{4}{x-1}$ gilt $\lim\limits_{x \to \infty} \varphi(x) = \lim\limits_{x \to -\infty} \varphi(x) = 0$.

Wir können daher vermuten, daß die Gerade g zu $g(x) = x+1$ **Asymptote** des Funktionsgraphen ist.
Dazu definieren wir:

D 8.2   Der Graph einer Funktion g heißt „Asymptote des Graphen einer Funktion f"
genau dann, wenn $\lim\limits_{x \to \infty} [f(x)-g(x)] = 0$ oder $\lim\limits_{x \to -\infty} [f(x)-g(x)] = 0$ ist.

In vielen Fällen wird — wie beim Beispiel $f_3(x)$ — der Term g(x) ein **Linearterm** der Form $g(x) = ax+b$ und der zugehörige Graph eine **Gerade** sein; dann lauten die Asymptotenbedingungen:

$$\lim\limits_{x \to \infty}[f(x)-(ax+b)] = 0 \quad \text{oder} \quad \lim\limits_{x \to -\infty}[f(x)-(ax+b)] = 0.$$

Bild 8.7

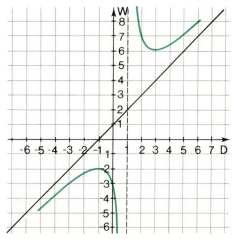

Bei unserem Beispiel ist $g(x) = x+1$ und mithin $\lim\limits_{x \to \pm\infty}[f(x)-g(x)] = \lim\limits_{x \to \pm\infty} \dfrac{4}{x-1} = 0$,
wie oben bereits gesagt.

Bemerkung: Da die Grenzwerte bei diesem Beispiel für $x \to \infty$ und für $x \to -\infty$ übereinstimmen, haben wir der Kürze halber beide Fälle durch die Schreibweise „$x \to \pm\infty$" zusammengefaßt.

Es ist nicht schwer, für die Funktion f_3 eine vollständige Funktionsdiskussion durchzuführen. (Aufgabe 2). Es ergibt sich der Graph von Bild 8.7.

Übungen und Aufgaben

1. Ermittle jeweils die Asymptoten des Funktionsgraphen!

   a) $f(x) = \dfrac{x-2}{x^2+1}$
   b) $f(x) = \dfrac{(x-2)^2}{x^2+1}$
   c) $f(x) = \dfrac{(x-2)^2}{x}$
   d) $f(x) = \dfrac{x^2-x}{4x^2-16}$

   e) $f(x) = \dfrac{x^3}{x^2+3}$
   f) $f(x) = \dfrac{x^2-6}{12-x^2}$
   g) $f(x) = \dfrac{x^3+2}{x^2-x+1}$
   h) $f(x) = \dfrac{x^2+5x^3}{x^2+10x}$

2. Diskutiere die Funktion f zu $f(x) = \dfrac{x^2+3}{x-1}$!

3. Bestimme jeweils den Term einer Funktion f, die die in der folgenden Tabelle angegebenen Eigenschaften hat! Ist die Funktion eindeutig bestimmt?

	a)	b)	c)	d)	e)	f)	g)
Nullstellen	$-3; 1$	$0; 3$	-3	4	$-2; 4$	$-$	$-$
Unendl.-Stelle mit Vorz.-Wechsel	2	$-$	1	2	-1	$1; -2$	$-$
Unendl.-Stelle ohne Vorz.-Wechsel	$-$	-2	4	-2	1	$-$	-3

4. Verfahre wie in Aufgabe 3! Welche weiteren Nullstellen hat die jeweilige Funktion?

	a)	b)	c)
Nullstellen	1	$-1; 1$	$-2; 4$
Unendl.-Stelle mit Vorz.-Wechsel	-1	$-$	$-$
Unendl.-Stelle ohne Vorz.-Wechsel	$-$	0	1
Asymptote	$y = x+2$	$y = 2x-1$	$y = \dfrac{x}{2}+3$

VI. Ergänzungen zur Extremstellenbestimmung

1. Bei gebrochen-rationalen Funktionen kann man die Rechnung zur Ermittlung von Extremstellen und gegebenenfalls auch die für Wendestellen vereinfachen. Für $f(x) = \dfrac{P_n(x)}{Q_m(x)}$ gilt nämlich nach der Quotientenregel:

$$f'(x) = \frac{P'_n(x) \cdot Q_m(x) - P_n(x) Q'_m(x)}{[Q_m(x)]^2} = \frac{Z(x)}{N(x)},$$

also $f'(x) = 0 \Leftrightarrow Z(x) = 0 \wedge N(x) \neq 0 \Leftrightarrow P'_n(x) \cdot Q_m(x) - P_n(x) \cdot Q'_m(x) = 0 \wedge N(x) \neq 0$.
In der letzten Gleichung steht links ein Polynom, dessen Nullstellen zu bestimmen sind. Dabei ist aber die Bedingung $N(x) \neq 0$ zu beachten. Man hat also zu prüfen, ob die Lösungen der Gleichung $Z(x) = 0$ Elemente von $D(f)$ sind.

§ 8, VI. Ergänzungen zur Extremstellenbestimmung

2. Um das Vorzeichen der zweiten Ableitung in den Nullstellen der ersten Ableitung zu bestimmen (falls dieser Ableitungswert von 0 verschieden ist), können wir einen Kunstgriff anwenden, der die Rechnung erheblich vereinfacht.
Es ist
$$f'(x) = \frac{Z(x)}{N(x)}, \text{ wobei } N(x) = [Q_m(x)]^2$$

und somit nicht-negativ ist. Da nur Elemente aus D(f) in Betracht kommen, wissen wir, daß N(x) sogar positiv ist. Nach der Quotientenregel ergibt sich:
$$f''(x) = \frac{Z'(x) \cdot N(x) - Z(x) N'(x)}{[N(x)]^2}.$$

Ist x_0 eine Nullstelle von $f'(x)$, gilt also $Z(x_0) = 0$ und $N(x_0) \neq 0$, so erhält man:
$$f''(x_0) = \frac{Z'(x_0) \cdot N(x_0)}{[N(x_0)]^2} = \frac{Z'(x_0)}{N(x_0)} = \frac{Z'(x_0)}{[Q_m(x_0)]^2}.$$

Aus dieser Gleichung ergibt sich, daß das Vorzeichen von $f''(x_0)$ mit dem von $Z'(x_0)$ übereinstimmt:
$$\text{sign } f''(x_0) = \text{sign } Z'(x_0).$$

Man braucht also zur Anwendung von S 7.8 die zweite Ableitung nicht vollständig zu berechnen; es genügt für diesen Zweck die Ableitung des Zählers von $f'(x)$.

Beispiel: $f(x) = \dfrac{x^2 - 1}{x^2 - 9}$; $f'(x) = \dfrac{-16x}{(x^2 - 9)^2} = \dfrac{Z(x)}{N(x)}$.

$f'(x) = 0 \Rightarrow 16x = 0 \Rightarrow x = 0$; $0 \in D(f) = \mathbb{R} \setminus \{-3; 3\}$.

Nun gilt: $Z'(x) = -16$ für alle $x \in D(f)$, also auch für $x = 0$. An der Stelle 0 liegt also ein Maximum vor.

Bemerkung: Man kann natürlich auch den Satz S 7.6 anwenden, also $f'(x)$ auf Vorzeichenwechsel beim Durchgang durch die Stelle 0 untersuchen.

3. Entsprechend kann man auch bei der Bestimmung der Wendepunkte verfahren. Man setzt wieder
$$f''(x) = \frac{Z(x)}{N(x)}.$$

Ist x_0 eine Lösung von $Z(x) = 0$ und Element von D(f), so gilt:
$$f'''(x_0) = \frac{Z'(x_0)}{N(x_0)}.$$

Daher gilt wegen $N(x_0) \neq 0$:
$$Z'(x_0) = 0 \Rightarrow f'''(x_0) = 0 \text{ und } Z'(x_0) \neq 0 \Rightarrow f'''(x_0) \neq 0.$$

Übungen und Aufgaben

1. Diskutiere jeweils die Funktion f!

a) $f(x) = \dfrac{x-1}{x+1}$
b) $f(x) = \dfrac{1}{x^2-9}$
c) $f(x) = \dfrac{x}{x^2-1}$
d) $f(x) = \dfrac{2x}{x^2+1}$

e) $f(x) = \dfrac{4x^2}{1+x^2}$
f) $f(x) = \dfrac{4}{1+x^2}$
g) $f(x) = \dfrac{x}{x^3-16x}$
h) $f(x) = \dfrac{x}{x^3+2x^2}$

i) $f(x) = \dfrac{x^2+2x}{x^2-x-6}$
j) $f(x) = \dfrac{x^2}{x^3-4x^2}$
k) $f(x) = \dfrac{x^3-4x^2}{x^2-9}$
l) $f(x) = \dfrac{(x-1)^2}{x+2}$

m) $f(x) = \dfrac{16}{x^2(x+2)^2}$
n) $f(x) = \dfrac{x^3}{x^2-3}$
o) $f(x) = \dfrac{9-x^2}{1-x^2}$
p) $f(x) = \dfrac{x^2+2x+1}{x^2-16}$

2. Suche den Term einer Funktion, die möglichst viele der folgenden Eigenschaften hat! Welche dieser Eigenschaften und welche weiteren Eigenschaften hat die gefundene Funktion? Ist die Funktion eindeutig bestimmt?
a) Definitionslücke bei -3;
b) Nullstelle bei 5;
c) Unendlichkeitsstelle mit Vorzeichenwechsel bei 3;
d) Unendlichkeitsstelle ohne Vorzeichenwechsel bei -2;
e) die Gerade zu $y = -\frac{3}{2}x + 2$ ist Asymptote des Funktionsgraphen.

3. Gegeben ist die Funktion f zu $f(x) = \dfrac{3x^2-8x}{(x-2)^2}$.
a) Diskutiere f! [D(f), W(f), Nullstellen, Unendlichkeitsstellen, Asymptoten, lokale Extrema, Wendepunkte]. Zeichne den Graphen von f!
b) Bestimme die Gleichung der Tangente, die durch den Nullpunkt geht und den Graphen von f in einem Punkt $P_1(x_1|y_1)$ berührt!
Anleitung zu b): Die Koordinaten von P_1 müssen die Funktionsgleichung erfüllen, und für die Tangentensteigung gilt $\dfrac{y_1}{x_1} = f'(x_1)$.

4. Gegeben ist die Funktion f zu $f(x) = \dfrac{2x^2-4x}{(x+2)^2}$.
a) Diskutiere f (vgl. 3a)! Zeichne den Graphen von f!
b) Bestimme die Gleichungen der Tangenten, die durch den Punkt $P_1(-2|2)$ gehen und den Graphen von f berühren! Welche Koordinaten haben die Berührungspunkte?

§ 9 Extremwertprobleme

I. Erstes Beispiel einer Extremwertaufgabe

1. Zahlreiche Probleme aus der Geometrie und aus den meisten Anwendungsgebieten der Mathematik führen auf die Frage nach den Extremwerten einer Funktion. Falls es sich dabei um eine differenzierbare Funktion handelt, kann man die Kriterien anwenden, die wir in § 7 besprochen haben.

Beispiel:

Ein Bauer will an einer Mauer einen rechteckigen Hühnerhof mit Hilfe von Maschendraht abgrenzen (Bild 9.1). Es stehen 20 Meter Maschendraht zur Verfügung. Wie soll er die Maßzahlen x und y der Seiten des Rechteckes wählen, damit der Flächeninhalt des Hühnerhofes möglichst groß wird?

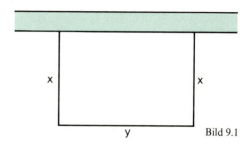

Bild 9.1

Lösung:

1) Die Flächenmaßzahl A des Rechteckes ist gegeben durch: $A = x \cdot y$.

2) Es handelt sich also um eine Funktion, die von **zwei** Variablen (x und y) abhängt. Mit solchen Funktionen haben wir uns bisher nicht beschäftigt. Aus der Aufgabenstellung können wir aber eine sogenannte „**Nebenbedingung**" ableiten, die uns weiterhilft. Da insgesamt 20 Meter Maschendraht verbraucht werden sollen, muß gelten

$$2x + y = 20, \quad \text{also} \quad y = 20 - 2x.$$

Wir setzen dies in den Term der Flächenmaßzahl ein und erhalten:

$$A(x) = x(20 - 2x) = 20x - 2x^2,$$

also den Term einer Funktion in **einer** Variablen, nämlich in x.

3) Aus der Aufgabenstellung ergibt sich ferner, daß die Variable x der einschränkenden Bedingung

$$0 \leq x \leq \tfrac{20}{2} = 10$$

genügen muß. Für x kommen also nur Zahlen aus dem Intervall [0; 10] in Betracht; wir können dieses Intervall als Definitionsmenge für die Funktion A auffassen.

4) Da A eine beliebig oft differenzierbare Funktion ist, können wir die Sätze von § 7 anwenden. Es gilt:

$$A'(x) = 20 - 4x; \quad A'(x) = 0 \Rightarrow 20 - 4x = 0 \Rightarrow x = \tfrac{20}{4} = 5;$$

$$A''(x) = -4 < 0 \quad \text{für alle x, also auch für } x = 5.$$

Da die Zahl 5 zu D(A) gehört, hat die Funktion A an der Stelle 5 ein lokales Maximum. Aus der Nebenbedingung ergibt sich auch die Maßzahl der anderen Rechteckseite:

$$y = 20 - 2 \cdot 5 = 10.$$

Für den maximalen Flächeninhalt gilt:

$$A_{max} = A(5) = 20 \cdot 5 - 2 \cdot 5^2 = 100 - 50 = 50.$$

Wir können dies natürlich auch unmittelbar aus den berechneten Werten von x und y gewinnen:

$$A_{max} = x \cdot y = 5 \cdot 10 = 50.$$

Stehen also 20 m Maschendraht zur Verfügung, so sind die Maße $x = 5$(m); $y = 10$(m) zu wählen; der maximale Flächeninhalt beträgt: $A_{max} = 50 (m^2)$.

5) Strenggenommen ist nun noch zu überprüfen, ob das lokale Maximum auch absolutes Maximum der Funktion A ist. Dazu sind die Funktionswerte an den Rändern des Intervalls [0; 10] zu berechnen. Aus der Situation der Aufgabe ist aber von vornherein klar, daß es sich hier nur um absolute Minima der Funktion handeln kann, die für unser Problem ohne Bedeutung sind. In der Tat gilt:

$$A(0) = 0 \cdot (20 - 0) = 0 \quad \text{und} \quad A(10) = 10(20 - 20) = 0.$$

In beiden Fällen entartet das Rechteck zu einer Strecke. Das oben berechnete lokale Maximum ist bei diesem Beispiel also auch ein absolutes Maximum.

2. Wie das Beispiel zeigt, sind bei der Lösung von Extremwertaufgaben folgende Schritte durchzuführen.

1) Für die Größe, die einen Extremwert annehmen soll, bestimmt man aus den Bedingungen der Aufgabe einen Term.

2) Kommen in diesem Term zwei Variable vor, so ist aus dem Aufgabentext eine Beziehung zwischen diesen Variablen herzustellen. Mit Hilfe dieser „Nebenbedingung" eliminiert man aus dem unter 1) ermittelten Term eine der beiden Variablen. Entsprechend ist zu verfahren, wenn drei oder noch mehr Variable auftreten.

3) Man ermittelt aus der Problemsituation heraus die Definitionsmenge der Funktion. Häufig wird es sich dabei um ein abgeschlossenes Intervall handeln.

4) Wird durch den fraglichen Term eine differenzierbare Funktion festgelegt, so bestimmt man nach den Sätzen von §7 die lokalen Extrema dieser Funktion.

5) Falls die Bedingungen von 3) ein abgeschlossenes Intervall festlegen, bestimmt man die Funktionswerte an den Randstellen dieses Intervalls und vergleicht diese mit denen der lokalen Extremstellen.

Bemerkung: Wenn die Definitionsmenge der Funktion ein offenes Intervall ist, so kann es sein, daß die Funktion gar kein absolutes Extremum besitzt (Aufgabe 2). Dieser Fall kommt in Anwendungssituationen allerdings nur selten vor.

Übungen und Aufgaben

1. Löse die in 1. gestellte Aufgabe allgemein! Die Länge des zur Verfügung stehenden Maschendrahtes sei a Meter.

2. Bild 9.2 zeigt den Graphen einer Funktion f, die über einem offenen Intervall]a, b[definiert ist. Begründe, daß diese Funktion **kein** absolutes Maximum besitzt!

Weitere Aufgaben finden sich am Ende des II. Abschnittes (S. 169).

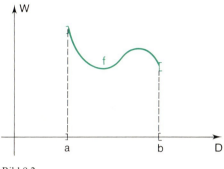

Bild 9.2

II. Weitere Beispiele für Extremwertaufgaben

Zur Verdeutlichung des Verfahrens behandeln wir in diesem Abschnitt noch zwei weitere Beispiele.

1. Beispiel: Ein Getreidesilo besteht aus einem Zylinder mit unten angesetztem Kegel (Bild 9.3). Die Höhe des Zylinders habe die Längenmaßzahl a, die Mantellinie des Kegels die Längenmaßzahl 3a (mit a > 0). Wie sind die Maßzahlen für den Radius (r) und für die Höhe (h) des Kegels zu wählen, damit das Volumen des Behälters möglichst groß wird?

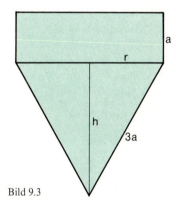

Bild 9.3

Lösung:

1) Die Maßzahl des Rauminhaltes des Behälters ist gegeben durch den Term

$$V(r; h) = \tfrac{1}{3} \pi r^2 h + \pi r^2 a.$$

2) Die Variable a ist eine Formvariable.
   Zwischen den Variablen r und h besteht nach der Aufgabenstellung die Beziehung

$$r^2 + h^2 = 9a^2.$$

Mit Hilfe dieser **Nebenbedingung** können wir eine der beiden Variablen eliminieren. Um Wurzelterme zu vermeiden, lösen wir nach r^2 auf: $r^2 = 9a^2 - h^2$
und setzen dies in den Volumenterm ein: $V(h) = \tfrac{1}{3} \pi h(9a^2 - h^2) + \pi a(9a^2 - h^2).$

3) Für die verbleibende Variable h ergibt sich aus der Aufgabenstellung die einschränkende Bedingung $0 \leq h \leq 3a$ und mithin die Definitionsmenge $D(V) = [0; 3a]$.

4) Durch V(h) ist eine beliebig oft differenzierbare Funktion gegeben. Wir bestimmen daher die lokalen Extremwerte dieser Funktion mit den Mitteln der Differentialrechnung.

$$V(h) = 3\pi a^2 h - \tfrac{1}{3}\pi h^3 + 9\pi a^3 - \pi a h^2; \quad V'(h) = 3\pi a^2 - \pi h^2 - 2\pi a h;$$
$$V''(h) = -2\pi h - 2\pi a = -2\pi(h+a);$$
$$V'(h) = 0 \Leftrightarrow 3\pi a^2 - \pi h^2 - 2\pi a h = 0 \Leftrightarrow h^2 + 2ah = 3a^2$$
$$\Leftrightarrow (h+a)^2 = 4a^2 \Leftrightarrow h = a \vee h = -3a.$$

Von den beiden Ergebnissen gehört a zu D(V), $-3a$ aber nicht. Für die weiteren Untersuchungen können wir uns daher auf den Wert h = a beschränken. Es gilt: $V''(a) = -4\pi a < 0$; an der Stelle h = a liegt also ein lokales Maximum vor.
Der zugehörige Wert von r ist: $r = \sqrt{9a^2 - a^2} = \sqrt{8a^2} = 2\sqrt{2} \cdot a$.
Für das maximale Volumen ergibt sich: $V_{max} = V(a) = \tfrac{32}{3}\pi a^3$.
Auf den Zylinder entfällt ein Volumen von $V_z = 8\pi a^3 = \tfrac{24}{3}\pi a^2$; das sind genau 75% des Gesamtvolumens.

5) Es ist nun noch zu prüfen, ob an der Stelle h = a nicht nur ein lokales, sondern sogar ein absolutes Maximum vorliegt. Dazu bestimmen wir die Funktionswerte an den Randstellen des Intervalls [0; 3a]:

$$V(0) = 9\pi a^3; \quad V(3a) = 0.$$

Beide Werte sind kleiner als $V(a) = \tfrac{32}{3}\pi a^3$. Das Volumen des Behälters nimmt also für h = a und $r = 2\sqrt{2}a$ ein absolutes Maximum an.

2. Beispiel: Ein oben offenes Gefäß besteht aus einem Zylinder mit dem Radius r und der Höhe h und einer unten angesetzten Halbkugel (Bild 9.4). Der Rauminhalt soll bei vorgegebener Größe A der Oberfläche ein Maximum annehmen.

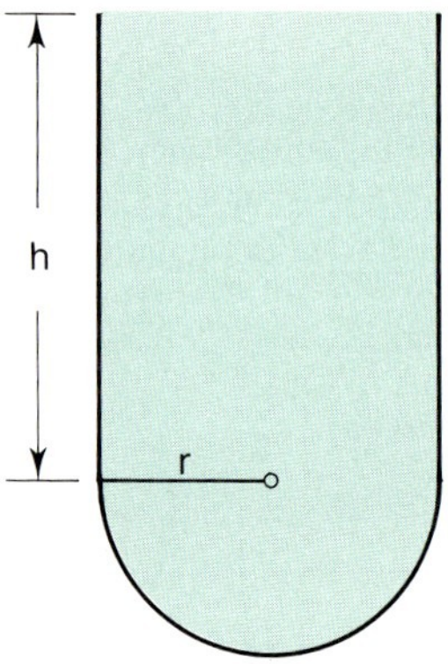

Lösung:

1) Für das Volumen des Gefäßes gilt:

$$V(r; h) = \pi r^2 h + \tfrac{2}{3}\pi r^3.$$

2) Für die Oberfläche des Gefäßes gilt:

$$A(r; h) = 2\pi r h + 2\pi r^2.$$

Bild 9.4

Da die Größe der Oberfläche vorgegeben ist, fassen wir A als Formvariable auf und lösen nach h auf:

$$h = \frac{A - 2\pi r^2}{2\pi r} = \frac{A}{2\pi r} - r.$$

Durch Einsetzen in den Term V(r; h) erhält man:

$$V(r) = \pi r^2 \left(\frac{A}{2\pi r} - r \right) + \tfrac{2}{3}\pi r^3 = \frac{A}{2} r - \frac{\pi}{3} r^3.$$

§9, II. Weitere Beispiele für Extremwertaufgaben

3) Der Radius r nimmt seinen größtmöglichen Wert an, wenn $h=0$, also $A=2\pi r^2$, also $r=\sqrt{\frac{A}{2\pi}}$ ist. Mithin gilt für r die einschränkende Bedingung $0 \leq r \leq \sqrt{\frac{A}{2\pi}}$; daher ist

$$D(V) = \left[0; \sqrt{\frac{A}{2\pi}}\right].$$

4) Durch V(r) ist eine beliebig oft differenzierbare Funktion gegeben. Wir bestimmen daher die lokalen Extrema dieser Funktion mit den Mitteln der Differentialrechnung.

$$V(r) = \frac{A}{2}r - \frac{\pi}{3}r^3; \quad V'(r) = \frac{A}{2} - \pi r^2; \quad V''(r) = -2\pi r;$$

$$V'(r) = 0 \Leftrightarrow \frac{A}{2} = \pi r^2 \Leftrightarrow r = \sqrt{\frac{A}{2\pi}} \lor r = -\sqrt{\frac{A}{2\pi}}.$$

Da der Radius positiv sein muß, gehört nur der Wert $\sqrt{\frac{A}{2\pi}}$ zu D(V). Dieser Wert liegt auf dem **Rand** des Intervalls $\left[0; \sqrt{\frac{A}{2\pi}}\right]$. An dieser Stelle kann bei unserem Problem also **kein lokales** Extremum vorliegen.

Bemerkung: Ohne die einschränkende Bedingung $r \in \left[0; \sqrt{\frac{A}{2\pi}}\right]$ wäre $D(V) = \mathbb{R}$ und die Funktion V hätte an dieser Stelle ein lokales Maximum; denn es gilt: $V''\left(\sqrt{\frac{A}{2\pi}}\right) < 0$.

5) Wir haben nun noch die Funktionswerte an den beiden Randstellen zu berechnen; denn nur dort kann ein absolutes Maximum der Funktion liegen. Es gilt:

$$V(0) = 0 \quad \text{und} \quad V\left(\sqrt{\frac{A}{2\pi}}\right) = \frac{A}{2}\sqrt{\frac{A}{2\pi}} - \frac{\pi}{3}\frac{A}{2\pi}\sqrt{\frac{A}{2\pi}} = \frac{A}{3}\sqrt{\frac{A}{2\pi}}.$$

Dieser Wert stellt das **absolute Maximum** der Funktionswerte im Intervall $\left[0; \sqrt{\frac{A}{2\pi}}\right]$ dar. Für die zugehörige Höhe h gilt:

$$h = \frac{A}{2\pi\sqrt{\frac{A}{2\pi}}} - \sqrt{\frac{A}{2\pi}} = \sqrt{\frac{A}{2\pi}} - \sqrt{\frac{A}{2\pi}} = 0.$$

Das bedeutet, daß das gesuchte Gefäß nur aus der Halbkugel besteht.

Übungen und Aufgaben

Vorbemerkung: Rechne nur mit den Maßzahlen der auftretenden Größen!

Rationale Funktionen

1. Zerlege die Zahl **a)** 60, **b)** a so in zwei Summanden, daß das Produkt der Zahlen ein Maximum annimmt!

2. Zerlege die Zahl **a)** 24, **b)** a so in zwei Summanden, daß die Summe der Quadrate der Summanden möglichst klein wird!

3. Ein Rechteck hat den gegebenen Umfang U. Welche Abmessungen müssen die Rechteckseiten haben, damit die Rechteckfläche ein Maximum annimmt?

4. Ein Rechteck hat den gegebenen Flächeninhalt A. Wie lang müssen die Seiten sein, damit der Umfang des Rechtecks ein Minimum annimmt?

5. Einem gleichseitigen Dreieck ist ein Rechteck einbeschrieben. Welche Längen müssen die Rechteckseiten haben, damit der Flächeninhalt des Rechtecks maximal wird? Die Seitenlänge des Dreiecks sei a.

6. Gegeben sei ein gleichschenkliges Dreieck mit der Grundlinie c und der Höhe h. In dieses Dreieck ist ein gleichschenkliges Dreieck so einzuzeichnen, daß dessen Spitze im Mittelpunkt der Grundseite c liegt. Der Flächeninhalt des Dreiecks soll ein Maximum annehmen.

7. Ein Zylinder habe das vorgegebene Volumen V. Für welche Maßzahlen des Radius und der Höhe nimmt der Inhalt der Oberfläche des Zylinders ein Minimum an?

8. Bestimme den Radius und die Höhe des Zylinders, der bei gegebenem Inhalt der Oberfläche O einen maximalen Rauminhalt hat!

9. Bestimme den Radius und die Höhe eines Kegels, der bei gegebener Länge s der Mantellinie einen maximalen Rauminhalt hat!

10. Einem Kegel mit dem gegebenen Radius R und der gegebenen Höhe H soll ein zweiter Kegel so einbeschrieben werden, daß dessen Spitze im Mittelpunkt des Grundkreises liegt und sein Rauminhalt möglichst groß wird.

11. In einen gegebenen Kegel mit dem Radius R und der Höhe H soll der Zylinder einbeschrieben werden, der

    a) den größten Rauminhalt,   b) die größte Oberfläche,   c) die größte Mantelfläche hat.

12. Bestimme den einer Kugel vom gegebenen Radius R einbeschriebenen Zylinder, der den größten Rauminhalt hat!

13. In eine Halbkugel soll ein Zylinder einbeschrieben werden, der den größten Rauminhalt hat. Der gegebene Radius der Halbkugel sei R.

Wurzelfunktionen

14. Welches aller Rechtecke mit derselben Diagonalen d hat den größten Flächeninhalt?

15. Bestimme das Rechteck, das bei gegebener Diagonale d den größten Umfang U hat!

16. Welches gleichschenklige Dreieck von gegebenem Umfang U hat den größten Flächeninhalt?

§9, II. Weitere Beispiele für Extremwertaufgaben   171

17. Zeichne in ein Quadrat mit der Seitenlänge a ein anderes Quadrat, dessen Eckpunkte auf den Seiten des gegebenen Quadrates liegen und dessen Flächeninhalt ein Minimum annehmen soll!

18. In einen Halbkreis mit gegebenen Radius r soll ein gleichschenkliges Trapez so eingezeichnet werden, daß eine seiner parallelen Seiten mit dem Durchmesser des Halbkreises zusammenfällt. Der Flächeninhalt des Trapezes soll ein Maximum annehmen.

19. Ein rechtwinkliges Dreieck liegt so, daß seine Hypothenuse den Durchmesser eines Halbkreises überdeckt und seine Katheten den Halbkreis von außen berühren. Der Flächeninhalt des Dreiecks soll ein Minimum annehmen.

Vermischte Aufgaben

20. Eine quaderförmige Blechdose mit dem gegebenen Rauminhalt V habe eine quadratische Grundfläche. Welche Abmessungen muß die Blechdose haben, damit der Blechverbrauch ohne Rücksicht auf Abfälle bei der Herstellung minimal wird?

21. Eine Pappfabrik stellt aus rechteckigen Pappestücken mit den Seitenlängen a und b oben offene quaderförmige Pappkästen her. Dazu wird an jeder Ecke ein Quadrat ausgeschnitten. Wie müssen die Maße gewählt werden, damit der Kasten einen maximalen Rauminhalt erhält?

22. Ein zylinderförmiger Blechbecher habe das gegebene Volumen V. Wie groß muß man den Radius und die Höhe wählen, damit der Blechverbrauch ein Minimum annimmt?

23. Ein Fenster hat die Form eines Rechtecks mit aufgesetztem Halbkreis. Wie sind die Abmessungen zu wählen, damit bei gegebenem Umfang U die Fläche möglichst groß wird?

24. Ein oben offener Kanal hat einen rechteckigen Querschnitt. Welche Form muß das Rechteck bei konstantem Flächeninhalt haben, damit die Betonierungsarbeiten möglichst geringe Kosten verursachen? Die Kosten werden proportional zu der zu betonierenden Fläche angesetzt.

25. Der Querschnitt einer Rinne ist ein Rechteck mit unten angesetztem Halbkreis. Wie sind die Abmessungen zu wählen, damit bei vorgeschriebenem Querschnitt F der Blechverbrauch pro Meter ein Minimum annimmt?

26. Ein Gefäß besteht aus einem oben geschlossenen Zylinder mit unten angesetzter Halbkugel. Der Rauminhalt soll bei vorgegebenem Oberflächeninhalt O ein Maximum annehmen.

27. Von einer Kaffeesorte werden bei einem Preis von 20 DM für 1 kg im Monat 10000 kg verkauft. Eine Marktanalyse hat ergeben, daß eine Preissenkung um 0,50 DM je Kilogramm jeweils zu einer Absatzsteigerung von 1000 kg im Monat führen würde. Bei welchem Verkaufspreis nimmt der Gewinn ein Maximum an, wenn für 1 kg der Selbstkostenpreis 14 DM beträgt?

28. Laut Gebührenordnung der Post durften bei Päckchen in Rollenform Länge und Grundkreisdurchmesser zusammen höchstens 100 cm betragen. Wie sind die Maße zu wählen, damit der Rauminhalt möglichst groß wird?

29. Gegeben ist eine zur D-Achse im Abstand 9 parallele Gerade g_1 und die Gerade g_2 zu $y = ax - a^2$, wobei $0 < a < 9$ ist. Die W-Achse und die Gerade g_2 begrenzen auf g_1 eine Strecke von der Länge d. Welche Zahl ist in a einzusetzen, damit d ein absolutes Minimum annimmt?

30. Die Parabeln zu $f_1(x) = x^2$ und $f_2(x) = -x^2 + 6$ schließen eine Fläche ein (Bild 9.5). In diese Fläche wird ein Rechteck so gelegt, daß die Rechteckseiten parallel zu den Achsen des Koordinatensystems verlaufen. Welche Koordinaten müssen die Eckpunkte des Rechtecks haben, damit der Flächeninhalt des Rechtecks ein absolutes Maximum annimmt?

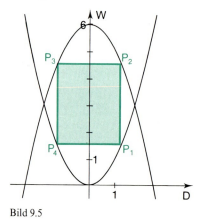

Bild 9.5

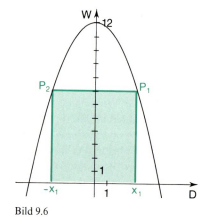

Bild 9.6

31. Gegeben sei eine Parabel zu $f(x) = 12 - a^2 x^2$ mit $a > 0$. In die Fläche, die die Parabel mit der D-Achse einschließt, wird ein Rechteck so eingezeichnet, daß eine Rechtecksseite auf die D-Achse fällt und die Eckpunkte P_1 und P_2 auf dem Graphen von f liegen (Bild 9.6). Welche Koordinaten müssen die Eckpunkte des Rechtecks haben, damit die Rechtecksfläche ein absolutes Maximum annimmt?

32. Ein Halbkreis hat die Gleichung $y = \sqrt{r^2 - x^2}$. In den Halbkreis wird ein Rechteck einbeschrieben (Bild 9.7). Läßt man das Rechteck um die D-Achse rotieren, so entsteht ein Zylinder. Welche Koordinaten muß P_1 haben, damit das Volumen des Zylinders ein absolutes Maximum annimmt?

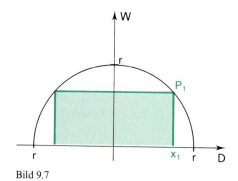

Bild 9.7

4. Abschnitt:
Einführung in die Integralrechnung
§ 10   Stammfunktionen

I.   Vorbemerkungen

1. Bei der Einführung in die Differentialrechnung haben wir uns an einer Reihe von Beispielen verdeutlicht, daß die **Ableitung** einer Funktion je nach der Situation, die durch die Funktion beschrieben wird, sehr verschiedene Bedeutungen haben kann, etwa: die Geschwindigkeit oder die Beschleunigung eines bewegten Körpers, die elektrische Stromstärke, den „Spitzensteuersatz" bei einer Steuerfunktion, die Inflationsrate bei der Geldwertentwicklung, usw.

2. Ähnlich ist die Situation auch in der **„Integralrechnung"**. Auch in diesem zweiten großen Teilgebiet der Analysis geht es um eine Reihe miteinander verwandter Fragestellungen, z.B. um die Begriffe der Länge einer Kurve, des Flächeninhaltes einer Fläche, des Volumens, des Schwerpunktes, des Trägheitsmomentes eines Körpers, um die physikalischen Begriffe der Arbeit, des Impulses, des Potentials, usw.

Wie bei der Differentialrechnung ist es aber auch bei der Einführung in die Integralrechnung zweckmäßig, aus den vielen verwandten Problemen **eines** herauszugreifen, um daran die besonderen Begriffsbildungen und Methoden der Integralrechnung zu entwickeln. Als ein solches Einführungsbeispiel eignet sich — u.a. wegen seiner Anschaulichkeit — ganz besonders das Problem des **Flächeninhaltes** eines (gerad- oder krummlinig begrenzten) Flächenstücks. Außerdem können die meisten anderen Größen, die mit dem Integralbegriff zu erfassen sind, durch Flächeninhalte anschaulich dargestellt werden.

Übungen und Aufgaben

1. Wird ein Körper von der Masse m um die Höhe h gegen die Anziehungskraft der Erde gehoben, so muß die konstante Kraft $F = m \cdot g$ aufgewendet werden $\left(g \approx 10 \cdot \dfrac{m}{\sec^2}\right)$. Es wird die Arbeit $W = F \cdot h$ geleistet. Stelle die geleistete Arbeit durch eine Fläche dar!

2. Für den freien Fall gilt $v = g \cdot t$, wenn zur Zeit $t = 0$ die Geschwindigkeit $v_0 = 0$ ist. Was stellt die Fläche in Bild 10.1 auf Seite 174 dar? Auf der W-Achse ist die Beschleunigung a abgetragen.

3. Spannt man eine elastische Feder ($F = k \cdot s$, k ist die Federkonstante, s die Ausdehnung der Feder), so wird die geleistete Arbeit durch die Fläche in Bild 10.2 auf Seite 174 dargestellt. Wie groß ist die geleistete Arbeit?

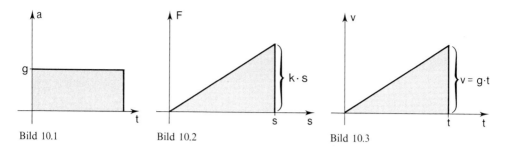

Bild 10.1   Bild 10.2   Bild 10.3

4. Zeichnet man beim freien Fall das Geschwindigkeits-Zeit-Diagramm, so erhält man Bild 10.3 (vgl. Aufg. 2!). Was bedeutet die Fläche? Wie groß ist die Fläche?

II.   Zum Problem der Flächenmessung

1. Schon im Geometrieunterricht der Unter- und der Mittelstufe haben wir uns mit dem Problem des Flächeninhaltes einfacher ebener Figuren beschäftigt.

Der **Flächeninhalt** einer ebenen Fläche ist eine **Größe**, die durch eine **Maßzahl** und eine **Maßeinheit** erfaßt wird. Die Maßeinheit ist dabei in der Regel gegeben durch ein Quadrat, z.B. mit der Kantenlänge 1 cm; den Flächeninhalt eines solchen Quadrates bezeichnet man mit „1 cm^2". Bei den im folgenden anzustellenden Überlegungen wollen wir diese — oder auch eine andere — Flächenmaßeinheit als fest gegeben ansehen. Zur Festlegung des Flächeninhaltes einer ebenen Figur kommt es dann nur noch auf die Flächenmaßzahl $A(F)$ an. Nur mit diesen Flächenmaßzahlen wollen wir uns im folgenden beschäftigen.

2. Flächenmaßzahlen haben einige grundlegende Eigenschaften, von denen wir beim Aufbau der Lehre vom Flächeninhalt Gebrauch gemacht und die wir auch im folgenden zu berücksichtigen haben.

$\boxed{1}$ Jede Flächenmaßzahl ist nichtnegativ: $A(F) \geq 0$.

$\boxed{2}$ Das Einheitsquadrat hat die Flächenmaßzahl 1.

$\boxed{3}$ **Sind zwei Figuren F_1 und F_2 kongruent, so haben sie die gleiche Flächenmaßzahl.**

$$F_1 \cong F_2 \;\Rightarrow\; A(F_1) = A(F_2).$$

$\boxed{4}$ **Ist eine Figur F in zwei Teilfiguren F_1 und F_2 zerlegt, so gilt für die zugehörigen Flächenmaßzahlen:**

$$A(F) = A(F_1) + A(F_2) \quad \text{(Bild 10.4)}.$$

Beim Begriff der „Zerlegung einer ebenen Figur" ist zu beachten, daß die Begrenzungslinien zu zwei benachbarten Teilfiguren gehören können. So gehört z.B. in der Figur von Bild 10.4 die Strecke AC sowohl zu F_1 wie zu F_2.

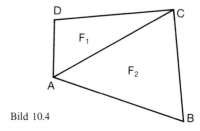

Bild 10.4

§10, II. Zum Problem der Flächenmessung

3. Aus diesen grundlegenden Eigenschaften kann man Schritt für Schritt Formeln zur Berechnung von Flächenmaßzahlen für verschiedene ebene Figuren herleiten. Die wichtigsten Fälle sind in Bild 10.5 zusammengestellt.

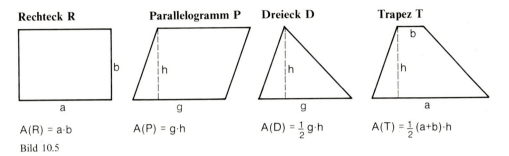

Bild 10.5

4. Die Flächenmaßzahlen beliebiger Vielecke können durch Zerlegung in Trapeze oder in Dreiecke bestimmt werden. Die Bilder 10.6 und 10.7 zeigen zwei verschiedene Möglichkeiten für dasselbe Vieleck.

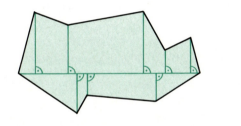

Bild 10.7

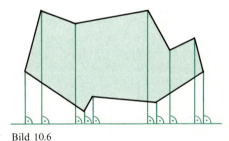

Bild 10.6

5. Bei krummlinig begrenzten Figuren ist das Problem der Flächenmessung bedeutend schwieriger zu lösen als bei gradlinig begrenzten Figuren, bei Vielecken.

Bisher haben wir dieses Problem nur beim **Kreis** behandelt und für die Flächenmaßzahl eines Kreises K mit dem Radius r gefunden:

$A(K) = \pi \cdot r^2$ (Bild 10.8).

Dabei ist π eine irrationale Zahl mit dem Näherungswert

$\pi \approx 3{,}14159.$

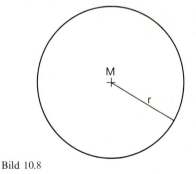

Bild 10.8

6. Bei anderen ebenen Figuren, die von geschlossenen krummen Linien begrenzt sind, kann man zunächst Zerlegungen durchführen, die den Zerlegungen in den Bildern 10.6 und 10.7 entsprechen.

Die Bilder 10.9 und 10.10 zeigen zwei mögliche Zerlegungen für dieselbe Figur F.

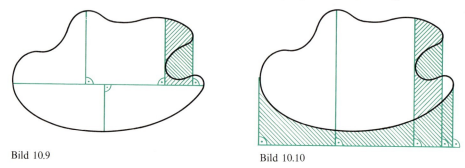

Bild 10.9   Bild 10.10

Alle auftretenden Teilfiguren haben eine Form, die der Figur von Bild 10.11a entspricht. Auf Sonderfälle soll in Aufgabe 1 eingegangen werden. Wenn man daher die Flächenmaßzahlen solcher ebener Figuren wie in Bild 10.11a bestimmen kann, gelingt es nach der Grundeigenschaft $\boxed{4}$ durch Summen- und gegebenenfalls durch Differenzbildung auch den Inhalt der gesamten Figur zu ermitteln.

Wir werden uns daher im folgenden mit Figuren wie in Bild 10.11a beschäftigen und dabei voraussetzen, daß der krummlinige Teil der Begrenzung der Graph einer Funktion f über einem Intervall [a; b] ist (Bild 10.11b). Natürlich kann ein Funktionsgraph auch unterhalb der D-Achse liegen (Bild 10.12) oder diese schneiden (Bild 10.13).

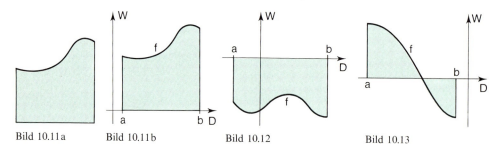

Bild 10.11a   Bild 10.11b   Bild 10.12   Bild 10.13

Vorerst wollen wir uns jedoch nur mit Fällen beschäftigen, bei denen die Funktion über dem Intervall [a; b] **vorzeichenbeständig** ist wie in Bild 10.11b und in Bild 10.12. Man spricht in solchen Fällen von „**Normalflächen**". Wir definieren:

D 10.1   Eine Punktmenge

$\{(x|y) \mid a \leq x \leq b \wedge 0 \leq y \leq f(x)\}$ | $\{(x|y) \mid a \leq x \leq b \wedge f(x) \leq y \leq 0\}$

heißt

„**positive Normalfläche**" (Bild 10.11b). | „**negative Normalfläche**" (Bild 10.12).

Die Zahl a heißt die „**untere Grenze**" und die Zahl b die „**obere Grenze**" der Normalfläche. Da der Graph der Funktion f den „**Rand**" der Normalfläche darstellt, nennen wir diese Funktion gelegentlich auch „**Randfunktion**".

Wir werden uns zunächst nur mit positiven Normalflächen beschäftigen.

Übungen und Aufgaben

1. Begründe, warum sich die Teilfiguren in Bild 10.14 als Sonderfälle der Teilfigur in Bild 10.11a auffassen lassen!

Bild 10.14

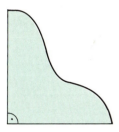
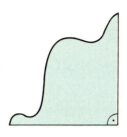
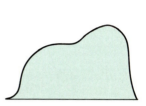

2. Zeige, wie sich aus der Formel für die Flächenmaßzahl eines Rechteckes mit Hilfe der grundlegenden Eigenschaften ⟦1⟧ bis ⟦4⟧ (S. 174) die entsprechenden Formeln für Parallelogramme, Dreiecke und Trapeze herleiten lassen (Bild 10.5)! Beachte Bild 10.15!

Bild 10.15

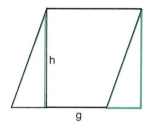
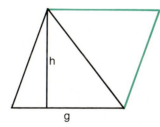
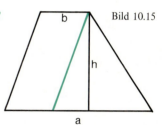

3. Ermittle durch geeignete Aufteilung in Trapeze jeweils die Flächenmaßzahl des durch die folgenden Punkte gegebenen Vielecks!

a) $P_1(6|1)$; $P_2(4|5)$; $P_3(0|6)$; $P_4(-3|4)$; $P_5(-4|-4)$; $P_6(5|-3)$
b) $P_1(5|3)$; $P_2(2|6)$; $P_3(0|4)$; $P_4(-4|2)$; $P_5(-2|-3)$; $P_6(3|-2)$
c) $P_1(6|3)$; $P_2(3|6)$; $P_3(-1|2)$; $P_4(-4|5)$; $P_5(-7|0)$; $P_6(-6|-2)$; $P_7(-2|-4)$; $P_8(4|-1)$
d) $P_1(6|2)$; $P_2(4|6)$; $P_3(-1|7)$; $P_4(-4|5)$; $P_5(-6|-1)$; $P_6(-3|-5)$; $P_7(1|-2)$; $P_8(3|-4)$

4. Zeichne folgende Normalflächen!

a) $N=\{(x|y)|x\in[1;5] \land 0\leq y\leq \frac{1}{2}x+3\}$
b) $N=\{(x|y)|x\in[-3;0] \land 0\leq y\leq (x+1)^2\}$
c) $N=\{(x|y)|x\in[-3;4] \land 0\leq y\leq \frac{1}{2}x^2\}$
d) $N=\{(x|y)|x\in[-2;3] \land 0\leq y\leq \frac{1}{2}x^2+5\}$
e) $N=\{(x|y)|x\in[0;4] \land 0\geq y\geq -\frac{1}{2}x-2\}$
f) $N=\{(x|y)|x\in[-2;2] \land 0\geq y\geq x^2-4\}$

5. Die eine Normalfläche begrenzende Funktion muß weder differenzierbar noch stetig sein. Zeichne folgende Normalflächen und gib alle Begrenzungslinien an!

a) $N=\{(x|y)|(-2\leq x<0 \land 0\leq y\leq x+3) \lor (0\leq x\leq 2 \land 0\leq y\leq x^2+1)\}$
b) $N=\{(x|y)|(-3\leq x<-1 \land 0\leq y\leq x^2) \lor (-1\leq x<2 \land 0\leq y\leq x+2)$
$\lor (2\leq x\leq 3 \land 0\leq y\leq 4)\}$
c) $N=\{(x|y)|(-4\leq x\leq 0 \land 0\leq y\leq -\frac{1}{2}x+1) \lor (0<x\leq 2 \land 0\leq y\leq -\frac{1}{2}x+2)$
$\lor (2<x\leq 4 \land 0\leq y\leq x^2-4)\}$

6. Leite jeweils die Formel für die Maßzahl des Flächeninhaltes her, wenn von der jeweiligen Figur die in Bild 10.16, a) bis f) eingetragenen Stücke gegeben sind!

a) Parallelogramm **b)** Drachen **c)** Trapez
d) gleichseitiges Dreieck **e)** regelmäßiges Fünfeck **f)** regelmäßiges Sechseck

a) 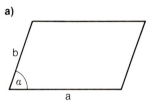 b) 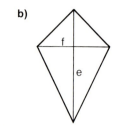 c)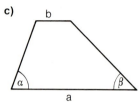

d) 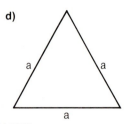 e) 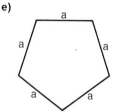 f)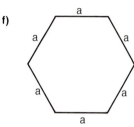

Bild 10.16

III. Flächenmaßzahlfunktionen

1. Wir beginnen mit einer positiven Normalfläche, die durch den Graphen einer linearen Funktion f berandet wird.

Beispiel: $f(x) = x + 1$ (Bild 10.17)

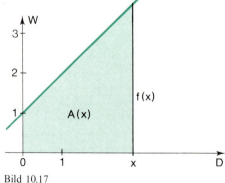

Bild 10.17

Wir wollen die Flächenmaßzahl für die Fläche unter dem Funktionsgraphen über einem Intervall $[0; x]$ bestimmen. Diese Flächenmaßzahl hängt von der oberen Grenze x ab; sie bestimmt also eine Funktion A mit dem Funktionsterm A(x). Die Fläche ist bei diesem Beispiel ein Trapez mit den folgenden Maßzahlen für die Grundseiten a, b und für die Höhe h:

$$a = 1,\ b = x + 1\ \text{und}\ h = x.$$

Nach der Formel für die Flächenmaßzahl eines Trapezes (vgl. Bild 10.5 auf S. 175) ergibt sich:

$$A(x) = \frac{1 + (x+1)}{2} \cdot x = \frac{x+2}{2} \cdot x = \frac{x^2}{2} + x.$$

Durch Einsetzen können wir Maßzahlen für jeden Wert der oberen Grenze bestimmen, z.B.

$$A(2) = \tfrac{4}{2} + 2 = 4;\ A(6) = \tfrac{36}{2} + 6 = 18 + 6 = 24,\ \text{usw.}$$

2. Wenn man den Term der Flächenmaßzahlfunktion

$$A(x) = \frac{x^2}{2} + x$$

mit dem Term der gegebenen Funktion

$$f(x) = x + 1$$

vergleicht, so kann man einen einfachen Zusammenhang feststellen; es gilt für alle $x \in \mathbb{R}^{\geq 0}$:

$$A'(x) = \frac{2x}{2} + 1 = x + 1 = f(x).$$

Die Ableitung der Flächenmaßzahlfunktion A ist also gleich dem Funktionswert der gegebenen Randfunktion an der oberen Grenze x.

Auf diesen Zusammenhang sind wir schon in §3, V (S. 76) aufmerksam geworden. Wir haben ihn dort für den Sonderfall einer monoton steigenden Funktion f hergeleitet; wir wollen ihn hier ohne diese Voraussetzung beweisen.

3. Gegeben sei also eine positive Normalfläche zu einer stetigen Funktion f über einem Intervall [a; b] (Bild 10.18). Zu jedem Intervall [a; x] (mit $x < b$) gehört eine Flächenmaßzahl A(x).

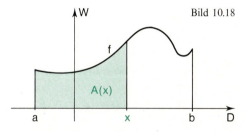

Bild 10.18

Bemerkung: Die Funktion A hängt natürlich auch von der unteren Grenze a des Intervalls [a; x] ab; diese Zahl a kann positiv, negativ oder auch 0 sein; wir halten sie in den folgenden Überlegungen fest und verzichten darauf, die Abhängigkeit der Flächenmaßzahl A von a besonders zu kennzeichnen; man könnte dies etwa durch einen Index a beim Buchstaben A tun.

Um die Ableitung $A'(x)$ zu bestimmen, haben wir zunächst den Differenzenquotienten

$$\frac{A(x+h) - A(x)}{h}$$

zu bilden. Den Flächenzuwachs $A(x+h) - A(x)$ können wir abschätzen durch die Maßzahlen zweier Rechtecke über dem Intervall [x; x+h], deren Höhen

a) durch das absolute Minimum $m(x; h)$ und
b) durch das absolute Maximum $M(x; h)$

aller Funktionswerte im Intervall [x; x+h] gegeben sind (Bilder 10.19a und 10.19b).

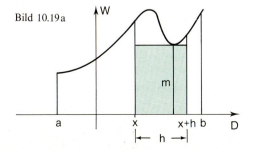

Bild 10.19a

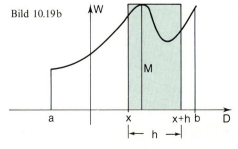

Bild 10.19b

Bemerkung: Ist die Funktion f über $[x; x+h]$ monoton steigend, dann ist $m(x; h) = f(x)$ und $M(x; h) = f(x+h)$; ist f über $[x; x+h]$ monoton fallend, dann ist $m(x; h) = f(x+h)$ und $M(x; h) = f(x)$.

An den Bildern 10.19a und 10.19b erkennt man die Gültigkeit der folgenden Ungleichung:

$$m(x; h) \cdot h \leq A(x+h) - A(x) \leq M(x; h) \cdot h.$$

Daraus folgt für $h > 0$:

$$m(x; h) \leq \frac{A(x+h) - A(x)}{h} \leq M(x; h).$$

Zur Berechnung der Ableitung $A'(x)$ haben wir den Grenzwert mit der Bedingung $h \to 0$ zu bilden. Wenn nun die betrachtete Funktion f an der Stelle x **stetig** ist, dann gilt:

$$\lim_{h \to 0} m(x; h) = \lim_{h \to 0} M(x; h) = f(x).$$

Somit folgt aus der letzten Ungleichung:

$$f(x) \leq \lim_{h \to 0} \frac{A(x+h) - A(x)}{h} \leq f(x), \text{ also } A'(x) = f(x), \text{ q.e.d.}$$

Für $h < 0$ ist der Beweis in Aufgabe 2 zu erbringen. Wir können also sagen:

S 10.1 Ist die Flächenmaßzahl einer positiven Normalfläche zu einer stetigen Funktion f über einem Intervall $[a; x]$ gegeben durch den Term $A(x)$, so gilt

$$\mathbf{A'(x) = f(x).}$$

4. Die Aussage von Satz S 10.1 ist von weittragender Bedeutung. Sie besagt nämlich, daß das Problem der Flächenmessung bei einer positiven Normalfläche zu einer stetigen Funktion f in engem Zusammenhang mit dem Grundproblem der Differentialrechnung steht. Nur ist die Fragestellung gerade die umgekehrte. Während in der Differentialrechnung zu einer gegebenen Funktion f die Ableitungsfunktion f' gesucht wird, ist es beim Flächenproblem gerade umgekehrt: zu einer Funktion f wird eine andere Funktion A gesucht, deren Ableitungsfunktion A' gleich f ist: $A' = f$. Eine Funktion A, die dieser Bedingung genügt, nennt man eine **„Stammfunktion der Funktion f"**.

Das Ergebnis unserer Überlegungen, welches wir in Satz S 10.1 formuliert haben, gibt uns also Veranlassung, uns mit dem Problem der Stammfunktion einer Funktion f näher zu befassen. Wir werden dann auch das Flächeninhaltsproblem für Normalflächen allgemein lösen können.

Übungen und Aufgaben

1. Bestimme jeweils die Flächenmaßzahl $A(x)$ für die Trapezfläche, die durch die Gerade zu $f(x)$ über einem Intervall $[a; x]$ bestimmt ist! Zeige jeweils, daß $A'(x) = f(x)$ ist!

a) $f(x) = \frac{x}{2} + 2$; $a = 0$ b) $f(x) = \frac{x}{4} + 2$; $a = -2$ c) $f(x) = \frac{x}{3} + 4$; $a = -3$

d) $f(x) = 2x - 1$; $a = 1$ e) $f(x) = 2x - 5$; $a = 3$ f) $f(x) = x + 1$; $a = -1$

§ 10, III., IV. Der Begriff der Stammfunktion

2. Führe den Beweis für den Satz S 10.1 für den Fall, daß h < 0 ist (Bild 10.20)!

3. Durch $f(x) = x^2$ ist die Randfunktion f einer positiven Normalfläche über einem Intervall [a; x] mit a ≥ 0 gegeben.
   a) Suche eine Stammfunktion A der Funktion f!
   b) Berechne A(x), A(a) und A(x) − A(a)!
   c) Bestimme die Maßzahl der Normalfläche über einem Intervall [a; b]!

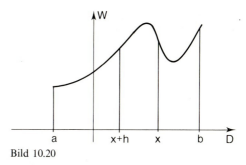

Bild 10.20

4. Bestimme A(x) so, daß gilt: $A'(x) = f(x)$!

	a)	b)	c)	d)	e)	f)	g)	h)	i)	j)	k)	l)
f(x)	x	−x	x − 1	−x²	3x²	$\frac{1}{x^2}$	3x + 1	$\frac{1}{\sqrt{x}}$	sin x	cos x	x³	5x⁴

IV. Der Begriff der Stammfunktion

1. Im vorigen Abschnitt sind wir im Zusammenhang mit dem Problem der Flächenmessung von Normalflächen auf das Problem gestoßen, zu einer gegebenen Funktion f eine Stammfunktion zu suchen, also eine Funktion, deren Ableitungsfunktion f ist. Allgemein definiert man:

> **D 10.2** Gegeben sei eine Funktion f mit der Definitionsmenge D(f). Dann heißt eine zweite Funktion F „Stammfunktion von f" genau dann, wenn für alle x ∈ D(f) gilt:
>
> $$F'(x) = f(x).$$

Beispiele:

1) $f(x) = x^2$. Die Funktion F zu $F(x) = \frac{1}{3}x^3$ ist eine Stammfunktion von f, weil für alle x ∈ ℝ gilt: $F'(x) = \frac{1}{3} \cdot 3x^2 = x^2 = f(x)$.

2) $f(x) = \cos x$. Die Funktion F zu $F(x) = \sin x$ ist eine Stammfunktion von f, weil für alle x ∈ ℝ gilt: $F'(x) = \cos x = f(x)$.

2. Im Zusammenhang mit dem Begriff der Stammfunktion stellen sich die folgenden Fragen.
   1) Gibt es zu jeder Funktion f eine Stammfunktion F? (Existenzproblem)
   2) Wie viele Stammfunktionen besitzt gegebenenfalls eine Funktion? (Problem der Eindeutigkeit oder Vieldeutigkeit)
   3) Wie kann man Stammfunktionen bestimmen?

Auf diese Fragen werden wir im folgenden eingehen.

3. In §3 und §4 haben wir zu zahlreichen Funktionen die zugehörigen Ableitungsfunktionen bestimmt. Zu diesen Ableitungsfunktionen können wir daher umgekehrt sofort auch zugehörige Stammfunktionen angeben. Wichtige Beispiele enthält die folgende Tabelle (Aufgabe 1).

f(x)	0	1	x	x^2	$\dfrac{1}{x^2}$	$x^n (n\in\mathbb{N})$	$\dfrac{1}{\sqrt{x}}$	$x^r (r\in\mathbb{Q}^{*-1})$	$\sin x$	$\cos x$	$\dfrac{1}{\cos^2 x}$	$\dfrac{1}{\sin^2 x}$
F(x)	$c\in\mathbb{R}$	x	$\dfrac{1}{2}x^2$	$\dfrac{1}{3}x^3$	$-\dfrac{1}{x}$	$\dfrac{1}{n+1}x^{n+1}$	$2\sqrt{x}$	$\dfrac{1}{r+1}x^{r+1}$	$-\cos x$	$\sin x$	$\tan x$	$-\cot x$

Bei den meisten Beispielen in dieser Tabelle gilt D(F)=D(f); es gibt jedoch Ausnahmen.

Beispiel: Für $f(x)=\dfrac{1}{\sqrt{x}}$ gilt $D(f)=\mathbb{R}^{>0}$, für $F(x)=2\sqrt{x}$ dagegen $D(F)=\mathbb{R}^{\geq 0}$.

Wegen $D(f)\subseteq D(F)$ ist die in D 10.2 genannte Bedingung auch bei diesem Beispiel erfüllt.

Bei Potenzfunktionen ist zu beachten, daß 0^0 nicht definiert ist.

Bei vielen anderen Funktionen ist die Frage nach der Existenz von Stammfunktionen auf Anhieb nicht zu entscheiden.

Beispiele: 1) $f(x)=\dfrac{x+1}{x-1}$ 2) $f(x)=\sqrt{x^2+1}$ 3) $f(x)=\tan x$

Bei diesen und bei vielen anderen Beispielen kann man unmittelbar nicht erkennen, wie der Term einer zugehörigen Stammfunktion aussehen könnte; man weiß nicht einmal, ob es überhaupt eine Stammfunktion gibt. Wir werden uns daher in den folgenden Paragraphen noch eingehend mit der Frage zu beschäftigen haben, wie man gegebenenfalls bei solchen und anderen Beispielen Stammfunktionen ermitteln kann.

4. Wenn eine Funktion f eine Stammfunktion F besitzt, so erkennt man sofort, daß es dann sogar beliebig viele Stammfunktionen zu f gibt.

Beispiel: $f(x)=x$.

Eine Stammfunktion F zu f(x) ist gegeben durch $F(x)=\frac{1}{2}x^2$; denn es gilt: $F'(x)=x=f(x)$. Aber z.B. auch die Funktionen zu

$$F_1(x)=\tfrac{1}{2}x^2+1;\quad F_2(x)=\tfrac{1}{2}x^2-2;\quad F_3(x)=\tfrac{1}{2}x^2+\sqrt{5}\quad \text{und}\quad F_4(x)=\tfrac{1}{2}x^2-\pi$$

sind Stammfunktionen von f; denn es gilt: $F_1'(x)=F_2'(x)=F_3'(x)=F_4'(x)=x=f(x)$.
Allgemein können wir sagen:

S 10.2 Wenn F_1 eine Stammfunktion von f ist und für alle $x\in D(f)$ gilt $F_2(x)=F_1(x)+c$ (mit einer Zahl $c\in\mathbb{R}$), so ist auch F_2 eine Stammfunktion von f.

Beweis: Nach Voraussetzung gilt für alle $x\in D(f)$: $F_1'(x)=f(x)$; also gilt auch:

$$F_2'(x)=F_1'(x)+0=f(x),\quad \text{q.e.d.}$$

Sofern eine Funktion überhaupt eine Stammfunktion besitzt, hat sie also sogar **unendlich viele Stammfunktionen.**

§10, IV. Der Begriff der Stammfunktion

Der Satz S 10.2 hat eine einfache **anschauliche Bedeutung.** Verschiebt man den Funktionsgraphen einer Stammfunktion F von f um einen beliebigen Betrag in Richtung der W-Achse, so erhält man den Graphen einer weiteren Stammfunktion von f. Bild 10.21 zeigt die Graphen der Stammfunktionen F, F_1, F_2, F_3 und F_4 zu $f(x)=x$, die wir bei obigem Beispiel angegeben haben.

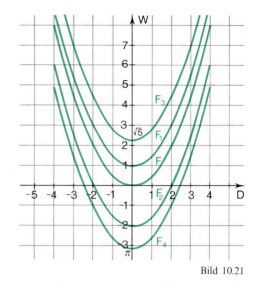

Bild 10.21

5. Es erhebt sich nun die Frage, ob zwischen zwei **beliebigen** Stammfunktionen F_1 und F_2 einer Funktion f der in Satz S 10.2 angegebene und in Bild 10.21 dargestellte Sachverhalt besteht, ob es also zu zwei beliebigen Stammfunktionen F_1 und F_2 stets eine Zahl $c \in \mathbb{R}$ gibt, so daß für alle $x \in D(f)$ gilt:

$$F_2(x) = F_1(x) + c \quad \text{bzw.} \quad F_2(x) - F_1(x) = c.$$

Daß eine solche Zahl nicht in jedem Fall existiert, zeigt das folgende

Beispiel:

Die Funktion f zu $f(x) = \dfrac{1}{x^2}$ ist definiert für alle $x \in \mathbb{R}^{\neq 0}$. Stammfunktionen zu f sind z.B. gegeben durch:

$$F_1(x) = -\frac{1}{x} \quad \text{und} \quad F_2(x) = \begin{cases} -\dfrac{1}{x} & \text{für } x>0 \\ -\dfrac{1}{x}+1 & \text{für } x<0. \end{cases}$$

Es gilt für alle $x \in \mathbb{R}^{\neq 0}$: $F_1'(x) = F_2'(x) = \dfrac{1}{x^2} = f(x)$. Wegen der besonderen Konstruktion von $F_2(x)$ gibt es aber **keine** Zahl $c \in \mathbb{R}$, so daß für **alle** $x \in \mathbb{R}^{\neq 0}$ gelten würde: $F_2(x) - F_1(x) = c$.

6. Um ähnliche Fälle wie bei diesem Beispiel auszuschließen, muß man sich auf abgeschlossene Intervalle beschränken, die ganz in D(f) liegen. Es gilt der Satz

> **S 10.3** Sind F_1 und F_2 Stammfunktionen einer Funktion f und gilt $[a;b] \subseteq D(f)$, so gibt es eine Zahl $c \in \mathbb{R}$, so daß für alle $x \in [a;b]$ gilt:
>
> $$F_2(x) = F_1(x) + c.$$

Zur Begründung betrachten wir die Funktion G zu $G(x) = F_2(x) - F_1(x)$. Dann gilt für alle $x \in [a;b]$: $G'(x) = F_2'(x) - F_1'(x) = f(x) - f(x) = 0$.
G ist also eine Funktion, deren Ableitung über dem gesamten Intervall $[a;b]$ den Wert 0 hat. Daraus ergibt sich, daß G eine über $[a;b]$ **konstante** Funktion ist, daß es also eine Zahl $c \in \mathbb{R}$ gibt mit $G(x) = c$, also $F_2(x) - F_1(x) = c$, also $F_2(x) = F_1(x) + c$ für alle $x \in [a;b]$.

Bemerkung: Wir haben in §4, II (S. 79) gezeigt, daß für jede konstante Funktion f gilt: f'(x)=0 für alle x∈D(f). Hier wird von der **Umkehrung** dieses Satzes Gebrauch gemacht, daß nämlich aus G'(x)=0 folgt, daß G eine konstante Funktion ist. Wenn für alle x∈D(G) gilt, daß G'(x)=0 ist, so bedeutet dies, daß der Funktionsgraph in **allen** Punkten eine waagerechte Tangente hat. Anschaulich ist klar, daß es sich dann nur um eine konstante Funktion handeln kann. Diesen Satz haben wir in diesem Buch aber **nicht** bewiesen, weil sein Beweis zusätzliche Hilfsmittel erfordert, mit denen wir uns nicht beschäftigt haben.
Der Satz S 10.3 besagt — etwas anders formuliert: Kennt man zu einer Funktion f **eine** Stammfunktion F_1, so kennt man sogar **alle** Stammfunktionen von f; für den Term einer beliebigen Stammfunktion F von f gilt dann:

$F(x) = F_1(x) + c$ mit einer Zahl $c \in \mathbb{R}$.

Beispiel: $f(x) = 6x - 5$; $F_1(x) = 3x^2 - 5x$.

Für jede andere Stammfunktion F von f gibt es eine Zahl $c \in \mathbb{R}$, so daß gilt $F(x) = F_1(x) + c = 3x^2 - 5x + c$. Man sagt: „Durchläuft" c die Menge aller reellen Zahlen, so „durchläuft" F die Menge aller Stammfunktionen von f.
Mit den Sätzen S 10.2 und S 10.3 ist die oben gestellte Frage 2), wie viele Stammfunktionen es zu einer Funktion gibt, abschließend beantwortet: Wenn es überhaupt eine Stammfunktion zu f gibt, dann auch beliebig viele und diese sind untereinander sehr eng „verwandt", wie es in Satz S 10.3 formuliert ist.

Übungen und Aufgaben

1. Zeige, daß in der Tabelle von S. 182 durch F(x) jeweils eine Stammfunktion F zu f gegeben ist, daß also F'(x)=f(x) für alle x∈D(f) gilt!

2. Ermittle vier verschiedene Stammfunktionen der Funktion f zu f(x)=2x und zeichne deren Graphen über dem Intervall [−3; 3]! Welche Eigenschaft haben die Graphen gemeinsam?

3. Durch F(x) ist eine Stammfunktion zur Funktion f gegeben. Ermittle jeweils f(x)!
   a) $F(x) = 4x$ **b)** $F(x) = 3x + 2$ **c)** $F(x) = 5x^2$ **d)** $F(x) = 3x^2 - 5x$
   e) $F(x) = x^3 - x^2$ **f)** $F(x) = \frac{1}{3}x^3 - 4x$ **g)** $F(x) = \frac{1}{x} + x$ **h)** $F(x) = \sqrt{x} - \frac{1}{x^2}$
   i) $F(x) = \sqrt{x} + \sqrt[3]{x}$ **j)** $F(x) = x \cdot \sin x$ **k)** $F(x) = \sqrt[4]{x^3} + \frac{1}{x}$ **l)** $F(x) = \sqrt[3]{x^2} \cdot \cos x$

4. Ermittle jeweils mit Hilfe der Tabelle von S. 182 die Terme für drei verschiedene Stammfunktionen zur Funktion f! Prüfe die Ergebnisse!
   a) $f(x) = 2x^2$ **b)** $f(x) = 4x^3$ **c)** $f(x) = x^5$ **d)** $f(x) = 10x^4$
   e) $f(x) = -\frac{2}{x^2}$ **f)** $f(x) = \frac{1}{x^3}$ **g)** $f(x) = -\frac{6}{x^4}$ **h)** $f(x) = \sqrt{x}$
   i) $f(x) = \frac{1}{2\sqrt{x}}$ **j)** $f(x) = \sqrt[3]{x}$ **k)** $f(x) = \frac{3}{\sqrt[3]{x}}$ **l)** $f(x) = \sqrt[5]{x^3}$

§ 10, IV., V. Sätze über Stammfunktionen

5. Verfahre wie in Aufgabe 4!

a) $f(x) = \dfrac{2}{\sqrt[4]{x^3}}$ **b)** $f(x) = \dfrac{x}{\sqrt[3]{x}}$ **c)** $f(x) = \sqrt{2x}$ **d)** $f(x) = \sqrt{x-3}$

e) $f(x) = -\sin x$ **f)** $f(x) = -\cos x$ **g)** $f(x) = \dfrac{2}{\cos^2 x}$ **h)** $f(x) = -\dfrac{4}{\sin^2 x}$

i) $f(x) = 2 \sin 2x$ **j)** $f(x) = -3 \cos 3x$ **k)** $f(x) = \sin \dfrac{x}{2}$ **l)** $f(x) = \cos 4x$

6. Es sei f die Funktion zu $f(x) = -\dfrac{1}{x^2}$.

a) Zeige durch $F_1(x) = \dfrac{1}{x}$ und durch $F_2(x) = \dfrac{1+|x|}{x}$ sind Stammfunktionen von f gegeben!

b) Welchen Bedingungen müssen die Zahlen a und b genügen, damit für alle $x \in [a;b]$ gilt: $F_1(x) - F_2(x) = c$ mit einer bestimmten Zahl $c \in \mathbb{R}$? Um welche Zahl (bzw. welche Zahlen) c handelt es sich?

c) In welchen Fällen gibt es keine solche Zahl?

V.   Sätze über Stammfunktionen

1. Bei den Erörterungen zum Begriff der Stammfunktion im vorigen Abschnitt haben wir bisher nur Fälle betrachtet, bei denen eine Funktion f (wenigstens) eine Stammfunktion F besitzt. Offen ist noch die Frage, ob **jede** Funktion f eine Stammfunktion besitzt oder ob dies nur unter einschränkenden Bedingungen der Fall ist und wie diese Bedingungen gegebenenfalls lauten.

Eine vollständige Behandlung dieses **Existenzproblems** würde den Rahmen dieses Buches überschreiten. Wir begnügen uns daher mit einer kurzen Erläuterung des Wesentlichen.

2. Wir zeigen zunächst an einem **Beispiel,** daß nicht jede Funktion f eine Stammfunktion besitzt.

$$f(x) = \operatorname{sign} x = \begin{cases} 1 & \text{für } x > 0 \\ 0 & \text{für } x = 0 \\ -1 & \text{für } x < 0 \end{cases} \quad \text{(Bild 10.22)}$$

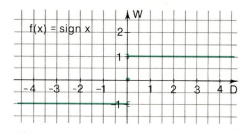

Bild 10.22

Wenn es eine Stammfunktion F von f gäbe, so müßte F folgenden Bedingungen genügen:

1) für $x > 0$ müßte $F(x) = x + c_1$ sein, damit dort $F'(x) = 1 = f(x)$ ist.

2) für $x < 0$ müßte $F(x) = -x + c_2$ sein, damit dort $F'(x) = -1 = f(x)$ ist.

3) F müßte bei 0 differenzierbar und daher auch stetig sein; d.h. es müßte gelten

$$F(0) = 0 + c_1 = -0 + c_2, \text{ also } c_1 = c_2.$$

Somit müßte F gegeben sein durch einen Term der Form

$$F(x) = \begin{cases} x+c & \text{für } x>0 \\ c & \text{für } x=0 \\ -x+c & \text{für } x<0 \end{cases} = |x|+c \quad \text{(Bild 10.23)}.$$

Eine solche Funktion ist jedoch für keine Zahl $c \in \mathbb{R}$ differenzierbar an der Stelle 0 und mithin auch keine Stammfunktion von f. Es gilt also der Satz

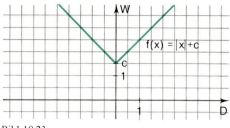

Bild 10.23

S 10.4 Es gibt Funktionen, die keine Stammfunktionen besitzen.

3. Auf Grund des letzten Beispiels könnte man vermuten, daß **unstetige** Funktionen keine Stammfunktion besitzen. Diese Vermutung ist jedoch falsch. Es gibt nämlich differenzierbare Funktionen, deren Ableitung unstetig ist, und daher umgekehrt auch Funktionen, die — obwohl unstetig — dennoch eine Stammfunktion besitzen.
Andererseits kann man zeigen, daß **jede stetige** Funktion eine Stammfunktion besitzt, daß also die Stetigkeit einer Funktion f über einen Intervall [a; b] **hinreichend** dafür ist, daß diese Funktion (wenigstens) eine Stammfunktion besitzt. Es gilt der Satz:

S 10.5 Jede über einem Intervall [a ; b] stetige Funktion f besitzt (wenigstens) eine Stammfunktion F.

Auf den Beweis für diesen Satz müssen wir in diesem Buch verzichten.

4. Da das Bilden einer Stammfunktion die Umkehrung zum Ableiten einer Funktion darstellt, liegt die Vermutung nahe, daß den einfachen Ableitungsregeln (vgl. §4, IV, S. 87f.) auch einfache Regeln für das Bilden von Stammfunktionen entsprechen.
Die Übertragung von Satz S 4.6 führt auf den Satz

S 10.6 Ist F eine Stammfunktion einer Funktion f, so ist für alle $c \in \mathbb{R}$ die Funktion G zu $G(x) = c \cdot F(x)$ eine Stammfunktion der Funktion g zu $g(x) = c \cdot f(x)$.

Beweis: Nach Voraussetzung gilt für alle $x \in D(f)$: $F'(x) = f(x)$. Daraus ergibt sich nach S 4.6: $G'(x) = c \cdot F'(x) = c \cdot f(x) = g(x)$, q.e.d.

5. Die Übertragung der Sätze S 4.7 (Summenregel) und S 4.8 (Differenzregel) führt entsprechend auf den Satz

S 10.7 Ist F_1 eine Stammfunktion von f_1 und F_2 eine Stammfunktion von f_2, so ist die Funktion F zu

$$F(x) = F_1(x) + F_2(x) \qquad | \qquad F(x) = F_1(x) - F_2(x)$$

eine Stammfunktion der Funktion f zu

$$f(x) = f_1(x) + f_2(x). \qquad | \qquad f(x) = f_1(x) - f_2(x).$$

Der Beweis soll in Aufgabe 1 erbracht werden.

§10, V. Sätze über Stammfunktionen

6. Eine ähnlich einfache Übertragung ist bei den anderen Ableitungsregeln (Produkt-, Quotienten- und Kettenregel) nicht möglich; vergleiche die Aufgaben 4 und 5! Auf die Übertragung der Produkt- und der Kettenregel gehen wir in § 12 ein.

Übungen und Aufgaben

1. Beweise den Satz S 10.7!

2. Bestimme jeweils den Term F(x) einer Stammfunktion zu f!
   a) $f(x) = 5x^4 - 1$
   b) $f(x) = (x-2)^2$
   c) $f(x) = x^3 - 4x^2$
   d) $f(x) = 1 - 2x^3$
   e) $f(x) = 2x^3 + 4x + 3$
   f) $f(x) = 2x - \frac{1}{x^2}$
   g) $f(x) = \frac{1}{x^2} + 3x^2$
   h) $f(x) = 1 - \frac{4}{x^3}$
   i) $f(x) = \sqrt{x} + 3$
   j) $f(x) = x - \sqrt[3]{x}$
   k) $f(x) = \sqrt[3]{x^2} - \frac{2}{x^2}$
   l) $f(x) = \frac{1}{\sqrt{x}} + 6x$
   m) $f(x) = \frac{1}{\sqrt[3]{x}} + x\sqrt{x}$
   n) $f(x) = x\left(\sqrt[3]{x} + \frac{1}{\sqrt[4]{x^3}}\right)$
   o) $f(x) = 4x^3 - 2\sin x$
   p) $f(x) = \frac{1}{\cos^2 x} - \frac{1}{\sin^2 x}$
   q) $f(x) = 3\cos x + 1$
   r) $f(x) = \sqrt{x} - \sin x$
   s) $f(x) = \frac{1}{x^2} - \cos x$
   t) $f(x) = \frac{1}{\sin^2 x \cdot \cos^2 x}$
   u) $f(x) = \frac{1}{\sqrt[3]{x^2}} - \frac{1}{\sqrt[3]{x}}$

   Anleitung zu t): Benutze die Gleichung $\sin^2 x + \cos^2 x = 1$ für den Zähler des Bruchterms!

3. Untersuche jeweils, ob es zur Funktion f über dem Intervall [a; b] eine Stammfunktion F gibt!
   a) $f(x) = c$; $c \in \mathbb{R}$; $a = -4$; $b = 4$
   b) $f(x) = \text{sign } x$; $a = 1$; $b = 5$
   c) $f(x) = \text{sign } x$; $a = -3$; $b = 2$
   d) $f(x) = |x|$; $a = -2$; $b = 2$

4. Es sei F_1 eine Stammfunktion von f_1 und F_2 eine Stammfunktion von f_2.
   a) Zeige: Die Funktion G zu $G(x) = F_1(x) \cdot F_2(x)$ ist im allgemeinen **keine** Stammfunktion der Funktion zu $\varphi(x) = f_1(x) \cdot f_2(x)$!
   b) Ermittle den Term der Funktion g, deren Stammfunktion G ist!
   c) Kann man $f_1(x)$ und $f_2(x)$ so wählen, daß G Stammfunktion von φ ist?

5. Es sei F_1 eine Stammfunktion von f_1 und F_2 eine Stammfunktion von f_2.
   a) Zeige: Die Funktion G zu $G(x) = \frac{F_1(x)}{F_2(x)}$ ist im allgemeinen **keine** Stammfunktion der Funktion φ zu $\varphi(x) = \frac{f_1(x)}{f_2(x)}$!
   b) Ermittle den Term der Funktion g, deren Stammfunktion G ist!
   c) Kann man $f_1(x)$ und $f_2(x)$ so wählen, daß G Stammfunktion von φ ist?

§ 11 Der Begriff des bestimmten Integrals

I. Das Stammfunktionsintegral

1. Wir kommen nun zurück zum Problem der Flächenmessung bei Normalflächen. In § 10 haben wir eine positive Normalfläche über einem Intervall [a; x] zu einer stetigen Funktion f betrachtet (Bild 11.1) und bewiesen, daß für die zugehörige Flächenmaßzahlfunktion A gilt:

$$A'(x) = f(x).$$

Dies bedeutet, daß die Flächenmaßzahlfunktion A eine **Stammfunktion** der Funktion f ist.
Wir können das Problem der Flächenmessung für Normalflächen also lösen, wenn es gelingt, zur gegebenen Funktion f die fragliche Stammfunktion A zu bestimmen.

2. Nun haben wir in Satz S 10.2 festgestellt, daß jede Funktion f, sofern sie überhaupt eine Stammfunktion besitzt, sogar **unendlich viele Stammfunktionen** hat. Von allen diesen kann im konkreten Fall nur **eine** die gesuchte Maßzahlfunktion A sein. Diese ist dadurch gekennzeichnet, daß

$$A(a) = 0$$

ist, wenn a die untere Grenze der betreffenden Normalfläche ist.

Beachte, daß a für eine beliebige reelle Zahl, möglicherweise also auch für eine negative Zahl steht; es muß nur die Bedingung $a \in D(f)$ erfüllt sein.
Ist nun F **irgendeine Stammfunktion** von f, so gibt es nach Satz S 10.3 eine Zahl $c \in \mathbb{R}$ mit

$$A(x) = F(x) + c.$$

Für x = a ergibt sich:

$$A(a) = F(a) + c,$$

wegen A(a) = 0 also c = −F(a) und somit

$$\mathbf{A(x) = F(x) - F(a)},$$

für eine bestimmte obere Grenze b (mit $b \in D(f)$)

also: $\quad \mathbf{A(b) = F(b) - F(a)}.$

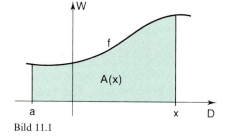

Bild 11.1

Wir können daher sagen:

S 11.1 Wird durch eine Funktion f über einem Intervall [a; b] eine positive Normalfläche festgelegt und ist F eine beliebige Stammfunktion von f, so gilt für die Flächenmaßzahl A der Normalfläche:

$$A = F(b) - F(a).$$

§11, I. Das Stammfunktionsintegral

Beispiel:

Gegeben ist die Funktion f zu $f(x) = \frac{1}{2}x^2$. Gesucht ist die Flächenmaßzahl zur Normalfläche über dem Intervall [1; 3], also für $a=1$ und $b=3$ (Bild 11.2).

Lösung: Eine Stammfunktion F von f ist gegeben durch den Term:

$$F(x) = \frac{1}{6}x^3.$$

Somit gilt für die gesuchte Flächenmaßzahl:

$$A = F(3) - F(1) = \frac{1}{6} \cdot 3^3 - \frac{1}{6} \cdot 1^3 = \frac{27}{6} - \frac{1}{6} = \frac{26}{6} = \frac{13}{3} = 4\frac{1}{3}.$$

Wir hätten auch jede andere Stammfunktion von f benutzen können, z.B. die Funktion F_1 zu $F_1(x) = \frac{1}{6}x^3 + 1$. Dann hätte sich ergeben:

$$A = F_1(3) - F_1(1) = (\tfrac{1}{6} \cdot 3^3 + 1) - (\tfrac{1}{6} \cdot 1^3 + 1) = \frac{33}{6} - \frac{7}{6} = \frac{26}{6} = \frac{13}{3} = 4\frac{1}{3}.$$

In Aufgabe 2 soll noch einmal allgemein gezeigt werden, daß das Ergebnis unabhängig davon ist, welche Stammfunktion von f ausgewählt wird.

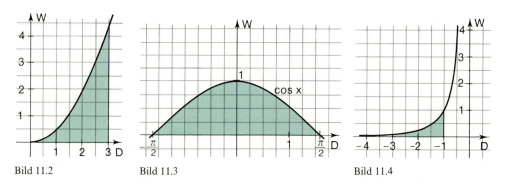

Bild 11.2 Bild 11.3 Bild 11.4

3. Der Satz S 11.1 gilt selbstverständlich auch, wenn $a < 0 \leq b$ oder sogar $a < b \leq 0$ ist.

Beispiele:

1) $f(x) = \cos x$; $a = -\frac{\pi}{2}$ und $b = \frac{\pi}{2}$ (Bild 11.3)

Eine Stammfunktion F zu f ist gegeben durch $F(x) = \sin x$, weil $F'(x) = \cos x = f(x)$ ist. Mithin gilt für die Maßzahl der Fläche:

$$A = \sin \frac{\pi}{2} - \sin\left(-\frac{\pi}{2}\right) = 1 - (-1) = 2.$$

2) $f(x) = \frac{1}{x^2}$; $a = -3$ und $b = -1$ (Bild 11.4)

Eine Stammfunktion F zu f ist gegeben durch $F(x) = -\frac{1}{x}$, weil $F'(x) = \frac{1}{x^2} = f(x)$ ist. Mithin gilt für die Maßzahl der Fläche:

$$A = \left(-\frac{1}{-1}\right) - \left(-\frac{1}{-3}\right) = 1 - \frac{1}{3} = \frac{2}{3}.$$

4. Der Satz S 11.1 zeigt, daß die Differenz F(b)−F(a) zweier Stammfunktionswerte eine besondere Bedeutung hat. Bei den bisherigen Überlegungen haben wir uns aber ausschließlich mit positiven Normalflächen befaßt und vorausgesetzt, daß $a<b$ ist. Von diesen Einschränkungen wollen wir uns jetzt befreien und für eine solche Differenz einen allgemeinen Namen und ein allgemeines Zeichen einführen. (Welche Bedeutung diese Differenz in den bisher nicht betrachteten Fällen hat, werden wir weiter unten erörtern.)

Wir definieren:

D 11.1 Ist F eine Stammfunktion einer Funktion f und gilt $[a;b] \subseteq D(f)$ oder $[b;a] \subseteq D(f)$, dann heißt die Zahl F(b)−F(a) das „bestimmte Integral der Funktion f zwischen den Grenzen a und b"; es wird bezeichnet durch

$$\text{„}\int_a^b f(x)\,dx\text{"} \quad \text{oder kurz durch} \quad \text{„}\int_a^b f\text{".}$$

Es gilt also:

$$\int_a^b f = \int_a^b f(x)\,dx = F(b) - F(a).$$

Bemerkungen:

1) Das Zeichen „$\int_a^b f(x)\,dx$" wird gelesen „Integral[1]) von a bis b f von x dx".

Dieses Zeichen ist in der Hauptsache historisch zu erklären und läßt sich bei der hier dargestellten Einführung in die Integralrechnung nicht voll verständlich machen. Insbesondere kann hier noch nicht begründet werden, warum in diesem Zeichen das Differential dx auftritt. Wir werden darauf in § 12 zurückkommen.

2) In manchen Fällen, z.B. bei der Formulierung von allgemeinen Sätzen, ist statt der ausführlichen Funktionswertschreibweise $\int_a^b f(x)\,dx$ die kürzere Funktionsschreibweise $\int_a^b f$ zweckmäßig, gelesen „Integral von a bis b über f". Wenn bei konkreten Beispielen der Funktionsterm f(x) gegeben ist, werden wir aber stets die ausführlichere Schreibweise verwenden.

3) Auf das Zeichen für die Integrationsvariable kommt es nicht an; statt x kann man auch jeden anderen Buchstaben verwenden; es gilt also z.B.

$$\int_a^b f(x)\,dx = \int_a^b f(t)\,dt = \int_a^b f(u)\,du.$$

Die Integrationsvariable ist eine „gebundene Variable", in die nicht eingesetzt werden darf. Die Bindung wird durch das Zeichen „dx" bzw. durch „dt" oder „du" ausgedrückt.

4) Der Term f(x) unter dem Integralzeichen heißt **„Integrand"**, die Funktion f heißt „Integrandfunktion"; die Zahl a heißt die **„untere Grenze"**, die Zahl b die **„obere Grenze"** des Integrals.

---

[1]) integer (lat), unversehrt, ganz

§11, I. Das Stammfunktionsintegral

5) Wie oben schon gesagt, wird in D 11.1 über die Vorzeichen der Funktionswerte f(x) und über die Grenzen a und b **nichts** vorausgesetzt. Nur für den Fall, daß a<b und f(x)≥0 ist für alle x∈[a;b], stellt das Integral die Flächenmaßzahl der zugehörigen positiven Normalfläche dar.

Es kann aber auch b<a sein; darauf gehen wir in Satz S 11.6 (S.195) ein (vgl. Aufgabe 7). Es kann auch b=a sein; in diesem Falle gilt:

$$\int_a^a f(x)\,dx = F(a) - F(a) = 0.$$

In allen diesen Fällen stellt das bestimmte Integral natürlich keine Flächenmaßzahl dar.

6) Statt F(b)−F(a) schreibt man kurz auch $F(x)\big|_a^b$, gelesen: „F von x in den Grenzen von a bis b". Man schreibt also:

$$\int_a^b f(x)\,dx = F(x)\Big|_a^b.$$

7) In D 11.1 wird der Begriff des bestimmten Integrals nur für solche Funktionen definiert, die eine Stammfunktion besitzen. Genauer spricht man daher vom **„Stammfunktionsintegral"**.

5. Wir betrachten einige **Beispiele:**

1) $\int_0^1 x^3\,dx = \frac{1}{4}x^4\Big|_0^1 = \frac{1}{4} - 0 = \frac{1}{4}$

2) $\int_{-1}^1 x^3\,dx = \frac{1}{4}x^4\Big|_{-1}^1 = \frac{1}{4} - \frac{1}{4} = 0$

3) $\int_8^1 \sqrt[3]{x}\,dx = \int_8^1 x^{\frac{1}{3}}\,dx = \frac{x^{\frac{4}{3}}}{\frac{4}{3}}\Big|_8^1 = \frac{3}{4}x\cdot\sqrt[3]{x}\Big|_8^1 = \frac{3}{4} - \frac{3}{4}\cdot 8\cdot\sqrt[3]{8} = \frac{3}{4} - 12 = -\frac{45}{4}$

4) $\int_0^\pi \sin x\,dx = -\cos x\Big|_0^\pi = -\cos\pi - (-\cos 0) = 1 + 1 = 2$

5) $\int_{-\frac{\pi}{2}}^{\frac{\pi}{2}} \sin x\,dx = -\cos x\Big|_{-\frac{\pi}{2}}^{\frac{\pi}{2}} = -\cos\frac{\pi}{2} + \cos\left(-\frac{\pi}{2}\right) = 0$

Beachte, daß die Integrale unter 2), 3) und 5) **keine** Flächenmaßzahlen darstellen!

6. Wenn das bestimmte Integral $\int_a^b f(x)\,dx$ existiert, so sagt man „die Funktion f ist zwischen den Grenzen a und b integrierbar". Wir definieren:

> **D 11.2** Besitzt eine Funktion f eine Stammfunktion F und gilt [a;b]⊆D(f) oder [b;a]⊆D(f), so heißt die Funktion f „integrierbar zwischen den Grenzen a und b".

Bemerkung: Wir haben den Begriff des bestimmten Integrals hier mit Hilfe des Begriffs der Stammfunktion definiert. Im III. Abschnitt dieses Paragraphen ist kurz noch eine andere Möglichkeit zur Definition dieses Begriffs dargestellt.
Daher müßten wir zur Unterscheidung in D 11.2 genauer von „integrierbar im Sinne des Stammfunktionsintegrals" sprechen. Wenn es von Bedeutung ist, kann man dies durch das Wort **„S-integrierbar"** zum Ausdruck bringen.

Nach Satz S 10.5 besitzt jede stetige Funktion f eine Stammfunktion F. Daher können wir sagen:

S 11.2 Jede über einem Intervall [a; b] stetige Funktion ist über [a; b] auch integrierbar.

Übungen und Aufgaben

1. Über den Intervallen   1) [0; 2]   2) [1; 4]   3) [a; b] ist durch die Funktion f zu $f(x) = \frac{1}{4}x^3$ eine positive Normalfläche festgelegt.
   a) Ermittle die Terme von drei Stammfunktionen von f!
   b) Bestimme mit Hilfe jeder dieser Stammfunktionen die Flächenmaßzahlen der drei Normalflächen! Vergleiche die Ergebnisse miteinander!

2. Beweise: Sind F_1 und F_2 zwei beliebige Stammfunktionen einer Funktion f, so gilt für zwei Zahlen $a, b \in D(f)$ stets: $F_1(b) - F_1(a) = F_2(b) - F_2(a)$!

3. a) $\int_0^3 x \, dx$ b) $\int_{-4}^0 (-2x) \, dx$ c) $\int_2^4 \frac{x}{2} \, dx$ d) $\int_a^b m x \, dx$ e) $\int_0^2 x^2 \, dx$ f) $\int_{-1}^1 3x^2 \, dx$

   g) $\int_1^6 \frac{x^2}{2} \, dx$ h) $\int_{-1}^3 x^3 \, dx$ i) $\int_{-1}^2 \frac{x^3}{3} \, dx$ j) $\int_{-1}^1 x^4 \, dx$ k) $\int_0^2 10 x^4 \, dx$ l) $\int_0^1 x^n \, dx$

4. a) $\int_1^2 \frac{1}{x^2} \, dx$ b) $\int_1^4 \frac{dx}{2x^2}$ c) $\int_1^3 \frac{dx}{x^3}$ d) $\int_1^4 \sqrt{x} \, dx$ e) $\int_1^8 \sqrt[3]{x} \, dx$ f) $\int_0^{32} \frac{1}{5} \sqrt[5]{x} \, dx$

   g) $\int_1^9 \frac{dx}{\sqrt{x}}$ h) $\int_1^{27} \frac{3 \, dx}{\sqrt[3]{x}}$ i) $\int_1^{16} \frac{dx}{\sqrt[4]{x^3}}$ j) $\int_0^4 x \sqrt{x} \, dx$ k) $\int_1^8 x \sqrt[3]{x} \, dx$ l) $\int_1^9 \frac{x}{\sqrt{x}} \, dx$

5. a) $\int_0^{\pi/3} \sin x \, dx$ b) $\int_{\pi/6}^{\pi/2} \cos x \, dx$ c) $\int_{\pi/3}^{2\pi/3} 3 \sin x \, dx$ d) $\int_0^{\pi} \frac{1}{2} \cos x \, dx$ e) $\int_0^{\pi/4} \frac{dx}{\cos^2 x}$ f) $\int_{\pi/4}^{\pi/2} \frac{dx}{\sin^2 x}$

6. Berechne jeweils die Maßzahl der Normalfläche über dem Intervall [a; b]!

	a)	b)	c)	d)	e)	f)	g)	h)	i)	j)
f(x)	$x+2$	$4-x^2$	$\sqrt{x}$	$\frac{1}{\sqrt{x}}$	$\frac{1}{x^2}$	$\frac{1}{x^3}$	$\sqrt[3]{x}$	$\frac{1}{\sqrt[3]{x^2}}$	$\cos x$	$\frac{1}{\sin^2 x}$
a	1	-1	0	1	1	1	0	1	$-\frac{\pi}{2}$	$\frac{\pi}{4}$
b	3	2	9	4	5	2	1	8	$\frac{\pi}{2}$	$\frac{\pi}{2}$

7. Welche Beziehung besteht zwischen den angegebenen Integralen?
   a) $\int_a^b f(x) \, dx$ und $\int_b^a f(x) \, dx$ b) $\int_a^b f(u) \, du$ und $\int_a^b f(v) \, dv$ c) $\int_a^b f(t) \, dt$ und $\int_b^a f(s) \, ds$

II.   Einfache Sätze zum bestimmten Integral

1. In §10 sind wir beim Problem der Flächenmessung davon ausgegangen, daß es zu jeder positiven Normalfläche mit einer unteren Grenze a eine Maßzahlfunktion A gibt. Diese Funktion ordnet jeder oberen Grenze x die Flächenmaßzahl A(x) der positiven Normalfläche über dem Intervall [a;x] zu. Die untere Grenze a der Normalfläche ist also für alle Funktionswerte von A die gleiche Zahl, während die obere Grenze x die Funktionsvariable der Funktion A ist.

Den Begriff des bestimmten Integrals haben wir im Gegensatz dazu bisher nur für ein Intervall [a;b] mit festen Grenzen a und b definiert. Wegen des engen Zusammenhangs zwischen der Flächenmessung und dem Integralbegriff liegt es nahe, den Integralbegriff dadurch zu erweitern, daß wir auch hier die obere Grenze als Funktionsvariable auffassen. Dadurch wird jedem Wert x der oberen Grenze der betreffende Integralwert als Funktionswert zugeordnet. Wir nennen diese Funktion „**Integralfunktion**" und bezeichnen sie mit „F_a". Der Index a deutet an, daß diese Funktion zu einer bestimmten unteren Grenze a gehört. Zur Unterscheidung nehmen wir dann für die Integrationsvariable einen anderen Buchstaben, z.B. t. Wir definieren:

> **D 11.3** Unter der „**Integralfunktion**" einer zwischen den Grenzen a und x integrierbaren Funktion f versteht man die Funktion F_a zu
> $$F_a(x) = \int_a^x f(t)\,dt.$$

Ist also F eine beliebige Stammfunktion von f, so gilt nach D 11.1 und D 11.3:

$$F_a(x) = F(x) - F(a).$$

Beachte, daß es bei einer integrierbaren Funktion f zu jeder Zahl $a \in D(f)$ genau eine Integralfunktion F_a gibt!

Beispiel: Zu $f(x) = x^2$ ist $F_1(x) = \int_1^x t^2\,dt = \dfrac{x^3}{3} - \dfrac{1}{3}$; $F_2(x) = \int_2^x t^2\,dt = \dfrac{x^3}{3} - \dfrac{8}{3}$,

allgemein: $F_a(x) = \int_a^x t^2\,dt = \dfrac{x^3}{3} - \dfrac{a^3}{3}$.

2. Aus den Definitionen D 11.1 und D 11.3 ergibt sich unmittelbar, daß jede Integralfunktion von f auch eine Stammfunktion von f ist. Ist nämlich F irgendeine Stammfunktion von f, so gilt nach D 11.1 und D 11.3:

$$F_a(x) = \int_a^x f(t)\,dt = F(x) - F(a);$$

daraus ergibt sich:

$$F_a'(x) = \left(\int_a^x f(t)\,dt \right)' = (F(x) - F(a))' = F'(x) - 0 = f(x).$$

Also ist auch F_a eine Stammfunktion von f.

Es gilt also der Satz:

S 11.3 Jede Integralfunktion F_a zu einer Funktion f ist auch Stammfunktion von f.

Umgekehrt braucht aber nicht jede Stammfunktion von f eine Integralfunktion von f zu sein.

Beispiel: Die Integralfunktionen zu $f(x) = x$ sind gegeben durch:
$$F_a(x) = \int_a^x t\, dt = \frac{x^2}{2} - \frac{a^2}{2}.$$
Hierbei ist für alle $a \in \mathbb{R}$ der Summand $-\frac{a^2}{2}$ nicht positiv; daher ist z.B. die Funktion F zu $F(x) = \frac{x^2}{2} + 1$ zwar **Stammfunktion, aber nicht Integralfunktion** von f (Aufgabe 2).

3. Der Begriff des bestimmten Integrals ist in D 11.1 mit Hilfe des Begriffs der Stammfunktion definiert worden. Daher liegt die Vermutung nahe, daß den Sätzen S 10.6 und S 10.7 über Stammfunktionen einfache Regeln für bestimmte Integrale entsprechen. Dem Satz S 10.6 entspricht der Satz

S 11.4 Ist eine Funktion f zwischen den Grenzen a und b integrierbar, so gilt für alle $c \in \mathbb{R}$:
$$\int_a^b c\, f = c \cdot \int_a^b f.$$

Beweis: Es sei F eine Stammfunktion von f und für alle $x \in D(f)$ gelte: $g(x) = c \cdot f(x)$. Dann ist nach Satz S 10.6 die Funktion G zu $G(x) = c \cdot F(x)$ Stammfunktion von g. Mithin gilt:
$$\int_a^b c \cdot f = \int_a^b g = G(b) - G(a) = c\, F(b) - c\, F(a) = c[F(b) - F(a)] = c \cdot \int_a^b f, \quad \text{q.e.d.}$$

Beispiel: $\int_0^3 \frac{1}{2} x^2\, dx = \frac{1}{2} \int_0^3 x^2\, dx = \frac{1}{2} \cdot \frac{1}{3} x^3 \Big|_0^3 = \frac{1}{2} \cdot \frac{1}{3} \cdot 3^3 = \frac{1}{2} \cdot 9 = 4{,}5.$

4. Dem Satz S 10.7 entspricht der Satz

S 11.5 Sind zwei Funktionen f_1 und f_2 integrierbar zwischen den Grenzen a und b, so gilt:
$$\int_a^b (f_1 \pm f_2) = \int_a^b f_1 \pm \int_a^b f_2.$$

Wir führen den **Beweis** für den Fall der Summe. Ist F_1 Stammfunktion zu f_1 und F_2 Stammfunktion zu f_2, so ist nach Satz S 10.7 die Funktion F zu $F(x) = F_1(x) + F_2(x)$ Stammfunktion der Funktion f zu $f(x) = f_1(x) + f_2(x)$. Mithin gilt:
$$\int_a^b f = \int_a^b (f_1 + f_2) = F(b) - F(a) = [F_1(b) + F_2(b)] - [F_1(a) + F_2(a)]$$
$$= [F_1(b) - F_1(a)] + [F_2(b) - F_2(a)] = \int_a^b f_1 + \int_a^b f_2, \quad \text{q.e.d.}$$

Für den Fall der Differenz soll der Beweis in Aufgabe 3 geführt werden.

§11, II. Einfache Sätze zum bestimmten Integral

Beispiele:

1) $\int_0^2 (x+x^2)\,dx = \int_0^2 x\,dx + \int_0^2 x^2\,dx = \dfrac{x^2}{2}\Big|_0^2 + \dfrac{x^3}{3}\Big|_0^2 = \dfrac{2^2}{2} + \dfrac{2^3}{3} = 2 + \dfrac{8}{3} = \dfrac{14}{3}$

2) $\int_1^2 \left(3x - \dfrac{5}{x^2}\right) dx = 3\int_1^2 x\,dx - 5\int_1^2 \dfrac{dx}{x^2} = \dfrac{3}{2} x^2 \Big|_1^2 + \dfrac{5}{x}\Big|_1^2$

$= \dfrac{3}{2}(2^2 - 1^2) + 5 \cdot \left(\dfrac{1}{2} - 1\right) = \dfrac{3}{2} \cdot 3 + 5 \cdot \left(-\dfrac{1}{2}\right) = \dfrac{9}{2} - \dfrac{5}{2} = 2.$

5. Die beiden vorstehenden Sätze beziehen sich auf die Integrandfunktion f. Weitere Sätze beziehen sich auf die Integralgrenzen. Wir untersuchen zunächst, was sich ergibt, wenn man die Grenzen eines Integrals vertauscht. Es gilt:

$$\int_b^a f = F(a) - F(b) = -[F(b) - F(a)] = -\int_a^b f.$$

Es gilt also der Satz

S 11.6   **Ist eine Funktion f zwischen den Grenzen a und b integrierbar, so gilt:**

$$\int_b^a f = -\int_a^b f.$$

6. In Bild 11.5 ist eine positive Normalfläche über dem Intervall [a; c] dargestellt, die in zwei Teile über den Intervallen [a; b] und [b; c] zerlegt ist. Nach der Grundeigenschaft 4 (S. 174) muß für die zugehörigen Flächenmaßzahlen A, A_1 und A_2 gelten:

$$A = A_1 + A_2.$$

Falls f zwischen a und b sowie zwischen b und c integrierbar ist, müßte also gelten:

$\int_a^c f = \int_a^b f + \int_b^c f.$ Dies wollen wir beweisen.

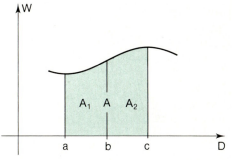

Bild 11.5

Nach Voraussetzung besitzt f eine Stammfunktion F und es gilt [a; b] ⊆ D(f) oder [b; a] ⊆ D(f) sowie [b; c] ⊆ D(f) oder [c; b] ⊆ D(f). Daraus folgt, daß auch gilt [a; c] ⊆ D(f) oder [c; a] ⊆ D(f) (Aufgabe 4). Daher ist f auch zwischen a und c integrierbar, und es gilt:

$$\int_a^b f + \int_b^c f = F(b) - F(a) + F(c) - F(b) = F(c) - F(a) = \int_a^c f, \quad \text{q.e.d.}$$

Damit haben wir die Eigenschaft der „Intervalladditivität" des bestimmten Integrals bewiesen:

S 11.7   **Ist eine Funktion f zwischen a und b sowie zwischen b und c integrierbar, so ist sie auch zwischen a und c integrierbar, und es gilt:**

$$\int_a^c f = \int_a^b f + \int_b^c f.$$

7. Ähnlich beweist man auch den Satz

S 11.8 **Ist eine Funktion f zwischen a und b sowie zwischen a und c integrierbar, so ist sie auch zwischen b und c integrierbar, und es gilt:**
$$\int_b^c f = \int_a^c f - \int_a^b f.$$

Der einfachste Fall ist in Bild 11.6 dargestellt. Der Beweis soll in Aufgabe 5 erbracht werden.

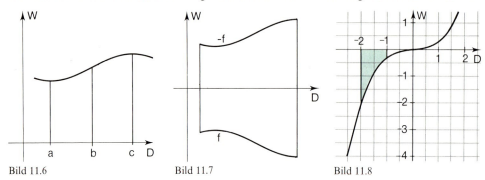

Bild 11.6   Bild 11.7   Bild 11.8

8. Zum Schluß dieses Abschnitts kommen wir nochmals auf das Problem der Flächenmessung zurück. Nach S 11.1 und D 11.1 stellt ein bestimmtes Integral, falls es sich auf eine positive Normalfläche über einem Intervall [a; b] bezieht, die Maßzahl dieser Fläche dar. Jede **negative** Normalfläche kann durch Spiegelung an der D-Achse auf eine kongruente, also auch inhaltsgleiche positive Normalfläche abgebildet werden (Bild 11.7). Der Graph von f wird dabei abgebildet auf den Graphen von $-f$.

Da das Integral $\int_a^b (-f)$ nach unseren früheren Überlegungen eine positive Zahl ist, gilt für die Flächenmaßzahl **beider** Flächen (der positiven wie der negativen):
$$A = \int_a^b (-f) = -\int_a^b f = \left| \int_a^b f \right|.$$

Insgesamt können wir also sagen:

S 11.9 **Wird durch eine Funktion f über einem Intervall [a; b] eine (positive oder negative) Normalfläche festgelegt und ist f über [a; b] integrierbar, so hat die Fläche die Maßzahl**
$$A = \left| \int_a^b f \right| = \left| \int_a^b f(x)\,dx \right|.$$

Beispiel:

Durch die Funktion f zu $f(x) = \frac{1}{4} x^3$ wird über dem Intervall $[-2; -1]$ eine negative Normalfläche festgelegt (Bild 11.8). Für die Maßzahl dieser Fläche gilt daher:
$$A = \left| \int_{-2}^{-1} \frac{1}{4} x^3 \, dx \right| = \left| \frac{1}{4} \cdot \frac{x^4}{4} \right|_{-2}^{-1} \left| = \left| \frac{(-1)^4}{16} - \frac{(-2)^4}{16} \right| = \left| \frac{1}{16} - 1 \right| = \left| -\frac{15}{16} \right| = \frac{15}{16}.$$

Bemerkung: Flächenmessung bei Flächen, die keine Normalflächen sind, behandeln wir in § 13, I.

§11, II. Einfache Sätze zum bestimmten Integral

Übungen und Aufgaben

1. Bestimme jeweils den Term $F_a(x)$ der Integralfunktion F_a! Bestätige das Ergebnis durch Differenzieren!

   a) $\int_{1}^{x} 3t\, dt$
   b) $\int_{2}^{x} \left(\frac{1}{2}t^2 + 2\right) dt$
   c) $\int_{-2}^{x} \left(\frac{3}{4}t + 1\right) dt$
   d) $\int_{-1}^{x} t^2\, dt$

   e) $\int_{-4}^{x} \frac{1}{5}t^2\, dt$
   f) $\int_{2}^{x} \left(\frac{1}{2}t^2 + t\right) dt$
   g) $\int_{-3}^{x} \left(\frac{4}{3}t^3 + 2t\right) dt$
   h) $\int_{0}^{x} \sqrt{a}\, da$

   i) $\int_{1}^{x} \sqrt[3]{a}\, da$
   j) $\int_{4}^{x} a\sqrt{a}\, da$
   k) $\int_{0}^{x} (\sqrt[4]{v^3} + 1)\, dv$
   l) $\int_{2}^{x} \frac{1}{v^2}\, dv$

   m) $\int_{2}^{x} \frac{2}{u^3}\, du$
   n) $\int_{1}^{x} \frac{10}{u^4}\, du$
   o) $\int_{4}^{x} \frac{1}{\sqrt{p}}\, dp$
   p) $\int_{9}^{x} \frac{3}{\sqrt[3]{p}}\, dp$

   q) $\int_{8}^{x} \frac{1}{\sqrt[3]{p^2}}\, dp$
   r) $\int_{\frac{\pi}{2}}^{x} \sin b\, db$
   s) $\int_{0}^{x} \cos q\, dq$
   t) $\int_{\frac{\pi}{4}}^{x} \frac{1}{\cos^2 q}\, dq$

2. Untersuche jeweils, ob jede Stammfunktion von f auch Integralfunktion von f ist! Begründe deine Antwort! Ermittle gegebenenfalls den Term einer Funktion F, die zwar Stammfunktion, aber zu keinem Wert der unteren Grenze a Integralfunktion von f ist!

   a) $f(x) = 2x$
   b) $f(x) = 2x - 1$
   c) $f(x) = x^2 + 1$
   d) $f(x) = 4x^3$
   e) $f(x) = \sin x$
   f) $f(x) = 2\cos x$

3. Beweise den Satz S 11.5 für den Fall der Differenz!

4. Zeige: Gilt $[a;b] \subseteq D(f)$ oder $[b;a] \subseteq D(f)$ sowie $[b;c] \subseteq D(f)$ oder $[c;b] \subseteq D(f)$, so gilt auch $[a;c] \subseteq D(f)$ oder $[c;a] \subseteq D(f)$!

   Anleitung: Es sind sechs wesentliche Fälle zu unterscheiden:
   1. Fall: $a \leq b$ und $b \leq c$, also $a \leq b \leq c$.
   2. Fall: $a \leq c$ und $c \leq b$, also $a \leq c \leq b$.
   Untersuche zunächst, welche weiteren Fälle es gibt!

5. Beweise den Satz S 11.8!

6. a) $\int_{-1}^{1} \left(3x - \frac{x^2}{2}\right) dx$
   b) $\int_{0}^{2} (2x + 3x^2)\, dx$
   c) $\int_{-1}^{2} (x^3 - 3x^2 - 2x)\, dx$
   d) $\int_{-2}^{1} (4x^3 - x)\, dx$

   e) $\int_{-1}^{3} \left(\frac{x^2}{2} + x\right) dx$
   f) $\int_{-1}^{3} \frac{3}{7}(x-2)^2\, dx$
   g) $\int_{-1}^{1} (2x + 3x^2 + 4x^3)\, dx$
   h) $\int_{1}^{2} (x^4 - x^3 - x^2)\, dx$

7. a) $\int_{1}^{2} \left(\frac{1}{x^2} + x\right) dx$
   b) $\int_{1}^{3} \left(\frac{1}{x^2} - \frac{2}{x^3}\right) dx$
   c) $\int_{1}^{2} \left(3x^2 - \frac{5}{x^4}\right) dx$
   d) $\int_{0}^{4} (\sqrt{x} - 1)\, dx$

   e) $\int_{1}^{9} \left(\frac{1}{x^2} - 2\sqrt{x}\right) dx$
   f) $\int_{0}^{8} (4\sqrt[3]{x} + 2)\, dx$
   g) $\int_{1}^{4} \left(\frac{1}{\sqrt{x}} - \sqrt{x}\right) dx$
   h) $\int_{1}^{8} \left(\frac{1}{\sqrt[3]{x}} + 3\right) dx$

8. a) $\int_0^1 \left(\frac{3}{4}\sqrt[3]{x} - \frac{1}{3}\sqrt{x}\right) dx$ **b)** $\int_{\frac{1}{8}}^1 \left(\frac{1}{3\sqrt[3]{x}} + \frac{1}{2}x\right) dx$ **c)** $\int_0^\pi (\sin x + \cos x) dx$ **d)** $\int_{-\frac{\pi}{2}}^{\frac{\pi}{2}} (x + \cos x) dx$

e) $\int_0^{\frac{\pi}{2}} \cos x \, dx$ **f)** $\int_0^{\frac{\pi}{4}} \frac{3}{\cos^2 x} dx$ **g)** $\int_{\frac{\pi}{4}}^{\frac{\pi}{2}} \left(-\frac{2}{\sin^2 x}\right) dx$ **h)** $\int_0^{\frac{\pi}{4}} \left(2 + \frac{5}{\cos^2 x}\right) dx$

9. a) Beweise den Satz über die „Linearität" des bestimmten Integrals: Sind zwei Funktionen f_1 und f_2 integrierbar zwischen den Grenzen a und b, so gilt für alle $c_1, c_2 \in \mathbb{R}$:

$$\int_a^b [c_1 f_1(x) + c_2 f_2(x)] \, dx = c_1 \int_a^b f_1(x) \, dx + c_2 \int_a^b f_2(x) \, dx \, !$$

b) Zeige, daß die Sätze S 11.4 und S 11.5 Sonderfälle dieses Satzes sind!

10. Ermittle die Lösungsmengen der folgenden Gleichungen in der Grundmenge $G[x] = \mathbb{R}$!

a) $\int_0^x \frac{1}{2} t \, dt = 4$ **b)** $\int_0^x dt = \frac{15}{2}$ **c)** $\int_0^x t^2 \, dt = 9$ **d)** $\int_0^x t^3 \, dt = \frac{81}{4}$

e) $\int_{-3}^x 2t^2 \, dt = 0$ **f)** $\int_{-2}^x \frac{4}{5} t^3 \, dt = 0$ **g)** $\int_0^x 3{,}6 t^3 \, dt = 14{,}4$ **h)** $\int_{-1}^x t^2 \, dt = 3$

i) $\int_0^2 dt = 2 \int_0^x dt$ **j)** $\int_1^3 t \, dt = 2 \int_1^x t \, dt$ **k)** $\int_1^5 2 t \, dt = 3 \int_1^x 2t \, dt$ **l)** $\int_{-2}^2 t^2 \, dt = \frac{1}{4} \int_{-2}^x dt$

m) $\int_{-3}^0 \left(\frac{1}{2} t + 2\right) dt = 5 \int_{-3}^x \left(\frac{1}{2} t + 2\right) dt$ **n)** $5 \int_0^2 (t+1) \, dt = 2 \int_2^x (t+2) \, dt$

11. Zeichne die Normalflächen mit der Randfunktion f und den Grenzen a und b! Berechne ihre Flächenmaßzahlen!

	a)	b)	c)	d)	e)	f)	g)
f(x)	$x^2 + x$	$(x-2)^2$	$x^3 - x^2$	$1 - \frac{1}{x^2}$	$2x^3 - 3x^2 - 1$	$2 - \sin x$	$1 + \cos x$
a	-1	-1	0	1	-1	π	$\frac{\pi}{2}$
b	0	1	1	2	1	$\frac{3\pi}{2}$	$\frac{3\pi}{2}$

12. Welche Parallele zur W-Achse teilt die Normalfläche mit der Randfunktion f und den Grenzen a und b aus Aufgabe 11 a) bis e) im Verhältnis 2:1 (1:1; 1:3)?

13. Bestimme jeweils die Nullstellen der Funktion f und berechne die Maßzahlen der durch diese Nullstellen begrenzten Normalfläche(n)!

a) $f(x) = 1 - x^2$ **b)** $f(x) = x - x^2$ **c)** $f(x) = x(x-5)$ **d)** $f(x) = 2 - x - x^2$
e) $f(x) = 4x - x^3$ **f)** $f(x) = 8 + 2x - x^2$ **g)** $f(x) = x^4 - 3x^2 - 4$ **h)** $f(x) = x^3 - 5x^2 + 3x + 9$

14. Es gilt $\int_{-1}^{1} (x^3 - x)\,dx = 0$.

  a) Was bedeutet das Ergebnis für den Graphen der Funktion?

  b) Zeige, daß für alle $a \in \mathbb{R}$ gilt: $\int_{-a}^{a} (x^3 - x)\,dx = 0$! Welche Eigenschaft des Graphen kommt in diesem Ergebnis zum Ausdruck?

  c) Für welche Funktionen f gilt: $\int_{-a}^{a} f(x)\,dx = 0$ mit $a \in \mathbb{R}$! (Beweis!)

15. a) Zeige, daß gilt $\int_{-2}^{2} (x^4 - 4x^2)\,dx = 2 \cdot \int_{0}^{2} (x^4 - 4x^2)\,dx$!

  b) Welche Eigenschaft der Integranden ermöglicht die Vereinfachung?

  c) Für welche Funktionen f gilt $\int_{-a}^{a} f(x)\,dx = 2 \cdot \int_{0}^{a} f(x)\,dx$? (Beweis!)

16. Für welche reellen Zahlen a gelten folgende Gleichungen?

  a) $\int_{0}^{a} t^2\,dt = \int_{0}^{a} t\,dt$ \qquad **b)** $\int_{0}^{a} 4\sqrt[3]{t}\,dt = \int_{0}^{a} 2\sqrt{t}\,dt$

17. Welche Beziehung besteht zwischen den Integralen $\int_{a}^{b} f$ und $\int_{ca}^{cb} f$?

  a) $f(x) = x^2$ \qquad **b)** $f(x) = \dfrac{1}{x^2}$ \qquad **c)** $f(x) = \sqrt{x}$

III. Das bestimmte Integral als Summengrenzwert

1. In §10, I haben wir uns klargemacht, daß das Problem der Flächenmessung bei Normalflächen auf die Umkehrung der Grundfrage der Differentialrechnung führt, nämlich auf die Ermittlung einer Stammfunktion F zur gegebenen Funktion f, einer Funktion F also mit $F' = f$.

Dieser Sachverhalt ist keineswegs unmittelbar einsichtig; das Ergebnis ist — zumindest für jemanden, der sich mit diesem Problem noch nicht näher befaßt hat — sehr überraschend. Zunächst hätte es sicherlich nähergelegen, bei der Ermittlung der Maßzahl einer Normalfläche ähnlich vorzugehen wie beim Problem des Kreisflächeninhaltes. Dort haben wir mit einer Folge von dem Kreis einbeschriebenen und einer Folge von dem Kreis umbeschriebenen Vielecken gearbeitet und auf diese Weise immer genauere Näherungswerte für die Maßzahl der Kreisfläche ermittelt.

2. In der Tat ist es möglich, auch bei Normalflächen so vorzugehen. Wir werden dies im folgenden an einem uns schon bekannten Beispiel insbesondere auch deshalb tun, weil bei vielen Anwendungsproblemen der Integralrechnung in der Regel ebenfalls nicht auf Anhieb zu erkennen ist, daß die Fragestellung auf die Umkehrung des Differenzierens, also auf die Aufgabe führt, eine Stammfunktion F zu einer gegebenen Funktion f zu bestimmen.

3. Wir gehen aus von folgendem

Beispiel:

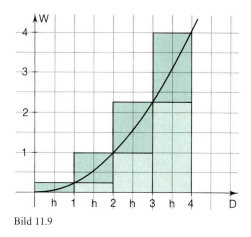

Bild 11.9

Gegeben sei die Funktion f zu $f(x)=\frac{1}{4}x^2$. Wir suchen eine Maßzahl für die positive Normalfläche unter dem zugehörigen Funktionsgraphen über einem Intervall [0; b]. In Bild 11.9 ist b = 4 gewählt. Wir nähern nun die gegebene Normalfläche an durch eine zu kleine „untere Treppenfläche" t und durch eine zu große „obere Treppenfläche" T, wie sie in Bild 11.9 eingezeichnet sind. Dort ist das Intervall [0; 4] in vier Teilintervalle A_1, A_2, A_3 und A_4 zerlegt, die sämtlich die Längenmaßzahl h = 1 haben.

Wir bezeichnen die Maßzahlen der beiden Treppenflächen als „**Untersumme**" s_4 bzw. als „**Obersumme**" S_4. Es gilt:

$s_4 = f(1)\cdot 1 + f(2)\cdot 1 + f(3)\cdot 1 = \frac{1}{4}\cdot 1^2 + \frac{1}{4}\cdot 2^2 + \frac{1}{4}\cdot 3^2 = \frac{1}{4}(1+4+9) = 3{,}5$ und

$S_4 = f(1)\cdot 1 + f(2)\cdot 1 + f(3)\cdot 1 + f(4)\cdot 1 = \frac{1}{4}\cdot 1^2 + \frac{1}{4}\cdot 2^2 + \frac{1}{4}\cdot 3^2 + \frac{1}{4}\cdot 4^2 = \frac{1}{4}(1+4+9+16) = 7{,}5$.

Diese beiden Zahlen stellen natürlich nur sehr grobe Näherungswerte für die tatsächliche Maßzahl der Normalfläche dar.

Wir müssen das Intervall in eine größere Anzahl von Teilintervallen zerlegen, um bessere Näherungswerte zu erhalten. Wir führen die Rechnung sofort allgemein für ein Intervall [0; b] durch. Wenn wir dies in n gleichgroße Teilintervalle zerlegen, dann hat jedes einzelne Teilintervall die Längenmaßzahl $h = \frac{b}{n}$. Wir erhalten für die Untersumme s_n und für die Obersumme S_n:

$$s_n = [f(h) + f(2h) + \ldots + f((n-1)\cdot h)]\cdot h$$
$$= \tfrac{1}{4}[h^2 + (2h)^2 + \ldots + (n-1)^2\cdot h^2]\cdot h$$
$$= \frac{h^3}{4}[1^2 + 2^2 + \ldots + (n-1)^2]$$
$$= \frac{b^3}{4n^3}[1^2 + 2^2 + \ldots + (n-1)^2].$$

$$S_n = [f(h) + f(2h) + \ldots + f(nh)]\cdot h$$
$$= \tfrac{1}{4}[h^2 + (2h)^2 + \ldots + (nh)^2]\cdot h$$
$$= \frac{h^3}{4}[1^2 + 2^2 + \ldots + n^2]$$
$$= \frac{b^3}{4n^3}[1^2 + 2^2 + \ldots + n^2].$$

4. Sowohl bei s_n wie bei S_n tritt eine Summe von Quadratzahlen auf. Für diese Summen gibt es eine Summenformel, die man mit Hilfe des Beweisverfahrens der vollständigen Induktion beweisen kann (Aufgabe 1i zu §5, II, S.106). Es gilt:

$$1^2 + 2^2 + \ldots + n^2 = \frac{n(n+1)(2n+1)}{6} \quad \text{(für alle } n \in \mathbb{N}\text{)} \quad \text{und}$$

$$1^2 + 2^2 + \ldots + (n-1)^2 = \frac{(n-1)n(2n-1)}{6} \quad \text{(für alle } n \in \mathbb{N}^{>1}\text{).}$$

Damit erhält man:

$$s_n = \frac{b^3}{4n^3} \cdot \frac{(n-1)n(2n-1)}{6} = \frac{b^3}{24}\left(1-\frac{1}{n}\right)\left(2-\frac{1}{n}\right) \quad \text{und}$$

$$S_n = \frac{b^3}{4n^3} \cdot \frac{n(n+1)(2n+1)}{6} = \frac{b^3}{24}\left(1+\frac{1}{n}\right)\left(2+\frac{1}{n}\right).$$

Durch Einsetzen von 1, 2, 3, ... in n kann man der Reihe nach die Untersummen $s_1, s_2, s_3, ...$ und die Obersummen $S_1, S_2, S_3, ...$ bestimmen. s_n und S_n stellen zwei **„Zahlenfolgen"** dar, ähnlich den Zahlenfolgen, die wir schon bei der Einführung in die Differentialrechnung kennengelernt haben. Dort handelt es sich um Folgen von Differenzquotienten bzw. Intervallsteigungen (S. 62ff.); hier um Unter- bzw. Obersummen zur gesuchten Flächenmaßzahl. Wie dort haben wir auch hier offenbar einen **Grenzwert** zu bestimmen. Dort lautete die Bedingung für die Grenzwertbildung $h \to 0$. Wir können auch hier mit dieser Bedingung arbeiten, wenn wir $h = \frac{b}{n}$ bei s_n und bei S_n einsetzen. Wenn nämlich für n immer größere Zahlen gewählt werden, streben die Längen der Teilintervalle gegen 0: $h \to 0$. Ersetzen wir $\frac{b}{n}$ durch h, dann hängen die Untersummen und die Obersummen von h ab; wir bezeichnen sie deshalb mit „s(h)" und „S(h)". Es gilt dann:

$$s(h) = \frac{b}{24}\left(b-\frac{b}{n}\right)\left(2b-\frac{b}{n}\right) = \frac{b}{24}(b-h)(2b-h) \quad \text{und}$$

$$S(h) = \frac{b}{24}\left(b+\frac{b}{n}\right)\left(2b+\frac{b}{n}\right) = \frac{b}{24}(b+h)(2b+h).$$

Nach den Grenzwertsätzen von §4, III ergibt sich:

$$\lim_{h \to 0} s(h) = \frac{b}{24} \cdot b \cdot 2b = \frac{b^3}{12} \quad \text{und} \quad \lim_{h \to 0} S(h) = \frac{b}{24} \cdot b \cdot 2b = \frac{b^3}{12}.$$

Bemerkung: Es ist üblich, hier die Grenzwertbedingung nicht durch $h \to 0$, sondern durch die Variable n auszudrücken und zu schreiben:

$n \to \infty$, gelesen „n gegen unendlich" (vgl. §16, S. 286).

Dann gilt $\lim_{n \to \infty} \frac{1}{n} = 0$ und daraus ergibt sich mit Hilfe entsprechender Grenzwertsätze:

$$\lim_{n \to \infty} s_n = \frac{b^3}{12} \quad \text{und} \quad \lim_{n \to \infty} S_n = \frac{b^3}{12}.$$

5. Da Unter- und Obersummen **denselben** Grenzwert $\frac{b^3}{12}$ haben, können wir diese Zahl (für jedes $b \in \mathbb{R}^{>0}$) als Maßzahl der betreffenden Normalfläche auffassen. Man nennt den gemeinsamen Grenzwert von Unter- und Obersummen ebenfalls das **„bestimmte Integral der Funktion f über dem Intervall [0; b]"** und schreibt allgemein: $\int_0^b f(x)\,dx$.

Bei unserem Beispiel gilt also: $\int_0^b \frac{1}{4}x^2\,dx = \frac{b^3}{12}$.

Wir können leicht überprüfen, ob dieses Ergebnis mit dem Ergebnis übereinstimmt, welches wir beim Stammfunktionsintegral erhalten haben:

$$\int_0^b \frac{1}{4}x^2\,dx = \frac{1}{4}\int_0^b x^2\,dx = \frac{1}{4}\cdot\frac{x^3}{3}\Big|_0^b = \frac{b^3}{12}.$$

6. Allgemein können wir unser Vorgehen kurz folgendermaßen beschreiben:
Gegeben sei eine positive Normalfläche über einem Intervall [a; b] zu einer über diesem Intervall stetigen und monotonen Funktion f. Wir zerlegen das Intervall in n gleichgroße Teilintervalle A_k mit den Teilungspunkten:

$x_0 = a$; $x_1 = a+h$; $x_2 = a+2h$; ...;
$x_{n-1} = a+(n-1)\cdot h$; $x_n = b$.

Jedes Teilintervall hat dann die Längenmaßzahl

$$h = \frac{b-a}{n}.$$

Wir bilden nun eine untere Treppenfläche t und eine obere Treppenfläche T; deren Maßzahlen erfassen wir durch die **Untersumme** s_n und die **Obersumme** S_n.
Für die Berechnung von s_n und S_n setzen wir hier zusätzlich voraus, daß die Funktion f über [a; b] monoton **steigt** (Bild 11.10). Dann gilt:

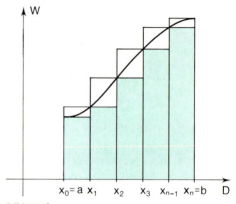

Bild 11.10

$$s_n = f(x_0)\cdot h + f(x_1)\cdot h + f(x_2)\cdot h + \ldots + f(x_{n-1})\cdot h = \sum_{k=0}^{n-1} f(x_k)\cdot h \quad \text{und}$$

$$S_n = f(x_1)\cdot h + f(x_2)\cdot h + \ldots + f(x_n)\cdot h = \sum_{k=1}^{n} f(x_k)\cdot h.$$

Bemerkungen:

1) Das Summenzeichen „$\sum_{k=0}^{n-1}$" (gelesen: „Summe von k=0 bis k=n−1") ist so zu verstehen, daß im Term $f(x_k)\cdot h$ nacheinander k=0, k=1, k=2, ..., k=n−1 eingesetzt wird und die so entstehenden Produkte addiert werden. Die zweite Summe „läuft" analog von k=1 bis k=n.

2) Ist die Funktion f über [a; b] monoton fallend, so sind die Terme für s_n und für S_n gegenüber dem hier behandelten Fall auszutauschen (Aufgabe 5).

3) Ist f über [a; b] nicht monoton, so ist für die Höhe eines einzelnen Rechteckes über einem Teilintervall A_k zu wählen:

bei s_n das absolute **Minimum** m_k und bei S_n das absolute **Maximum** M_k

aller Funktionswerte in A_k. Dann gilt:

$$s_n = \sum_{k=1}^{n} m_k\cdot h \qquad \text{und} \qquad S_n = \sum_{k=1}^{n} M_k\cdot h.$$

4) Grundsätzlich sind auch Zerlegungen des Intervalls [a; b] zugelassen, bei denen die Teilintervalle A_k nicht alle gleich lang sind. Auf diesen Fall gehen wir jedoch nicht ein.

§ 11, III. Das bestimmte Integral als Summengrenzwert

7. Falls nun die Grenzwerte von s_n und von S_n für $h \to 0$ bzw. für $n \to \infty$ übereinstimmen, stellt dieser gemeinsame Grenzwert das bestimmte Integral der Funktion f über dem Intervall $[a;b]$ dar; er wird als Maßzahl der Normalfläche aufgefaßt. Wir definieren:

> **D 11.4** Eine Funktion f heißt „integrierbar über $[a;b]$" genau dann, wenn die Grenzwerte von Unter- und Obersumme existieren und gleich sind. Man nennt dann diesen gemeinsamen Grenzwert das „bestimmte Integral der Funktion f über $[a;b]$" und schreibt:
> $$\int_a^b f(x)\,dx.$$

Bemerkungen:

1) Man nennt das so definierte Integral im Gegensatz zum Stammfunktionsintegral von D 11.1 nach dem deutschen Mathematiker Bernhard Riemann (1828–1866) das **„Riemann-Integral"**.

2) Der Begriff der **„Integrierbarkeit"** von D 11.4 ist **nicht gleichwertig** mit dem Begriff der Integrierbarkeit von D 11.2. Wenn es auf die Unterscheidung der beiden Begriffe ankommt, kann man eine Funktion f im Sinne von D 11.4 **„Riemann-integrierbar"**, kurz **„R-integrierbar"** nennen, während man bei D 11.2 von **„S-integrierbar"** sprechen kann.

3) Namentlich bei Anwendungsproblemen schreibt man – wie in der Differentialrechnung – anstelle der Variablen h auch hier häufig das Zeichen „Δx", gelesen „Delta x". Damit soll angedeutet werden, daß es sich um eine Differenz von x-Werten handelt.

4) In D 11.4 ist ein bestimmtes Integral als **Grenzwert einer Summe** definiert, bei der jeder Summand ein Produkt der Form $f(x_k) \cdot \Delta x$ ist. An dieser Definition erinnert die traditionelle Schreibweise eines Integrals. Das Integralzeichen „$\int$" ist ein langgezogenes „S" und erinnert an das Wort „Summe". Das Produkt $f(x)\,dx$ entspricht den Produkten $f(x_k) \cdot \Delta x$ in den Näherungssummen. Dabei darf dx aber **nicht** als Grenzwert von Δx-Werten aufgefaßt werden, weil wegen $\Delta x \to 0$ (bzw. $h \to 0$) sonst $dx = 0$ wäre.

5) Wir haben hier nur eine sehr knappe Beschreibung des Riemannschen Integralbegriffs (Integral als Summengrenzwert) gegeben. Bei genauerem Zusehen treten noch eine Reihe von zusätzlichen Problemen auf, die wir hier aber nicht erörtern, weil wir in diesem Buch hauptsächlich mit dem Begriff des Stammfunktionsintegrals arbeiten.

8. Trotz der andersartigen Definition gelten für das Riemann-Integral alle Sätze, die wir oben für das Stammfunktionsintegral bewiesen haben.
Man kann zunächst zeigen, daß jede **stetige** Funktion f auch R-integrierbar ist (analog zu Satz S 11.2).
Ferner definiert man auch hier – und zwar völlig **unabhängig vom Begriff der Stammfunktion** – den Begriff der Integralfunktion F_a einer Funktion f durch:
$$F_a(x) = \int_a^x f(t)\,dt.$$

Dann gilt – und das ist eine erste überraschende, aber auch sehr wichtige Erkenntnis – hier ebenfalls der Satz S 10.1, nämlich die Beziehung

$$F_a'(x) = \left(\int_a^x f(t)\,dt\right)' = f(x), \qquad \text{d.h. } F_a \text{ ist eine Stammfunktion von f.}$$

Ferner läßt sich für eine beliebige Stammfunktion F von f zeigen, daß gilt:

$$\int_a^b f(x)\,dx = F(b) - F(a).$$

Dies bedeutet, daß unsere frühere **Definition** D 11.1 beim Riemann-Integral ein beweisbarer **Satz** ist. Dies ist eine zweite überraschende, aber auch sehr wichtige Erkenntnis.
Die beiden Sätze stellen einen Zusammenhang her zwischen der Differential- und der Integralrechnung. Man nennt sie daher die „**Fundamentalsätze der Infinitesimalrechnung**".
Alle anderen Sätze (nämlich die Sätze S 11.4 bis S 11.9) sind ebenfalls auf das Riemann-Integral übertragbar, bringen aber keine überraschenden Erkenntnisse.

Übungen und Aufgaben

1. Gegeben ist die Funktion f zu $f(x) = x + 2$ über dem Intervall $[0; 6]$.
   a) Zerlege das Intervall in drei gleichlange Teilintervalle der Länge $h = 2$ und ermittle analog zur Darstellung im Lehrtext die Untersumme s_3 und die Obersumme S_3!
   b) Verfahre entsprechend für eine Einteilung in sechs Teilintervalle der Länge $h = 1$! Berechne s_6 und S_6!
   c) Ermittle entsprechend für eine beliebige Zahl $n \in \mathbb{N}$ die Untersumme s_n und die Obersumme S_n!
   d) Vereinfache die Terme für s_n und für S_n durch Anwendung der allgemeingültigen Gleichung $1 + 2 + 3 + \ldots + n = \frac{n(n+1)}{2}$ (vgl. § 5, II, Aufg. 1a)!
   e) Berechne die Grenzwerte von s_n und von S_n für $h \to 0$ (bzw. $n \to \infty$), also das Integral $\int_0^6 (x + 2)\,dx$ (Riemann-Integral)!
   f) Bestätige, daß der berechnete Grenzwert die Maßzahl des Trapezes ist, welches über dem Intervall $[0; 6]$ von der Geraden zur Funktion f begrenzt wird!

2. Verfahre wie in Aufgabe 1 mit der Funktion f zu $f(x) = \frac{x}{2} + 1$!

3. **a)** Berechne die Untersummen s_n und die Obersummen S_n zur Funktion f mit $f(x) = 2x + 1$ über einem Intervall $[0; b]$!
   b) Ermittle die Grenzwerte von s_n und von S_n für $h \to 0$ (bzw. $n \to \infty$), also das Integral $\int_0^b (2x + 1)\,dx$ (Riemann-Integral)!

4. Berechne mit Hilfe der Unter- und Obersummen die folgenden Integrale!
   a) $\int_0^b x^3\,dx$ $\left(\text{Anleitung: Für alle } n \in \mathbb{N} \text{ gilt: } 1^3 + 2^3 + \ldots + n^3 = \left[\frac{n(n+1)}{2}\right]^2; \text{ vgl. § 5, II, Aufg. 1j!}\right)$
   b) $\int_0^b x^4\,dx$ $\left(\text{Anleitung: Für alle } n \in \mathbb{N} \text{ gilt: } 1^4 + 2^4 + \ldots + n^4 = \frac{n}{30}(n+1)(2n+1)(3n^2 + 3n - 1).\right)$

5. Führe die Überlegungen des Lehrtextes unter 6. durch für den Fall, daß die Funktion f über $[a; b]$ monoton fällt!

§ 12 Integrationsverfahren

I. Der Begriff des sogenannten „unbestimmten Integrals"

1. Bevor wir uns in den folgenden Abschnitten weiteren Regeln zur Berechnung von bestimmten Integralen zuwenden, wollen wir zunächst noch eine vereinfachte Schreibweise für Integrale besprechen, die in der mathematischen Literatur – namentlich in der älteren Literatur – weit verbreitet ist. Sie läuft im wesentlichen darauf hinaus, daß man beim Integralzeichen der Einfachheit halber die Integrationsgrenzen wegläßt; man spricht dann von einem **„unbestimmten Integral"**.

Um diese vereinfachte Schreibweise zu erklären, erinnern wir uns daran, daß wir in Satz S 10.2 festgestellt haben: wenn eine Funktion f eine Stammfunktion besitzt, dann hat sie sogar unendlich-viele Stammfunktionen. Es liegt daher nahe, alle auf ein Intervall $[a;b]$ bezogenen Stammfunktionen einer Funktion f zu einer Menge M zusammenzufassen:

$$M = \{F \mid F'(x) = f(x) \text{ für alle } x \in [a;b]\}.$$

Wir haben gesehen, daß sich zwei solche Stammfunktionen einer Funktion f nur durch eine additive Konstante unterscheiden: ist F_1 eine Stammfunktion von f, so gibt es nach S 10.3 für **jede** andere Stammfunktion F von f eine Zahl $c \in \mathbb{R}$, so daß für alle $x \in [a;b]$ gilt:

$$F(x) = F_1(x) + c.$$

Mithin kann man die Menge M auch folgendermaßen schreiben:

$$M = \{F \mid F(x) = F_1(x) + c \text{ mit } c \in \mathbb{R}\}.$$

2. In der mathematischen Literatur ist für diese Menge M das Zeichen

„$\int f(x)\,dx$", gelesen „Integral f von x dx"

weit verbreitet, man spricht vom **„unbestimmten Integral einer Funktion f"**. Dieses unbestimmte Integral schreibt man meistens aber nicht mit dem Mengenbildungsoperator, sondern in der Kurzform:

$$\int f(x)\,dx = F(x) + c, \text{ falls } F' = f \text{ ist.}$$

Man nennt die Variable c in diesem Zusammenhang die **„Integrationskonstante"**.

Diese Schreibweise ist aus mehreren Gründen nicht korrekt.

1) Auf der rechten Seite der Gleichung steht ein Term in den Variablen x und c. Beide Variablen sind **freie Variablen**. In beide Variablen dürfen also Zahlzeichen eingesetzt werden, wobei für x die Bedingung $x \in [a;b]$ zu beachten ist.
Das Zeichen „$\int f(x)\,dx$" auf der linken Seite der Gleichung müßte also denselben Term bezeichnen. Die Variable x ist in diesem Zeichen aber eine **gebundene Variable**, in die nicht eingesetzt werden darf. Würde man etwa bei $\int x^2\,dx$ in x z.B. das Zahlzeichen 2 einsetzen, so würde sich etwas Sinnloses ergeben. Das Zeichen „$\int f(x)\,dx$" kann also gar nicht dasselbe bezeichnen wie das Zeichen „$F(x) + c$".

2) Nach der angegebenen Schreibweise ist z.B. $\int x^2 dx = \frac{x^3}{3} + c$, aber auch $\int x^2 dx = \frac{x^3+1}{3} + c$.

Hier kann also die Transitivität der Gleichheitsbeziehung nicht angewendet werden. Das Zeichen „$\int f(x) dx$" ist gar nicht eindeutig festgelegt. Insbesondere kann aus

$$\int f(x) dx = F_1(x) + c \text{ und } \int f(x) dx = F_2(x) + c$$

nicht auf $F_1(x) = F_2(x)$ geschlossen werden. Um diesen Fehler auszuschließen, ist es in solchen Fällen üblich, die Integrationskonstanten unterschiedlich zu bezeichnen, etwa mit c_1 und c_2:

$$\int x^2 dx = \frac{x^3}{3} + c_1 \text{ und } \int x^2 dx = \frac{x^3+1}{3} + c_2.$$

Dazu kommt noch, daß — etwa in Formelsammlungen — aus Platzgründen häufig auf das Hinzufügen der Integrationskonstanten c verzichtet wird. In diesem Falle ist die Gefahr von Fehlern oder Irrtümern besonders groß.

3. Aus den genannten Gründen erscheint es ratsam, auf den Begriff des „**unbestimmten Integrals**" und die zugehörige unkorrekte Schreibweise zu verzichten; dies um so mehr, als sowohl der Begriff wie das Zeichen überflüssig sind.
Ein solches Vorgehen würde aber die Benutzung der mathematischen Literatur erschweren. Wir erklären daher auch hier die zwar nicht korrekte, wegen ihrer Kürze aber häufig doch zweckmäßige Schreibweise:

> **D 12.1** Ist eine Funktion F Stammfunktion einer Funktion f, gilt also für alle $x \in [a; b]$: $F'(x) = f(x)$, so schreibt man
>
> $$\int f(x) dx = F(x) + c \text{ mit } c \in \mathbb{R}.$$

Daraus ergibt sich unmittelbar die Gültigkeit der Gleichung

$$\left(\int f(x) dx\right)' = f(x);$$

denn es gilt: $(F(x) + c)' = F'(x) + 0 = f(x)$.

4. Wenn man ein solches „unbestimmtes Integral" einer Formelsammlung entnimmt, kann man durch Einsetzen der Grenzen leicht auch ein zugehöriges bestimmtes Integral berechnen; es gilt:

$$\int_a^b f(x) dx = F(x) + c \Big|_a^b = [F(b) + c] - [F(a) + c] = F(b) - F(a).$$

Beispiel: Einer Formelsammlung entnimmt man:

$$\int \sin^2 x \, dx = -\frac{\sin 2x}{4} + \frac{x}{2} + c \quad \text{(Aufgabe 1a)}.$$

Daher gilt:

$$\int_0^{\frac{\pi}{2}} \sin^2 x \, dx = -\frac{\sin 2x}{4} + \frac{x}{2} \Big|_0^{\frac{\pi}{2}} = -\frac{\sin \pi}{4} + \frac{\pi}{4} = \frac{\pi}{4}.$$

Bemerkung: Wir werden im III. Abschnitt dieses Paragraphen ein Verfahren kennenlernen, mit dem wir eine Stammfunktion zu $f(x) = \sin^2 x$ berechnen können.

§12, I. Der Begriff des sogenannten „unbestimmten Integrals"

5. Es liegt auf der Hand, daß für unbestimmte Integrale die **Faktor-** und die **Summenregel** genau so gelten wie für bestimmte Integrale.

S 12.1 Ist eine Funktion f über einem Intervall [a; b] integrierbar, so gilt für alle $c \in \mathbb{R}$:
$$\int c \cdot f(x)\,dx = c \cdot \int f(x)\,dx.$$

Der Beweis soll in Aufgabe 3a) geführt werden.

Beispiele:

1) $\int 3x^2\,dx = 3\int x^2\,dx = 3 \cdot \dfrac{x^3}{3} + c = x^3 + c$

2) $\int 5\cos x\,dx = 5\int \cos x\,dx = 5\sin x + c$

S 12.2 Sind zwei Funktionen f_1 und f_2 integrierbar über einem Intervall [a; b], so gilt:
$$\int [f_1(x) + f_2(x)]\,dx = \int f_1(x)\,dx + \int f_2(x)\,dx.$$

Der Beweis soll in Aufgabe 3b) geführt werden.

Beispiele:

1) $\int (x^3 + \sin x)\,dx = \int x^3\,dx + \int \sin x\,dx = \dfrac{x^4}{4} - \cos x + c$

2) $\int (4x^2 + 3x - 5)\,dx = 4\int x^2\,dx + 3\int x\,dx - 5\int dx = \tfrac{4}{3}x^3 + \tfrac{3}{2}x^2 - 5x + c$

Beachte, daß wir jeweils die einzelnen Integrationskonstanten zu **einer** Konstanten c zusammengefaßt haben.

6. Nach der Tabelle von S. 182 können wir nun unmittelbar die folgenden „**Grundintegrale**" (in der Kurzschreibweise von sogenannten „unbestimmten Integralen") angeben.

1) $\int x^n\,dx = \dfrac{x^{n+1}}{n+1} + c$ (für alle $n \in \mathbb{Q}^{\neq -1}$)

Beweis: $\left(\dfrac{x^{n+1}}{n+1}\right)' = \dfrac{n+1}{n+1} x^{(n+1)-1} = x^n$, q.e.d.

Insbesondere gilt: $\int \dfrac{dx}{\sqrt{x}} = \int x^{-\frac{1}{2}}\,dx = \dfrac{x^{-\frac{1}{2}+1}}{-\frac{1}{2}+1} + c = \dfrac{x^{\frac{1}{2}}}{\frac{1}{2}} + c = 2\sqrt{x} + c.$

Bemerkung: Die Regel 1) für die Integration von Potenzfunktionen gilt sogar für beliebige reelle Zahlen α im Exponenten, wenn $\alpha \neq -1$ ist: $\int x^\alpha\,dx = \dfrac{x^{\alpha+1}}{\alpha+1} + c$. Wir werden darauf in §15, III zurückkommen.

2) $\int \cos x\,dx = \sin x + c$ \qquad 3) $\int \sin x\,dx = -\cos x + c$ (Aufgabe 5)

4) $\int \dfrac{dx}{\cos^2 x} = \tan x + c$ \qquad 5) $\int \dfrac{dx}{\sin^2 x} = -\cot x + c$ (Aufg. 5, 6)

7. Die soeben aufgeführten **Grundintegrale** beziehen sich auf nur verhältnismäßig wenige Funktionen. Durch die Hinzunahme der Faktorregel (S 11.4) und der Summenregel (S 11.5) läßt sich der Bestand an Funktionen, für die man (bestimmte oder unbestimmte) Integrale berechnen kann, aber erheblich vermehren.

Beispiel:
$$\int_1^4 \left(\frac{3}{\sqrt{x}} + 2x - 3\right) dx = 3\int_1^4 \frac{dx}{\sqrt{x}} + 2\int_1^4 x\, dx - 3\int_1^4 dx = 6\sqrt{x} + x^2 - 3x \Big|_1^4$$
$$= (6\sqrt{4} + 16 - 12) - (6\sqrt{1} + 1 - 3) = 16 - 4 = 12$$

Für sehr viele Funktionstypen können wir aber immer noch keine Stammfunktion angeben.

Beispiele: 1) $f(x) = \sin^2 x$ 2) $f(x) = x \cdot \cos x$ 3) $f(x) = \frac{1}{x}$

Nun haben wir die Faktor- und die Summenregel durch Übertragung der entsprechenden Regeln der Differentialrechnung hergeleitet. In den nächsten Abschnitten werden wir die **Produktregel** (S 5.1) und die **Kettenregel** (S 5.10) der Differentialrechnung auf die Integralrechnung übertragen. Auf diese Weise lassen sich die Integrale für viele weitere Funktionstypen auf Grundintegrale zurückführen.

Übungen und Aufgaben

1. Bestätige durch Differenzieren die einer Formelsammlung entnommenen unbestimmten Integrale!

   a) $\int \sin^2 x \, dx = -\frac{\sin 2x}{4} + \frac{x}{2} + c$

   b) $\int \frac{x\, dx}{(a^2 - x^2)^2} = \frac{1}{2(a^2 - x^2)} + c$

   c) $\int x \cdot \cos x \, dx = \cos x + x \cdot \sin x + c$

   d) $\int \frac{dx}{(a + bx)^2} = -\frac{1}{b(a + bx)} + c$

2. Berechne mit Hilfe der Ergebnisse aus Aufgabe 1 die folgenden bestimmten Integrale!

   a) $\int_{-\frac{\pi}{2}}^{\pi} \sin^2 x \, dx$
   b) $\int_0^{\frac{a}{2}} \frac{x\, dx}{(a^2 - x^2)^2}$
   c) $\int_0^{\frac{\pi}{2}} x \cdot \cos x \, dx$
   d) $\int_0^1 \frac{dx}{(2 - 3x)^2}$

3. Beweise mit Hilfe von Definition D 12.1 die folgenden Sätze!

   a) S 12.1
   b) S 12.2

4. Beweise: Sind zwei Funktionen f_1 und f_2 über einem Intervall $[a; b]$ integrierbar, so gilt für alle $c_1, c_2 \in \mathbb{R}$:

   $\int [c_1 f_1(x) + c_2 f_2(x)] dx = c_1 \int f_1(x) dx + c_2 \int f_2(x) dx$!

5. Bestätige durch Differenzieren die Gültigkeit der im Lehrtext unter 6. angegebenen Grundintegrale 2) bis 5)!

§12, I. Der Begriff des sogenannten „unbestimmten Integrals"

6. a) In welchen Intervallen sind die Funktionen zu $f_1(x)=\dfrac{1}{\cos^2 x}$ und $f_2(x)=\dfrac{1}{\sin^2 x}$ stetig und damit auch integrierbar?

b) Welche Bedingungen ergeben sich daraus für die Grenzen bei den Integralen $\displaystyle\int_a^b \dfrac{dx}{\sin^2 x}$ und $\displaystyle\int_a^b \dfrac{dx}{\cos^2 x}$?

7. Welche Bedingungen müssen die Grenzen beim Integral $\displaystyle\int_a^b \dfrac{dx}{\sqrt{x}}$ erfüllen?

Berechne in den Aufgaben 8. bis 14. jeweils die „unbestimmten Integrale"!

8. a) $\int x^3\, dx$ **b)** $\int x^5\, dx$ **c)** $\int x^7\, dx$ **d)** $\int 3x^2\, dx$ **e)** $\int 5x^4\, dx$ **f)** $\int \tfrac{1}{2}x^3\, dx$ **g)** $\int \tfrac{3}{4}x^4\, dx$

9. a) $\int \dfrac{1}{x^2}\, dx$ **b)** $\int \dfrac{2}{x^3}\, dx$ **c)** $\int \dfrac{1}{x^7}\, dx$ **d)** $\int \dfrac{6}{x^4}\, dx$ **e)** $\int \dfrac{4}{3x^5}\, dx$ **f)** $\int \dfrac{5}{2x^6}\, dx$

 g) $\int \sqrt{x}\, dx$ **h)** $\int 3\sqrt[3]{x}\, dx$ **i)** $\int \sqrt[4]{x^3}\, dx$ **j)** $\int \dfrac{2}{\sqrt{x}}\, dx$ **k)** $\int \dfrac{6}{\sqrt[3]{x^2}}\, dx$ **l)** $\int \dfrac{x^2}{\sqrt{x}}\, dx$

10. a) $\int (x^3+x^2)\, dx$ **b)** $\int (3x^2-4)\, dx$ **c)** $\int (5x^3-2x^2+3)\, dx$
  d) $\int (2x^4-3x^2+6)\, dx$ **e)** $\int (4x^5-2x^3)\, dx$ **f)** $\int \tfrac{2}{3}(4x^3-6x)\, dx$
  g) $\int (5x^7-\tfrac{2}{3}x^3+x)\, dx$ **h)** $\int 6(\tfrac{1}{2}x-4x^3+3x^4)\, dx$ **i)** $\int \tfrac{4}{5}(3x-5x^3+2x^6)\, dx$

11. a) $\int x(3x^2+4x)\, dx$ **b)** $\int x^2(x^2+1)\, dx$ **c)** $\int x^3(x^2-2x+3)\, dx$
  d) $\int (5x^3-2x+3)x^2\, dx$ **e)** $\int (x-2)(x+4)\, dx$ **f)** $\int (x-1)(x^2-4)\, dx$

12. a) $\int (\sqrt[3]{x}-2\sqrt{x})\, dx$ **b)** $\int (\sqrt[5]{x^3}-\sqrt[5]{x^2})\, dx$ **c)** $\int (2\sqrt[4]{x}-3\sqrt[4]{x^3})\, dx$
  d) $\int \left(\dfrac{3}{\sqrt{x}}+\dfrac{2}{x\sqrt{x}}\right) dx$ **e)** $\int \left(\dfrac{2}{\sqrt[3]{x^2}}+\dfrac{3}{\sqrt[4]{x^3}}\right) dx$ **f)** $\int \left(\dfrac{4}{\sqrt[5]{x}}-\dfrac{5}{\sqrt[6]{x}}\right) dx$

13. a) $\int \left(\dfrac{1}{x^2}+3x-\dfrac{4}{\sqrt{x}}\right) dx$ **b)** $\int \dfrac{\sqrt[5]{x}-x}{\sqrt[5]{x^3}}\, dx$ **c)** $\int \left(\dfrac{2}{\sin^2 x}-\dfrac{3}{\cos^2 x}\right) dx$
  d) $\int \dfrac{3x^2+2\sqrt{x}}{4x}\, dx$ **e)** $\int \left(\dfrac{\sqrt[3]{x}-\sqrt[4]{x}}{x}\right) dx$ **f)** $\int \left(\dfrac{x^2+x-1}{\sqrt[3]{x}}\right) dx$
  g) $\int (3\sin x+2\cos x)\, dx$ **h)** $\int \tan^2 x\, dx$ **i)** $\int \cot^2 x\, dx$

Anleitung zu **h)** und **i)**: Schreibe den Integranden als Bruch und wende im Zähler die Gleichung $\sin^2 x+\cos^2 x=1$ an!

14. a) $\int ax^2\, dx$ **b)** $\int \dfrac{(ax)^2}{1+a}\, dx$ **c)** $\int \dfrac{(2-a)(x^3-1)}{x^2}\, dx$ **d)** $\int \dfrac{x^2-4}{x^4}\, dx$
  e) $\int 5\dfrac{x^3-2}{x^5}\, dx$ **f)** $\int (ax^2+bx+c)\, dx$ **g)** $\int \left(ax^2+b+\dfrac{c}{x^2}\right) dx$ **h)** $\int \dfrac{\sqrt{ax}}{x}\, dx$

Das Verfahren der partiellen Integration (Produktintegration)

1. Nach der **Produktregel** (S 5.1) gilt für zwei über [a; b] differenzierbare Funktionen u und v:

$$[u(x) \cdot v(x)]' = u(x) v'(x) + u'(x) v(x).$$

Dies bedeutet, daß die Funktion F zu $F(x) = u(x) \cdot v(x)$ Stammfunktion der Funktion f zu

$$f(x) = F'(x) = u(x) \cdot v'(x) + u'(x) \cdot v(x)$$

ist. Nach Definition D 11.1 und Satz S 11.5 gilt mithin:

$$\int_a^b [u(x) \cdot v'(x) + u'(x) \cdot v(x)] \, dx = \int_a^b u(x) \cdot v'(x) \, dx + \int_a^b u'(x) \cdot v(x) \, dx = u(x) \cdot v(x) \Big|_a^b.$$

Durch Subtraktion des zweiten Integrals erhält man:

$$\int_a^b u(x) \cdot v'(x) \, dx = u(x) \cdot v(x) \Big|_a^b - \int_a^b u'(x) \cdot v(x) \, dx.$$

Damit haben wir die Regel der „**partiellen Integration**" oder „**Produktintegration**" erhalten:

S 12.3 Sind u und v zwei über [a; b] differenzierbare Funktionen, so gilt:

$$\int_a^b u(x) \cdot v'(x) \, dx = u(x) \cdot v(x) \Big|_a^b - \int_a^b u'(x) \cdot v(x) \, dx.$$

Die Bezeichnung „partielle Integration" deutet an, daß bei Anwendung dieser Regel die Integration nur **teilweise** (partiell) durchgeführt wird, daß ein **Restintegral** bleibt. In vielen Fällen läßt sich das Restintegral und damit auch das gegebene Integral in einem weiteren Schritt (oder in mehreren Schritten) berechnen.

Bemerkung: Beim praktischen Rechnen wendet man die Regel von Satz S 12.3 der Einfachheit halber häufig in der Schreibweise für unbestimmte Integrale an:

$$\int u(x) v'(x) \, dx = u(x) \cdot v(x) - \int u'(x) \cdot v(x) \, dx.$$

2. Wir erläutern das Verfahren an einigen **Beispielen.**

1) $\int x \cdot \cos x \, dx$
$= x \cdot \sin x - \int 1 \cdot \sin x \, dx$
$= x \cdot \sin x + \cos x + c_1$

Wir setzen $u(x) = x$ und $v'(x) = \cos x$; dann ist $u'(x) = 1$ und $v(x) = \sin x$.

Also gilt z.B.

$$\int_0^\pi x \cdot \cos x \, dx = x \cdot \sin x + \cos x \Big|_0^\pi = (\pi \cdot \sin \pi + \cos \pi) - (0 + \cos 0) = 0 + (-1) - 1 = -2.$$

§12, II. Das Verfahren der partiellen Integration (Produktintegration)

2) $\int x^2 \sin x \, dx$
$= -x^2 \cos x + 2 \int x \cdot \cos x \, dx$
$= -x^2 \cos x + 2x \cdot \sin x + 2 \cos x + c$
$= (2 - x^2) \cos x + 2x \sin x + c$

Wir setzen $u(x) = x^2$ und $v'(x) = \sin x$; dann ist $u'(x) = 2x$ und $v(x) = -\cos x$. Das Restintegral $\int x \cdot \cos x \, dx$ wurde bereits unter 1) berechnet. Es ist $c = 2c_1$

Also gilt z.B.

$$\int_0^\pi x^2 \sin x \, dx = (2 - x^2) \cos x + 2x \sin x \Big|_0^\pi = [(2 - \pi^2) \cos \pi + 2\pi \sin \pi] - [2 \cos 0 + 0]$$
$$= (2 - \pi^2)(-1) - 2 = \pi^2 - 4 \approx 5{,}87.$$

Bei solchen Beispielen wählt man als $u(x)$ also die Potenz von x, damit diese durch die Differentiation in jedem Schritt „abgebaut" wird.

3) $\int \sin^2 x \, dx = \int \sin x \cdot \sin x \, dx$
$= -\sin x \cdot \cos x + \int \cos^2 x \, dx$
$= -\sin x \cdot \cos x + \int (1 - \sin^2 x) \, dx$
$= -\sin x \cdot \cos x + \int dx - \int \sin^2 x \, dx$
$= -\sin x \cdot \cos x + x - \int \sin^2 x \, dx.$

Wir setzen $u(x) = \sin x$ und $v'(x) = \sin x$; dann ist $u'(x) = \cos x$ und $v(x) = -\cos x$. Denn es ist $\cos^2 x = 1 - \sin^2 x$.

Auf diese Weise ergibt sich als Restintegral — allerdings mit dem Minuszeichen — wieder das gegebene Integral. Wir addieren $\int \sin^2 x \, dx$ auf beiden Seiten der letzten Gleichung und erhalten:

$$2 \int \sin^2 x \, dx = -\sin x \cdot \cos x + x + c_1 \text{ mit } c = \tfrac{1}{2} c_1$$

also: $\int \sin^2 x \, dx = \tfrac{1}{2}(x - \sin x \cdot \cos x) + c.$

Beachte: Bei diesem Beispiel würde es nicht zum Ziel führen, wenn man beim Restintegral $\int \cos^2 x \, dx$ noch einmal die Regel der partiellen Integration anwenden würde; es ergäbe sich nämlich die — gewiß richtige, aber nicht weiterführende — Beziehung $\int \sin^2 x \, dx = \int \sin^2 x \, dx$ (Aufgabe 2).

Wir berechnen als Beispiel ein zugehöriges bestimmtes Integral:

$$\int_{-\frac{\pi}{2}}^{\pi} \sin^2 x \, dx = \tfrac{1}{2}(x - \sin x \cdot \cos x) \Big|_{-\frac{\pi}{2}}^{\pi}$$
$$= \tfrac{1}{2}[\pi - \sin \pi \cdot \cos \pi] - \tfrac{1}{2}\left[-\tfrac{\pi}{2} - \sin\left(-\tfrac{\pi}{2}\right) \cdot \cos\left(-\tfrac{\pi}{2}\right)\right] = \tfrac{\pi}{2} + \tfrac{\pi}{4} = \tfrac{3\pi}{4}.$$

Bemerkungen:

1) Nach einem Additionstheorem für die Sinusfunktion gilt: $\sin 2x = 2 \sin x \cdot \cos x$, also $\sin x \cdot \cos x = \tfrac{1}{2} \sin 2x$. Somit kann man das Ergebnis unserer Rechnung auch folgendermaßen schreiben:

$$\int \sin^2 x \, dx = \tfrac{1}{2} x - \tfrac{1}{4} \sin 2x + c.$$

Von dieser Beziehung haben wir auf S. 206 Gebrauch gemacht.

2) Wegen der Periodizität der Winkelfunktionen gibt es Intervalle [a; b], für die

$$\int_a^b \sin^2 x \, dx = \int_a^b \cos^2 x \, dx$$

ist, z.B. alle Intervalle der Länge π, 2π usw., aber z.B. auch das Intervall $\left[0; \frac{\pi}{2}\right]$.

Ist ein solches Integral zu berechnen, so kann man die Rechnung vereinfachen, wenn man von der für alle $x \in \mathbb{R}$ geltenden Beziehung $\sin^2 x + \cos^2 x = 1$ Gebrauch macht (Aufgabe 3).

Übungen und Aufgaben

1. Berechne nach dem Verfahren der partiellen Integration!
   a) $\int x \cdot \sin x \, dx$ b) $\int x^2 \cos x \, dx$ c) $\int (x^2 - 1) \cos x \, dx$ d) $\int x^3 \sin x \, dx$ e) $\int x^3 \cos x \, dx$

2. Bestätige, daß es bei der Berechnung von $\int \sin^2 x \, dx$ (Beispiel 3) auf S. 211) nicht zum Ziele führen würde, wenn man auf das Restintegral $\int \cos^2 x \, dx$ erneut die Regel der partiellen Integration anwenden würde!

3. a) Zeige, daß für alle Intervalle [a; b] der Länge $n\pi$ ($n \in \mathbb{N}$) gilt: $\int_a^b \sin^2 x \, dx = \int_a^b \cos^2 x \, dx$!
   b) Suche Intervalle der Länge $\frac{\pi}{2}$, für die beide Integrale ebenfalls denselben Wert haben!
   c) Berechne $\int_0^\pi \sin^2 x \, dx$ unter Benutzung der für alle $x \in \mathbb{R}$ geltenden Beziehung $\sin^2 x + \cos^2 x = 1$ auf möglichst einfache Weise!
   d) Berechne $\int_0^\pi \cos^2 x \, dx$ auch durch partielle Integration!

4. a) $\int \sin x \cdot \sin 2x \, dx$ **b)** $\int \cos x \cdot \cos 2x \, dx$ **c)** $\int \sin x \cdot \cos 2x \, dx$ **d)** $\int \sin^3 x \, dx$ **e)** $\int \cos^3 x \, dx$

5. Zeige durch vollständige Induktion: $\int x^n \, dx = \frac{x^{n+1}}{n+1} + c$ (für $n \in \mathbb{N}$)! Dabei soll die Gültigkeit von $\int x \, dx = \frac{x^2}{2} + c$ vorausgesetzt werden. **Anleitung:** Setze $x^{n+1} = x \cdot x^n$!

6. Es sei $I_n = \int x^n \sin x \, dx$ (mit $n \in \mathbb{N}$).
   a) Führe I_n durch zweimalige partielle Integration auf I_{n-2} zurück! Man erhält auf diese Weise eine **Rekursionsformel** für I_n.
   b) Berechne mit Hilfe dieser Rekursionsformel $\int x^3 \sin x \, dx$!

7. a) Entwickle wie in Aufgabe 6 eine Rekursionsformel für das Integral $I_n = \int x^n \cdot \cos x \, dx$!
   b) Berechne mit Hilfe dieser Rekursionsformel $\int x^4 \cos x \, dx$!

8. a) Entwickle eine Rekursionsformel für $I_n = \int \sin^n x \, dx$ (mit $n \in \mathbb{N}$)!
   Anleitung: Setze $\sin^n x = \sin x \cdot \sin^{n-1} x$ und $u'(x) = \sin x$!
   b) Berechne mit Hilfe dieser Rekursionsformel $\int \sin^3 x \, dx$ und $\int \sin^4 x \, dx$!

9. a) Entwickle analog zu Aufgabe 8 eine Rekursionsformel für $I_n = \int \cos^n x \, dx$ (mit $n \in \mathbb{N}$)!
   b) Berechne mit Hilfe dieser Rekursionsformel $\int \cos^3 x \, dx$ und $\int \cos^4 x \, dx$!

III. Integration durch Substitution

1. Eine weitere wichtige Regel der Differentialrechnung ist die **Kettenregel** (S 5.10). Sie gestattet es, die Ableitung einer Funktion zu ermitteln, wenn der Term die Form

$$f(x) = g[\varphi(x)]$$

hat; man substituiert $z = \varphi(x)$ und erhält:

$$f'(x) = g'[\varphi(x)] \cdot \varphi'(x) = g'(z) \cdot \varphi'(x),$$

falls die Funktionen g und φ über den fraglichen Mengen differenzierbar sind.

Beachte, daß der Strich jeweils die Ableitung nach dem angegebenen Argument bezeichnet! $g'[\varphi(x)]$ bezeichnet also die Ableitung der Funktion g nach dem Argument $z = \varphi(x)$.

2. Zur Herleitung der entsprechenden Regel der Integralrechnung gehen wir nun aus von einer integrierbaren Funktion f und deren Stammfunktion F. Da wir auch hier die Substitutionsgleichung in der Form $z = \varphi(x)$ anwenden wollen, schreiben wir die Funktionsterme von f und von F in der Variablen z. Es soll also gelten:

$$F'(z) = f(z).$$

Durch die Substitution $z = \varphi(x)$ geht der Term $F(z)$ der Stammfunktion F über in

$$F(z) = F[\varphi(x)] = G(x).$$

Beachte, daß wir zur Bezeichnung dieses Terms in der Variablen x einen anderen Buchstaben verwenden müssen!

Beispiel: Es sei $F(z) = z^2$ und $z = \varphi(x) = 2x + 3$.

Dann ist $F(z) = F[\varphi(x)] = (2x+3)^2 = G(x)$, während $F(x) = x^2$ ist.

Nun müssen wir die zur Stammfunktion G gehörende Integrandfunktion g, also den zugehörigen Term $g(x)$ ermitteln. Man könnte vermuten, daß dieser Term sich aus $f(z)$ durch Einsetzen von $z = \varphi(x)$ ergäbe: $f[\varphi(x)]$. Dies ist jedoch im allgemeinen **nicht** der Fall. Es muß nämlich gelten:

$$g(x) = G'(x).$$

Zur Berechnung von $G'(x)$ haben wir auf $G(x) = F[\varphi(x)]$ die **Kettenregel** anzuwenden. Wir erhalten:

$$g(x) = G'(x) = F'[\varphi(x)] \cdot \varphi'(x) = f[\varphi(x)] \cdot \varphi'(x).$$

Aus dieser Gleichung ergibt sich nun nach D 12.1 in der Schreibweise für unbestimmte Integrale:

$$\int g(x)\, dx = \int f[\varphi(x)] \cdot \varphi'(x)\, dx = G(x) + c.$$

Da $G(x) + c = F[\varphi(x)] + c = F(z) + c = \int f(z)\, dz$ ist, ergibt sich insgesamt:

$$\mathbf{\int f(z)\, dz = \int f[\varphi(x)] \cdot \varphi'(x)\, dx.}$$

Damit haben wir die „**Substitutionsregel der Integralrechnung**" für unbestimmte Integrale hergeleitet.

S 12.4 **Ist eine Funktion φ differenzierbar und eine Funktion f integrierbar, so gilt mit** $z=\varphi(x)$

$$\int f[\varphi(x)] \cdot \varphi'(x)\,dx = \int f(z)\,dz.$$

3. Die Substitutionsregel von Satz S 12.4 ist zunächst immer dann anwendbar, wenn der Integrand – evtl. bis auf einen Zahlenfaktor – die Form $f[\varphi(x)] \cdot \varphi'(x)$ hat und wenn das sich ergebende Integral $\int f(z)\,dz$ ein Grundintegral ist oder auf ein Grundintegral zurückgeführt werden kann.

Wir behandeln zwei **Beispiele.**

1) $\int_0^2 2x \cdot \sin(x^2+1)\,dx$

Wir setzen $z = x^2 + 1 = \varphi(x)$; denn dann ist $\varphi'(x) = 2x$, und dieser Term steht als Faktor im Integranden. Aus dem Integranden entnehmen wir ferner, daß die Funktion f bei diesem Beispiel gegeben ist durch

$$f(z) = \sin z.$$

Somit ergibt sich nach Satz S 12.4:

$$\int 2x \cdot \sin(x^2+1)\,dx = \int \sin z \cdot dz = -\cos z + c = -\cos(x^2+1) + c$$

und daraus für das gegebene bestimmte Integral:

$$\int_0^2 2x \cdot \sin(x^2+1)\,dx = -\cos(x^2+1)\Big|_0^2 = -\cos 5 + \cos 1 \approx -0{,}28366 + 0{,}54032 = 0{,}25664.$$

Beachte, daß x im Bogenmaß zu messen ist!

2) $\int_3^4 \dfrac{x\,dx}{\sqrt{25-x^2}}$

Wir setzen $z = 25 - x^2 = \varphi(x)$; denn dann ist $\varphi'(x) = -2x$. Dieser Term steht zwar nicht unmittelbar als Faktor im Integranden; wir brauchen indes nur mit -2 zu erweitern; dann tritt der Faktor $\varphi'(x) = -2x$ im Integranden auf. Wir formen das Integral also folgendermaßen um:

$$\int \frac{x\,dx}{\sqrt{25-x^2}} = -\int \frac{-2x\,dx}{2\sqrt{25-x^2}}.$$

Aus dem Integranden entnimmt man nun noch den Term der Funktion f nach Satz S 12.4; es gilt:

$$f(z) = \frac{1}{2\sqrt{z}}.$$

Durch Anwendung des Satzes erhalten wir also:

$$\int \frac{x\,dx}{\sqrt{25-x^2}} = -\int \frac{dz}{2\sqrt{z}} = -\sqrt{z} + c = -\sqrt{25-x^2} + c.$$

§12, III. Integration durch Substitution

Somit ergibt sich für das gegebene bestimmte Integral:

$$\int_{3}^{4}\frac{x\,dx}{\sqrt{25-x^2}}=-\sqrt{25-x^2}\Big|_{3}^{4}=-\sqrt{9}+\sqrt{16}=-3+4=1.$$

Bemerkung: Unter 7. und 8. werden wir eine **Kurzform** für die Durchführung der Rechnung besprechen und das Beispiel auf S. 218 unter 4) wiederholen.

4. Die Substitutionsregel läßt sich in vielen Fällen auch in der umgekehrten Richtung, die Gleichung von Satz S 12.4 also „von rechts nach links" anwenden. Um für diesen Fall das gegebene Integral auf die gewohnte Form $\int f(x)\,dx$ zu bringen, vertauschen wir in der Gleichung von S 12.4 die Variablen x und z und überdies die Seiten der Gleichung; wir erhalten dann:

$$\int f(x)\,dx = \int f[\varphi(z)]\cdot\varphi'(z)\,dz.$$

Die Substitutionsgleichung $z=\varphi(x)$ geht bei diesem Austausch der Variablen über in die Gleichung $x=\varphi(z)$. Wir behandeln ein

Beispiel: $\int_{2}^{5}\frac{dx}{\sqrt{x-1}}$.

Wir setzen $z=\sqrt{x-1}$. Durch Auflösen nach x erhalten wir die Substutionsgleichung

$$z=\sqrt{x-1}\ \Rightarrow\ z^2=x-1\ \Rightarrow\ x=z^2+1=\varphi(z).$$

Es gilt also: $\varphi'(z)=2z$. Den Term $f[\varphi(z)]$ könnte man ausführlich durch die folgende Rechnung bestimmen:

Aus $f(x)=\dfrac{1}{\sqrt{x-1}}$ ergibt sich: $f[\varphi(z)]=\dfrac{1}{\sqrt{(z^2+1)-1}}=\dfrac{1}{\sqrt{z^2}}=\dfrac{1}{z}$ (wegen $z>0$).

Einfacher ist es jedoch, die Substitutionsgleichung $z=\sqrt{x-1}$ unmittelbar auszunutzen; denn es gilt:

$$f(x)=\frac{1}{\sqrt{x-1}}=\frac{1}{z}=f[\varphi(z)].$$

Somit erhält man insgesamt für das unbestimmte Integral:

$$\int\frac{dx}{\sqrt{x-1}}=\int\frac{1}{z}\cdot 2z\,dz=2\int dz=2z+c=2\sqrt{x-1}+c.$$

Daraus ergibt sich für das gegebene bestimmte Integral:

$$\int_{2}^{5}\frac{dx}{\sqrt{x-1}}=2\sqrt{x-1}\Big|_{2}^{5}=2(\sqrt{4}-\sqrt{1})=2\cdot(2-1)=2.$$

5. Das letzte Beispiel zeigt, daß bei dieser zweiten Anwendung der Substitutionsregel eine nicht ganz einfache Rechnung durchzuführen ist. Diese Rechnung kann man indes stark vereinfachen. Dies hängt mit einer Frage zusammen, die wir schon in §11 gestellt, bisher aber noch nicht beantwortet haben, der Frage nämlich, warum es zweckmäßig ist, im Symbol für ein Integral den Integranden in der Form $f(x)\,dx$, also mit dem Differential dx als zusätzlichen Faktor zu schreiben.

Würden wir auf den Faktor dx verzichten, so würde die Substitutionsregel in der unbestimmten Schreibweise lauten:

$$\int f(x) = \int f[\varphi(z)] \cdot \varphi'(z).$$

Wir müßten also – wie wir es beim letzten Beispiel auch getan haben – im Integranden x durch $\varphi(z)$ ersetzen und dann mit der Ableitung $\varphi'(z)$ multiplizieren.

Fügen wir jedoch das Differential dx dem Integranden als Faktor hinzu, so können wir die Substitutionsregel anders deuten; das Differential zu $x = \varphi(z)$ heißt nämlich:

$$dx = \varphi'(z) dz,$$

also gilt:

$$f(x) dx = f[\varphi(z)] \cdot \varphi'(z) dz.$$

Aus dieser Gleichung ergibt sich die Substitutionsregel **unmittelbar** dadurch, daß man das Integralzeichen auf beiden Seiten hinzuschreibt:

$$\int f(x) dx = \int f[\varphi(z)] \cdot \varphi'(z) dz.$$

Fügt man also dem Term der Integralfunktion das Differential dx hinzu, so **erübrigt sich die Substitutionsregel**; es wird sozusagen „**automatisch**" alles richtig, wenn man die Variable x in f(x) **und** in dx durch z ausdrückt. In diesem Umstand liegt die Zweckmäßigkeit der üblichen Integralschreibweise mit dem Differential dx begründet.

6. Die durchzuführende Rechnung läßt sich bei Berücksichtigung der unter 5. gewonnenen Einsicht erheblich abkürzen. Wir wiederholen das letzte

Beispiel: $\int_{2}^{5} \dfrac{dx}{\sqrt{x-1}}$ mit $f(x) = \dfrac{1}{\sqrt{x-1}}$.

a) Wir setzen $z = \sqrt{x-1}$; dann gilt: $dz = \dfrac{dx}{2\sqrt{x-1}}$, also $\dfrac{dx}{\sqrt{x-1}} = 2 dz$. Daher gilt:

$$\int \dfrac{dx}{\sqrt{x-1}} = \int 2 dz = 2z + c = 2\sqrt{x-1} + c.$$

b) Wir können auch $z = x - 1$ setzen; dann gilt $dz = dx$. Man erhält:

$$\int \dfrac{dx}{\sqrt{x-1}} = \int \dfrac{dz}{\sqrt{z}} = 2\sqrt{z} + c = 2\sqrt{x-1} + c.$$

7. An zwei weiteren **Beispielen** zeigen wir die **Kurzform** der Rechnung. Hierbei tritt der Unterschied zwischen den beiden Anwendungen der Gleichung von Satz S 12.4 ganz in den Hintergrund.

1) $\int (1 - x^3)^5 \cdot x^2 dx$

Wir setzen $z = 1 - x^3$; dann gilt: $dz = -3x^2 dx$, also $x^2 dx = -\dfrac{dz}{3}$. Somit ergibt sich:

$$\int (1-x^3)^5 \cdot x^2 dx = -\dfrac{1}{3} \int z^5 dz = -\dfrac{1}{3} \cdot \dfrac{z^6}{6} + c = -\dfrac{1}{18}(1-x^3)^6 + c.$$

§12, III. Integration durch Substitution

2) $\int (2x-1)^3 \, dx$

Wir setzen $z = 2x - 1$ und erhalten $dz = 2dx$, also $dx = \dfrac{dz}{2}$. Also gilt:

$$\int (2x-1)^3 \, dx = \frac{1}{2} \int z^3 \, dz = \frac{1}{2} \cdot \frac{z^4}{4} + c = \frac{1}{8}(2x-1)^4 + c.$$

8. Bei den bisherigen Beispielen zu bestimmten Integralen haben wir mit Hilfe der Substitution stets nur das zugehörige „unbestimmte Integral" berechnet und die Grenzen erst am Ende der Rechnung eingesetzt. In der Regel ist es jedoch zweckmäßiger, die Grenzen ebenfalls der Substitution zu unterwerfen. Man braucht dann die Rücktransformation auf die ursprüngliche Variable (meist x) nicht mehr vorzunehmen.

Bemerkung: Wenn das Ziel die Berechnung einer Stammfunktion F zu einer gegebenen Funktion f ist, muß das Ergebnis natürlich auf die ursprüngliche Variable umgerechnet werden.

Wir wiederholen die oben durchgeführten **Beispiele:**

1) $\displaystyle\int_2^5 \dfrac{dx}{\sqrt{x-1}}$

a) Wir setzen $z = \sqrt{x-1}$. Dann gilt: $dz = \dfrac{dx}{2\sqrt{x-1}}$, also $\dfrac{dx}{\sqrt{x-1}} = 2 \, dz$.

Die auf die Variable z bezogenen Grenzen können wir unmittelbar an der Substitutionsgleichung durch Einsetzen der gegebenen Grenzen berechnen. Wir schreiben dies kurz folgendermaßen:

$$\left.\sqrt{x-1}\right|_2^5 = \left.z\right|_1^2. \text{ Es gilt also: } \int_2^5 \frac{dx}{\sqrt{x-1}} = \int_1^2 2 \, dz = \left.2z\right|_1^2 = 4 - 2 = 2.$$

b) Wir können — wie oben bereits gezeigt — auch mit der Substitutionsgleichung $z = x - 1$ arbeiten. Dann gilt $dz = dx$. Für die Grenzen gilt:

$$\left.x-1\right|_2^5 = \left.z\right|_1^4. \text{ Somit ergibt sich: } \int_2^5 \frac{dx}{\sqrt{x-1}} = \int_1^4 \frac{dz}{\sqrt{z}} = \left.2\sqrt{z}\right|_1^4 = 4 - 2 = 2.$$

2) $\displaystyle\int_0^1 (1-x^3)^5 \cdot x^2 \, dx$

Wir setzen $z = 1 - x^3$. Es gilt: $dz = -3x^2 \, dx$, also $x^2 \, dx = -\tfrac{1}{3} dz$.

Für die Grenzen erhält man: $\left.1-x^3\right|_0^1 = \left.z\right|_1^0$. Somit ergibt sich:

$$\int_0^1 (1-x^3)^5 \cdot x^2 \, dx = -\frac{1}{3} \int_1^0 z^5 \, dz = -\frac{1}{3} \cdot \left.\frac{z^6}{6}\right|_1^0 = -\frac{1}{18}(0-1) = \frac{1}{18}.$$

3) $\displaystyle\int_0^2 (2x-1)^3 \, dx$

Wir setzen $z = 2x - 1$. Es gilt: $dz = 2 \, dx$, also $dx = \tfrac{1}{2} dz$.

Für die Grenzen erhält man: $\left.2x-1\right|_0^2 = \left.z\right|_{-1}^3$. Somit ergibt sich:

$$\int_0^2 (2x-1)^3 \, dx = \frac{1}{2} \int_{-1}^3 z^3 \, dz = \left.\frac{1}{2} \cdot \frac{z^4}{4}\right|_{-1}^3 = \frac{81}{8} - \frac{1}{8} = 10.$$

Wir wiederholen nun noch das zweite Beispiel aus 2. (S. 214).

4) $\int_{3}^{4} \dfrac{x\,dx}{\sqrt{25-x^2}}$

Mit $z=25-x^2 \Big|_{3}^{4} \begin{smallmatrix} 9 \\ 16 \end{smallmatrix}$ und $dz=-2x\,dx$, also $x\,dx=-\dfrac{dz}{2}$ erhält man:

$$\int_{3}^{4}\dfrac{x\,dx}{\sqrt{25-x^2}} = -\int_{16}^{9}\dfrac{dz}{2\sqrt{z}} = -\sqrt{z}\Big|_{16}^{9} = -\sqrt{9}+\sqrt{16} = -3+4 = 1.$$

9. Die Substitutionsgleichung ist in der Form

$$\int f(x)\,dx = \int f[\varphi(z)]\cdot\varphi'(z)\,dz$$

meist schwieriger anzuwenden als in der Form von Satz S 12.4. Das Aufsuchen einer geeigneten Substitution erfordert Erfahrung. Es ist auch keineswegs gesagt, daß das Verfahren immer zum Ziel führt.

Beispiel: $\int \dfrac{dx}{\sqrt{25-x^2}}$

Dieses Beispiel hat einen ähnlichen Integranden wie das zuvor behandelte Beispiel 4). Substituiert man aber auch hier: $z=25-x^2$, so führt dies nicht zum Ziel. Es gilt nämlich:

$z=25-x^2 \Rightarrow x^2=25-z \Rightarrow x=\sqrt{25-z}$, also $dx=-\dfrac{dz}{2\sqrt{25-z}}$ und somit:

$$\int \dfrac{dz}{\sqrt{25-x^2}} = -\int \dfrac{1}{z}\cdot\dfrac{1}{2\sqrt{25-z}}\,dz.$$

Zu der so sich ergebenden Integrandfunktion g mit $g(z)=\dfrac{-1}{2z\cdot\sqrt{25-z}}$ ist uns aber ebensowenig eine Stammfunktion bekannt wie zur Integrandfunktion f mit $f(x)=\dfrac{1}{\sqrt{25-x^2}}$.

Übungen und Aufgaben

1. Berechne das Integral $\int_{0}^{5}\dfrac{x\,dx}{\sqrt{3x+1}}$ und unterwirf dabei auch die Grenzen der Substitution $z=\sqrt{3x+1}$!

2. Berechne das Integral $\int_{0}^{2}\dfrac{dx}{\sqrt{4x+1}}$ mit Hilfe der Substitutionen

   a) $z=4x+1$ und b) $z=\sqrt{4x+1}$!

3. Berechne das Integral jeweils **1)** durch Substitution und **2)** unmittelbar mit Hilfe der Summenregel!

   a) $\int_{-2}^{3}(2x+3)\,dx$ b) $\int_{-1}^{2}(3x-2)\,dx$ c) $\int_{0}^{6}\left(\dfrac{2}{3}x-3\right)dx$ d) $\int_{-2}^{2}\left(\dfrac{2}{3}-\dfrac{x}{4}\right)dx$

§12, III. Integration durch Substitution

4. a) $\int\limits_{-\pi/2}^{\pi/2} \sin 2x \, dx$ b) $\int\limits_{0}^{\pi/2} \cos 3x \, dx$ c) $\int\limits_{0}^{\pi} \sin \frac{x}{2} \, dx$ d) $\int\limits_{-\pi/4}^{\pi/4} \sin\left(2x + \frac{\pi}{2}\right) dx$

e) $\int\limits_{-\pi}^{\pi} \cos(5x - 3\pi) \, dx$ f) $\int\limits_{0}^{t_1} \sin(\omega t) \, dt$ g) $\int\limits_{t_1}^{t_2} \cos(\omega t) \, dt$ h) $\int\limits_{t_1}^{t_2} \sin(\omega t + \varphi) \, dt$

5. Berechne das Integral jeweils **1)** durch Substitution und **2)** durch Ausmultiplizieren des Integranden!

   a) $\int\limits_{0}^{2} (4x - 3)^2 \, dx$ b) $\int\limits_{0}^{1} (2x - 1)^3 \, dx$ c) $\int\limits_{a}^{b} (mx + n)^2 \, dx$

6. Berechne das Integral jeweils nach dem Substitutionsverfahren!

   a) $\int\limits_{-1}^{1} \left(\frac{x}{2} + 1\right)^4 dx$ b) $\int\limits_{0}^{1} (2x - 3)^5 \, dx$ c) $\int\limits_{0}^{1} (px + q)^n \, dx$

7. a) $\int\limits_{1/3}^{3} \frac{dx}{\sqrt{3x}}$ b) $\int\limits_{-2}^{2} \frac{dx}{\sqrt{5 + 2x}}$ c) $\int\limits_{0}^{1} \frac{dx}{\sqrt{4 - 3x}}$ d) $\int\limits_{1}^{6} \frac{dx}{\sqrt{10 - x}}$

e) $\int\limits_{-1}^{1} \frac{5 \, dx}{(2x + 3)^2}$ f) $\int\limits_{1}^{2} \frac{4 \, dx}{(3x - 7)^3}$ g) $\int\limits_{0}^{1/2} \frac{15 \, dx}{(3 - 5x)^2}$ h) $\int\limits_{-3}^{-2,5} \frac{4 \, dx}{(2x + 7)^3}$

i) $\int\limits_{0}^{1} \frac{x^4 \, dx}{\sqrt{x^5 + 3}}$ j) $\int\limits_{4}^{7} \frac{3x^2 - 6x}{\sqrt{x^3 - 3x^2}} \, dx$ k) $\int\limits_{-3}^{2} \frac{x \, dx}{\sqrt{x^2 + 1}}$ l) $\int\limits_{0}^{\sqrt{2}} \frac{2x \, dx}{\sqrt{4 - x^2}}$

m) $\int\limits_{20}^{45} \sqrt{\frac{5}{x}} \, dx$ n) $\int\limits_{0}^{1/3} \frac{18 \, dx}{(2 - 3x)^4}$ o) $\int\limits_{2/3}^{1} \frac{12 \, dx}{(4 - 3x)^5}$ p) $\int\limits_{2}^{9} \frac{dx}{\sqrt[3]{x - 1}}$

q) $\int\limits_{-1}^{14} \frac{dx}{\sqrt[4]{x + 2}}$ r) $\int\limits_{1/2}^{1} \sqrt[3]{2x - 1} \, dx$ s) $\int\limits_{3/4}^{1} \sqrt[4]{4x - 3} \, dx$ t) $\int\limits_{2}^{3} (x - 2)^{2/3} \, dx$

u) $\int\limits_{-4}^{-3} (x + 4)^{3/4} \, dx$ v) $\int\limits_{-2}^{1,5} (2x + 5)^{-1/3} \, dx$ w) $\int\limits_{-3}^{3/4} (4x + 13)^{-3/4} \, dx$ x) $\int\limits_{3,5}^{4} (2x - 7)^{3/5} \, dx$

§ 13 Anwendungen der Integralrechnung

I. Flächenmessung

1. In §10 und in §11 haben wir uns bereits mit dem Problem der Flächenmessung bei positiven und bei negativen Normalflächen beschäftigt; das Ergebnis ist in Satz S 11.9 (S. 196) festgehalten. Offen ist das Problem der Flächenmessung aber noch für Flächen, die selbst keine Normalflächen sind, bei denen man aber die Inhaltsbestimmung auf die von Normalflächen zurückführen kann.

2. Wechselt eine Funktion f im Intervall [a; b] einmal oder sogar mehrmals das Vorzeichen, so ist das Intervall so in Teilintervalle zu zerlegen, daß die Funktion in jedem Teilintervall vorzeichenbeständig ist und somit eine (positive oder negative) Normalfläche bestimmt.

Beispiel:
Für die Maßzahl der farbig gekennzeichneten Fläche F in Bild 13.1 gilt:

$$A(F) = \left|\int_a^b f(x)\,dx\right| + \left|\int_b^c f(x)\,dx\right| + \left|\int_c^e f(x)\,dx\right|.$$

Hierbei könnten wir die Betragsstriche beim ersten und beim dritten Summanden weglassen, weil die zugehörigen Normalflächen und mithin auch die Integrale positiv sind.

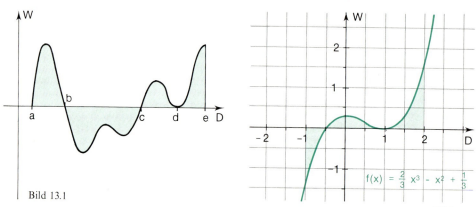

Bild 13.1

Bild 13.2

Beispiel: $f(x) = \frac{2}{3}x^3 - x^2 + \frac{1}{3}$ über dem Intervall $[-1; 2]$ (Bild 13.2).
Es gilt $f(x) = \frac{2}{3}(x + \frac{1}{2})(x - 1)^2$ (Überprüfe dies!). Wegen $(x-1)^2 \geq 0$ gilt $f(x) \geq 0$ für $x \geq -\frac{1}{2}$ und $f(x) \leq 0$ für $x \leq -\frac{1}{2}$. Wir zerlegen daher das Intervall $[-1; 2]$ in die Teilintervalle $[-1; -\frac{1}{2}]$ und $[-\frac{1}{2}; 2]$. Eine Stammfunktion F zu f ist gegeben durch

$$F(x) = \frac{1}{6}x^4 - \frac{1}{3}x^3 + \frac{1}{3}x.$$

§13, I. Flächenmessung

Mithin gilt:

$$\int_{-1}^{-\frac{1}{2}} f(x)\,dx = F\left(-\frac{1}{2}\right) - F(-1) = \left(\frac{1}{96} + \frac{1}{24} - \frac{1}{6}\right) - \left(\frac{1}{6} + \frac{1}{3} - \frac{1}{3}\right) = -\frac{9}{32};$$

$$\int_{-\frac{1}{2}}^{2} f(x)\,dx = F(2) - F\left(-\frac{1}{2}\right) = \left(\frac{8}{3} - \frac{8}{3} + \frac{2}{3}\right) - \left(\frac{1}{96} + \frac{1}{24} - \frac{1}{6}\right) = \frac{25}{32}.$$

Somit erhalten wir als Maßzahl für die Fläche F:

$$A(F) = \frac{9}{32} + \frac{25}{32} = \frac{34}{32} = \frac{17}{16} \approx 1{,}06.$$

3. Mit Hilfe bestimmter Integrale kann man auch Maßzahlen für Flächen berechnen, die von zwei (oder mehr) Funktionsgraphen eingeschlossen werden.

Beispiel:

Die Fläche in Bild 13.3 wird von den Funktionsgraphen zu

$$f(x) = \frac{x}{2} + 4 \quad \text{und} \quad g(x) = \frac{x^2}{2} + 1$$

begrenzt. Die Kurven schneiden sich in den Punkten $P_1(-2|3)$ und $P_2(3|\frac{11}{2})$. Rechnerisch erhält man die Koordinaten der beiden Schnittpunkte als Lösungen des Gleichungssystems

$$y = \frac{x}{2} + 4 \wedge y = \frac{x^2}{2} + 1.$$

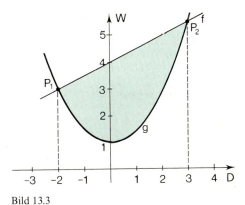

Bild 13.3

Die Maßzahl der von den beiden Funktionsgraphen eingeschlossenen Fläche ist die Differenz der Maßzahlen der Flächen unter den Graphen von f bzw. von g:

$$A(F) = \int_{-2}^{3} \left(\frac{x}{2}+4\right) dx - \int_{-2}^{3} \left(\frac{x^2}{2}+1\right) dx = \int_{-2}^{3} \left(\frac{x}{2}+4-\frac{x^2}{2}-1\right) dx = \int_{-2}^{3} \left(-\frac{x^2}{2}+\frac{x}{2}+3\right) dx$$

$$= -\frac{x^3}{6} + \frac{x^2}{4} + 3x \Big|_{-2}^{3} = \left(-\frac{27}{6}+\frac{9}{4}+9\right) - \left(\frac{8}{6}+\frac{4}{4}+(-6)\right) = \frac{125}{12}.$$

4. Das bei diesem Beispiel angewandte Verfahren läßt sich allgemein formulieren:
Gegeben seien zwei Funktionen f und g, die über dem Intervall [a; b] integrierbar sind. Die Graphen der beiden Funktionen sollen sich in wenigstens zwei Punkten schneiden, d.h., die Lösungsmenge des Gleichungssystems $y = f(x) \wedge y = g(x)$ soll wenigstens zwei Zahlenpaare $(x_1|y_1)$ und $(x_2|y_2)$ enthalten. Die beiden zugehörigen Punkte P_1 und P_2 mit $x_1, x_2 \in [a; b]$ seien zwei „benachbarte" Schnittpunkte, d.h., zwischen P_1 und P_2 liege kein weiterer Schnittpunkt der beiden Graphen. Ferner setzen wir $f(x) < g(x)$ [oder $g(x) < f(x)$] für alle $x \in]x_1; x_2[$ voraus.
Unter den angegebenen Voraussetzungen hat die Fläche zwischen den Graphen von f und g über dem Intervall $[x_1; x_2]$ die Flächenmaßzahl

$$A(F) = \left| \int_{x_1}^{x_2} (f(x) - g(x))\,dx \right|.$$

Bei mehr als zwei Schnittpunkten wird man die Fläche im allgemeinen abschnittsweise berechnen müssen, da $h(x)=f(x)-g(x)$ in dem betrachteten Intervall möglicherweise das Vorzeichen wechselt. In Bild 13.4 sind zwei Funktionsgraphen dieser Art gezeigt. Für dieses Beispiel gilt:

$$A(F)=\left|\int_{x_1}^{x_2}[f(x)-g(x)]\,dx\right|+\left|\int_{x_2}^{x_3}[f(x)-g(x)]\,dx\right|+\left|\int_{x_3}^{x_5}[f(x)-g(x)]\,dx\right|.$$

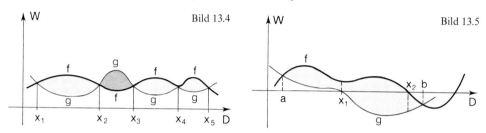

Bild 13.4   Bild 13.5

5. Bei der Berechnung der Fläche zwischen zwei Funktionsgraphen ist es gleichgültig, ob die Graphen die D-Achse schneiden oder nicht; entscheidend ist die Differenz $f(x)-g(x)$.

Beispiel (Bild 13.5):

$$A(F)=A_1+A_2+A_3=\left|\int_a^{x_1}f(x)\,dx\right|-\left|\int_a^{x_1}g(x)\,dx\right|+\left|\int_{x_1}^{x_2}f(x)\,dx\right|+\left|\int_{x_1}^{x_2}g(x)\,dx\right|+\left|\int_{x_2}^{b}g(x)\,dx\right|-\left|\int_{x_2}^{b}f(x)\,dx\right|.$$

Unter Berücksichtigung der Vorzeichen der Funktionswerte ergibt sich:

$$A(F)=\int_a^{x_1}f(x)\,dx-\int_a^{x_1}g(x)\,dx+\int_{x_1}^{x_2}f(x)\,dx-\int_{x_1}^{x_2}g(x)\,dx+\int_{x_2}^{b}f(x)\,dx-\int_{x_2}^{b}g(x)\,dx$$

$$=\int_a^{x_1}(f(x)-g(x))\,dx+\int_{x_1}^{x_2}(f(x)-g(x))\,dx+\int_{x_2}^{b}(f(x)-g(x))\,dx=\int_a^{b}(f(x)-g(x))\,dx=\left|\int_a^{b}(f(x)-g(x))\,dx\right|.$$

Man braucht bei der Berechnung der Fläche also nicht zu berücksichtigen, ob die Funktionen f und g in dem Integrationsintervall Nullstellen haben oder nicht. Entscheidend ist aber, daß im gesamten Integrationsintervall gilt $f(x)\geq g(x)$ oder $g(x)\geq f(x)$.

Übungen und Aufgaben

1. Berechne die Maßzahl der Fläche, die in den Grenzen a bis b zwischen den Graphen der Funktionen f und g liegt!

	a)	b)	c)	d)	e)	f)	g)	h)
f(x)	$\frac{1}{2}x$	$\frac{1}{2}x$	$-x$	$(x-1)^2$	$\sqrt{x}$	$\frac{1}{x^2}$	$\frac{1}{x^2}$	$\sqrt[3]{7x-6}$
g(x)	x	$-x^2+9$	x	$x+1$	$\frac{1}{2}x+3$	$-\frac{1}{2}x+1$	$\frac{1}{x^3}$	x
a	0	0	1	1	4	1	1	1
b	4	2	3	3	9	5	4	2

§ 13, I. Flächenmessung

2. Berechne die Maßzahl der Fläche, die von dem Graphen der angegebenen Funktion und der D-Achse eingeschlossen wird! Beachte, daß die Fläche aus mehreren Teilen bestehen kann!

a) $f(x) = 3x^2 - 12$ b) $f(x) = x^3 - 4x$ c) $f(x) = 2x^2 + 8x + 6$ d) $f(x) = \frac{1}{2}x^2 + x - 4$

e) $f(x) = x^2 + \frac{7}{2}x - 2$ f) $f(x) = 2x^2 - 2x - \frac{15}{2}$ g) $f(x) = 3x^2 + 5x - 4\frac{2}{3}$ h) $f(x) = x - \sqrt{x}$

i) $f(x) = \sqrt[3]{x} - x^2$ j) $f(x) = (x-4)\sqrt{x}$ k) $f(x) = x\sqrt{4-x^2}$ l) $f(x) = x\sqrt{x+9}$

3. Die Graphen der im folgenden angegebenen Funktionen schneiden sich. Berechne die Maßzahl der Fläche zwischen den Kurven!

a) $f(x) = x^2 + 1$
    $g(x) = 5$

b) $f(x) = -x^2 + 12$
    $g(x) = 3$

c) $f(x) = 2x^3 - 7x$
    $g(x) = x$

d) $f(x) = x^4 - x^2$
    $g(x) = 3x^2$

e) $f(x) = 4x^3 - 14x + 1$
    $g(x) = 8x^2 - 10x - 7$

f) $f(x) = \sin x$
    $g(x) = \frac{1}{2}$

g) $f(x) = \sqrt[3]{13x - 12}$
    $g(x) = x$

h) $f(x) = \sqrt[3]{x - 1}$
    $g(x) = x - 1$

4. Berechne die Maßzahl der Fläche, die zwischen der D-Achse und dem Graphen der gegebenen Funktion liegt!

a) $f(x) = \sin x$ in $[0; 2\pi]$ b) $f(x) = \cos x$ in $[0; 2\pi]$ c) $f(x) = 1 + \sin x$ in $[-\pi; \pi]$

d) $f(x) = 1 + \sin(2x)$ in $[-\pi; \pi]$ e) $f(x) = \sin^2 x$ in $\left[0; \frac{\pi}{2}\right]$ f) $f(x) = \cos^2 x$ in $\left[0; \frac{\pi}{2}\right]$

5. Berechne die Maßzahl der Fläche unter den Funktionsgraphen von f im Intervall [a; b]!

a) $f(x) = |x^2 - 1|$; $[-2; 2]$

b) $f(x) = \frac{x^2}{2}(1 - \operatorname{sign} x) + 1$; $[-1; 2]$

c) $f(x) = |x| + |x - 1|$; $[-2; 2]$

d) $f(x) = |x + x^2|$; $[-2; 2]$

6. Welche Maßzahl hat die Fläche, die der Graph der Funktion f zu $f(x) = x^3 - x^2 - 4x + 4$ mit der D-Achse einschließt?

7. Der Graph der Funktion f zu $f(x) = x^3 - 3x + 2$ berührt die D-Achse. Berechne die Maßzahl der Fläche, die der Graph mit der D-Achse einschließt!

8. Gegeben ist $f(x) = \frac{1}{2}x^2 - cx$ mit $c \in \mathbb{R}$. Welche Zahl muß man in c einsetzen, damit der Graph mit der D-Achse eine Fläche von 18 FE (Flächeneinheiten) einschließt?

9. a) Der Graph der Funktion f zu $f(x) = ax^2 + 2$ kann mit den positiven Achsen des Koordinatensystems eine bestimmte Fläche einschließen. Welches Vorzeichen muß die in a einzusetzende Zahl haben, damit das möglich ist?
b) Welche Zahl muß man in a einsetzen, damit der Flächeninhalt $\frac{16}{3}$ FE beträgt?

10. Es sei $f(x) = -\frac{1}{a}x^2 + a$. Verfahre wie in Aufgabe 9! Der Flächeninhalt betrage $\frac{4}{3}$ FE.

11. Berechne den Inhalt der Fläche zwischen den Graphen der Funktionen f und g!

a) $f(x) = x^3 + x^2 - x$; $g(x) = 2x^2 + x$

b) $f(x) = 2x^2$; $g(x) = x + 1$

c) $f(x) = x^4 + x^3 + x^2$; $g(x) = -2x^3 + x^2$

d) $f(x) = 5 - x^2$; $g(x) = \frac{4}{x^2}$

12. Gegeben ist $f(x)=x^2$. Welche Gerade zu $g(x)=c$ mit $c\in\mathbb{R}$ schließt mit der Parabel eine Fläche von 36 FE ein?

13. Gegeben sind $f(x)=x^2$ und $g(x)=-x^2+c$ mit $c\in\mathbb{R}$. Welche Zahl ist in c einzusetzen, damit die Graphen der beiden Funktionen eine Fläche vom Inhalt $\frac{8}{3}$ FE einschließen?

14. Gegeben sind $f(x)=x^2$ und $g(x)=mx$ mit $m\in\mathbb{R}$. Welche Zahl ist in m einzusetzen, damit die Gerade mit der Parabel eine Fläche vom Inhalt $\frac{4}{3}$ FE einschließt?

15. Die Parabel zu $y=-x^2+4$ schneidet die D-Achse in P_1 und P_2, die W-Achse in Q. Berechne den Inhalt der Fläche zwischen der Parabel und den Sehnen P_1Q und P_2Q!

16. Der Graph der Funktion f zu $f(x)=x^3-4x$ wird mit einer Geraden zu $y=mx$ geschnitten.
 a) Für welche Werte von m erhält man außer dem Nullpunkt zwei weitere Schnittpunkte $P_1(x_1|y_1)$ und $P_2(x_2|y_2)$?
 b) Berechne die Maßzahl der Fläche zwischen der Geraden und dem Graphen von f!
 c) Zeige: $\int_{x_1}^{x_2}[x^3-mx]\,dx=0$ gilt für alle Werte von m! Was bedeutet dies geometrisch?

17. Gegeben ist die Parabel mit der Gleichung $y=ax^2+9$; die Parabel hat die Schnittpunkte P_1 und P_2 mit der D-Achse und den Scheitelpunkt Q. Vergleiche den Inhalt des Dreiecks P_1P_2Q mit dem Inhalt der Fläche, die zwischen den Schnittpunkten mit der D-Achse von der Parabel und der D-Achse eingeschlossen wird! Was stellst du fest?

18. Eine quadratische Parabel enthält den Ursprung des Koordinatensystems und schneidet die D-Achse außerdem in $P(4|0)$ mit positiver Steigung. Sie schließt zwischen den beiden Nullstellen eine Fläche von $21\frac{1}{3}$ FE ein. Bestimme die Gleichung der Parabel!

19. Eine quadratische Parabel schneidet die D-Achse in den Punkten $P(-4|0)$ und $Q(3|0)$. Sie schließt zwischen diesen Nullstellen mit der D-Achse eine Fläche von $42\frac{7}{8}$ FE ein. Bestimme die Gleichung der Parabel! Ist die Lösung eindeutig?

20. Eine quadratische Parabel schneidet die D-Achse in $P(-4|0)$ und $Q(3|0)$. Sie schließt mit der D-Achse zwischen ihren Schnittpunkten mit dieser Achse eine Fläche ein, die von der W-Achse so geteilt wird, daß der linke Teil um $12\frac{1}{6}$ FE größer ist als der rechte. Bestimme die Gleichung der Parabel!

21. Die Parabel zu $f(x)=x^3+4x^2-3x-18$ berührt die D-Achse im Punkt $P(-3|0)$ und schneidet sie in einem Punkt Q. Berechne den Flächeninhalt des von der D-Achse begrenzten Parabelabschnitts!

22. Eine Parabel dritter Ordnung hat in $P_1(0|0)$ einen Wendepunkt und in $P_2\left(\frac{\sqrt{3}}{3}\bigg|y_2\right)$ die Steigung 0. Sie schließt für $x\geq 0$ mit der D-Achse eine Fläche von $\frac{3}{4}$ FE ein.

23. Eine Parabel dritter Ordnung geht durch den Nullpunkt des Koordinatensystems, sie hat in $P_1(1|y_1)$ die Steigung 0 und in $P_2(2|y_2)$ einen Wendepunkt. Sie schließt mit der D-Achse eine Fläche von 9 FE ein.

24. Eine Parabel dritter Ordnung geht durch den Nullpunkt des Koordinatensystems und hat dort die Steigung 0. In $P_1(1|y_1)$ hat sie einen Wendepunkt. Sie schließt mit der positiven D-Achse eine Fläche von $\frac{81}{4}$ FE ein.

25. Gegeben ist $f(x)=\frac{1}{4}x^3-2x^2+\frac{1}{4}ax$. Bestimme $a\in\mathbb{R}$ so, daß der Graph der Funktion die D-Achse berührt! Welchen Inhalt hat die Fläche, zwischen dem Graphen und der D-Achse?

26. Eine Parabel dritter Ordnung hat in $P_1(0|0)$ einen Wendepunkt und in $P_2(-2|2)$ die Steigung 0. Durch P_2 geht ferner eine Parabel mit der Gleichung $y=ax^2$. Wie groß ist die Fläche, die die beiden Kurven einschließen?

27. Eine Parabel dritter Ordnung berührt die D-Achse an der Stelle 0 und schneidet sie in $P(6|0)$ unter einen Winkel von 45° (Winkel zwischen der Tangente in P an die Kurve und der D-Achse). Welchen Inhalt hat die Fläche, die die Parabel mit ihrer Tangente im Punkt $P(6|0)$ einschließt?

28. Gibt es eine Parabel mit der Gleichung $f(x)=ax^n$, bei der der Parabelbogen OP das Dreieck OPQ halbiert? Dabei ist Q der Fußpunkt des Lotes, das von dem Parabelpunkt P auf die x-Achse gefällt wird. Wie viele Lösungen gibt es?

29. Berechne den Inhalt der Fläche, die zwischen der Sinuskurve und der Kosinuskurve zwischen zwei benachbarten Schnittpunkten liegt!

30. Verschiebe den Graphen der Sinusfunktion so in Richtung der W-Achse, daß er den Graphen der Kosinusfunktion in $[0;\pi]$ schneidet! Berechne die Maßzahl der Fläche, die zwischen den beiden Kurvenstücken und der D-Achse liegt!

31. Beweise anhand der Normalparabel: Parabelsegmente gleicher Breite sind flächengleich!
Anleitung: Die Breite des Segments wird durch die Abszissendifferenz der Parabelpunkte bestimmt.

32. Der Graph einer ganzrationalen Funktion dritten Grades, die bei $A(1|0)$ einen Wendepunkt und bei $B(0|-2)$ ein lokales Minimum hat, teilt das Rechteck $R=\{(x|y)|0\leq x\leq 3 \wedge -2\leq y\leq 2\}$ in mehrere Teile. Wieviel Teile sind es? Berechne die Inhalte der einzelnen Flächenstücke!

33. Gegeben ist die Funktion f zu $f(x)=\frac{1}{3}x^3-x$.
  a) Diskutiere f und zeichne den Graphen!
  b) Bestimme die Koordinaten der Berührungspunkte der Tangenten an den Graphen von f, die parallel zu der Geraden mit der Gleichung $9x-3y+18=0$ verlaufen! Wie lauten die Gleichungen der Tangenten?
  c) Die in b) bestimmten Tangenten schneiden den Graphen in einem Punkt. Berechne die Koordinaten des Schnittpunktes einer der Tangenten mit dem Graphen! Zu welcher Vermutung führt das Ergebnis?
  d) Berechne die Maßzahl der Fläche, die die in c) gewählte Tangente mit dem Graphen von f einschließt!

§13, I. II. Beispiele für die Berechnung eines Volumens

ist die Funktion f zu $f(x) = \frac{1}{9}x^3 - \frac{4}{3}x$.

...utiere f und zeichne den Graphen!

Abszisse des lokalen Maximums sei x_0. Zeige, daß die Tangente zur Stelle x_0 den ... an der Stelle $-2x_0$ schneidet!

c) Berechne die Fläche, die die Tangente aus b) mit dem Graphen einschließt!

d) Gilt die in b) angegebene Beziehung für alle Funktionen f mit $f(x) = ax^3 + bx$?

Extremwertaufgaben

35. Die Parabeln zu $f(x) = ax^2 - ax$ und $g(x) = -ax^2 + \frac{1}{a}x$ mit $a \in \mathbb{R}^{>0}$ schließen eine Fläche ein. Welche Zahl ist in a einzusetzen, damit der Inhalt der Fläche ein Minimum wird?

36. Gegeben ist $f(x) = ax - (1-a)x^2$ mit $a \in \mathbb{R}$. Welche Zahl ist in a einzusetzen, damit die Fläche, die der Graph mit der D-Achse einschließt, einen minimalen Inhalt hat?

37. Gegeben ist $f(x) = -x^2 + 4x$.
    a) Skizziere den Graphen der Funktion!
    b) Der Graph schließt mit der D-Achse eine Fläche ein. In diese Fläche ist ein Streifen von der Breite einer Längeneinheit parallel zur W-Achse so einzuzeichnen, daß der Flächeninhalt dieses Streifens ein Maximum annimmt.

38. Gegeben ist die Funktion f zu $f(x) = x^2$ mit $D(f) = [0; 1]$. Es sei $P(x_0 | y_0)$ mit $x_0 \in [0; 1]$ ein Punkt des Funktionsgraphen. Durch P wird die Parallele zur D-Achse gezeichnet. Zwischen dieser Geraden und dem Funktionsgraphen entstehen zwei Flächen mit den Maßzahlen $A_1(x_0)$ und $A_2(x_0)$.
    a) Berechne die Maßzahlen $A_1(x_0)$ und $A_2(x_0)$!
    b) Für welche Zahl $x_0 \in [0; 1]$ nimmt $A(x_0) = A_1(x_0) + A_2(x_0)$ ein absolutes Minimum an?

39. Verfahre analog zu Aufgabe 38 mit der Funktion f zu $f(x) = x^3$.

40. Bearbeite Aufgabe 38 allgemein für eine über einem Intervall $[a; b]$ streng monoton steigende und differenzierbare Funktion f! Es sei F eine Stammfunktion von f.
    a) Zeige, daß gilt: $A_1(x_0) = (x_0 - a)f(x_0) - F(x_0) + F(a)$; $A_2(x_0) = F(b) - F(x_0) - (b - x_0)f(x_0)$.
    b) Für welche Zahl $x_0 \in [a; b]$ nimmt $A(x_0) = A_1(x_0) + A_2(x_0)$ ein absolutes Minimum an?

II. Beispiel für die Berechnung eines Volumens

1. Dem Problem der Berechnung des Flächeninhalts einer ebenen Fläche entspricht weitgehend das Problem der Berechnung des Rauminhalts eines Körpers. Der Rauminhalt (das Volumen) ist ebenfalls eine Größe, die durch eine **Maßzahl** und durch eine **Maßeinheit** erfaßt wird. Als Maßeinheiten benutzt man Würfel, deren Kantenlänge Längeneinheiten sind, also z.B. 1 m, 1 cm, 1 mm. Die zu diesen Längeneinheiten gehörenden Maßeinheiten für den Rauminhalt sind: 1 m^3, 1 cm^3, 1 mm^3.

Auch bei den folgenden Überlegungen wollen wir die Maßeinheit als fest gegeben ansehen. Zur Festlegung des Volumens eines Körpers K kommt es dann nur noch auf die Maßzahl V(K) an. Nur mit diesen Volumenmaßzahlen wollen wir uns im folgenden beschäftigen.

2. Volumenmaßzahlen sind reelle Zahlen mit ähnlichen Grundeigenschaften, wie wir sie in §10, I für Flächenmaßzahlen aufgeführt haben (Aufgabe 1).
In einfacher Weise kann man nur für diejenigen Körper eine Volumenmaßzahl bestimmen, die sich – ohne Rest – mit Einheitswürfeln ausfüllen lassen; ferner auch für solche Körper, die aus den erstgenannten durch eine Zerlegung in kongruente Teilkörper entstehen. Ein einfaches Beispiel hierzu zeigt Bild 13.6.
Schon bei **Pyramiden** kommt man mit diesem Verfahren allein nicht zum Ziel. Durch ebene Schnitte entstehen nämlich Teilkörper, die nicht alle untereinander kongruent sind (Bild 13.7).

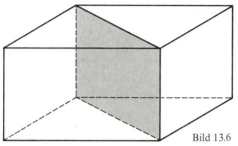
Bild 13.6

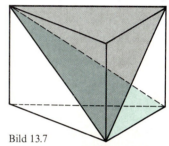
Bild 13.7

3. In solchen Fällen kann man das Verfahren, welches wir in §11, III besprochen haben, fast wörtlich auf den dreidimensionalen Fall übertragen. Bild 13.8 zeigt zweimal den Schnitt durch eine **Pyramide** mit einer quadratischen Grundfläche. Die Quadratseite habe die Maßzahl a, die Pyramidenhöhe die Maßzahl h. In Bild 13.8a sind der Pyramide eine Reihe von Quadern einbeschrieben, in Bild 13.8b eine Reihe von Quadern umbeschrieben. Alle diese Quader haben die gleiche Höhe h'.

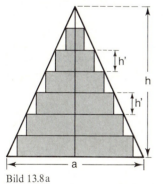
Bild 13.8a

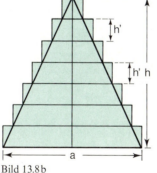
Bild 13.8b

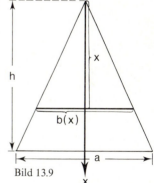
Bild 13.9

Die Größe der quadratischen Grundfläche der einzelnen Quader hängt von der Höhe ab, in der diese Fläche im Quader liegt. Um die Maßzahl dieser Fläche zu bestimmen, legen wir durch die Spitze der Pyramide eine nach unten gerichtete x-Achse mit dem Nullpunkt in der Spitze. Aus einem Längsschnitt durch die Pyramide (Bild 13.9) können wir die Maßzahl b(x) der Kantenlänge eines solchen Quadrates in der Höhe x nach dem zweiten Strahlensatz bestimmen:

$$\frac{b(x)}{x} = \frac{a}{h}, \quad \text{also} \quad b(x) = \frac{a}{h} \cdot x.$$

Die zugehörige quadratische Grundfläche hat also die Maßzahl $f(x) = [b(x)]^2 = \frac{a^2}{h^2} \cdot x^2$.

4. Die Teilpunkte auf der x-Achse sind von oben nach unten:
$$x_1 = h'; \; x_2 = 2h'; \; x_3 = 3h'; \; \ldots ; \; x_n = nh' = h.$$

Somit ist die Volumenmaßzahl des einbeschriebenen Stufenkörpers gegeben durch die **Untersumme**
$$s_n = f(x_1) \cdot h' + f(x_2) \cdot h' + \ldots + f(x_{n-1}) \cdot h' = \sum_{k=1}^{n-1} f(x_k) \cdot h'$$
und entsprechend die Maßzahl des unbeschriebenen Stufenkörpers durch die **Obersumme**
$$S_n = f(x_1) \cdot h' + f(x_2) \cdot h' + \ldots + f(x_n) \cdot h' = \sum_{k=1}^{n} f(x_k) \cdot h'.$$

Diese Unter- und Obersummen unterscheiden sich von denen, die wir im Beispiel von §11, III (S. 200) berechnet haben, lediglich dadurch, daß der Zahlenfaktor $\frac{1}{4}$ hier durch $\frac{a^2}{h^2}$ und h durch h' ersetzt ist. Genau wie dort läßt sich also zeigen, daß

$$\lim_{n \to \infty} s_n = \lim_{n \to \infty} S_n$$

ist. Nach Definition D 11.4 handelt es sich bei diesen Grenzwerten um das bestimmte Integral

$$\int_0^h f(x)\,dx = \int_0^h \frac{a^2}{h^2} x^2\,dx = \frac{a^2}{h^2} \int_0^h x^2\,dx = \frac{a^2}{h^2} \cdot \frac{x^3}{3}\Big|_0^h = \frac{a^2}{h^2} \cdot \frac{h^3}{3} = \frac{1}{3} a^2 \cdot h.$$

Für jedes Zahlenpaar (a|h) gibt der Wert dieses Integrals die Volumenmaßzahl der betreffenden Pyramide an.

Übungen und Aufgaben

1. Stelle die grundlegenden Eigenschaften ① bis ④ für Volumenmaßzahlen zusammen, indem du die Eigenschaften ① bis ④ für Flächenmaßzahlen (Seite 174) überträgst!

2. a) Welche Körper kann man, sofern man einen passenden Einheitswürfel findet, lückenlos damit ausfüllen?
   b) Nenne Körper, bei denen das nicht möglich ist!

3. a) Beschreibe, wie man mit Hilfe einbeschriebener und umbeschriebener Quader die Volumenmaßzahl eines Zylinders bestimmen könnte!
   b) Es sei A die Maßzahl der Grundfläche und h die Maßzahl der Höhe des Zylinders. Warum erhält man bei der Einschachtelung mit Quadern als Volumenmaßzahl des Zylinders $V = A \cdot h$?
   c) Begründe die Gleichung $V = \pi r^2 h$ (Bild 13.10)!

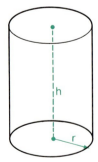

Bild 13.10

4. Die Figuren in Bild 13.8 kann man auch als Schnitte durch einen Kegel auffassen, dem Zylinder einbeschrieben bzw. umbeschrieben sind. Übertrage die Überlegungen zur Bestimmung der Volumenmaßzahl einer Pyramide auf diesen Fall!

III. Das Volumen von Rotationskörpern

1. Viele im täglichen Leben und in der Technik vorkommenden Körper sind **Rotationskörper**. Beispiele hierfür zeigt das Bild 13.11.

Bild 13.11

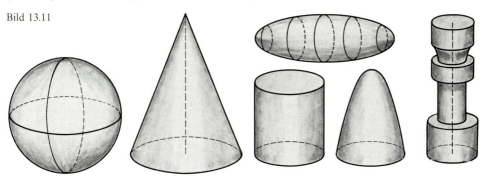

Wir können uns Rotationskörper durch Drehung einer Normalfläche um die D-Achse entstanden denken. Von der die Normalfläche und daher auch den Rotationskörper erzeugenden Funktion f setzen wir nur voraus, daß sie im betrachteten Intervall [a; b] **stetig** ist. Es braucht sich aber weder um eine positive noch um eine negative Normalfläche zu handeln.

Beispiel: $f(x) = 2 \cdot \sqrt{x+2}$ über dem Intervall $[-2; 7]$ (Bild 13.12)

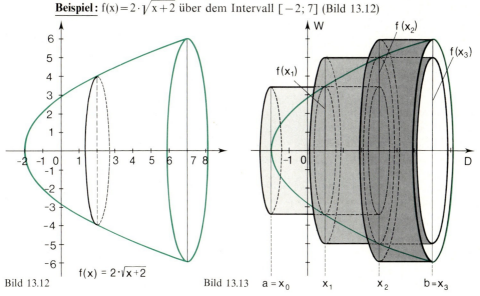

Bild 13.12 Bild 13.13

2. Zur Bestimmung der Maßzahl des Volumens eines solchen Rotationskörpers zerlegen wir das Intervall [a; b] in n Teilintervalle gleicher Länge: $h = x_k - x_{k-1} = \frac{b-a}{n}$.

Als Näherungskörper benutzen wir in diesem Fall stufenförmig angebrachte Zylinder der Höhe h, wie sie in Bild 13.13 eingezeichnet sind. Die Radien der kreisförmigen Grundflächen der einzelnen Zylinder sind gegeben durch die Funktionswerte $f(x_1), f(x_2), ..., f(x_n)$. Die Volumenmaßzahl jedes Zylinders ist also $V_k = \pi \cdot [f(x_k)]^2 \cdot h$.

Wir bilden nun die **Untersummen** s_n und die **Obersummen** S_n; dabei haben wir zu berücksichtigen, daß der innere Näherungskörper nur $n-1$ Zylinder, der äußere dagegen n Zylinder enthält. Es gilt also:

$$s_n = \sum_{k=1}^{n-1} \pi \cdot [f(x_k)]^2 \cdot h \quad \text{und} \quad S_n = \sum_{k=1}^{n} \pi \cdot [f(x_n)]^2 \cdot h.$$

Wir haben nun zu zeigen, daß $\lim_{n \to \infty} s_n = \lim_{n \to \infty} S_n$ ist, daß also das bestimmte Integral

$$\int_a^b \pi \cdot [f(x)]^2 \, dx$$

existiert. Dies ergibt sich nun aber unmittelbar aus der Voraussetzung, daß die Funktion f über [a; b] stetig ist. Daraus folgt nämlich, daß auch die Funktion g zu $g(x) = \pi[f(x)]^2$ über [a; b] stetig und mithin auch integrierbar ist.

Für die Maßzahl des Volumens eines solchen Rotationskörpers gilt also:

$$V(K) = \pi \int_a^b [f(x)]^2 \, dx.$$

Wir behandeln nach dieser Formel das obige

Beispiel: $f(x) = 2 \cdot \sqrt{x+2}$ über dem Intervall $[-2; 7]$ (Bild 13.12).

Es gilt: $[f(x)]^2 = 4(x+2)$. Daraus ergibt sich:

$$V(K) = 4\pi \int_{-2}^{7} (x+2) \, dx = 4\pi \left[\frac{x^2}{2} + 2x \right]_{-2}^{7} = 4\pi \left[\frac{49}{2} + 14 - \frac{4}{2} + 4 \right] = 162 \cdot \pi.$$

3. Man kann die Formel für die Maßzahl des Volumens eines Rotationskörpers auch auf andere Weise herleiten. Wir orientieren uns bei dieser zweiten Herleitung an den entsprechenden Überlegungen zur Flächenmessung in §10, II.

Wir denken uns den Rotationskörper K entstanden dadurch, daß eine positive Normalfläche zu einer **stetigen** Randfunktion f über einem Intervall [a; b] um die D-Achse gedreht wird. Legen wir an einer beliebigen Stelle $x \in [a; b]$ einen zur D-Achse senkrechten ebenen Schnitt, so entsteht ein Teilkörper K_x über dem Intervall [a; x] (Bild 13.14).

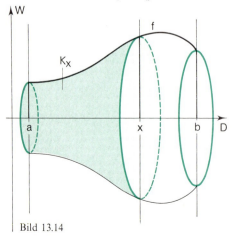

Bild 13.14

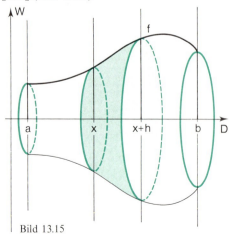

Bild 13.15

§13, III. Das Volumen von Rotationskörpern

Offensichtlich gibt es nun eine Funktion V, die jedem solchen Körper K_x seine Volummaßzahl V(x) zuordnet. Diese Funktion hängt natürlich auch noch von der unteren Grenze a ab. Da wir diese Zahl bei den folgenden Überlegungen festhalten, verzichten wir darauf, die Abhängigkeit der Zahl V(x) von a besonders zu kennzeichnen.

Wir wollen nun untersuchen, ob auch in diesem Fall ein Zusammenhang zwischen der Funktion V und der die Normalfläche erzeugenden Funktion f besteht. Nach den Erkenntnissen, die wir in §10, II beim Problem der Flächenmessung gewonnen haben, können wir vermuten, daß ein solcher Zusammenhang sichtbar wird, wenn wir die Ableitung V'(x) bestimmen. Zu diesem Zweck befassen wir uns zunächst mit dem Differenzenquotienten zur Stelle x:

$$\frac{V(x+h)-V(x)}{h}.$$

Die Differenz V(x+h)−V(x) stellt die Maßzahl des Teilkörpers zwischen den an den Stellen x und x+h gelegten Querschnitten dar (Bild 13.15). Wir können diese Zahl abschätzen, durch die Maßzahlen zweier Zylinder Z_m und Z_M, deren Radien

a) durch das absolute Minimum m(x; h) und **b)** durch das absolute Maximum M(x; h) aller Funktionswerte von f im Intervall [x; x+h] gegeben sind (Bilder 13.16a und 13.16b).
Bemerkung: Ist f über [x; x+h] monoton steigend, dann ist

m(x; h)=f(x) (Bild 13.16a)   und   M(x; h)=f(x+h) (Bild 13.16b);

ist f über [x; x+h] monoton fallend, so ist m(x; h)=f(x+h) und M(x; h)=f(x).

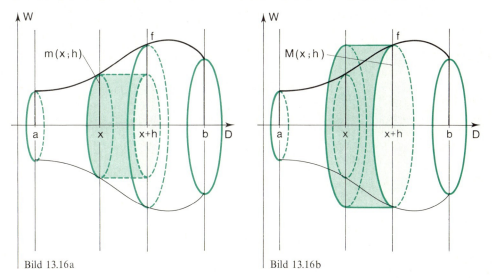

Bild 13.16a   Bild 13.16b

An den Bildern 13.16a und 13.16b erkennt man nun unmittelbar die Gültigkeit der folgenden Ungleichung

$$\pi \cdot m^2(x; h) \cdot h \leq V(x+h)-V(x) \leq \pi \cdot M^2(x; h) \cdot h,$$

für h>0 also:

$$\pi \cdot m^2(x; h) \leq \frac{V(x+h)-V(x)}{h} \leq \pi \cdot M^2(x; h).$$

Da wir vorausgesetzt haben, daß die Funktion über [a; b], insbesondere also an der Stelle x, **stetig** ist, gilt:

$$\lim_{h \to 0} m(x; h) = \lim_{h \to 0} M(x; h) = f(x), \text{ also auch:}$$

$$\lim_{h \to 0} [\pi \cdot m^2(x; h)] = \lim_{h \to 0} [\pi \cdot M^2(x; h)] = \pi \cdot [f(x)]^2.$$

Daraus ergibt sich schließlich:

$$\pi \cdot [f(x)]^2 \leq \lim_{h \to 0} \frac{V(x+h) - V(x)}{h} \leq \pi \cdot [f(x)]^2, \text{ also } V'(x) = \pi \cdot [f(x)]^2.$$

In Aufgabe 10 soll gezeigt werden, daß man für h<0 zum gleichen Ergebnis kommt.

4. Damit haben wir gezeigt, daß die Volumenmaßzahlfunktion V eine **Stammfunktion** der **Funktion g zu** $g(x) = \pi [f(x)]^2$ ist.

Bemerkung: Der Wert g(x) stellt die Maßzahl der Fläche dar, die durch einen Schnitt des Rotationskörpers senkrecht zur D-Achse an der Stelle x entsteht (Bild 13.7).
Es handelt sich um eine Kreisfläche mit dem Radius f(x) und der Flächenmaßzahl $g(x) = \pi [f(x)]^2$.
Wir brauchen jetzt nur noch die Überlegungen von §10, III und §11, I auf die neue Situation zu übertragen.

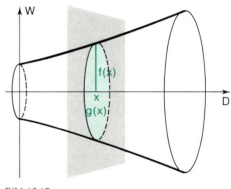

Bild 13.17

1) Ist W eine andere Stammfunktion von g, gilt also W'(x) = g(x), so gibt es nach S 10.3 eine Zahl c∈ℝ mit V(x) = W(x) + c.

2) Aus V(a) = 0 ergibt sich c = −W(a), also V(x) = W(x) − W(a), insbesondere also
V(b) = W(b) − W(a).

3) Nach D 11.1 gilt schließlich: $\int_a^b g(x)\,dx = W(b) - W(a) = V(b).$

Also gilt für den Rotationskörper K über dem Intervall [a; b]:

$$V(K) = \int_a^b g(x)\,dx = \pi \cdot \int_a^b [f(x)]^2\,dx.$$

Bemerkung: Ist die den Rotationskörper erzeugende Normalfläche keine positive Normalfläche, so ist f(x) durch |f(x)| zu ersetzen. Da jedoch $|f(x)|^2 = [f(x)]^2$ ist, ändert sich dadurch am Ergebnis nichts. Damit haben wir gezeigt:

S 13.1 **Ist eine Funktion f stetig über einem Intervall [a; b], so gilt für die Maßzahl des Volumens des durch f erzeugten Rotationskörpers K:**

$$V(K) = \pi \cdot \int_a^b [f(x)]^2\,dx.$$

§13, III. Das Volumen von Rotationskörpern

5. Wir schließen mit weiteren Beispielen.

1) Durch Drehen eines Rechteckes, von dem eine Seite auf der D-Achse liegt, um diese Achse entsteht ein Zylinder (Bild 13.18). Die erzeugende Funktion ist hier eine konstante Funktion mit $f(x) = r$; das Intervall ist $[0; h]$. Als Maßzahl für das Volumen des Zylinders Z erhalten wir also: $V(Z) = \pi \cdot \int_0^h [f(x)]^2 \, dx = \pi \int_0^h r^2 \, dx = \pi r^2 \int_0^h dx = \pi r^2 x \Big|_0^h = \pi r^2 h$.

2) Läßt man ein rechtwinkliges Dreieck, von dem eine Kathete auf der D-Achse liegt, um diese Achse rotieren, so entsteht ein Kegel (Bild 13.19). Die erzeugende Funktion ist durch $f(x) = \dfrac{r}{h} \cdot x$ festgelegt; das Intervall ist $[0; h]$. Als Maßzahl für das Volumen des Kegels K erhalten wir: $\quad V(K) = \pi \int_0^h [f(x)]^2 \, dx = \pi \int_0^h \dfrac{r^2}{h^2} x^2 \, dx = \dfrac{\pi r^2}{h^2} \cdot \dfrac{x^3}{3}\Big|_0^h = \dfrac{\pi r^2}{h^2} \cdot \dfrac{h^3}{3} = \dfrac{\pi}{3} r^2 h$.

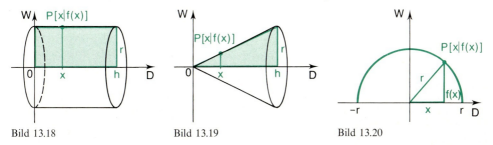

Bild 13.18   Bild 13.19   Bild 13.20

3) Die Punkte auf dem Halbkreis von Bild 13.20 genügen der Gleichung $x^2 + y^2 = r^2$ mit $y \geq 0$. Der Halbkreis ist also der Graph der Funktion f zu $y = f(x) = \sqrt{r^2 - x^2}$.
(**Beachte,** daß Quadratwurzeln so definiert sind, daß ihre Werte stets nichtnegativ sind!)
Wird dieser Halbkreis um die D-Achse gedreht, so entsteht als Rotationskörper eine Kugel K. Für die Maßzahl des Kugelvolumens gilt also:

$$V(K) = \int_{-r}^{r} \pi [f(x)]^2 \, dx = \pi \int_{-r}^{r} (r^2 - x^2) \, dx = \pi \left[r^2 x - \frac{x^3}{3} \right]_{-r}^{r}$$

$$= \pi \left[\left(r^3 - \frac{r^3}{3} \right) - \left(-r^3 + \frac{r^3}{3} \right) \right] = \pi \left[2r^3 - \frac{2}{3} r^3 \right] = \frac{4\pi}{3} r^3.$$

Übungen und Aufgaben

1. Die Gerade mit der Gleichung $y = f(x)$ rotiert um die D-Achse. Berechne das Volumen des entstehenden Kegelstumpfes bzw. Doppelkegels zwischen den Grenzen a und b!

	a)	b)	c)	d)	e)	f)
f(x)	$\dfrac{x}{3}$	$\dfrac{2}{3}x$	$\dfrac{x}{2}+1$	$\dfrac{x}{4}+1$	$\dfrac{x}{2}-1$	$3(x-1)$
a	1	-3	-4	-2	-2	2
b	4	3	2	4	2	3

2. Der zwischen den Schnittpunkten mit der D-Achse liegende Parabelbogen rotiert um die D-Achse. Berechne den Rauminhalt des Rotationskörpers!
   a) $f(x) = x^2 - 1$ **b)** $f(x) = x^2 - 2$ **c)** $f(x) = x^2 - 3x$ **d)** $f(x) = x^2 - 4x + 3$

3. Das Flächenstück, das zwischen der gegebenen Parabel und der D-Achse liegt, rotiert um die D-Achse. Berechne den Rauminhalt des über dem angegebenen Intervall entstehenden Rotationskörpers!
   a) $f(x) = x^2 + 1$; $[-1; 1]$ **b)** $f(x) = \sqrt{x}$; $[0; 4]$ **c)** $f(x) = \sqrt{x+1}$; $[0; 3]$

4. Der Funktionsgraph rotiert um die D-Achse. Berechne das Volumen des über dem angegebenen Intervall entstehenden Rotationskörpers!
   a) $f(x) = \dfrac{1}{x^2}$; $[1; 3]$ **b)** $f(x) = \sqrt[3]{x}$; $[1; 8]$ **c)** $f(x) = \dfrac{1}{\sqrt[4]{x}}$; $[1; 16]$
   d) $f(x) = \sqrt[4]{x-1}$; $[1; 2]$ **e)** $f(x) = \sin x$; $[0; \pi]$ **f)** $f(x) = 1 + \cos x$; $[0; 2\pi]$

5. Berechne die Flächenmaßzahl und die Maßzahl des Rotationsvolumens bei Rotation um die D-Achse zwischen den Grenzen a und b!
   a) $f(x) = \dfrac{1}{\sqrt[3]{x}}$; $a = 1$; $b = 8$ **b)** $f(x) = \dfrac{1}{\sqrt[5]{x}}$; $a = 1$; $b = 32$
   c) $f(x) = x \cdot \sqrt{2x^2 + 1}$; $a = 0$, $b = 2$ **d)** $f(x) = \sqrt[4]{2x^4 + x^2}$; $a = 0$; $b = 2$

6. Ermittle die Formel zur Berechnung des Rauminhalts einer Kugelkappe der Höhe h (Kugelradius r; Bild 13.21)!

7. Der Kreis mit der Gleichung $x^2 + (y-2)^2 = 4$ rotiert um die D-Achse. Berechne den Rauminhalt des Rotationskörpers (Bild 13.22)!

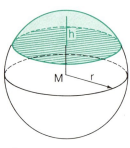
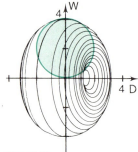
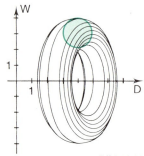

Bild 13.21 Bild 13.22 Bild 13.23

8. Der Kreis mit der Gleichung $(x-4)^2 + (y-3)^2 = 1$ rotiert um die D-Achse; man nennt den entstehenden Rotationskörper einen „Torus". Berechne den Rauminhalt des Torus (Bild 13.23)!

9. Die Gleichung einer Ellipse ist durch $\dfrac{x^2}{a^2} + \dfrac{y^2}{b^2} = 1$ gegeben.
   a) Zeichne die Ellipse zu $a = 5$ und $b = 3$!
   b) Die Ellipse rotiert um die D-Achse. Berechne den Rauminhalt des Ellipsoids!

§ 13, III., IV. Der physikalische Begriff der Arbeit   **235**

10. Zeige, daß sich bei der Herleitung von Satz S 13.1, wie er im Lehrtext unter 3. dargestellt ist, auch für h < 0 ergibt, daß $V'(x) = \pi \cdot [f(x)]^2$ ist!

11. Gegeben ist die Funktion f zu $f(x) = \sqrt{x^3}$.
    a) Skizziere den Graphen von f mit Hilfe einer Wertetafel im Intervall [0; 4]!
    b) Der Graph von f rotiere um die D-Achse! Berechne das Volumen des Rotationskörpers über dem Intervall [0; 4]!
    c) Dem Rotationskörper wird ein Zylinder einbeschrieben, dessen Achse die D-Achse ist. Welche Maßzahlen müssen der Radius und die Höhe des Zylinders annehmen, damit das Volumen des Zylinders ein absolutes Maximum hat?

IV. Der physikalische Begriff der Arbeit

1. Wenn ein Körper sich unter dem Einfluß einer Kraft F um ein Wegstück der Länge s bewegt, so sagt man, daß durch die Kraft am Körper eine Arbeit verrichtet wird. Als Maß für die **Arbeit** W definiert man in diesem einfachsten Fall das Produkt

   W = F · s.

Ist die Wegrichtung von der Kraftrichtung verschieden, so ist der Winkel α zwischen der Kraft- und Wegrichtung zu berücksichtigen (Bild 13.24). Für diesen Fall definiert man

   $W = F \cdot s \cdot \cos \alpha$

oder mit Hilfe des Skalarproduktes der Vektorrechnung

   $W = \vec{F} \cdot \vec{s}$.

Wir werden im folgenden jedoch stets voraussetzen, daß Kraftrichtung und Wegrichtung übereinstimmen, daß also α = 0° und cos α = 1 ist.

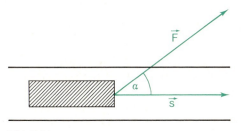

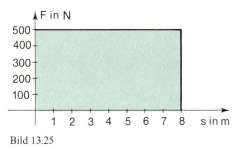

Bild 13.24   Bild 13.25

2. Bei der vorstehenden Definition für den Begriff der Arbeit ist stillschweigend vorausgesetzt worden, daß die Kraft F auf der ganzen Wegstrecke konstant bleibt. In diesem Fall kann man das Produkt F · s geometrisch in einem s-F-Koordinatensystem durch eine Rechteckfläche veranschaulichen. Bild 13.25 zeigt dies für das **Beispiel**:

   F = 500 N; s = 8 m; also W = 500 · 8 Nm = 4000 Joule.

In vielen Fällen ist diese Voraussetzung jedoch nicht erfüllt.

Beispiel:

Ein Personenfahrstuhl hält in jedem Stockwerk; es steigen Personen ein und aus; die Belastung des Fahrstuhls ändert sich an diesen Stellen also meistens sprunghaft, bleibt dann aber bis zum nächsten Stockwerk konstant. (Von der beim Anfahren und Bremsen auftretenden Beschleuni-

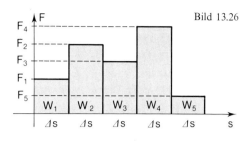

Bild 13.26

gungsarbeit sehen wir dabei ab.) In diesem Fall ist die gesamte Arbeit natürlich gleich der Summe der Einzelarbeiten. Wir bezeichnen die einzelnen Kräfte (also das jeweilige Gesamtgewicht des Fahrstuhls einschließlich dem der beförderten Personen zwischen zwei Stockwerken) mit $F_1, F_2, \ldots, F_n$; der Höhenabstand zwischen den einzelnen Stockwerken habe jeweils die Maßzahl Δs. Dann gilt für die gesamte Arbeit:

$$W = F_1 \cdot \Delta s + F_2 \cdot \Delta s + \ldots + F_n \cdot \Delta s = \sum_{k=1}^{n} F_k \cdot \Delta s.$$

Diese Arbeit wird geometrisch durch eine Treppenfläche wie in Bild 13.26 veranschaulicht.

3. In vielen Fällen ist die Kraft aber nicht einmal abschnittsweise konstant, sondern ändert sich ständig. Beispiele hierfür sind in den Bildern 13.27 bis 13.30 dargestellt.

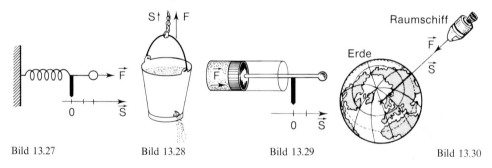

Bild 13.27   Bild 13.28   Bild 13.29   Bild 13.30

Bild 13.27: Kraft beim Spannen einer Feder.
Bild 13.28: Kraft beim Hochziehen eines gefüllten Wassereimers, der ein Loch hat, aus dem Wasser ausfließt.
Bild 13.29: Kraft auf einen Kolben infolge des Drucks einer im Zylinder eingeschlossenen Gasmenge.
Bild 13.30: Anziehungskraft der Erde auf ein Raumfahrzeug, das sich der Erde nähert.

Für solche Fälle ist der Begriff der Arbeit neu zu definieren, und zwar so, daß sich aus der neuen Definition für den Fall einer konstanten Kraft wieder die Beziehung $W = F \cdot s$ ergibt.

4. Zu jeder Stelle s des Weges gehört eine eindeutig bestimmte Kraft F. Der Zusammenhang wird durch eine Funktion f beschrieben gemäß einer Gleichung der Form

$$F = f(s).$$

§13, IV. Der physikalische Begriff der Arbeit

Beispiel:

Für eine elastische Feder ist die Weg-Kraft-Funktion durch das **Hookesche Gesetz** gegeben. Es gilt: $F = D \cdot s$, wobei D die Federkonstante bezeichnet.

Geometrisch kann man die Arbeit in einem solchen Fall durch die Fläche unter der Kurve zu $F = f(s)$ in einem s-F-Koordinatensystem veranschaulichen (Bild 13.31).

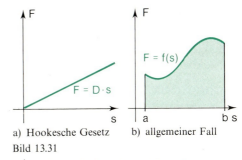

a) Hookesche Gesetz   b) allgemeiner Fall
Bild 13.31

Wir können daher bei der allgemeinen Definition des physikalischen Arbeitsbegriffs genauso vorgehen wie beim Problem der Flächenmessung von Normalflächen. Man hat den Grenzwert der Näherungssummen

$$\sum_{k=1}^{n} f(s_k) \cdot \Delta s$$

mit der Bedingung $\Delta s \to 0$ (bzw. $n \to \infty$) zu bilden. Falls die Funktion f über dem betrachteten Intervall [a; b] integrierbar ist, erhält man so das bestimmte Integral

$$\int_a^b f(s)\, ds.$$

Es gilt:

> Wird eine veränderliche Kraft F durch eine Kraft-Weg-Funktion f mit $F = f(s)$ beschrieben und ist f integegrierbar über [a; b], so versteht man unter der physikalischen Arbeit zwischen den Stellen a und b das Integral
> $$W = \int_a^b f(s)\, ds.$$

Bemerkung: Der Sonderfall einer konstanten Kraft wird auch von dieser Definition erfaßt. Ist F konstant und $a = 0$, dann ergibt sich:

$$W = \int_0^s F\, ds = F \int_0^s ds = F \cdot s.$$

5. Abschließend behandeln wir ein

Beispiel:

Eine elastische Feder habe die Federkonstante $D = 200 \frac{N}{m}$. Sie ist zu Beginn bereits um 10 cm gespannt, d.h. gegenüber ihrer Länge im unbelasteten Zustand schon um 10 cm verlängert. Sie wird dann um weitere 20 cm verlängert. Zu berechnen ist die dabei aufzubringende Arbeit (Bild 13.32). Es gilt:

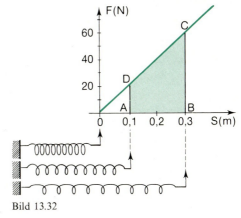

Bild 13.32

$$W = \int_{0,1}^{0,3} Ds\, ds = D \cdot \int_{0,1}^{0,3} s\, ds = D \cdot \frac{s^2}{2}\bigg|_{0,1}^{0,3} = 200 \frac{N}{m} \cdot \frac{1}{2}[0,09 - 0,01]\, m^2 = 100 \cdot 0,08\, N \cdot m = 8\, \text{Joule}.$$

Übungen und Aufgaben

1. Um einen Satelliten auf eine Umlaufbahn um die Erde zu bringen, muß Arbeit gegen die Anziehungskraft der Erde geleistet werden. Diese Kraft ist nach dem Gravitationsgesetz gegeben durch $F = \gamma \dfrac{Mm}{r^2}$, wobei γ die Gravitationskonstante, M die Erdmasse und m die Masse des Satelliten bezeichnet.
Vom Luftwiderstand wird abgesehen ($\gamma = 6{,}673 \cdot 10^{-11}$ Nm² kg^{-2}; $M = 6 \cdot 10^{24}$ kg).

a) Berechne die Arbeit, die erforderlich ist, um den Satelliten von der Erdoberfläche ($R = 6370$ km) auf die Höhe h ($h = 300$ km), also auf eine Umlaufbahn mit dem Radius $R_1 = R + h$ (vom Erdmittelpunkt aus gemessen) zu bringen ($m = 500$ kg)!

b) Berechne die Arbeit, die aufgebracht werden muß, um den Satelliten völlig aus dem Schwerekraftfeld der Erde zu entfernen!

Anleitung: Bilde bei dem unter a) berechneten Integral (vor dem Einsetzen der Zahl für R_1) den Grenzwert für $R_1 \to \infty$!

c) In a) tritt der Term $\gamma \dfrac{Mm}{R+h} = \gamma \dfrac{Mm}{R} \cdot \dfrac{1}{1+\dfrac{h}{R}}$ auf. Ersetze $\dfrac{1}{1+\dfrac{h}{R}}$ durch eine lineare Näherung (vgl. § 6, I)! Was besagt das Ergebnis physikalisch?

2. In Bild 13.28 ist ein Wassereimer abgebildet, der ein Loch hat, aus dem Wasser ausströmt. Zur Zeit $t = 0$ sei der Wassereimer in der Höhe $h = 0$ und gefüllt mit der Wassermenge m_0. Der Eimer werde mit gleichbleibender Geschwindigkeit gehoben. Es wird angenommen, daß das Wasser dabei gleichmäßig ausfließt, so daß für die Masse des Wassers m_w in Abhängigkeit von der Höhe h gilt: $m_w = m_0 \cdot (1 - kh)$ mit einer Zahl $k \in \mathbb{R}^{>0}$.

a) Berechne die Arbeit, die zu verrichten ist, um den Eimer auf eine Höhe h_1 zu heben, bei der der Eimer noch nicht leer ist!

b) Berechne die Arbeit, die unter obiger Annahme zu verrichten ist bis zu der Höhe h_2, bei der der Eimer gerade leer ist!

Anleitung: Die fragliche Kraft ist das Gewicht $G = mg$, wobei sich die Masse m aus der des Eimers m_E und der des Wassers m_w zusammensetzt. g ist die Erdbeschleunigung.

3. In einem zylinderförmigen Wasserbehälter vom Querschnitt A sinkt der Wasserspiegel von einer Höhe von 10 m auf eine Höhe von 7 m. Welche maximale Arbeit kann man durch das ausströmende Wasser gewinnen?

Anleitung: Eine dünne Wasserschicht von der Dicke Δh und der Dichte ρ hat das Gewicht $\Delta G = \rho \cdot A \cdot \Delta h \cdot g$, wenn g die Erdbeschleunigung ist. Befindet sich die Wasserschicht in der Höhe h über dem Boden des Behälters, so leistet sie, wenn sie bis auf den Boden des Behälters sinkt, die Arbeit $\Delta W = \rho \cdot A \cdot \Delta h \cdot g \cdot h$.
Summiere, wie in 4. über alle Teilarbeiten!

5. Abschnitt: Exponential- und Logarithmusfunktionen

§ 14 Grundlegende Eigenschaften von Exponential- und von Logarithmusfunktionen

I. Wachstums- und Zerfallsvorgänge

1. In der Natur beruhen Wachstumsvorgänge darauf, daß sich die Zellen, aus denen jeder Organismus aufgebaut ist, ständig teilen. Solange die Umweltbedingungen günstig sind, geschieht dies in regelmäßigen Zeiträumen.

Beispiel: Eine Zelle teilt sich durchschnittlich nach einer Stunde. Daher verdoppelt sich die Anzahl der Zellen in jeder Stunde. Die folgende Tabelle enthält die Anzahl N der Zellen, die nach 1, 2, 3, 4, ... Stunden aus der ursprünglichen Zelle entstanden sind.

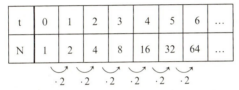

Die durch diese Tabelle gegebene Funktion wird für $t \in \mathbb{N}$ erfaßt durch den Term

$$N(t) = 2^t.$$

Da die Funktionsvariable t hier im Exponenten einer Potenz steht, nennt man eine solche Funktion eine „**Exponentialfunktion**", das durch diese Funktion beschriebene Wachstum der Zellen heißt „**exponentielles Wachstum**".

2. Von ähnlicher Art sind viele in der Natur vorkommende Wachstumsvorgänge, sowohl im Tier- wie im Pflanzenreich: die Vermehrung einer Bakterienkultur, die Vermehrung einer Hefekultur, die Vermehrung von Insekten (z.B. Ameisen), die Vermehrung von Nagetieren (z.B. Mäusen, Ratten). (In der Natur wird allerdings einer unbegrenzten Vermehrung durch die Einflüsse der Umwelt, insbesondere durch Tiere anderer Arten, Einhalt geboten. In der Natur stellt sich in der Regel schließlich ein Gleichgewichtszustand ein.) Auch die Entwicklung der Bevölkerungszahl auf der Welt, in einzelnen Erdteilen oder Staaten ist – wenigstens zeitweise – so verlaufen, daß sie annäherungsweise durch eine Exponentialfunktion beschrieben werden kann.

Kennzeichnend für alle diese Vorgänge ist es, daß bei gleichlangen Zeitspannen Δt der Wert am Ende dieser Zeitspanne sich aus dem Wert am Anfang der Zeitspanne durch Multiplikation mit demselben Faktor k ergibt, daß es also zu jeder Zeitspanne Δt eine positive Zahl k (mit $k \neq 1$) gibt, so daß für einen beliebigen Zeitpunkt t gilt:

$$f(t + \Delta t) = k \cdot f(t).$$

Wir werden im II. Abschnitt zeigen, daß diese Eigenschaft für Exponentialfunktionen charakteristisch ist.

3. Ein **Beispiel**, das sich nicht auf das Wachstum von Lebewesen bezieht, ist das folgende. Legt man ein Kapital K_0 zu einem Zinssatz von p% an, so erhält man am Ende eines Jahres den Betrag $\frac{p}{100} \cdot K_0$ an Zinsen. Wenn man diese Zinsen jedesmal dem Kapital zuschlägt, so erbringen auch diese Zinsen wiederum Zinsen, die sogenannten „Zinseszinsen". Wir bezeichnen das auf diese Weise nach t Jahren angesparte Kapital mit K(t). Dann gilt:

$$K(1) = K_0 + \frac{p}{100} \cdot K_0 \qquad\qquad = K_0 \left(1 + \frac{p}{100}\right);$$

$$K(2) = K(1) + \frac{p}{100} \cdot K(1) = K(1) \cdot \left(1 + \frac{p}{100}\right) \qquad = K_0 \cdot \left(1 + \frac{p}{100}\right)^2;$$

$$K(3) = K(2) + \frac{p}{100} \cdot K(2) = K(2) \cdot \left(1 + \frac{p}{100}\right) \qquad = K_0 \cdot \left(1 + \frac{p}{100}\right)^3;$$

$$\vdots$$

$$K(t) = K(t-1) + \frac{p}{100} \cdot K(t-1) = K(t-1) \cdot \left(1 + \frac{p}{100}\right) = K_0 \cdot \left(1 + \frac{p}{100}\right)^t.$$

Bei diesem Beispiel ergibt sich also das Kapital am Ende eines jeden Jahres aus dem Kapital am Anfang des Jahres durch Multiplikation mit dem Faktor $q = 1 + \frac{p}{100}$. Insgesamt gilt also:

$K(t) = K_0 \cdot q^t.$

Das Anwachsen des Kapitals wird also ebenfalls durch eine Exponentialfunktion beschrieben; es liegt auch hier „exponentielles Wachstum" vor.

4. Ähnlich wie Wachstumsvorgänge können auch Zerfallsprozesse beschrieben werden. Diese kommen in der Natur bei der Verwesung abgestorbener Lebewesen, beim Abbau von Pflanzenschutzmitteln und beim Zerfall radioaktiver Stoffe wie Radium, Plutonium, Uran u.a. vor. Diese Stoffe senden ständig eine Strahlung aus, deren Ursache der Zerfall ihrer Atome in kleinere Bruchstücke ist. Dabei entstehen neben der Strahlung neue Stoffe; während der ursprünglich vorhandene Stoff immer weiter zerfällt.
Charakteristisch für alle Zerfallsprozesse ist es nun, daß **in gleichen Zeitabständen stets der gleiche Bruchteil der am Anfang des Zeitabschnittes vorhandenen Materie zerfällt.**

Beispiel:

Ein Stück radioaktives Polonium hat zu Beginn eines Versuches eine Masse von 100 mg. Im Abstand von 5 Tagen wird die Masse des noch nicht zerfallenen Restes gemessen. Es ergeben sich die Werte der folgenden Tabelle.

t	0	5	10	15	20	25	30	35	40
m	100	97,5	95,1	92,7	90,4	88,1	85,9	83,8	81,7

Dabei sind die Masse m in mg (Milligramm) und die Zeit t in Tagen gemessen.
Um den Zusammenhang zwischen den einzelnen Werten zu ermitteln, bilden wir die Quotienten der jeweils benachbarten Massewerte, wir erhalten der Reihe nach näherungsweise:

0,975; 0,975; 0,975; 0,975; 0,975; 0,975; 0,976; 0,975.

§ 14, I. Wachstums- und Zerfallsvorgänge

Der Wert am Ende einer Zeitspanne von 5 Tagen ergibt sich also aus dem Wert am Anfang dieser Zeitspanne jeweils durch Multiplikation mit dem gleichen Faktor, hier mit dem Faktor 0,975. Dies bedeutet, daß es sich auch hier um Werte einer **Exponentialfunktion** handelt. Auf die Ermittlung des zugehörigen Funktionsterms werden wir im V. Abschnitt zu sprechen kommen.

Übungen und Aufgaben

Vorbemerkung: Verwende bei der Lösung der Aufgaben einen Taschenrechner!

1. Untersuche jeweils, ob die angegebenen Funktionswerte zu einer Exponentialfunktion gehören! Ermittle gegebenenfalls den zugehörigen Funktionsterm der Form $f(x) = c \cdot a^x$! Fülle in diesen Fällen die leeren Stellen der Tabelle aus!

    Anleitung: Kennzeichnend für eine Exponentialfunktion ist es, daß zu jedem Wert von h eine Zahl k existiert, so daß für alle $x \in \mathbb{R}$ gilt: $f(x+h) = k \cdot f(x)$.

	x	0	1	2	3	4	5	6
a)	f(x)	1	3	—	—	81	243	—
b)	f(x)	8	12	18	—	—	60,75	—
c)	f(x)	100	50	—	12,5	—	3,125	—
d)	f(x)	3	6	—	—	48	96	—
e)	f(x)	24,80	19,84	15,87	—	—	—	6,50
f)	f(x)	51,2	37,9	—	—	16,4	11,4	—
g)	f(x)	3,50	6,30	—	—	—	45,24	81,43
h)	f(x)	4,80	23,04	—	530,84	—	—	—
i)	f(x)	148,0	125,8	106,93	—	—	65,67	—

2. Prüfe jeweils, ob es sich um Funktionswerte einer Exponentialfunktion handelt!

    a)
x	0	0,2	0,4	0,6	0,8	1,0	1,2	1,4	1,6
f(x)	4,75	5,15	5,58	6,05	6,56	7,12	7,72	8,37	9,07

    b)
x	0	0,5	1,0	1,5	2,0	2,5	3,0
f(x)	3,4	4,08	5,30	6,92	9,65	14,5	22,1

    c)
x	0	0,3	0,9	1,2	1,5	1,8	2,1	2,4	2,7
f(x)	2,36	2,66	2,99	3,37	3,79	4,27	4,81	5,42	6,10

    d)
x	0	0,5	1	1,5	2	2,5	3
f(x)	4,00	5,06	6,40	8,10	10,24	12,95	16,38

3. Auf welchen Wert ist ein Kapital K_0 nach n Jahren bei einem Zinssatz von p% angewachsen, wenn die Zinsen jährlich dem Kapital zugeschlagen werden?

	a)	b)	c)	d)	e)	f)	g)
K_0	1000	5000	18000	23000	8250	28500	35000
n	5	10	7	12	8	6	9
p	5,5	6,25	7,5	6,75	8,5	7,75	7,25

4. Zinsen können auch 1) halbjährlich 2) vierteljährlich 3) monatlich dem Kapital zugeschlagen werden. Ermittle für jeden dieser Fälle einen Term für das Endkapital K nach n Jahren bei p% Jahreszinsen!

5. Berechne mit der Formel von Aufgabe 4, auf welchen Betrag ein Kapital K_0 nach n Jahren bei einem Jahreszinssatz von p % angewachsen ist bei
1) halbjährlicher 2) vierteljährlicher 3) monatlicher Verzinsung!

	a)	b)	c)	d)	e)	f)	g)
K_0	3000	7000	12000	15000	26000	17500	35000
p	6	7,5	7	7,25	8,5	7,75	6,5
n	10	8	12	6	8	9	7

6. Die folgende Tabelle zeigt, wie der Luftdruck p in der Erdatmosphäre mit steigender Höhe h über dem Meeresspiegel abnimmt. p ist in bar, h in Metern angegeben. Prüfe, ob es sich um eine Exponentialfunktion handelt!

h	0	100	200	300	400	500
p	1	0,988	0,976	0,964	0,953	0,941

7. In Bild 14.1 ist die Entladung eines Kondensators mit der Kapazität $C = 1\ \mu F$ über einen Ohmschen Widerstand der Größe $100\ \Omega$ dargestellt. Prüfe ob Q annähernd durch eine Exponentialfunktion beschreibbar ist!

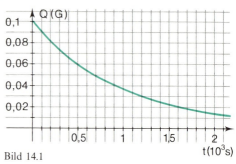

Bild 14.1

8. Von einem Radiumisotop Ra 230 ist nach einer Stunde etwa die Hälfte aller anfangs vorhandenen Kerne zerfallen. N sei die Funktion, die die Zahl der noch vorhandenen Radiumatome in Abhängigkeit von der Zeit angibt. Dabei ist t in Stunden gemessen.
a) Ermittle den Funktionsterm von N, wenn anfangs N_0 Atomkerne vorhanden sind!
b) Welchen Wert hat die Formvariable k in der für Exponentialfunktionen kennzeichnenden Beziehung $N(t + \Delta t) = k \cdot N(t)$ für $\Delta t = 1$ Stunde?
c) Wieviel Prozent von N_0 sind nach 6 (8) Stunden noch vorhanden?
d) Wie lange dauert es, bis etwa noch 1‰ der Anfangszahl vorhanden ist?

9. Bei der Spaltung von Uran wird durch „Beschuß" mit Neutronen der Urankern in zwei leichtere Kerne gespalten. Dabei werden 3 weitere Neutronen frei, von denen aufgrund der Versuchsanordnung im Durchschnitt 1,001 wieder eine neue Kernspaltung auslösen.
   a) Handelt es sich bei der vorliegenden „Kettenreaktion" um einen exponentiell verlaufenden Prozeß?
   b) Es dauert ca. 10^{-8} sec bis ein frei gewordenes Neutron erneut eine Spaltung auslöst. Wie viele Kernspaltungen werden insgesamt in 10^{-5} sec, 10^{-4} sec und 10^{-3} sec ausgelöst, wenn genug spaltbares Material vorhanden ist?

10. Im Jahre 1627 verkauften Indianer die Insel Manhattan für den Spottpreis von 24 Dollar an einen Niederländer namens Pieter Minnewit. Auf welchen Betrag wären 24 Dollar angewachsen, wenn dieses Geld zu 4% angelegt und niemals etwas abgehoben worden wäre?

11. Die Wirtschaftspolitik der Industrieländer hat langfristig mit einem jährlichen Wirtschaftswachstum von durchschnittlich 4% bis 5% gerechnet. In welcher Zeit verdoppelt sich die Gesamtproduktion, wenn man von 4% (5%) jährlichem Zuwachs ausgeht?

II. Grundeigenschaften der Exponentialfunktionen

1. Eine **Exponentialfunktion**, wie sie in den Beispielen des vorigen Abschnittes auftritt, ist allgemein gegeben durch einen Term der Form

$$f(x) = c \cdot a^x \text{ mit } a \in \mathbb{R}^{>0} \text{ und } c, x \in \mathbb{R}.$$

Hier treten also Potenzen mit beliebigen reellen Zahlen im Exponenten auf. Wir wollen daher kurz noch einmal auf den Potenzbegriff eingehen.
Ursprünglich haben wir Potenzen nur für natürliche Zahlen im Exponenten definiert:

$$a^n = \underbrace{a \cdot a \cdot a \cdot \ldots \cdot a}_{n \text{ Faktoren}} \quad \text{und} \quad a^1 = a.$$

Bemerkung: Man kann Potenzen auch „rekursiv" definieren durch: $a^1 = a$ und $a^{n+1} = a \cdot a^n$ (für alle $n \in \mathbb{N}$).
In einem ersten Erweiterungsschritt haben wir für $a \neq 0$ und $n \in \mathbb{N}$ festgesetzt:

$$a^0 = 1 \quad \text{und} \quad a^{-n} = \frac{1}{a^n}. \qquad \textbf{Beispiel:} \ 2^{-3} = \frac{1}{2^3} = \frac{1}{8}.$$

Schließlich haben wir für gebrochene Exponenten definiert:

$$x = a^{\frac{m}{n}} \Leftrightarrow x^n = a^m \wedge x \geq 0 \ (\text{für } n \in \mathbb{N}, m \in \mathbb{Z} \text{ und } a > 0).$$

(Für $m > 0$ ist auch $a = 0$ zugelassen.)

2. Schwieriger ist die Erweiterung des Potenzbegriffes auf irrationale Exponenten. Was soll z.B. $5^{\sqrt{3}}$ bedeuten? Wir erinnern uns daran, daß wir irrationale Zahlen durch Intervallschachtelungen festgelegt haben. So ist z.B. der Anfang einer dezimalen Intervallschachtelung für die Zahl $\sqrt{3}$ gegeben durch die Intervalle:

$A_1 = [1; 2]; A_2 = [1,7; 1,8]; A_3 = [1,73; 1,74]; A_4 = [1,732; 1,733]; A_5 = [1,7320; 1,7321].$

Man kann sich nun klarmachen, daß auch die Intervalle

$B_1 = [5^1; 5^2]$; $B_2 = [5^{1,7}; 5^{1,8}]$; $B_3 = [5^{1,73}; 5^{1,74}]$; $B_4 = [5^{1,732}; 5^{1,733}]$; $B_5 = [5^{1,7320}; 5^{1,7321}]$

den Anfang einer Intervallschachtelung bilden. Durch diese Intervallschachtelung (und durch alle dazu gleichwertigen) ist die Zahl $5^{\sqrt{3}}$ definiert.
Auf diese Weise kann man grundsätzlich jede Potenz der Form a^x definieren, wenn a für eine **positive** und x für eine beliebige reelle Zahl steht. Wir gehen auf die damit zusammenhängenden Fragen hier nicht näher ein (Aufgabe 9).

3. Für Potenzen gelten grundlegende Gesetze. Wir haben diese zuerst bei Potenzen mit natürlichen Zahlen im Exponenten kennengelernt. Bei jeder Erweiterung des Potenzbegriffes haben wir gezeigt, daß diese Gesetze gültig bleiben. Wir begnügen uns daher hier mit einer Zusammenstellung. Die drei „**Potenzgesetze**" lauten:

S 14.1 1) Für alle $a \in \mathbb{R}^{>0}$ und für alle $x, y \in \mathbb{R}$ gilt: $a^x \cdot a^y = a^{x+y}$ und $a^x : a^y = a^{x-y}$.
2) Für alle $a, b \in \mathbb{R}^{>0}$ und für alle $x \in \mathbb{R}$ gilt: $a^x \cdot b^x = (a \cdot b)^x$ und $a^x : b^x = (a:b)^x$.
3) Für alle $a \in \mathbb{R}^{>0}$ und für alle $x, y \in \mathbb{R}$ gilt: $(a^x)^y = a^{x \cdot y}$.

Ferner gelten für $a, b, x, y \in \mathbb{R}$ die beiden „**Monotoniegesetze**":

S 14.2 1) $0 < a < b \land x > 0 \Rightarrow a^x < b^x$ und $0 < a < b \land x < 0 \Rightarrow a^x > b^x$.
2) $a > 1 \land x < y \Rightarrow a^x < a^y$ und $0 < a < 1 \land x < y \Rightarrow a^x > a^y$.

4. Aus dem 2. Monotoniegesetz für Potenzen folgt unmittelbar die Gültigkeit des Satzes:

S 14.3 Jede Exponentialfunktion f zu $f(x) = a^x$ (mit $a \in \mathbb{R}^{>0}$) ist
1) für $a > 1$ über $\mathbb{R}$ streng monoton steigend;
2) für $a < 1$ über $\mathbb{R}$ streng monoton fallend.

In Bild 14.2 sind die Graphen einiger Exponentialfunktionen über dem Intervall $[-2; 2]$ dargestellt. Alle diese Kurven haben den Punkt $P(0|1)$ gemeinsam, denn für alle $a \in \mathbb{R}^{>0}$ gilt: $a^0 = 1$.
Das Bild zeigt, daß die Graphen zu a^x und $\left(\frac{1}{a}\right)^x$ zueinander achsensymmetrisch bezüglich der W-Achse sind. Dies können wir leicht beweisen. Es gilt:

$$\left(\frac{1}{a}\right)^x = \frac{1}{a^x} = a^{-x};$$

dies bedeutet, daß die Funktionswerte zu $f_1(x) = a^{-x} = \left(\frac{1}{a}\right)^x$ aus denen zu $f_2(x) = a^x$

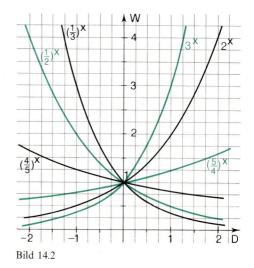

Bild 14.2

§14, II. Grundeigenschaften der Exponentialfunktionen

durch Vertauschung von x und $-x$ hervorgehen; daß die Graphen der beiden Funktionen also zueinander spiegelbildlich bezüglich der W-Achse sind. Das Bild zeigt außerdem, daß die Graphen aller dieser Funktionen (aller Exponentialfunktionen) die D-Achse als Asymptote haben, und zwar

1) für $a > 1$ die negative Seite der D-Achse und
2) für $0 < a < 1$ die positive Seite der D-Achse.

5. In den einführenden Beispielen zu Wachstums- und Zerfallsvorgängen im I. Abschnitt haben wir festgestellt, daß bei gleichlangen Zeitintervallen Δt der Funktionswert am Ende des Zeitintervalls, also $f(t+\Delta t)$, sich aus dem Funktionswert am Anfang des Intervalls, also aus $f(t)$ jeweils durch Multiplikation mit einem bestimmten Faktor k ergibt:

$$f(t+\Delta t) = k \cdot f(t).$$

Diese **Grundeigenschaft aller Exponentialfunktionen** halten wir fest im Satz

> **S 14.4** Wird bei einer Exponentialfunktion f mit $f(x) = c \cdot a^x$ zu einem beliebigen x-Wert die Zahl h hinzuaddiert, dann ergibt sich der Funktionswert $f(x+h)$ für alle $x \in \mathbb{R}$ aus dem Funktionswert $f(x)$ durch Multiplikation mit demselben Faktor $k = a^h$. Anders ausgedrückt: Zu jeder Zahl h gibt es eine Zahl k, so daß für alle $x \in \mathbb{R}$ gilt:
> $$f(x+h) = k \cdot f(x).$$

Beweis: Wir vergleichen die Funktionswerte $f(x)$ und $f(x+h)$. Nach dem 1. Potenzgesetz gilt:

$$f(x+h) = c \cdot a^{x+h} = c \cdot a^x \cdot a^h = f(x) \cdot a^h.$$

Hier hängt der Faktor a^h nur von der Basis a und von der „Schrittweite" h, aber nicht von der Ausgangsstelle x ab; mit $k = a^h$ gilt also in der Tat für alle $x \in \mathbb{R}$:

$$f(x+h) = k \cdot f(x), \text{ q.e.d.}$$

6. Wir haben bisher nur gezeigt, daß jede Exponentialfunktion die in S 14.4 genannte Grundeigenschaft besitzt. Wir können uns aber auch klarmachen, daß diese Eigenschaften für Exponentialfunktionen sogar kennzeichnend ist, daß also **jede Funktion,** die diese Eigenschaft hat, eine **Exponentialfunktion** ist. Wir setzen also voraus, daß es zu jeder Zahl h eine Zahl k gibt, so daß für jedes $x \in \mathbb{R}$ gilt:

$$f(x+h) = k \cdot f(x).$$

Dann gilt:

$$f(h) = f(0+h) = k \cdot f(0);$$
$$f(2h) = f(h+h) = k \cdot f(h) = k^2 \cdot f(0);$$
$$f(3h) = f(2h+h) = k \cdot f(2h) = k^3 \cdot f(0);$$
$$\ldots$$

Durch Fortsetzung erhält man für alle $n \in \mathbb{N}$:

$$f(n \cdot h) = k^n \cdot f(0).$$

Dies kann man mit Hilfe des Beweisverfahrens der vollständigen Induktion auch streng beweisen (Aufgabe 12).

Wir vermuten, daß diese Gleichung nicht nur für alle $n \in \mathbb{N}$, sondern für beliebige reelle Faktoren α gilt:

$$f(\alpha \cdot h) = k^{\alpha} \cdot f(0). \qquad (1)$$

Dies machen wir uns schrittweise klar.

1) Aus $f(x+h) = k \cdot f(x)$ folgt $f(x) = \dfrac{1}{k} f(x+h) = k^{-1} \cdot f(x+h)$.

Wir setzen $z = x + h$; dann ist $x = z - h$ und somit

$$f(z-h) = k^{-1} f(z);$$

Daraus ergibt sich wie oben:

$$f(-h) = k^{-1} \cdot f(0); \quad f(-2h) = k^{-2} \cdot f(0); \ldots,$$

und schließlich für alle $n \in \mathbb{N}$:

$$f(-n \cdot h) = k^{-n} \cdot f(0) \text{ (Aufgabe 12)}.$$

Die Gültigkeit der Gleichung (1) für $\alpha = 0$ ist leicht zu zeigen (Aufgabe 12). Demnach gilt die Gleichung für alle $\alpha \in \mathbb{Z}$.

2) Es sei $h' = \dfrac{m}{n} h$ (mit $m \in \mathbb{Z}$, $n \in \mathbb{N}$), also $nh' = mh$.

Dann gibt es nach Voraussetzung zu h' eine Zahl k' mit $f(x+h') = k' \cdot f(x)$, insbesondere gilt also $f(h') = k' \cdot f(0)$. Daraus ergibt sich wie oben für alle $n \in \mathbb{N}$:

$$f(n \cdot h') = (k')^n \cdot f(0).$$

Andererseits ergibt sich nach 1) auch:

$$f(m \cdot h) = k^m \cdot f(0).$$

Wegen $nh' = mh$ ergibt sich also:

$$(k')^n = k^m \text{ also } k' = k^{\frac{m}{n}}.$$

Setzt man dieses Ergebnis in die Gleichung $f(h') = k' \cdot f(0)$ ein, so erhält man:

$$f(h') = f\left(\dfrac{m}{n} h\right) = k^{\frac{m}{n}} \cdot f(0).$$

Damit ist gezeigt, daß die Gleichung (1) für alle $\alpha \in \mathbb{Q}$ gilt.

3) Es sei $h' = \alpha h$ mit einem beliebigen reellen Faktor $\alpha \neq 0$. Dann kann man α durch rationale Zahlen der Form $\dfrac{m}{n}$ beliebig genau approximieren. Daraus ergibt sich – wie man auch streng beweisen kann – daß die Gleichung (1) auch für beliebige reelle Zahlen α gilt. Setzen wir nun $x = \alpha h$, also $\alpha = \dfrac{x}{h}$, so ergibt sich aus (1) nach dem 3. Potenzgesetz:

$$f(x) = k^{\frac{x}{h}} \cdot f(0) = f(0) \cdot \left(k^{\frac{1}{h}}\right)^x.$$

Mit $c = f(0)$ und $a = k^{\frac{1}{h}}$ erhält man schließlich: $f(x) = c \cdot a^x$.

Die Funktion f ist also in der Tat eine Exponentialfunktion.

§ 14, II. Grundeigenschaften der Exponentialfunktionen

Wir können sagen:

S 14.5 Wenn es bei einer Funktion f zu jeder Zahl h eine Zahl k gibt, so daß für alle $x \in \mathbb{R}$ gilt $f(x+h) = k \cdot f(x)$, dann ist f eine Exponentialfunktion.

Bemerkung: Nach den Sätzen S 14.4 und S 14.5 ist die Bedingung, daß es zu jeder Zahl h eine Zahl k mit $f(x+h) = k \cdot f(x)$ gibt **notwendig und hinreichend** dafür, daß f eine Exponentialfunktion ist. Diese Bedingung ist also **kennzeichnend** für Exponentialfunktionen. Wir können sagen: **genau dann, wenn** diese Bedingung erfüllt ist, ist f eine Exponentialfunktion.

Übungen und Aufgaben

1. Berechne die folgenden Potenzen!
   a) 2^{-4} b) $81^{\frac{1}{2}}$ c) $(\frac{1}{2})^{-3}$ d) $27^{\frac{1}{3}}$ e) $4^{\frac{3}{2}}$ f) $125^{\frac{2}{3}}$ g) $1000^{-\frac{2}{3}}$ h) $64^{-\frac{1}{3}}$

Forme die Terme der Aufgaben 2 bis 5 mit Hilfe der Potenzgesetze um!

2. a) $a^2 \cdot a^3$ b) $y^q \cdot y^n$ c) $a^n \cdot a^{n+2}$ d) $t^{4n-1} \cdot t^{n+1} \cdot t^{-5n}$
   e) $(-x) \cdot (-x)^n$ f) $(a-b)^3 (a-b)^2$ g) $a^{\frac{1}{2}} \cdot a^{\frac{1}{4}}$ h) $y^{\frac{3}{2}} \cdot y^{-\frac{5}{2}}$

3. a) $\dfrac{a^{2n}}{a^{3n}}$ b) $\dfrac{x^{n+3}}{x^{2n+6}}$ c) $\dfrac{(a+b)^{3n}}{(a+b)^{3n-1}}$ d) $\dfrac{7^n}{(-7)^{2n}}$
   e) $\dfrac{125\,a^{-3}}{5^3 a^7}$ f) $\dfrac{81^{-\frac{1}{3}} y^{2m}}{(-3)^2 y^{-m}}$ g) $\dfrac{x^{-2n-1} y^{-\frac{n}{2}}}{x^{-2n} y^{-\frac{3n}{2}}}$ h) $\dfrac{x^{2n+m} y^{\frac{1}{n}}}{y^{\frac{2}{n}} x^{2n-m}}$

4. a) $3^4 \cdot 0{,}1^4$ b) $(-2)^{-3} \cdot 3^{-3}$ c) $3^6 (\frac{2}{3})^6$ d) $27^{\frac{1}{2}} \cdot 3^{\frac{1}{2}}$
   e) $2^{\frac{3}{2}} \cdot 2^{\frac{3}{2}}$ f) $(-\frac{2}{3})^m (\frac{3}{4})^m$ g) $x^{3n} t^{3n}$ h) $(-a)^{2n-1}(-b)^{2n-1}$
   i) $\dfrac{(x^2 - y^2)^3}{(x+y)^3}$ j) $\dfrac{|-2|^{2n-1}}{(-2)^{2n-1}}$ k) $\dfrac{|-a|^{-3}}{a^{-3}}$ l) $\dfrac{(-\frac{1}{2})^4}{(-\frac{1}{4})^4}$

5. a) $(2^3)^2$ b) $[(-2)^{2n}]^m$ c) $(|-2a|^n)^{2n}$ d) $(a^7)^{-\frac{1}{7}}$ e) $[(-x)^{2m}]^{\frac{1}{2}}$ f) $(a^{-m})^{-m}$

6. Vereinfache die folgenden Terme so weit wie möglich!
   a) $(20mn^3 + 15m^2 n^2) \cdot (-5m^{-2} n^{-2})$ b) $(32a^2 b^4 c^6 + 24ab^4 c^5 - 16a^3 b^5 c^5) : (-8ab^3 c^4)$
   c) $\dfrac{a^3 b^4 - ab^6}{ab^4}$ d) $\dfrac{x^7 y^4}{u^2 v^3} \cdot \dfrac{u^4 v}{x^5 y^8} \cdot \dfrac{v^3 y^3}{x^4}$ e) $\left(\dfrac{a^2 bc^2}{de^2 f}\right)^5 : \left(\dfrac{ab^2 c}{d^2 ef^2}\right)^5$ f) $\left(\dfrac{x^2 y^4}{u^6 v^3}\right)^n : \left(\dfrac{x^4 y^2}{u^4 v^5}\right)^n$
   g) $\left(\dfrac{x^{-2} y^2}{u^2}\right)^n \cdot \left(\dfrac{u^2 v^2}{xy^2}\right)^n \cdot \left(\dfrac{u^{-2}}{xy^{-2}}\right)^{-n}$ h) $\dfrac{(x^2 + 2xy + y^2)^n}{(x+y)^n}$ i) $\dfrac{(x^2 - y^2)^{\frac{1}{2}}}{(x+y)^{\frac{1}{2}} (x-y)^{-\frac{1}{2}}}$
   j) $\left(\dfrac{a^2 - b^2}{x-y}\right)^n \cdot \left(\dfrac{a+b}{x^2 - y^2}\right)^{-n}$ k) $\left(\dfrac{p^2 - pq}{pq + q^2}\right)^n : \left(\dfrac{p}{q}\right)^n$ l) $(x^{\frac{1}{2}} + y^{\frac{1}{2}}) \cdot (x^{\frac{1}{2}} - y^{\frac{1}{2}})$

7. Gib für die Zahl $3^{\sqrt{7}}$ die ersten fünf Intervalle einer Intervallschachtelung an, die diese Zahl definiert! Benutze einen Taschenrechner!

chne jeweils den Graphen! **a)** $f(x)=2^x$ **b)** $f(x)=(\frac{1}{2})^x$ **c)** $f(x)=1{,}2^x$ **d)** $f(x)=1^x$

9. .... Lehrtext ist unter 2. an einem Beispiel kurz angedeutet, wie Potenzen der Form a^x für positive Werte von a und beliebige reelle Zahlen für x zu definieren sind. Begründe, warum man den Potenzbegriff für negative Werte von a nicht in der gleichen oder in ähnlicher Weise definieren kann!

10. Kennzeichnend für Exponentialfunktionen ist es, daß es zu jeder Zahl h eine Zahl k gibt, so daß für alle $x \in \mathbb{R}$ gilt: $f(x+h)=k \cdot f(x)$. Ermittle jeweils die Zahl k!
   a) $f(x)=1{,}5^x$; $h=1$ **b)** $f(x)=2 \cdot 3^x$; $h=1$ **c)** $f(x)=2 \cdot 3^x$; $h=2$ **d)** $f(x)=(\frac{1}{4})^x$; $h=10$

11. Von einer Exponentialfunktion sind der Faktor k für h=1 (vergleiche dazu Aufgabe 10!) und der Funktionswert f(0) gegeben. Wie lautet der Funktionsterm f(x)?
   a) $k=\frac{1}{2}$; $f(0)=1$ **b)** $k=4$; $f(0)=1$ **c)** $k=\frac{1}{2}$; $f(0)=5$
   d) $k=3$; $f(0)=7$ **e)** $k=\frac{3}{2}$; $f(0)=1$ **f)** $k=\frac{3}{4}$; $f(0)=2$

12. Beweise: Wenn es zu jeder Zahl h eine Zahl k gibt, so daß für alle $x \in \mathbb{R}$ gilt: $f(x+h)=k \cdot f(x)$, dann gilt für alle $n \in \mathbb{Z}$: $f(n \cdot h)=k^n \cdot f(0)$. Führe den Beweis für n>0 und für n<0 durch vollständige Induktion!

III. Grundeigenschaften der Logarithmusfunktionen

1. Da jede Exponentialfunktion f zu $f(x)=a^x$ mit $a \in \mathbb{R}^{>0}$ und $a \neq 1$ streng monoton ist, ergibt sich aus Satz S 2.2, daß sie eine Umkehrfunktion f^{-1} besitzt. Diese Funktionen nennt man „**Logarithmusfunktionen**". Man bezeichnet die Logarithmusfunktion zur Basis a mit „$\log_a$", gelesen „Logarithmus zur Basis a". Wir definieren

> **D 14.1** Die Logarithmusfunktion zur Basis a mit $a \in \mathbb{R}^{>0} \setminus \{1\}$ ist diejenige Funktion $\log_a$, für die gilt:
> $$y = \log_a x \Leftrightarrow x = a^y \quad (\text{für } x \in \mathbb{R}^{>0} \text{ und } y \in \mathbb{R}).$$

Es gilt also: $D(\log_a) = \mathbb{R}^{>0}$ und $W(\log_a) = \mathbb{R}$.

Bemerkung: Die Logarithmusfunktion zur Basis 10 wird mit „lg" bezeichnet.
Zur Vereinfachung wollen wir folgendes vereinbaren: **wenn von der Basis a einer Logarithmusfunktion die Rede ist, so wird stets $a \in \mathbb{R}^{>0} \setminus \{1\}$ vorausgesetzt,** auch wenn dies nicht eigens angegeben ist (Aufg. 15).
Wegen $a^0 = 1$ und $a^1 = a$ gilt für alle a:
$$\log_a 1 = 0 \quad \text{und} \quad \log_a a = 1.$$

2. Die Graphen einiger Logarithmusfunktionen zeigt Bild 14.3.

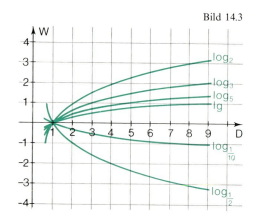

Bild 14.3

§14, III. Grundeigenschaften der Logarithmusfunktionen

Man erkennt an den Funktionsgraphen:

S 14.6 Jede Logarithmusfunktion zu $f(x) = \log_a x$ ist
1) für $a > 1$ über $\mathbb{R}^{>0}$ streng monoton steigend,
2) für $a < 1$ über $\mathbb{R}^{>0}$ streng monoton fallend.

Dies ergibt sich unmittelbar aus Satz S 14.3 und Satz S 2.2.

3. Nach D 14.1 gilt $y = \log_a x \Leftrightarrow x = a^y$ (für $x \in \mathbb{R}^{>0}$, $y \in \mathbb{R}$). Setzt man den Term $\log_a x$ in die Variable y der zweiten Gleichung und umgekehrt den Term a^y in die Variable x der ersten Gleichung ein, so ergeben sich die folgenden Beziehungen:

1) $x = a^{\log_a x}$ (für alle $x \in \mathbb{R}^{>0}$) und
2) $y = \log_a a^y$ (für alle $y \in \mathbb{R}$).

Diese Beziehungen bringen zum Ausdruck, daß das Potenzieren und das Logarithmieren wechselseitig Umkehrungen voneinander sind, und zwar bezüglich des Exponenten der Potenz. (Bezüglich der Basis einer Potenz ist die Umkehrung des Potenzierens das Radizieren.) Es gilt also der Satz:

S 14.7 1) Für alle $x \in \mathbb{R}^{>0}$ gilt: $a^{\log_a x} = x$.
2) Für alle $x \in \mathbb{R}$ gilt: $\log_a a^x = x$.

Man kann einen wesentlichen Inhalt der beiden Gleichungen auch so ausdrücken:

1) Jede positive reelle Zahl | 2) jede reelle Zahl
läßt sich als
Potenz | Logarithmus
zu einer beliebigen positiven Basis a (mit $a \neq 1$) schreiben.

Beispiele: $\qquad 5 = 10^{\lg 5} \qquad\qquad | \qquad\qquad 5 = \lg 10^5$

4. Aus der Definition der Logarithmusfunktion ergeben sich unmittelbar die folgenden grundlegenden Eigenschaften dieser Funktion.

S 14.8 1) Für alle $x, y \in \mathbb{R}^{>0}$ gilt: $\log_a(x \cdot y) = \log_a x + \log_a y$.
2) Für alle $x, y \in \mathbb{R}^{>0}$ gilt: $\log_a\left(\dfrac{x}{y}\right) = \log_a x - \log_a y$ (Aufgabe 8).

Bemerkungen:

1) Die Gleichung $\log_a(x \cdot y) = \log_a x + \log_a y$ nennt man die „**Funktionalgleichung**" der Logarithmusfunktion. Sie liegt dem logarithmischen Rechnen und auch dem Aufbau eines Multiplikationsrechenstabes zugrunde.

2) Wegen $\log_a 1 = 0$ ergibt sich aus Gleichung 2) als Sonderfall: $\log_a \dfrac{1}{x} = -\log_a x$ (Aufg. 9).

S 14.9 Für alle $x \in \mathbb{R}^{>0}$ und für alle $r \in \mathbb{R}$ gilt: $\log_a x^r = r \cdot \log_a x$ (Aufgabe 10).

Daraus ergibt sich für $r = \dfrac{1}{n}$ (mit $n \in \mathbb{N}$) als Sonderfall:

S 14.10 Für alle $x \in \mathbb{R}^{>0}$ uns alle $n \in \mathbb{N}$ gilt: $\log_a \sqrt[n]{x} = \dfrac{1}{n} \cdot \log_a x$ (Aufgabe 11).

5. Zwischen den Logarithmusfunktionen zu zwei verschiedenen Basen a und b besteht ein enger Zusammenhang. Um diesen Zusammenhang herauszufinden, gehen wir aus von der Beziehung:

$$y = \log_a x \Leftrightarrow x = a^y.$$

Wir bringen eine zweite Logarithmusfunktion dadurch ins Spiel, daß wir $\log_b x$ bilden. Nach Satz S 14.9 gilt:

$$x = a^y \Rightarrow \log_b x = \log_b(a^y) = y \cdot \log_b a = \log_b a \cdot \log_a x.$$

Für beliebige Basen a und b gilt also:

$$\log_b x = \log_b a \cdot \log_a x.$$

Bei vorgegebenen Zahlen a und b ist $\log_b a$ eine bestimmte Zahl c. Die Gleichung besagt also, daß **zwei verschiedene Logarithmusfunktionen zueinander proportional sind** (Bild 14.4). Der Proportionalitätsfaktor $c = \log_b a$ heißt **„Modul von a nach b"**. Vertauscht man in der Gleichung

$$\log_b x = \mathbf{\log_b a} \cdot \log_a x$$

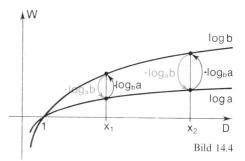

Bild 14.4

die Variablen a und b, so erhält man:

$$\log_a x = \log_a b \cdot \log_b x, \text{ also } \log_b x = \dfrac{1}{\log_a b} \cdot \log_a x.$$

Durch Vergleich der beiden Gleichungen ergibt sich: $\log_b a = \dfrac{1}{\log_a b}$.

Die Moduln von a nach b und von b nach a sind also zueinander reziprok.
Wir fassen das Ergebnis zusammen im Satz:

S 14.11 Für zwei beliebige Basen $a, b \in \mathbb{R}^{>0}$ (mit $a, b \neq 1$) gilt:

$$\log_b x = \log_b a \cdot \log_a x = \dfrac{1}{\log_a b} \cdot \log_a x.$$

Es genügt also die Kenntnis der Werte **einer** Logarithmusfunktion. Kennt man die Logarithmen zu einer Basis a – also auch den Modul $\dfrac{1}{\log_a b}$ – dann können nach der Gleichung von S 14.11 daraus leicht die Werte jeder anderen Logarithmusfunktion zu einer Basis b berechnet werden.

§14, III. Grundeigenschaften der Logarithmusfunktionen

6. In Tafelwerken sind in der Regel die Zehnerlogarithmen (Zeichen: lg) ausgedruckt, die bis vor kurzem für das logarithmische Rechnen eine große Rolle spielten. Das logarithmische Rechnen und auch die Verwendung von Rechenstäben haben aber durch die Verbreitung von elektronischen Taschenrechner in den letzten Jahren sehr stark an Bedeutung verloren.

Die Bedeutung der Zehnerlogarithmen beruht allein darauf, daß wir die Zahlen — jedenfalls in der Regel — zufällig gerade im Zehnersystem schreiben.

In §15 werden wir sehen, daß innerhalb der Mathematik eine andere Logarithmusfunktion, die sogenannte „natürliche Logarithmusfunktion" wichtiger ist als diejenige zur Basis 10.

Übungen und Aufgaben

1. Forme die folgenden Gleichungen in Gleichungen für Logarithmen um!
(Beispiel: $2^4 = 16$ ergibt $\log_2 16 = 4$.)

   a) $2^3 = 8$ b) $3^2 = 9$ c) $5^3 = 125$ d) $7^1 = 7$ e) $6^0 = 1$

   f) $10^{-2} = \frac{1}{100}$ g) $4^{\frac{1}{2}} = 2$ h) $27^{\frac{1}{3}} = 3$ i) $25^{-\frac{1}{2}} = 0{,}2$ j) $16^{-\frac{1}{4}} = 0{,}5$

2. Bestimme die folgenden Logarithmen!

   a) $\log_2 4$ b) $\log_4 256$ c) $\log_3 27$ d) $\log_4 64$ e) $\lg 10000$

   f) $\log_8 1$ g) $\log_5 5$ h) $\log_2 \frac{1}{8}$ i) $\log_3 \frac{1}{81}$ j) $\log_5 \frac{1}{125}$

   k) $\log_8 2$ l) $\log_9 3$ m) $\log_{25} 5$ n) $\log_4 \frac{1}{4}$ o) $\log_2 \frac{1}{4}$

   p) $\log_{\frac{1}{2}} \frac{1}{4}$ q) $\log_{\frac{1}{8}} \frac{1}{4}$ r) $\log_{16} \frac{1}{2}$ s) $\log_4 \frac{1}{2}$ t) $\lg \sqrt{10}$

   u) $\lg \frac{1}{\sqrt{1000}}$ v) $\lg \sqrt[4]{1000}$ w) $\log_{\frac{1}{3}} 3$ x) $\log_{32} 8$ y) $\log_4 8$

3. Bestimme die folgenden Logarithmen für $a \in \mathbb{R}^{>0}$ und $a \neq 1$!

   a) $\log_a a^7$ b) $\log_a \left(\frac{1}{a^2}\right)$ c) $\log_a \sqrt{a}$ d) $\log_a \sqrt[4]{a^3}$ e) $\log_a \frac{1}{\sqrt{a}}$

   f) $\log_a \frac{a}{\sqrt[3]{a}}$ g) $\log_a \sqrt[n]{a}$ h) $\log_a(a^{\frac{n}{m}})$ i) $\log_{a^2} a$ j) $\log_{a^n} a$

4. Bestimme die Lösungen der folgenden Gleichungen in $\mathbb{R}^{>0}$!

   a) $\log_3 x = 2$ b) $\log_2 x = 5$ c) $\log_5 x = 3$ d) $\lg x = 4$

   e) $\log_{\frac{1}{2}} x = 3$ f) $\log_4 x = \frac{1}{2}$ g) $\log_{27} x = 3$ h) $\log_4 x = -2$

   i) $\log_4 x = -\frac{1}{2}$ j) $\lg x = \frac{1}{3}$ k) $\log_5 x = -\frac{1}{4}$ l) $\log_6 x = -\frac{2}{3}$

5. Bestimme die Lösungen folgender Gleichungen in $\mathbb{R}^{>0}$!

   a) $\log_x 8 = 3$ b) $\log_x 9 = 2$ c) $\log_x 81 = 4$ d) $\log_x 2 = \frac{1}{2}$

   e) $\log_x \frac{1}{4} = -1$ f) $\log_x \frac{1}{27} = -3$ g) $\log_x 3 = \frac{1}{3}$ h) $\log_x \frac{1}{2} = -\frac{1}{3}$

6. Schreibe die Zahl jeweils als Potenz der Basis a!

   a) $100; a = 10$ b) $5; a = 10$ c) $\frac{3}{4}; a = 10$ d) $256; a = 2$

   e) $\frac{1}{81}; a = 3$ f) $19; a = 3$ g) $0{,}37; a = 4$ h) $2{,}08; a = \frac{1}{3}$

7. Schreibe die Zahl jeweils als Logarithmus zu Basis a!
   a) $5; a=10$ b) $-5; a=10$ c) $4,9; a=7$ d) $-\frac{1}{6}; a=19$
   e) $0,2; a=4$ f) $26; a=2$ g) $0,37; a=4$ h) $1,5; a=\frac{1}{3}$

8. Beweise Satz S 14.8!
   Anleitung: Setze $x=a^r$ und $y=a^s$ ($a\in\mathbb{R}^{>0}$; $a\neq 1$; $r,s\in\mathbb{R}$) und benutze die Regeln der Potenzrechnung (Satz S 14.1) und die Definition des Logarithmus! Warum ist es keine Einschränkung der Allgemeingültigkeit des Beweises, wenn man $x=a^r$ und $y=a^s$ setzt?

9. Beweise, daß für alle $x\in\mathbb{R}^{>0}$ gilt: $\log_a \frac{1}{x} = -\log_a x$! Hinweis: Benutze Satz S 14.8!

10. Beweise Satz S 14.9! Hinweis: Benutze die Anleitung zu Aufgabe 8!

11. Beweise Satz S 14.10 mit Hilfe von S 14.9!

12. Forme die folgenden Terme mit Hilfe der Sätze S 14.8, S 14.9 und S 14.10 um!
    a) $\log_a(x^2 y^2)$ b) $\log_a(r\sqrt{s})$ c) $\log_a \sqrt[3]{x^2 y^3}$ d) $\log_a \frac{1}{(mn)^3}$
    e) $\log_a \sqrt[5]{\frac{x^2}{y^3}}$ f) $\log_a \frac{\sqrt[3]{r s^2 t^3}}{\sqrt{r^3 s^2 t}}$ g) $\log_a \sqrt{\frac{c}{d^2}}$ h) $\log_a(x^2 y^{\frac{1}{3}} z^{-4})$

13. Ermittle jeweils die Lösung in $\mathbb{R}$!
    a) $\log_a x = 2\log_a 5 + 3\log_a 2$ b) $\log_a x = \frac{1}{2}\log_a 4 - \frac{1}{3}\log_a 8$ c) $\log_a x = \frac{1}{2}\log_a 12 - \frac{1}{2}\log_a 3$
    d) $\log_a x = \frac{1}{2}\log_a(p+q) - \frac{1}{2}\log_a(p-q)$ e) $2\log_a x = \log_a(p^2+q^2) - \log_a(2pq)$

14. Zeichne jeweils den Funktionsgraphen!
    a) $f(x) = \log_2 x$ b) $f(x) = \log_{\frac{1}{2}} x$ c) $f(x) = \log_{1,5} x$ d) $f(x) = \log_{0,2} x$
    Anleitung: Ermittle einige markante Funktionswerte mit Hilfe des Moduls von 10 zu der betreffenden Basis aus dem entsprechenden Zehnerlogarithmus!

15. Begründe, warum bei der Definition der Funktion $\log_a$ die Einschränkung $a \neq 1$ gemacht wird!

IV. Die Ermittlung von Exponentialfunktionen aus Meßwerten

1. Im I. Abschnitt dieses Paragraphen haben wir uns mit Wachstums- und Zerfallsprozessen beschäftigt. Wenn die Untersuchung eines solchen Vorgangs zu einer Tabelle mit Meßwerten geführt hat, dann kann man mit Hilfe der in den Sätzen S 14.4 und S 14.5 behandelten Grundeigenschaften der Exponentialfunktionen leicht prüfen, ob es sich um ein exponentielles Wachstum bzw. einen exponentiellen Zerfall handelt. Wir können jetzt auch zeigen, wie man in einem solchen Fall den zugehörigen Funktionsterm ermitteln kann.
Wir kommen zurück auf das Beispiel von S. 240. Für den Zerfall von 100 mg Polonium haben sich bei Messungen im Abstand von jeweils 5 Tagen die Werte der folgenden Tabelle ergeben.

t	0	5	10	15	20	25	30	35	40
m	100	97,5	95,1	92,7	90,4	88,1	85,9	83,8	81,7

§ 14, IV. Die Ermittlung von Exponentialfunktionen aus Meßwerten

Jeder Massenwert ergibt sich aus dem vorhergehenden jeweils durch Multiplikation mit demselben Faktor 0,975; überprüfe dies! Nach S 14.5 handelt es sich also um Werte einer Exponentialfunktion, einer Zerfallsfunktion. Wir können für den Funktionsterm daher den folgenden Ansatz machen:

$$f(t) = c \cdot a^t.$$

Die Werte der Ansatzvariablen a und c bestimmen wir mit Hilfe der Werte unserer Tabelle. Wir benötigen dazu zwei Wertepaare.

1) Für $t=0$ gilt: $f(0) = c \cdot a^0 = c = 100$.

2) Z.B. für $t=30$ gilt: $f(30) = 100 \cdot a^{30} = 85{,}9$, also $a^{30} = 0{,}859$.

Den Wert von a können wir nun durch Logarithmieren bestimmen; wir wählen die Basis 10, weil die Werte dieser Funktion in Logarithmentafeln ausgedruckt und auch bei vielen Taschenrechnern einprogrammiert sind. Wir erhalten:

$$30 \cdot \lg a = \lg 0{,}859 \;\Rightarrow\; \lg a = \frac{\lg 0{,}859}{30} \approx \frac{-0{,}00660}{30} = -0{,}0022 \;\Rightarrow\; a \approx 0{,}995.$$

Der Zerfallsprozeß wird also näherungsweise durch den folgenden Term beschrieben:

$$f(t) = 100 \cdot 0{,}995^t.$$

Bemerkungen:

1) Auf Grund der Beziehung $a = b^{\log_b a}$ kann man den Term auch mit Hilfe jeder anderen Basis b ausdrücken. Für $b=10$ ergibt sich z.B. nach obiger Rechnung:

$$\lg a \approx -0{,}0022, \text{ also: } f(t) = 100 \cdot 10^{-0{,}0022 \cdot t}.$$

2) Der Ermittlung des Funktionstermes haben wir die Werte der obigen Tabelle zugrundegelegt. Ob die **Zwischenwerte** des Zerfallsprozesses (etwa für $t=2$, $t=13$, $t=36{,}4$) durch diesen Term ebenfalls richtig beschrieben werden, kann man mit Sicherheit natürlich nicht sagen, weil diese Werte nicht bekannt sind. Es ist aber kein Grund ersichtlich, der gegen diese Annahme sprechen würde.

2. Eine charakteristische Zahl für Zerfallsvorgänge ist die sogenannte **„Halbwertszeit"** T; das ist die Zeit, in der die Hälfte der ursprünglichen Masse zerfallen, also auch nur noch die Hälfte übriggeblieben ist.

Für diese Halbwertszeit T muß gelten:

$$f(t+T) = \tfrac{1}{2} f(t).$$

Wegen $f(t) = c \cdot 10^{kt}$ erhält man aus dieser Bedingung:

$$c \cdot 10^{k(t+T)} = \tfrac{1}{2} c \cdot 10^{kt} \;\Rightarrow\; 10^{kt} \cdot 10^{kT} = \tfrac{1}{2} 10^{kt} \;\Rightarrow\; 10^{kT} = \tfrac{1}{2}$$

$$\Rightarrow\; kT = \lg \tfrac{1}{2} = -\lg 2 \;\Rightarrow\; T = -\frac{\lg 2}{k}.$$

Bemerkung: Das Zeichen „lg" bezeichnet die Logarithmusfunktion zur Basis 10.

Bei unserem Beispiel gilt also: $T = -\dfrac{\lg 2}{-0{,}0022} \approx \dfrac{0{,}3010}{0{,}0022} \approx 137$.

Polonium hat also eine Halbwertszeit von ungefähr 137 Tagen.

3. Besonders einfach ist die Ermittlung des Funktionsterms einer Exponentialfunktion aus Meßwerten, wenn die Funktionswerte zu $t=0$ und zu $t=1$ gegeben sind.

Beispiel:

Bei einer Bakterienkultur wird die Anzahl der Bakterien im Abstand von jeweils einer halben Stunde ermittelt. Es ergibt sich die folgende Wertetabelle.

t	0	0,5	1	1,5	2	2,5	3	3,5	4
N (in Millionen)	15,0	18,8	23,7	30,0	37,7	47,7	59,6	69,2	72,4

Um zu prüfen, ob es sich um exponentielles Wachstum handelt, bilden wir die Quotienten aufeinanderfolgender N-Werte; wir erhalten der Reihe nach:

1,25; 1,26; 1,27; 1,26; 1,26; 1,25; 1,16; 1,05.

Man erkennt, daß sich bis zum Wert $N(3)=59,6$ näherungsweise stets derselbe Quotient ergibt. Dies bedeutet nach S 14.5, daß das Wachstum der Bakterienkultur in den drei ersten Stunden durch eine Exponentialfunktion beschrieben werden kann. Danach verlangsamt sich der Wachstumsprozeß, offenbar durch äußere Bedingungen verursacht. Zur Ermittlung des Funktionsterms machen wir den Ansatz:

$$N(t) = c \cdot a^t.$$

1) Für $t=0$ ergibt sich: $N(0) = c \cdot a^0 = c = 15$; daher bezeichnet man den Faktor c meist mit „N_0" (Anfangswert).

2) Für $t=1$ ergibt sich: $N(1) = c \cdot a^1 = 15a = 23,7$; hier brauchen wir nicht zu logarithmieren; es ergibt sich unmittelbar: $a = \dfrac{23,7}{15} \approx 1,58$.

Der Wachstumsprozeß wird also für die drei ersten Stunden mit guter Näherung beschrieben durch den Term $N(t) = 15 \cdot 1,58^t$.

Auch hier können wir jede andere positive Zahl b (mit $b \neq 1$) als Basis wählen. Für $b=10$ ergibt sich wegen $a = 10^{\lg a}$ in unserem Fall: $1,58 = 10^{\lg 1,58} \approx 10^{0,20}$ und somit:

$$N(t) = 15 \cdot 10^{0,20\,t}.$$

4. Der Halbwertszeit bei Zerfallsprozessen entspricht die **Verdopplungszeit** bei Wachstumsvorgängen. Bei einer Funktion N zu $N(t) = N_0 \cdot 10^{kt}$ gilt für die Verdopplungszeit T:

$$N(t+T) = 2 \cdot N(t),$$

also: $N_0 \cdot 10^{k(t+T)} = 2 \cdot N_0 \cdot 10^{kt} \;\Rightarrow\; 10^{kt} \cdot 10^{kT} = 2 \cdot 10^{kt} \;\Rightarrow\; 10^{kT} = 2 \;\Rightarrow\; kT = \lg 2 \;\Rightarrow\; \mathbf{T = \dfrac{\lg 2}{k}}.$

Bei unserem Beispiel ist also: $T = \dfrac{\lg 2}{0,20} \approx \dfrac{0,30}{0,20} = 1,5.$

Nach ungefähr 1,5 Stunden hat sich also die ursprüngliche Bakterienzahl verdoppelt; dies können wir – in diesem Fall – auch der Wertetabelle entnehmen.

5. Bei unseren Beispielen haben wir den Term einer Exponentialfunktion aus zwei Werten, beim letzten Beispiel aus den beiden Werten zu $t=0$ und $t=1$ bestimmt. Allgemein gilt, daß eine Exponentialfunktion durch zwei ihrer Wertepaare eindeutig bestimmt ist.

§14, IV. Die Ermittlung von Exponentialfunktionen aus Meßwerten 255

S 14.12 Eine Exponentialfunktion f zu $f(x) = c \cdot a^x$ ist durch zwei ihrer Wertepaare eindeutig festgelegt. Insbesondere gibt es zu zwei Paaren $(0|y_0)$ und $(1|y_1)$ (mit $y_0, y_1 \neq 0$) genau eine Exponentialfunktion.

Der allgemeine **Beweis** dieses Satzes ist Gegenstand von Aufgabe 8.
Wir führen den Beweis hier nur für den Sonderfall.
1) Für $x = 0$ ergibt sich: $f(0) = c \cdot a^0 = c = y_0$.
2) Für $x = 1$ ergibt sich: $f(1) = y_0 \cdot a = y_1$, also $a = \frac{y_1}{y_0}$.

Also gilt: $f(x) = y_0 \cdot \left(\frac{y_1}{y_0}\right)^x$.

Bemerkung: Für $y_1 = y_0$ erhält man die **konstante** Funktion zu $f(x) = y_0 \cdot 1^x = y_0$, die natürlich weder einen Wachstums- noch einen Zerfallsprozeß beschreibt.

Zum allgemeinen Fall behandeln wir das folgende **Beispiel**:

Von einer Exponentialfunktion sind gegeben die Wertepaare $(1{,}45|2{,}73)$ und $(1{,}93|3{,}08)$. Wir machen den Ansatz: $f(x) = c \cdot a^x$. Dann gilt: $f(1{,}45) = c \cdot a^{1{,}45} = 2{,}73$ und $f(1{,}93) = c \cdot a^{1{,}93} = 3{,}08$.

1) Durch Division können wir die Variable c eliminieren.

$$\frac{a^{1{,}93}}{a^{1{,}45}} = a^{1{,}93 - 1{,}45} = \frac{3{,}08}{2{,}73}$$

$\Rightarrow a^{0{,}48} \approx 1{,}13 \Rightarrow 0{,}48 \cdot \lg a \approx \lg 1{,}13 \Rightarrow \lg a \approx \frac{\lg 1{,}13}{0{,}48} \approx 0{,}1106 \Rightarrow a \approx 1{,}29$.

2) Den Wert für c können wir durch Einsetzen in eine der beiden Gleichungen bestimmen:

$$c \approx \frac{2{,}73}{1{,}29^{1{,}45}} \approx 1{,}89.$$ Damit ergibt sich näherungsweise: $f(x) = 1{,}89 \cdot 1{,}29^x$.

Auch hier können wir den Funktionsterm durch die Basis 10 ausdrücken. Wir haben schon berechnet: $\lg 1{,}29 \approx 0{,}1106$; also gilt näherungsweise auch: $f(x) = 1{,}89 \cdot 10^{0{,}11 \cdot x}$.
Falls ein Wachstumsvorgang vorliegt, gilt für die Verdopplungszeit: $T \approx \frac{\lg 2}{0{,}11} \approx 2{,}74$.

Übungen und Aufgaben

1. Bei zwei Bakterienkulturen wurden die Anzahlen der Bakterien im Abstand von einer halben Stunde ermittelt. Es ergaben sich die Werte der folgenden Tabellen.

1)	t (in Stunden)	0	0,5	1	1,5	2	2,5	3
	N (in Millionen)	27,5	37,8	52,2	72,0	99,3	137	188

2)	t (in Stunden)	0	0,5	1	1,5	2	2,5	3
	N (in Millionen)	35,2	47,0	63,0	84,3	112	150	200

a) Zeichne jeweils den Funktionsgraphen!
b) Zeige mit Hilfe von S 14.5, daß es sich um eine Exponentialfunktion handelt!
c) Ermittle den Funktionsterm N(t) und die Verdopplungszeit T!

2. Bei einer Hefekultur wurden experimentell die Werte der folgenden Tabelle ermittelt. Verfahre wie in Aufgabe 1!

t (in Stunden)	0	1	2	3	4	5	6	7	8
N (in Milliarden)	22	30,9	43,4	61,0	85,7	120	169	237	324

3. Die Anzahl der Ameisen in einem Ameisenhügel ist proportional zur Anzahl der Nestöffnungen. Diese wurden im Abstand von 2 Monaten gezählt. Es ergaben sich die Werte der folgenden Tabelle.

t (in Monaten)	2	4	6	8	10	12	14	16
N	20	30	50	80	125	200	300	450

   a) In welchem Bereich handelt es sich angenähert um exponentielles Wachstum?
   b) Ermittle für diesen Bereich den Funktionsterm N(t)!
   c) Ermittle die Verdopplungszeit t!
   d) Vergleiche die Funktionswerte des berechneten Terms mit denen der Tabelle!

4. Über die Anzahl der Stadtbewohner in Afrika macht die Unesco[1]) folgende Angaben.

Jahr	1950	1960	1965	1970
N (in Millionen)	29,3	48,3	60,2	76,5

   a) Bestätige, daß es sich angenähert um exponentielles Wachstum handelt!
   b) Ermittle mit $t=0$ für 1950 und unter Benutzung des Wertes für 1970 einen Term der Form $N(t)=N_0 \cdot 10^{kt}$!
   c) Vergleiche die Funktionswerte des berechneten Terms mit denen der Tabelle!
   d) Ermittle die Verdopplungszeit!
   e) Berechne nach b) die Zahlen für die Jahre 1975, 1980, 1985, 1990, 1995 und 2000! Beurteile die Voraussetzungen der Rechnung!

5. Die folgende Tabelle stellt die Bevölkerungsentwicklung in der Bundesrepublik Deutschland dar!
   Prüfe, in welchen Zeitabschnitten das Bevölkerungswachstum durch eine Exponentialfunktion beschrieben werden kann!

Jahr	1950	1951	1952	1953	1954	1955	1956	1957	1958	1959	1960
N (in Millionen)	50,81	50,53	50,86	51,35	51,88	52,38	53,01	53,66	54,29	54,88	55,43
Jahr	1961	1962	1963	1964	1965	1966	1967	1968	1969	1970	1971
N (in Millionen)	56,19	56,84	57,39	57,97	58,62	59,15	59,29	59,50	60,07	60,65	61,30
Jahr	1972	1973	1974	1975	1976	1977	1978	1979	1980		
N (in Millionen)	61,67	61,98	62,05	61,83	61,53	61,40	61,33	61,36	61,57		

§14, IV. Die Ermittlung von Exponentialfunktionen aus Meßwerten 257

6. Über die Anzahl der Erdbevölkerung macht die Unesco[1]) folgende Angaben.

Jahr	1950	1960	1965	1970	1975	1977
N (in Milliarden)	2,501	2,986	3,288	3,610	3,967	4,124

Verfahre wie in Aufgabe 4!

7. Ermittle die Verdopplungszeit für ein Kapital K_0, welches mit p % verzinst wird!
   a) p = 4   b) p = 5   c) p = 7,5   d) p = 9,5

8. Beweise den Satz S 14.12!

9. Der Preisindex für Lebenshaltungskosten betrug (bezogen auf 1962):

1950	1951	1952	1953	1954	1955	1956	1957	1958	1959	1960	1961
78,8	84,9	86,7	85,1	85,3	86,7	88,9	90,7	92,7	93,6	94,9	97,1

1962	1963	1964	1965	1966	1967	1968	1969	1970	1971	1972	1973
100	103,0	105,4	109,0	112,8	114,4	116,1	119,3	123,7	130,4	137,9	146,3

1974	1975	1976	1977	1978	1979	1980
156,5	165,8	172,9	179,3	184,2	191,8	202,3

a) Ermittle aus den Werten für 1950 und 1980 eine lineare Wachstumsfunktion f_1 sowie eine exponentielle Wachstumsfunktion f_2!
b) Stelle f_1, f_2 sowie die tatsächlichen Werte graphisch dar und vergleiche!

10. a) Ein Kapital soll in 12 Jahren bei einem Zinssatz von 7,5 % auf 25 000 DM anwachsen. Welches Grundkapital ist bei 1) jährlicher, 2) vierteljährlicher, 3) monatlicher Verzinsung notwendig? Anleitung: vergleiche Aufgabe 4 aus §14, I., S. 242!
    b) In welcher Zeit verdoppelt sich ein Kapital K_0 bei 8 % Jahreszinsen, wenn die Zinsen 1) jährlich, 2) vierteljährlich, 3) monatlich zugeschlagen werden?

11. Ein Stück radioaktives Thoron hat am Anfang eines Versuchs eine Masse von 500 mg. Jede halbe Minute wird die nichtzerfallende Masse gemessen.

t (in sec)	0	30	60	90	120	150	180
m (in mg)	500	341	233	159	109	74	51

a) Prüfe, ob es sich um einen exponentiellen Zerfall handelt!
b) Ermittle das Zerfallsgesetz und die Halbwertszeit!
c) Nach welcher Zeit ist nur noch 1 % der ursprünglichen Menge vorhanden?

---

[1]) Unesco, Abkürzung für „United Nations Educational Scientific and Cultural Organisation". Es handelt sich um eine Unterorganisation der Vereinten Nationen (UNO), die die Zusammenarbeit ihrer Mitglieder auf dem Gebiet der Erziehung, der Wissenschaft und der Kultur fördern soll.

12. Verfahre wie in Aufgabe 11 für ein radioaktives Stück Radon, für welches die Werte der folgenden Tabelle gemessen wurden!

t (in sec)	0	30	60	90	120	150	180
m (in mg)	35	32,9	30,9	29,9	27,2	25,5	23,9

13. Auf einem Kondensator befindet sich die Ladung Q_0. Diese Ladung wir über einen großen Widerstand entladen. In regelmäßigen Abständen wird die Restladung gemessen. Ermittle den Term Q(t) der Entladungsfunktion! Wie groß ist die Halbwertszeit? Wann ist die Ladung auf 2% des Anfangswertes abgeklungen?

a)

t (in sec)	0	5	10	15	20	25	30	35
Q (in 10^{-9} AS)	200	168	142	119	100	84	71	60

b)

t (in sec)	0	10	20	30	40	50	60
Q (in 10^{-8} AS)	60,0	50,1	41,9	35,0	29,3	24,4	20,4

14. Bei einer Kondensatorentladung wird in regelmäßigen Abständen der Entladungsstrom gemessen! Ermittle den Term I(t) für den Entladungsstrom! Wie groß ist die Halbwertszeit? Wann ist der Strom auf 1% des Anfangswertes abgeklungen?

a)

t (in sec)	0	10	20	30	40	50	60
J (in mA)	452	391	338	293	253	219	189

b)

t (in sec)	0	15	30	45	60	75	90
J (in mA)	230	199	172	149	129	111	96

15. Ermittle mit den Halbwertszeiten der radioaktiven Stoffe jeweils den Term N(t) der Zerfallsfunktion! Bestimme jeweils die Zeit, nach der noch 75% (60%, 30%, 10%) der ursprünglichen Masse vorhanden sind! (Die Zeit ist in einer passenden Einheit zu messen.)
a) Thorium: $T = 1,4 \cdot 10^{10}$ a   b) Uran I: $T = 4,56 \cdot 10^9$ a   c) Radium: $T = 1590$ a

16. Nach 120 Stunden sind von 10^7 Atomen eines radioaktiven Präparates $1,9 \cdot 10^6$ zerfallen.
a) Ermittle den Term N(t) der Zerfallsfunktion!
b) Nach welcher Zeit sind von diesem Präparat noch $9 \cdot 10^6$ ($5 \cdot 10^6$; $8,5 \cdot 10^5$) Atome nicht zerfallen?
c) Berechne die Halbwertszeit T des Präparates und drücke die Ergebnisse von b) in Halbwertszeiten aus!

17. Bei der Fertigung integrierter Schaltkreise sind 200 einzelne Arbeitsgänge erforderlich. Bei jedem Arbeitsgang sind durchschnittlich 99% der bearbeiteten Stücke fehlerfrei.
a) Deute diesen Vorgang als Zerfallsprozeß, indem du jeden Arbeitsgang als Zeiteinheit auffaßt! Ermittle den Term N(t) der Zerfallsfunktion!
b) Berechne den Prozentsatz fehlerfreier Stücke bei dem gesamten Herstellungsvorgang!

§ 15 Differenzierbarkeit und Integrierbarkeit der Exponential- und Logarithmusfunktionen

I. Die natürliche Exponentialfunktion

1. Es bedarf keiner näheren Begründung, daß es gerade bei Wachstums- und Zerfallsprozessen wichtig ist, Aufschluß über die momentane Stärke des Wachstums bzw. des Zerfalls zu erhalten. Wir haben also auch für Exponentialfunktionen mittlere Änderungsraten und deren Grenzwert, also die Ableitung zu bestimmen.

2. Für eine Exponentialfunktion f zu $f(x) = a^x$ (mit $a \in \mathbb{R}^{>0}$ und $a \neq 1$) lautet der Differenzenquotient

$$\frac{f(x+h) - f(x)}{h} = \frac{a^{x+h} - a^x}{h}.$$

Durch Anwendung des ersten Potenzgesetzes und des Distrubitivgesetzes erhält man:

$$\frac{f(x+h) - f(x)}{h} = \frac{a^x \cdot a^h - a^x}{h} = \frac{a^h - 1}{h} \cdot a^x.$$

Man erkennt, daß bei einer festgewählten Schrittlänge h die Änderungsrate proportional zu a^x, also zum Funktionswert an der betrachteten Stelle ist. Bei einem Wachstumsprozeß wächst die Menge (oder Masse) also um so schneller, je größer die vorhandene Menge (oder Masse) schon ist. Das Entsprechende gilt für Zerfallsvorgänge. Der Proportionalitätsfaktor ist

$$c = \frac{a^h - 1}{h}.$$

Dieser Faktor hat eine einfache Bedeutung; man erkennt dies, wenn man ihn in der folgenden Form schreibt:

$$c = \frac{a^{0+h} - a^0}{h}.$$

Es handelt sich also um die mittlere Änderungsrate, also um den Differenzenquotienten zur Stelle $x = 0$:

$$\frac{f(0+h) - f(0)}{h} = \frac{a^{0+h} - a^0}{h} = \frac{a^h - 1}{h}.$$

3. Die Ableitung, also die lokale Änderungsrate, gewinnt man nach den Überlegungen von § 3 dadurch, daß man den Grenzwert des Differenzenquotienten mit der Bedingung $h \to 0$ berechnet. In unserem Fall gilt:

$$f'(x) = \lim_{h \to 0} \left(\frac{a^h - 1}{h} \cdot a^x \right) = \left(\lim_{h \to 0} \frac{a^h - 1}{h} \right) \cdot a^x.$$

Man erkennt, daß auch die Ableitung f'(x) proportional zu a^x ist, daß es sich also um eine Exponentialfunktion mit $f'(x) = k \cdot a^x$ handelt. Zur Ermittlung von f'(x) hat man lediglich den Proportionalitätsfaktor k zu bestimmen. Dies ist der Grenzwert

Bild 15.1

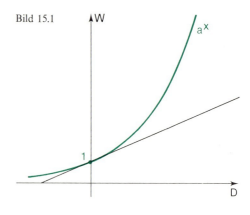

$$\lim_{h \to 0} \frac{a^h - 1}{h} = \lim_{h \to 0} \frac{f(0+h) - f(0)}{h} = f'(0),$$

also der Ableitungswert an der Stelle 0 und mithin die Steigung des Funktionsgraphen und der zugehörigen Tangente im Punkte P(0|1) (Bild 15.1). Es gilt also der Satz:

S 15.1 **Für jede Exponentialfunktion f zu $f(x) = a^x$ (mit $a \in \mathbb{R}^{>0} \setminus \{1\}$) gilt:**

$$f'(x) = f'(0) \cdot a^x.$$

An der Form des Differenzenquotienten $\frac{a^h - 1}{h}$ erkennt man sofort, daß die Ermittlung von f'(0) eine keineswegs so einfache Aufgabe ist wie bei den meisten Ableitungswerten, die wir in § 3 berechnet haben.

4. Wir betrachten daher zunächst das

Beispiel: $f(x) = 2^x$.

Die Differenzenquotienten zur Stelle 0 sind gegeben durch $m(0; h) = \frac{2^h - 1}{h}$.

Mit Hilfe eines sehr genau rechnenden Taschenrechners können wir Näherungswerte für den gesuchten Grenzwert bestimmen. Wir erhalten z.B. die Werte der folgenden Tabelle.

h	1	0,1	0,01	0,001	0,0001	0,00001	...
m (0; h)	1	0,718	0,696	0,6934	0,6932	0,6931	...

Nach den berechneten Werten kann man vermuten, daß die Folge der Differenzenquotienten einen Grenzwert besitzt und daß dieser ungefähr den Wert 0,693 hat:

$$f'(0) = \lim_{h \to 0} m(0; h) = \lim_{h \to 0} \frac{2^h - 1}{h} \approx 0{,}693 \text{ (Bild 15.2). Es gilt also: } (2^x)' \approx 0{,}693 \cdot 2^x.$$

5. Entsprechend untersuchen wir das

Beispiel: $f(x) = 3^x$ mit $m(0; h) = \frac{3^h - 1}{h}$.

Wir erhalten z.B. die Werte der folgenden Tabelle:

h	1	0,1	0,01	0,001	0,0001	0,00001
m (0; h)	2	1,161	1,105	1,099	1,0987	1,0986

§15, I. Die natürliche Exponentialfunktion

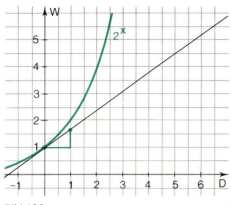

Bild 15.2

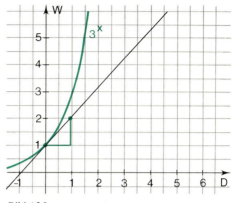

Bild 15.3

Auch hier legen die berechneten Werte nahe, daß diese Folge einen Grenzwert besitzt und daß gilt:
$$f'(0) = \lim_{h \to 0} \cdot m(0; h) = \lim_{h \to 0} \frac{3^h - 1}{h} \approx 1{,}0986 \text{ (Bild 15.3). Es gilt also: } (3^x)' \approx 1{,}0986 \cdot 3^x.$$

6. Bei den behandelten Beispielen 2^x und 3^x fällt auf, daß die Werte von $f'(0)$ einmal unter 1, einmal (knapp) über 1 liegen. Diese Beobachtung legt die Vermutung nahe, daß es eine Exponentialfunktion gibt mit $f'(0) = 1$, nach Satz S 15.1 also mit $f'(x) = f(x)$ für alle $x \in \mathbb{R}$. Diese Vermutung wird erhärtet, wenn man entsprechend die Ableitungswerte der Exponentialfunktionen z.B. mit den Basiswerten 2,1; 2,2; 2,3; ...; 2,9 an der Stelle 0 berechnet. Als Näherungswerte für diese Ableitungen ergeben sich die Werte der folgenden Tabelle.

f(x)	$2{,}1^x$	$2{,}2^x$	$2{,}3^x$	$2{,}4^x$	$2{,}5^x$	$2{,}6^x$	$2{,}7^x$	$2{,}8^x$	$2{,}9^x$
f'(0)	0,7419	0,7885	0,8329	0,8755	0,9163	0,9555	0,9933	1,0296	1,0647

Die Basis der gesuchten Exponentialfunktion muß nach diesen Werten zwischen 2,7 und 2,8, und zwar näher bei 2,7 als bei 2,8 liegen. Die fragliche Zahl heißt nach dem Mathematiker **Leonhard Euler** (1707–1783) „**Eulersche Zahl**" und wird allgemein mit dem Buchstaben „e" bezeichnet. (Bild 15.4).

Wir definieren:

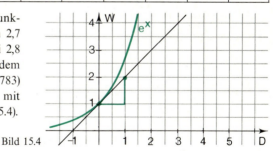

Bild 15.4

> **D 15.1** 1) **Die Eulersche Zahl e ist diejenige Zahl, für die** $\lim_{h \to 0} \frac{e^h - 1}{h} = 1$ **ist.**
>
> 2) **Die zur Basis e gehörende Exponentialfunktion mit** $f(x) = e^x$ **heißt „natürliche Exponentialfunktion" oder kurz „e-Funktion".**

Wir haben die Existenz dieser Zahl e nicht bewiesen, sondern nur plausibel gemacht. Nach vorstehender Definition gilt für die e-Funktion: $f'(0) = 1$, nach Satz S 15.1 also:
$$f'(x) = (e^x)' = e^x.$$

Wir halten diesen wichtigen Sachverhalt fest im Satz

S 15.2 **Für die natürliche Exponentialfunktion zu $f(x) = e^x$ gilt $f'(x) = e^x$, also**

$$(e^x)' = e^x \quad \text{für alle } x \in \mathbb{R}.$$

Wenn man von der Nullfunktion absieht (das ist die konstante Funktion mit dem Funktionswert 0 für alle x), ist die e-Funktion die einzige Funktion, die mit ihrer Ableitung übereinstimmt. Schon daraus wird verständlich, daß diese Funktion sowohl innerhalb der Mathematik wie auch für zahlreiche Anwendungen von weitreichender Bedeutung ist. Man kann sagen, daß die e-Funktion eine der wichtigsten Funktionen überhaupt ist.

7. Es stellt sich natürlich sofort die Frage nach einer Darstellung der Zahl e im Dezimalsystem. Wir haben oben schon gesehen, daß es eine Zahl zwischen 2,7 und 2,8 sein muß, die näher bei 2,7 als bei 2,8 liegt. Wir können hier nur mitteilen, daß es sich um eine irrationale Zahl handelt, deren Dezimaldarstellung also nichtperiodisch ist, für die wir somit nur rationale Näherungswerte angeben können.

Nach D 15.1 gilt: $\lim\limits_{h \to 0} \dfrac{e^h - 1}{h} = 1$. Für, absolut genommen, „kleine" Werte von h gilt also: $\dfrac{e^h - 1}{h} \approx 1$.

Wenn wir diese Beziehung probeweise wie eine Gleichung umformen, erhalten wir:

$$e^h - 1 \approx h, \text{ also } e^h \approx 1 + h, \text{ also } e \approx (1 + h)^{\frac{1}{h}}.$$

Wir können daher vermuten, daß gilt: $e = \lim\limits_{h \to 0} (1 + h)^{\frac{1}{h}}$.

Beachte: Wir haben diese Gleichung hier nicht exakt hergeleitet; wir haben nämlich in der Bedingung $\lim\limits_{h \to 0} \dfrac{e^h - 1}{h} = 1$ das Limeszeichen zunächst weggelassen und dies am Ende der Umformungen wieder hinzugefügt. Wir können hier nur mitteilen, daß es möglich ist, die obige Gleichung für die Zahl e auch exakt herzuleiten. Es gilt der Satz

S 15.3 **Für die Eulersche Zahl gilt: $e = \lim\limits_{h \to 0} (1 + h)^{\frac{1}{h}}$.**

8. Zur Ermittlung eines dezimalen Näherungswertes setzen wir in h — absolut genommen — „kleine" Zahlen ein. Wir erhalten z.B. die Werte der folgenden Tabelle.

h	1	0,1	0,01	0,001	0,0001	0,00001	0,000001	0,0000001
$(1+h)^{\frac{1}{h}}$	2	2,59	2,70	2,7169	2,7181	2,71825	2,718281828	2,718281828

Damit haben wir einen dezimalen Näherungswert mit 9 Nachkommastellen gefunden:

$$e \approx 2{,}718281828.$$

Bemerkung: Es ist üblich, in der Grenzwertformel für e (S 15.3) die Variable h durch die Variable n zu ersetzen nach der Gleichung $h = \dfrac{1}{n}$ (mit $n \in \mathbb{N}$). Setzt man nämlich in n immer größere Zahlen ein (erfaßt durch die Schreibweise $n \to \infty$), so strebt h gegen 0. Wir können statt der Gleichung von S 15.3 also auch schreiben:

$$e = \lim\limits_{n \to \infty} \left(1 + \frac{1}{n}\right)^n.$$

§15, I. Die natürliche Exponentialfunktion

Übungen und Aufgaben

1. Berechne mit Hilfe eines Taschenrechners einen Näherungswert mit wenigstens zwei Dezimalen für $\lim_{h\to 0}\frac{2^h-1}{h}$! Falls der Taschenrechner keine y^x-Taste hat, kann man auch mit der Quadratwurzeltaste arbeiten und für h die Werte $\frac{1}{2}, \frac{1}{4}, \frac{1}{8}, \ldots, \frac{1}{2^n}$ einsetzen.

2. Berechne wie in Aufgabe 1 Näherungswerte für $f'(0)$!
   a) $f(x)=\left(\frac{1}{2}\right)^x$ b) $f(x)=1{,}5^x$ c) $f(x)=5^x$ d) $f(x)=\left(\frac{1}{7}\right)^x$

3. Zeichne jeweils den Funktionsgraphen!
   a) $f(x)=e^x$ b) $f(x)=e^{-x}$ c) $f(x)=\frac{1}{2}e^x$ d) $f(x)=e^{\frac{x}{2}}$
   e) $f(x)=e^{-2x}$ f) $f(x)=e^{\frac{1}{x}}$ g) $f(x)=e^{-\frac{1}{x}}$ h) $f(x)=e^{-x^2}$

4. Berechne mit Hilfe eines Taschenrechners einen Näherungswert mit wenigstens zwei Nachkommastellen für $\lim_{n\to\infty}\left(1+\frac{1}{n}\right)^n$, indem du für n die Zahlen $2, 4, 8, 16, \ldots, 2^m$ einsetzt!

5. Bestätige die Gültigkeit von $\lim_{h\to 0}\frac{e^h-1}{h}=1$, indem du diesen Grenzwert wie in Aufgabe 1 mit wenigstens zwei Dezimalen berechnest!

6. Berechne jeweils $f'(x)$ und $f''(x)$!
   a) $f(x)=e^{2x}$ b) $f(x)=9\cdot e^{-3x}$ c) $f(x)=2e^{\frac{x}{2}}$ d) $f(x)=e^{2x-3}$
   e) $f(x)=e^{x^2}$ f) $f(x)=(e^x)^2$ g) $f(x)=e^{\sqrt{x}}$ h) $f(x)=e^{\frac{1}{x}}$
   i) $f(x)=e^{\sqrt[3]{x}}$ j) $f(x)=e^{\cos x}$ k) $f(x)=e^{-\frac{x^2}{2}}$ l) $f(x)=e^{x^2+2x+1}$
   m) $f(x)=xe^x$ n) $f(x)=x^2\cdot e^{-x}$ o) $f(x)=e^{2x}\cdot \sin x$ p) $f(x)=x^3\cdot e^{\frac{x}{2}}$

7. Berechne jeweils $f'(x)$, $f''(x)$, $f'''(x)$, usw.! Was fällt dir auf?
   a) $f(x)=e^x+e^{-x}$ b) $f(x)=e^x-e^{-x}$

8. Berechne jeweils $f'(x)$!
   a) $f(x)=(x\cdot e^x)^2$ b) $f(x)=\sqrt{x\cdot e^{-x}}$ c) $f(x)=\sin(e^{2x})$ d) $f(x)=\frac{1}{e^x-1}$
   e) $f(x)=e^{\frac{x^2-1}{x}}$ f) $f(x)=\frac{x+1}{e^x}$ g) $f(x)=e^{\frac{1}{1-x}}$ h) $f(x)=\frac{1}{e^{x-1}}$

9. Diskutiere jeweils die Funktion f!
   a) $f(x)=e^{-x^2}$ b) $f(x)=x\cdot e^x$ c) $f(x)=x^2\cdot e^x$
   d) $f(x)=x^2\cdot e^{-x}$ e) $f(x)=x\cdot e^{-x^2}$ f) $f(x)=(x^2-1)e^x$
   g) $f(x)=\frac{1}{2}(e^x-e^{-x})$ h) $f(x)=\frac{1}{2}(e^x+e^{-x})$ i) $f(x)=e^x\cdot \cos x$
   j) $f(x)=e^{-x}\cdot \sin x$ k) $f(x)=(x-2x)e^{-x}$ l) $f(x)=e^x(\sin x+\cos x)$

Die natürliche Logarithmusfunktion

1. Die Logarithmusfunktion zur Basis e, also die Umkehrfunktion der e-Funktion, hat einen eigenen Namen. Wir definieren:

D 15.2 Die Logarithmusfunktion zur Basis e heißt „natürliche Logarithmusfunktion" und wird mit „ln" („logarithmus naturalis") bezeichnet.

2. Wir halten die wichtigsten Eigenschaften der ln-Funktion fest im folgenden Satz.

S 15.4
1) Es gilt $D(\ln) = \mathbb{R}^{>0}$ und $W(\ln) = \mathbb{R}$.
2) Für alle $x, y \in \mathbb{R}^{>0}$ gilt: $\ln(x \cdot y) = \ln x + \ln y$ und $\ln \dfrac{x}{y} = \ln x - \ln y$.
3) Für alle $x \in \mathbb{R}^{>0}$, $r \in \mathbb{R}$ gilt: $\ln(x^r) = r \cdot \ln x$,

   insbesondere also: $\ln(x^{-1}) = \ln\left(\dfrac{1}{x}\right) = -\ln x$.
4) Für alle $x \in \mathbb{R}^{>0}$ gilt: $e^{\ln x} = x$.
5) Für alle $x \in \mathbb{R}$ gilt: $\ln e^x = x$.
6) Die ln-Funktion ist streng monoton steigend, d.h. es gilt:
   $0 < x_1 < x_2 \Rightarrow \ln x_1 < \ln x_2$ (Aufgabe 10).

Der Graph der ln-Funktion ergibt sich durch Spiegelung des Graphen der e-Funktion an der Geraden zu $y = x$ (Bild 15.5).

3. Die Funktionswerte der ln-Funktion sind — von Ausnahmen wie $\ln 1 = 0$, $\ln e = 1$, $\ln e^2 = 2$ usw. abgesehen — irrationale Zahlen. Die meisten Taschenrechner haben eine Taste, mit deren Hilfe man Näherungswerte für die natürlichen Logarithmen erhalten kann. Häufig enthalten Tafelwerke Tabellen mit den natürlichen Logarithmen von **Primzahlen**. Wie man damit den natürlichen Logarithmus einer beliebigen positiven Zahl bestimmen kann, zeigen die

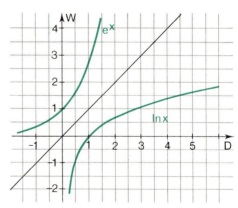

Bild 15.5

Beispiele:

1) $\ln 50 = \ln(2 \cdot 5^2) = \ln 2 + 2 \ln 5 \approx 0{,}69315 + 2 \cdot 1{,}60944 \approx 3{,}9120;$

2) $\ln 7{,}2 = \ln \dfrac{72}{10} = \ln \dfrac{36}{5} = \ln \dfrac{2^2 \cdot 3^2}{5} = 2 \ln 2 + 2 \ln 3 - \ln 5.$

   $\approx 2 \cdot (0{,}69315 + 1{,}09861) - 1{,}60944 \approx 3{,}58352 - 1{,}60944 \approx 1{,}9741$

Schließlich kann man natürliche Logarithmen mit Hilfe des Moduls aus den Zehnerlogarithmen berechnen. Nach S 13.14 gilt:

$$\ln y = \dfrac{1}{\lg e} \cdot \lg y = \ln 10 \cdot \lg y.$$

§15, II. Die natürliche Logarithmusfunktion

Dabei haben die Moduln (Umrechnungsfaktoren) die folgenden dezimalen Näherungswerte

$$\ln 10 = \frac{1}{\lg e} \approx 2{,}3025851 \quad \text{und} \quad \lg e = \frac{1}{\ln 10} \approx 0{,}4342945.$$

Beachte: Man kann mit Hilfe des Faktors 2,3 einen Zehnerlogarithmus in einen natürlichen Logarithmus umrechnen und dabei eine Genauigkeit von **drei** geltenden Stellen erreichen, weil die dritte geltende Stelle des Moduls zufällig mit der Ziffer 0 besetzt ist.

Beispiele:

1) $\lg 5 \approx 0{,}6990;\ \ln 5 \approx 0{,}699 \cdot 2{,}3 \approx 1{,}61$ 2) $\lg 17{,}3 \approx 1{,}238;\ \ln 17{,}3 \approx 1{,}24 \cdot 2{,}3 \approx 2{,}85$

Übungen und Aufgaben

1. Berechne die folgenden natürlichen Logarithmen mit Hilfe der Zehnerlogarithmen!
   a) $\ln 17$ **b)** $\ln 1{,}9$ **c)** $\ln 263$ **d)** $\ln \frac{1}{3}$ **e)** $\ln 0{,}1$ **f)** $\ln 5{,}27$ **g)** $\ln 17{,}2$ **h)** $\ln 0{,}382$

2. Berechne jeweils den Modul von a nach b!
   a) $a=10;\ b=e$ **b)** $a=2;\ b=e$ **c)** $a=\frac{1}{2};\ b=e$ **d)** $a=e;\ b=10$

3. Zeichne jeweils den Funktionsgraphen!
   a) $f(x) = \ln x$ **b)** $f(x) = \ln(2x)$ **c)** $f(x) = \ln(3x)$ **d)** $f(x) = \ln(\tfrac{1}{2}x)$

4. Welche Unterschiede und welche Gemeinsamkeiten zwischen den Graphen zu $f(x) = \ln(ax)$ mit $a > 0$ kannst du aus den Zeichnungen zu Aufgabe 3 ablesen?

5. Zeichne jeweils den Funktionsgraphen!
   a) $f(x) = \ln\left(\frac{1}{x}\right)$ **b)** $f(x) = \ln\left(\frac{2}{x}\right)$ **c)** $f(x) = \ln\left(\frac{3}{x}\right)$ **d)** $f(x) = \ln\left(\frac{1}{2x}\right)$

6. Vergleiche die Funktionsgraphen aus Aufgabe 5! Welche Unterschiede und welche Gemeinsamkeiten stellst du fest?

7. Was läßt sich über den Zusammenhang der Funktionsgraphen von $f(x) = \ln x$ und $g(x) = \ln\left(\frac{1}{x}\right)$ aussagen? Wie läßt sich dieser Zusammenhang aus den Eigenschaften der Logarithmusfunktion begründen?

8. Wie erhält man den Graphen zu $f(x) = \ln(\sqrt[n]{x})$ aus dem Graphen zu $g(x) = \ln x$? Begründe deine Antwort!

9. Welcher Zusammenhang besteht zwischen dem Funktionsgraphen zu $f(x) = \ln\left(x^{\frac{m}{n}}\right)$ und dem Funktionsgraphen zu $g(x) = \ln x$? Begründe deine Antwort!

10. Begründe die Eigenschaften der natürlichen Logarithmusfunktion, die in Satz S 15.4 aufgeführt sind!

Die Ableitungen der Exponential-, der Logarithmus- und der Potenzfunktionen

1. Mit Hilfe der Formel $a = e^{\ln a}$ können wir nun auch die Ableitung zu einer beliebigen Exponentialfunktion f mit $f(x) = a^x$ berechnen. Nach dem 3. Potenzgesetz gilt:

$$a^x = (e^{\ln a})^x = e^{x \cdot \ln a}.$$

Daraus ergibt sich mit Hilfe der Kettenregel (S 5.10):

$$(a^x)' = (e^{x \cdot \ln a})' = \ln a \cdot e^{x \cdot \ln a} = \ln a \cdot a^x.$$

Wir halten dieses Ergebnis fest im Satz

S 15.5   **Für die Ableitung einer beliebigen Exponentialfunktion f zu $f(x) = a^x$ gilt:**

$$f'(x) = \ln a \cdot a^x \quad \text{(mit } a \in \mathbb{R}^{>0} \setminus \{1\}\text{)}.$$

Beispiel: $(2^x)' = \ln 2 \cdot 2^x \approx 0{,}693 \cdot 2^x.$

2. Zur Bestimmung der Ableitung der natürlichen Logarithmusfunktion hätten wir den Grenzwert des Differenzenquotienten dieser Funktion, also

$$\lim_{h \to 0} \frac{\ln(x+h) - \ln x}{h}$$

zu berechnen. Dieses Problem ist offensichtlich noch schwieriger zu lösen als die entsprechende Frage bei Exponentialfunktionen.

Nun ist aber die ln-Funktion die **Umkehrfunktion** zur e-Funktion. Wir können daher die Ableitung der ln-Funktion nach dem in § 5, IV., 7 (S. 114ff.) besprochenen Verfahren herleiten. Es gilt:

$$f(x) = \ln x \iff x = e^{f(x)}.$$

Beim Differenzieren beider Seiten der letzten Gleichung hat man auf der rechten Seite die Kettenregel (S 5.9) anzuwenden. Man erhält:

$$1 = e^{f(x)} \cdot f'(x) = x \cdot f'(x), \text{ also } f'(x) = (\ln x)' = \frac{1}{x}.$$

Wir halten das Ergebnis fest im Satz

S 15.6   **Die natürliche Logarithmusfunktion ist differenzierbar für alle $x \in \mathbb{R}^{>0}$; es gilt:**

$$(\ln x)' = \frac{1}{x}.$$

Der Inhalt von S 15.6 ist ein sehr wichtiges, aber auch sehr erstaunliches Ergebnis, und zwar aus zwei Gründen:

1) Die Ableitung der ln-Funktion ist eine sehr einfache rationale Funktion, nämlich die Funktion f zu $f(x) = \frac{1}{x}$.

§15, III. Die Ableitungen der Exponential-, der Logarithmus- und der Potenzfunktionen

2) Bisher haben wir Stammfunktionen zu Potenzfunktionen mit $f(x)=x^n$ (für $n\in\mathbb{Z}$) nur für $n \neq -1$ ermitteln können. Jetzt ist diese Lücke geschlossen; denn die ln-Funktion ist nach S 15.6 eine Stammfunktion zur Funktion f mit $f(x)=x^{-1}=\dfrac{1}{x}$. Wir werden auf diesen Sachverhalt im folgenden Abschnitt zurückkommen.

3. Entsprechend können wir nun auch die Ableitungen aller anderen Logarithmusfunktionen bestimmen. Für jede zugelassene Basis a gilt:

$$f(x)=\log_a x \Leftrightarrow x=a^{f(x)}.$$

Durch Differenzieren beider Seiten der letzten Gleichung erhält man:

$$1=\ln a \cdot a^{f(x)} \cdot f'(x) = \ln a \cdot x \cdot f'(x),$$

also $\quad f'(x)=(\log_a \cdot x)' = \dfrac{1}{\ln a} \cdot \dfrac{1}{x}$ (für alle $x\in\mathbb{R}^{>0}$).

Zum gleichen Ergebnis kommt man auch durch Anwendung der Gleichung von S 14.11 und Rückführung auf S 15.6 (Aufgabe 1). Es gilt der Satz

S 15.7 Jede Logarithmusfunktion $\log_a$ ist differenzierbar für alle $x\in\mathbb{R}^{>0}$; es gilt:

$$(\log_a x)' = \frac{1}{\ln a} \cdot \frac{1}{x}.$$

Beispiel: $(\lg x)' = \dfrac{1}{\ln 10} \cdot \dfrac{1}{x} \approx \dfrac{0{,}4343}{x}$.

4. Wir können nun auch die Ableitung für eine beliebige **Potenzfunktion** f zu $f(x)=x^\alpha$ (mit $x\in\mathbb{R}^{>0}$, $\alpha\in\mathbb{R}$) berechnen. (Beachte, daß wir die Ableitungen bisher nur für rationale Werte von α hergeleitet haben (Sätze S 5.2, S 5.8 und S 5.10))! Es gilt:

$x^\alpha = (e^{\ln x})^\alpha = e^{\alpha \cdot \ln x}$. Daraus ergibt sich nach der Kettenregel (S 5.10):

$$(x^\alpha)' = (e^{\alpha \cdot \ln x})' = (e^{\alpha \cdot \ln x}) \cdot (\alpha \cdot \ln x)' = x^\alpha \cdot \frac{\alpha}{x} = \alpha x^{\alpha-1}.$$

Es gilt also der Satz

S 15.8 Jede Potenzfunktion f zu $f(x)=x^\alpha$ (mit $\alpha\in\mathbb{R}$) ist differenzierbar für alle $x\in\mathbb{R}^{>0}$; es gilt:

$$(x^\alpha)' = \alpha \cdot x^{\alpha-1}.$$

Beispiele:

1) $(\sqrt[3]{x^2})' = (x^{\frac{2}{3}})' = \dfrac{2}{3} x^{\frac{2}{3}-1} = \dfrac{2}{3} x^{-\frac{1}{3}} = \dfrac{2}{3\sqrt[3]{x}}$ (für alle $x\in\mathbb{R}^{>0}$)

Dieses Ergebnis ist schon von S 5.10 her bekannt.

2) $(x^{-\sqrt{2}})' = -\sqrt{2} \cdot x^{-\sqrt{2}-1} = \dfrac{-\sqrt{2}}{x^{\sqrt{2}+1}}$ (für alle $x\in\mathbb{R}^{>0}$) **3)** $(x^\pi)' = \pi \cdot x^{\pi-1}$ (für alle $x\in\mathbb{R}^{>0}$)

Übungen und Aufgaben

1. Leite den Satz S 15.7 aus S 15.6 und S 14.11 her! **Anleitung:** Ersetze in der Gleichung von Satz S 14.11 die Variable b durch a und a durch e!

2. Berechne jeweils f'(x)!
   a) $f(x) = e^{-x}$
   b) $f(x) = (e^x)^3$
   c) $f(x) = 3e^{2x}$
   d) $f(x) = 4e^{-3x}$
   e) $f(x) = \dfrac{1}{e^{x+1}}$
   f) $f(x) = e^{2x} - e^{-2x}$
   g) $f(x) = e^{\frac{x}{2}} + e^{-\frac{x}{2}}$
   h) $f(x) = e^{-x^2}$
   i) $f(x) = e^{\frac{2}{x}}$
   j) $f(x) = e^{\frac{1}{1-x^2}}$
   k) $f(x) = e^{\sqrt{x-1}}$
   l) $f(x) = e^{\sin x}$

3. Berechne jeweils f'(x) und f''(x)! Bei vielen Beispielen ist es zweckmäßig, zunächst den Funktionsterm nach den Logarithmengesetzen umzuformen! Bestimme jeweils D(f), D(f') und D(f'')!
   a) $f(x) = \ln(2x)$
   b) $f(x) = 3 \cdot \ln \dfrac{x}{2}$
   c) $f(x) = \ln(x^2)$
   d) $f(x) = (\ln x)^2$
   e) $f(x) = \ln \dfrac{1}{x}$
   f) $f(x) = \dfrac{1}{\ln x}$
   g) $f(x) = \ln \left(\dfrac{1}{x^2}\right)$
   h) $f(x) = \dfrac{1}{2} \ln \sqrt{x}$
   i) $f(x) = \sqrt{\ln x}$
   j) $f(x) = x \cdot \ln x$
   k) $f(x) = 3x^2 \cdot \ln x$
   l) $f(x) = \dfrac{\ln x}{x}$
   m) $f(x) = \ln(1-x)$
   n) $f(x) = \ln(x^2+1)$
   o) $f(x) = \ln(x^2-x)$
   p) $f(x) = \ln \sqrt[3]{x}$
   q) $f(x) = \ln(\sin x)$
   r) $f(x) = \ln(\cos x)$
   s) $f(x) = \ln(\tan x)$
   t) $f(x) = \ln(\ln x)$

4. Berechne jeweils die 1. Ableitung!
   a) $f(x) = x - \ln x$
   b) $f(x) = (x^2-1) \ln x$
   c) $f(x) = \sin x \cdot \ln x$
   d) $f(x) = e^x \cdot \ln x$
   e) $f(x) = x^2 \cdot (\ln x)^2$
   f) $f(x) = \ln \dfrac{x+1}{x}$
   g) $f(x) = x \cdot \ln \dfrac{x^2-1}{x}$
   h) $f(x) = \ln \sqrt{\dfrac{x+1}{x-1}}$
   i) $f(x) = \ln \dfrac{1}{x\sqrt{1-x}}$
   j) $f(x) = \ln \sqrt{1-x^2}$
   k) $f(x) = x^x$
   l) $f(x) = x^{\frac{1}{x}}$

   Anleitung: Benutze bei k) und l) die Beziehung $x = e^{\ln x}$!

5. Berechne jeweils f'(x)!
   a) $f(x) = 4^{-x}$
   b) $f(x) = \left(\dfrac{1}{2}\right)^{x+1}$
   c) $f(x) = 5^{2x-1}$
   d) $f(x) = 3^{\frac{x}{x-1}}$
   e) $f(x) = x \cdot 3^x$
   f) $f(x) = 2^{\sqrt{x-1}}$
   g) $f(x) = x^2 \cdot 10^{-x}$
   h) $f(x) = \dfrac{x}{2^x}$
   i) $f(x) = a^{-x}$
   j) $f(x) = a^{\frac{1}{x}}$
   k) $f(x) = \left(\dfrac{a}{4}\right)^{x+2}$
   l) $f(x) = c\, a^{-bx}$
   m) $f(x) = a^{\sqrt{x+1}}$
   n) $f(x) = a^x \cdot \sin x$
   o) $f(x) = x^2 \cdot a^{-x}$
   p) $f(x) = a^{-\frac{x}{x+1}}$

6. Verfahre wie in Aufgabe 3!
   a) $f(x) = \lg(2x)$
   b) $f(x) = \lg(x^2-1)$
   c) $f(x) = \lg \sqrt{x+2}$
   d) $f(x) = \dfrac{1}{\lg x}$
   e) $f(x) = \log_3 \left(\dfrac{1}{x}\right)$
   f) $f(x) = \log_4 \left(\dfrac{x+1}{x-1}\right)$
   g) $f(x) = \log_5(x^2)$
   h) $f(x) = x \cdot \lg(x^2)$

§15, III. Die Ableitungen der Exponential-, der Logarithmus- und der Potenzfunktionen

7. Verfahre wie in Aufgabe 3!
a) $f(x) = \log_a(x^2)$
b) $f(x) = \log_a(\sqrt{x})$
c) $f(x) = \log_a\left(\dfrac{1}{x^2}\right)$
d) $f(x) = \dfrac{1}{\log_a x}$
e) $f(x) = \log_a(\sqrt[3]{x})$
f) $f(x) = \log_a\dfrac{x}{a}$
g) $f(x) = \log_a\dfrac{x^2+1}{x^2-1}$
h) $f(x) = \log_a(e^x)$

8. Berechne jeweils $f'(x)$ und $f''(x)$!
a) $f(x) = x^\pi$
b) $f(x) = 3x^{\sqrt{2}} - x^{\frac{\pi}{2}}$
c) $f(x) = x^\pi \cdot \sin x$
d) $f(x) = x^{\sqrt{2}+\sqrt{3}}$
e) $f(x) = x^{2e}$
f) $f(x) = (x-2)^{e+1}$
g) $f(x) = (x^2+1)^{\pi+1}$
h) $f(x) = (\sqrt{x})^{\sqrt{5}}$

9. Diskutiere jeweils die Funktion f!
a) $f(x) = x \cdot \ln x$
b) $f(x) = \dfrac{\ln x}{x}$
c) $f(x) = (\ln x)^2$
d) $f(x) = x^2 \cdot \ln x$
e) $f(x) = x - 1 - \ln x$
f) $f(x) = x^2 - 4 - \ln\dfrac{x}{2}$
g) $f(x) = \dfrac{4}{x} - 1 + \ln\dfrac{x}{4}$
h) $f(x) = 1 - \sqrt{x} + \ln x$

Anleitung zu e) bis h): Ermittle die Nullstellen durch Einsetzen kleiner ganzer Zahlen!

10. Ermittle jeweils die Gleichung der Tangente zur Stelle x_0!
a) $f(x) = e^x$; $x_0 = 0$
b) $f(x) = e^{-x}$; $x_0 = 1$
c) $f(x) = \ln x$; $x_0 = e$
d) $f(x) = x^2 \ln x$; $x_0 = e$
e) $f(x) = x^2 \cdot e^x$; $x_0 = 1$
f) $f(x) = x e^{-x}$; $x_0 = -1$

11. Vergleiche die Wachstumsgeschwindigkeit bei linearem Wachstum mit der bei exponentiellem Wachstum, indem du die Ableitungen bildest und diese vergleichst!

12. Berechne jeweils die Zerfallsgeschwindigkeit $\dot{N}(t)$ für den radioaktiven Zerfall zu den Zeiten t_1 und t_2! N_0 ist die Anzahl der Atome bei $t = 0$ sec.
Anleitung: Bestimme jeweils den Wert von λ im Term $N(t) = N_0 e^{-\lambda t}$ aus der Bedingung für die Halbwertszeit T, also aus $N(T) = N_0 e^{-\lambda T} = \frac{1}{2} N_0$!

Stoff	N_0	Halbwertszeit T	t_1	t_2
Thorium C	10^{10}	$0{,}301 \cdot 10^{-6}$ sec	T	20 sec
Polonium	10^6	138,5 Tage	T	500 Tage
Radium	10^7	1590 Jahre	3T	159 Jahre

13. Leite aus dem Zerfallsgesetz $N(t) = N_0 e^{-\lambda t}$ ein Gesetz für die Zerfallsgeschwindigkeit her! Zeige, daß die Maxima und Minima der Zerfallsgeschwindigkeit jeweils auf den Rändern aller Intervalle $[t_1; t_2]$ liegen! Was bedeutet das Ergebnis?

14. Bei einem Vorgang mit exponentiellem Wachstum betrage die Zunahme in der Zeiteinheit p Prozent.
a) Welcher Zusammenhang besteht hierbei zwischen p und der Wachstumsrate k?
Anleitung: Die Wachstumsrate ist die Konstante k im Funktionsterm $N(t) = N_0 \cdot e^{kt}$ der Wachstumsfunktion. Bilde $\dfrac{\dot{N}(0)}{N_0}$!
b) Welcher Zusammenhang besteht zwischen k und der Wachstumsgeschwindigkeit?
c) Welcher Zusammenhang besteht zwischen k, p und der Verdopplungszeit (vgl. Aufg. 12)?

Unesco macht folgende Angaben darüber, wie viele Milliarden Menschen in Städten n (teils ermittelt, teils geschätzt).

1960	1965	1970	1975	1980	1985
0,982023	1,156692	1,354344	1,5952289	1,871859	2,194506

a) Handelt es sich um näherungsweise exponentielles Wachstum?
b) Bestimme gegebenenfalls Wachstumsrate und Verdopplungszeit!
c) Berechne die Wachstumsgeschwindigkeit in den Jahren 1960 und 1980!
d) Setze die Tabelle bis ins Jahr 2000 fort! Diskutiere die Berechtigung dieses Vorgehens!

16. Wird ein Kondensator der Kapazität C, in dem die Ladungsmenge Q_0 gespeichert ist, über einen Ohmschen Widerstand R entladen, so gilt für die Ladungsmenge Q, die zur Zeit t im Kondensator gespeichert ist: $Q(t) = Q_0 \cdot e^{-\frac{t}{RC}}$.
a) Die Ableitung der Ladung Q(t) nach der Zeit t ist der in dem Stromkreis fließende Strom I(t). Berechne I(t)!
b) Nach welcher Zeit t fließt ein Strom der Stärke I(t) = 2A, wenn die Werte für $R = 5 \cdot 10^6\, \Omega$, für $C = 0{,}05\,\mu F$ und für $Q_0 = 0{,}5\,C$ sind?

17. Die sogenannte barometrische Höhenformel beschreibt den Luftdruck p in Abhängigkeit von der Höhe h über dem Meeresspiegel. Sie lautet: $p(h) = p_0 \cdot e^{-k_0 \cdot h}$.
p_0 ist der Luftdruck in der Höhe $h = 0\,m$ über dem Meeresspiegel, und k_0 ist eine von der Temperatur und der Beschaffenheit der Erdatmosphäre abhängige Konstante. Es ist $k_0 \approx 1{,}15 \cdot 10^{-4}\,\frac{1}{m}$; $p_0 \approx 10^5\,\frac{N}{m^2}$.
a) Berechne die Änderungsrate des Luftdrucks bei steigender Höhe (Ableitung der Funktion p nach h)!
b) Ein Flugzeug steigt 200 sec mit einer Geschwindigkeit von $10\,\frac{m}{sec}$. Welche Luftdruckänderung müßte die Besatzung ertragen, wenn keine Druckkammer im Flugzeug wäre?

IV. Integrale zu Exponential- und zu Logarithmusfunktionen

1. Nach den Ergebnissen des vorigen Abschnittes können wir nun auch den für uns verfügbaren Vorrat an **Grundintegralen** vermehren. Aus $(e^x)' = e^x$ ergibt sich unmittelbar, daß die e-Funktion eine Stammfunktion von sich selbst ist. Daher gilt:

S 15.9 $\quad \int_a^b e^x\, dx = e^x \Big|_a^b = e^b - e^a \quad$ (für alle $a, b \in \mathbb{R}$).

Entsprechend gilt für eine beliebige **Exponentialfunktion**:

S 15.10 $\quad \int_b^c a^x\, dx = \frac{a^x}{\ln a}\Big|_b^c = \frac{a^c - a^b}{\ln a} \quad$ (für alle $b, c \in \mathbb{R}$; $a \in \mathbb{R}^{>0}\setminus\{1\}$).

§15, IV. Integrale zu Exponential- und zu Logarithmusfunktionen

2. Wegen $(\ln x)' = \frac{1}{x}$ ist die ln-Funktion für $x > 0$ eine Stammfunktion zur Funktion f mit $f(x) = \frac{1}{x}$. Für **positive Zahlen a, b** gilt also:

$$\int_a^b \frac{dx}{x} = \ln x \Big|_a^b = \ln b - \ln a.$$

Hier fällt jedoch auf, daß die Integralfunktion f mit $f(x) = \frac{1}{x}$ für alle $x \in \mathbb{R}^{\neq 0}$, die zugehörige Stammfunktion F mit $F(x) = \ln x$ jedoch nur für $x \in \mathbb{R}^{>0}$ definiert ist. Daher betrachten wir die Funktion G zu

$$G(x) = \ln(-x) \quad \text{mit} \quad D(G) = \mathbb{R}^{<0}.$$

Für diese Funktion gilt nach der Kettenregel:

$$G'(x) = [\ln(-x)]' = \frac{1}{(-x)}(-1) = \frac{1}{x} \quad \text{(für } x < 0\text{)}.$$

Daher ist für $x < 0$ die Funktion G eine Stammfunktion von f. Mithin gilt für **negative Zahlen a, b**

$$\int_a^b \frac{dx}{x} = \ln(-x) \Big|_a^b = \ln(-b) - \ln(-a).$$

Wir können die beiden Gleichungen zusammenfassen, indem wir Betragszeichen verwenden:

> **S 15.11** Für beliebige Zahlen a, b mit $a \cdot b > 0$ gilt:
> $$\int_a^b \frac{dx}{x} = \ln |x| \Big|_a^b = \ln |b| - \ln |a|.$$

Beachte, daß a und b dasselbe Vorzeichen haben müssen! Wir haben dies durch die Bedingung $a \cdot b > 0$ erfaßt. Anderenfalls würde im Integrationsintervall die Stelle 0 liegen, für die die Integrandfunktion f zu $f(x) = \frac{1}{x}$ nicht definiert ist. Die Integrandfunktion wäre über dem Integrationsintervall nicht beschränkt und daher auch nicht integrierbar.

3. Schließlich können wir aufgrund von S 15.8 nun auch beliebige **Potenzfunktionen** integrieren. Es gilt

> **S 15.12** Für alle $\alpha \in \mathbb{R}^{\neq -1}$ und für alle $a, b \in \mathbb{R}^{>0}$ gilt:
> $$\int_a^b x^\alpha \, dx = \frac{x^{\alpha+1}}{\alpha+1} \Big|_a^b = \frac{b^{\alpha+1} - a^{\alpha+1}}{\alpha+1}.$$

Beweis: Nach S 15.8 gilt unter den angegebenen Bedingungen:

$$\left(\frac{x^{\alpha+1}}{\alpha+1}\right)' = \frac{\alpha+1}{\alpha+1} x^{(\alpha+1)-1} = x^\alpha, \quad \text{q.e.d.}$$

Beachte die Einschränkung $\alpha \neq -1$! Der Fall $\alpha = -1$ wird von S 15.11 erfaßt.

4. Durch Anwendung des Verfahrens der **partiellen Integration** (S 12.3) können wir weitere Integrale berechnen. Wir behandeln hierzu einige **Beispiele**:

1) $\int x e^x \, dx = x e^x - \int 1 \cdot e^x \, dx$
   $= x e^x - e^x + c$
   $= (x-1) e^x + c$

   Wir setzen $u(x) = x$ und $v'(x) = e^x$; dann ist $u'(x) = 1$ und $v(x) = e^x$.

Also gilt z.B. $\int_1^2 x \cdot e^x \cdot dx = (x-1) e^x \Big|_1^2 = 1 \cdot e^2 - 0 \cdot e = e^2$.

2) $\int e^x \cdot \sin x \cdot dx$
   $= e^x \cdot \sin x - \int e^x \cdot \cos x \, dx$
   $= e^x \cdot \sin x - e^x \cdot \cos x - \int e^x \cdot \sin x \, dx$

   Wir setzen $u(x) = \sin x$ und $v'(x) = e^x$; dann ist $u'(x) = \cos x$ und $v(x) = e^x$. Im 2. Schritt setzen wir: $u(x) = \cos x$ und $v'(x) = e^x$; dann ist $u'(x) = -\sin x$ und $v(x) = e^x$.

Das Restintegral stimmt mit dem gegebenen Integral überein; durch Zusammenfassung erhält man:

$$\int e^x \sin x \, dx = \tfrac{1}{2} e^x (\sin x - \cos x) + c.$$

Bemerkung: Wir haben am Ende die Integrationskonstante c hinzugefügt, obwohl sie sich durch die formale Rechnung nicht ergibt. Hier wird wiederum die Fragwürdigkeit des Begriffs des sogenannten „unbestimmten Integrals" deutlich; vergleiche Seite 205f.!

3) $\int \ln x \, dx$

Hier wenden wir einen Kunstgriff an, indem wir am Integranden den Faktor 1 hinzufügen.

$\int 1 \cdot \ln x \cdot dx = x \cdot \ln x - \int \dfrac{x}{x} \, dx$
$= x \ln x - x + c$
$= x(\ln x - 1) + c$

Wir setzen: $u(x) = \ln x$ und $v'(x) = 1$; dann gilt: $u'(x) = \dfrac{1}{x}$ und $v(x) = x$.

Also gilt z.B.: $\int_1^e \ln x \, dx = x(\ln x - 1) \Big|_1^e = e(\ln e - 1) - 1(\ln 1 - 1) = e(1-1) - 1(0-1) = 1$.

5. Ebenso können wir die Substitutionsregel (S 12.4) auf zahlreiche weitere Integrandfunktionen anwenden. Wir zeigen dies an den folgenden

Beispielen:

1) $\int_a^b \tan x \, dx = \int_a^b \dfrac{\sin x}{\cos x} \, dx$. Wir substituieren: $z = \cos x$, es gilt $dz = -\sin x \, dx$.

$\int_a^b \dfrac{\sin x}{\cos x} \, dx = -\int_{\cos \cdot a}^{\cos \cdot b} \dfrac{dz}{z} = -\ln|z| \Big|_{\cos a}^{\cos b} = \ln|\cos a| - \ln|\cos b|.$

Beachte, daß im Intervall [a; b] keine Nullstelle der Kosinusfunktion liegen darf!

2) $\int_1^2 \dfrac{(x-1) \, dx}{x^2 - 2x - 3}$. Wir substituieren: $\Big| z = x^2 - 2x - 3 \Big|_{-4}^{-3}$.

Es gilt: $dz = (2x - 2) \, dx = (2x - 1) \, dx$, also $(x-1) \, dz = \dfrac{dz}{2}$. Somit ergibt sich:

$\int_1^2 \dfrac{(x-1) \, dx}{x^2 - 2x - 3} = \dfrac{1}{2} \int_{-4}^{-3} \dfrac{dz}{z} = \dfrac{1}{2} \ln|z| \Big|_{-4}^{-3} = \dfrac{1}{2}(\ln 3 - \ln 4) = \dfrac{1}{2}(\ln 3 - 2 \ln 2)$

$\approx \dfrac{1}{2}(1{,}09861 - 1{,}38629) \approx -0{,}14384.$

§15, IV. Integrale zu Exponential- und zu Logarithmusfunktionen

Bei diesem Integral ist zu prüfen, ob im Integrationsintervall eine Nullstelle des Polynoms x^2-2x-3 liegt. Dies ist wegen $x^2-2x-3=(x+1)(x-3)$ jedoch **nicht** der Fall. Daher ist die durchgeführte Rechnung korrekt.

6. Das in den vorstehenden Beispielen angewendete Verfahren führt immer dann zum Ziel, wenn der Integrand die Form $\dfrac{f'(x)}{f(x)}$ hat und f eine über dem Integrationsintervall [a; b] differenzierbare und vorzeichenbeständige Funktion ist. Es gilt der Satz:

> **S 15.13** Ist f eine über einem Intervall [a; b] differenzierbare Funktion und gilt $f(x) \neq 0$ für alle $x \in [a; b]$, so gilt:
> $$\int_a^b \frac{f'(x)}{f(x)} dx = \ln|f(x)|\Big|_a^b = \ln|f(b)| - \ln|f(a)|.$$

Man spricht bei Anwendung dieses Satzes vom „**logarithmischen Integrieren**". Der Beweis dieses Satzes ist Gegenstand von Aufgabe 10. Zeige auch, daß aus $f(x) \neq 0$ (für alle $x \in [a;b]$) unter den genannten Voraussetzungen folgt, daß f über [a; b] vorzeichenbeständig ist!

Wir schließen mit einem weiteren **Beispiel**: $\int \dfrac{e^x + e^{-x}}{e^x - e^{-x}} dx = \ln|e^x - e^{-x}| + c.$

Übungen und Aufgaben

Vorbemerkung zu den Aufgaben 1 bis 9:
Statt der bestimmten Integrale können wahlweise auch **Stammfunktionen** ermittelt werden.

1. a) $\int_0^1 e^x dx$ b) $\int_{-1}^1 e^{-x} dx$ c) $\int_0^{\frac{1}{3}} e^{3x} dx$ d) $\int_{-2}^2 e^{-\frac{x}{2}} dx$ e) $\int_0^1 2^x dx$ f) $\int_1^2 10^x \cdot dx$

2. a) $\int_1^e \dfrac{dx}{x}$ b) $\int_1^{e^3} \dfrac{dx}{x}$ c) $\int_0^1 \dfrac{dx}{x+1}$ d) $\int_1^{\frac{e+1}{2}} \dfrac{dx}{2x-1}$ e) $\int_4^5 \dfrac{dx}{x-3}$ f) $\int_1^2 \dfrac{dx}{3x+6}$

3. a) $\int_1^4 \sqrt{x}\, dx$ b) $\int_0^8 \sqrt[3]{x}\, dx$ c) $\int_0^1 \sqrt[5]{x}\, dx$ d) $\int_1^5 \sqrt{2x-1}\, dx$

   e) $\int_0^1 \dfrac{dx}{\sqrt{x}}$ f) $\int_1^8 \dfrac{dx}{\sqrt[3]{x}}$ g) $\int_1^8 \dfrac{dx}{\sqrt[3]{x^2}}$ h) $\int_{-1}^{14} \sqrt[4]{x+2}\, dx$

   i) $\int_{\frac{1}{3}}^3 \dfrac{dx}{\sqrt{3x}}$ j) $\int_0^6 \dfrac{dx}{\sqrt{4+2x}}$ k) $\int_{-8}^{-5} \dfrac{dx}{\sqrt{(1-3x)^3}}$ l) $\int_0^1 x^\pi dx$

4. Berechne nach dem Verfahren der partiellen Integration!

   a) $\int_{-2}^1 x e^x dx$ b) $\int_1^e x^2 e^x dx$ c) $\int_0^1 x^3 e^{-x} dx$ d) $\int_{-\pi}^\pi e^x \sin x \cdot dx$

   e) $\int_0^\pi e^{-x} \cos x\, dx$ f) $\int_{-2}^2 x^2 e^{3x} dx$ g) $\int_1^e x \cdot \ln x\, dx$ h) $\int_e^{e^2} \ln x \cdot dx$

   i) $\int_1^e x^2 \ln x\, dx$ j) $\int_1^a x \cdot \log_a x\, dx$ k) $\int_e^{e^2} x^4 \cdot \ln x\, dx$ l) $\int_1^e (\ln x)^2 dx$

5. Berechne nach dem Verfahren der logarithmischen Integration!

a) $\int_0^1 \dfrac{x\,dx}{1+x^2}$
b) $\int_2^3 \dfrac{x\,dx}{x^2-1}$
c) $\int_e^{e^2} \dfrac{dx}{x \cdot \ln x}$
d) $\int_0^{\ln 2} \dfrac{e^x\,dx}{1+e^x}$

e) $\int_{\pi/4}^{\pi/2} \cot x\,dx$
f) $\int_0^1 \dfrac{8x-3}{4x^2-3x+1}\,dx$
g) $\int_0^1 \dfrac{x^3\,dx}{1+x^4}$
h) $\int_{\pi/6}^{\pi/2} \dfrac{\sin x \cos x}{\sin^2 x}\,dx$

i) $\int_1^2 \dfrac{x+2}{x^2+4x-3}\,dx$
j) $\int_0^1 \dfrac{3x^2+2}{x^3+2x+1}\,dx$
k) $\int_{\pi/2}^{3\pi/2} \dfrac{\sin x - x\cdot\cos x}{x\cdot\sin x}\,dx$
l) $\int_e^{e^2} \dfrac{1+\ln x}{x\cdot\ln x}\,dx$

Vermischte Integrationsaufgaben

6. a) $\int_{-2}^1 \sqrt{3+x}\,dx$
b) $\int_0^1 x^3 e^{-x}\,dx$
c) $\int_1^e x\ln(x^2)\,dx$
d) $\int_1^e x^2(\ln x)^2\,dx$

e) $\int_0^\pi \cos x\, e^{\sin x}\,dx$
f) $\int_0^{1/2} \sqrt[3]{1-2x}\,dx$
g) $\int_1^2 x^4 \cdot 2^x\,dx$
h) $\int_{-2}^3 x\,e^{-x^2}\,dx$

i) $\int_{-8}^0 \sqrt{1-x}\,dx$
j) $\int_1^2 x^2\sqrt{x^3+8}\,dx$
k) $\int_4^9 \sqrt{x^3}\,dx$
l) $\int_{-\pi/3}^{\pi/3} \dfrac{\sin x}{\cos^2 x}\,dx$

m) $\int_{-1}^2 x\,e^{x^2}\,dx$
n) $\int_1^4 \dfrac{1}{\sqrt{x}}\cdot 2^{\sqrt{x}}\,dx$
o) $\int_0^{\pi/3} \dfrac{e^{\tan x}}{\cos^2 x}\,dx$
p) $\int_{\pi/2}^\pi \sin x \cdot e^{-\cos x}\,dx$

q) $\int_{-1}^1 (2x+1)\sqrt{x^2+x}\,dx$
r) $\int_1^{\sqrt{2}} x\cdot 2^{x^2}\,dx$
s) $\int_1^e \dfrac{\ln x}{x}\,dx$
t) $\int_0^2 x\,e^{x^2-4}\,dx$

u) $\int_{1/e}^e x^4 \ln x\,dx$
v) $\int_{e^2}^{e^3} \dfrac{(\ln x - 2)}{x}\,dx$
w) $\int_{-\pi/2}^{\pi/2} \cos^3 x\,dx$
x) $\int_0^{\pi/2} e^x\cdot \sin 2x\,dx$

7. a) $\int_1^3 \dfrac{dx}{3x+2}$
b) $\int_{\sqrt{e}}^{e^2} \dfrac{dx}{x\ln x}$
c) $\int_1^4 (x-1)\sqrt{x}\,dx$
d) $\int_1^e \ln(2x)\,dx$

e) $\int_1^4 (x^2-1)\log_2 x\,dx$
f) $\int_{-2}^0 3\sqrt{1-4x}\,dx$
g) $\int_{-1}^1 15x\sqrt{5-4x}\,dx$
h) $\int_0^1 \sqrt{1+3x}\,dx$

i) $\int_0^2 \dfrac{x^2\,dx}{1+x^3}$
j) $\int_{-1}^1 \dfrac{e^x+e^{-x}}{2}\,dx$
k) $\int_0^6 \sqrt{4-\dfrac{x}{2}}\,dx$
l) $\int_0^1 2^x\cdot 3^{x+1}\,dx$

m) $\int_{\sqrt[3]{e}}^{\sqrt{e}} \dfrac{dx}{x(\ln x)^2}$
n) $\int_{-2}^2 \sqrt{2x+5}\,dx$
o) $\int_{-1}^3 x\sqrt{1+x}\,dx$
p) $\int_0^{\pi/2} e^x\cos x\,dx$

q) $\int_1^2 5^{2x-1}\,dx$
r) $\int_1^{e-1} \dfrac{dx}{(x+1)\ln(x+1)}$
s) $\int_0^8 \dfrac{dx}{\sqrt{x+1}}$
t) $\int_0^1 (3+x)\sqrt{x}\,dx$

8. a) $\int_0^4 \sqrt{2x+1}\,dx$
b) $\int_0^2 x\sqrt{2x^2+1}\,dx$
c) $\int_0^2 (\sqrt{2})^x\,dx$
d) $\int_a^{a^2} \dfrac{dx}{x\log_a x}$

e) $\int_1^2 \dfrac{1}{x^2}\cdot e^{\frac{1}{x}}\,dx$
f) $\int_0^{2\sqrt{2}} x\sqrt{x^2+1}\,dx$
g) $\int_{-1}^3 x\sqrt{2x+3}\,dx$
h) $\int_0^1 \dfrac{e^x-e^{-x}}{e^x+e^{-x}}\,dx$

§15, IV., V. Vermischte Aufgaben zur Analysis

9. a) $\int_{1}^{2} \dfrac{2\,dx}{x+x^{-1}}$ b) $\int_{0}^{1} x \cdot 10^x\,dx$ c) $\int_{0}^{1} x\sqrt{3x+1}\,dx$ d) $\int_{0}^{\pi/2} x \cdot \cos 3x\,dx$

10. Beweise den Satz S 15.13!

11. Skizziere jeweils den Funktionsgraphen über dem angegebenen Intervall! Berechne die Maßzahl der zugehörigen Normalfläche und die Maßzahl des Rotationskörpers, der bei Rotation der Normalfläche um die D-Achse entsteht!
    a) $f(x) = x \cdot e^x$ [0; 1]   b) $f(x) = e^{x-1}$; [1; 4]   c) $f(x) = e^x \cdot \sin x$; $[-\pi; \pi]$
    d) $f(x) = e^x \cdot \cos x$; $[0; 2\pi]$ e) $f(x) = -e^x - e^{-2x}$; $[-.4; 4]$ f) $f(x) = e^x(x^2 - 1)$; $[-1; 1]$

12. a) Diskutiere die Funktion f zu $f(x) = (x^2 - 2x) \cdot e^x$!
    b) Berechne die Maßzahl der Normalfläche zwischen den Nullstellen von f!

13. Eine sogenannte „Kettenlinie" ist gegeben durch $f(x) = \tfrac{1}{2}(e^{x/2} + e^{-x/2})$.
    a) Zeichne den Funktionsgraphen über $[-4; 4]$!
    b) Berechne die Maßzahl der Fläche unter der Kettenlinie über dem Intervall $[-1; 1]$!
    c) Berechne die Maßzahl des Volumens des zugehörigen Rotationskörpers zwischen -1 und 1!

14. a) Berechne die Maßzahl A(b) der Normalfläche zu $f(x) = \dfrac{1}{x}$ über einem Intervall $[1; b]$!
    b) Berechne die Maßzahl des zu dieser Fläche gehörenden Rotationskörpers!
    c) Berechne den Grenzwert des Volumens und der Fläche für $b \to \infty$!

    Bemerkung: Das in dieser Aufgabe behandelte Drehhyperboloid war in der Geschichte der Mathematik das erste Beispiel eines Drehkörpers, der trotz unendlicher Erstreckung eine endliche Volummaßzahl besitzt (solidum hyperbolicum acutum, Toricelli, 1608–1647).

15. Entwickle jeweils eine „Rekursionsformel" für I_n, indem du durch partielle Integration I_n auf I_{n-1} zurückführst! Bestimme mit Hilfe der Rekursionsformel jeweils I_2!
    a) $I_n = \int (\ln x)^n\,dx$ b) $I_n = \int x^n e^x\,dx$ c) $I_n = \int x^n e^{-x}\,dx$ d) $I_n = \int \sin^n x \cdot e^x\,dx$

16. Zeige, daß für alle $a > 0$ gilt: $\int_{-a}^{a} \dfrac{x}{1+x^2}\,dx = 0$! Interpretiere das Ergebnis!

V. Vermischte Aufgaben zur Analysis

Vorbemerkung: In den folgenden Aufgaben sind häufig Funktionen durch einen Funktionsterm gegeben, in dem außer der Variablen x eine weitere Variable t vorkommt. Der Funktionsterm ist daher mit „$f_t(x)$" bezeichnet. Man nennt diese zusätzliche Variable t eine „Formvariable" oder einen „Parameter". Zu jedem zugelassenen Wert von t gehört eine Funktion f_t. Man spricht daher von einer „Schar von Funktionen" und nennt t auch den „Scharparameter".
In den fraglichen Aufgaben sind sowohl Eigenschaften herauszuarbeiten, die den Funktionen einer Schar (oder einem Teil von ihnen) gemeinsam sind, als auch solche, durch die sie sich unterscheiden.

1. Gegeben ist eine Schar von Funktionen f_t durch $f_t(x) = x^4 - t^2 x^2$ mit $t \in \mathbb{R}^{>0}$.
   a) Setze $t=2$ und diskutiere $f_2(x)$ (Symmetrie, Nullstellen, lokale Extrema, Wendestellen)! Zeichne den Graphen von f_2!
   b) Diskutiere f_t allgemein!
   c) Beweise: Die lokalen Tiefpunkte der Funktionen f_t liegen sämtlich auf dem Graphen zu $g(x) = -x^4$! **Anleitung:** Die Koordinaten der Tiefpunkte hängen von t ab. Stelle einen Zusammenhang zwischen diesen Koordinaten her, indem du t eliminierst!
   d) Zeige entsprechend, daß alle Wendepunkte auf dem Graphen von h zu $h(x) = -5x^4$ liegen!
   e) Mit Hilfe der Ergebnisse aus b), c) und d) kann man eine Wertetafel entwickeln, die es ermöglicht, ohne großen Aufwand weitere Graphen der Schar zu zeichnen. Gib dazu die Abszisse x_e des lokalen Minimums vor und zeige, daß für die Nullstelle gilt: $x_0 = \sqrt{2} x_e$ und für die Wendestelle: $x_w = \dfrac{x_e}{\sqrt{3}}$. Zeichne die Graphen von f_1 und f_3!
   f) Berechne die Maßzahl der Fläche, die der Graph von f_t mit der D-Achse einschließt!

2. Der Graph einer ganzen rationalen Funktion 3. Grades f berührt die Parabel zu $g(x) = 2x^2 - 4x$ in deren Scheitelpunkt. Ein Wendepunkt ist $W(0|-1)$.
   a) Ermittle den Funktionsterm $f(x)$!
   b) Diskutiere die Funktion (Nullstellen, lokale Extrema, Wendestellen)!
   c) Zeichne die Graphen von f und von g!
   d) Berechne die Maßzahl der Flächen, die die beiden Funktionsgraphen einschließen!
   e) Für welche Zahl $x \in [1; 2]$ nimmt die Differenz der Funktionswerte von g und f ein absolutes Maximum an?

3. Gegeben sind die Funktionen f und g zu $f(x) = 4x - x^2$ und $g(x) = 12x - x^3$.
   a) Diskutiere beide Funktionen (Symmetrie, Nullstellen, lokale Extrema, Wendestellen)!
   b) Zeichne die Funktionsgraphen!
   c) Berechne zu beiden Funktionen die Maßzahlen $A_f(x)$ und $A_g(x)$ einer **positiven** Normalfläche zwischen zwei Stellen x und $x+1$ mit $x > 0$!
   d) Berechne jeweils den Wert von x, für den $A_f(x)$ bzw. $A_g(x)$ ein Maximum annimmt!
   e) Vergleiche in beiden Fällen die Lage des unter d) bestimmten Flächenstreifens mit der Lage des Maximums der Funktion f bzw. der Funktion g! Erkläre den Unterschied!

4. Gegeben ist eine Schar von Funktionen f_t durch $f_t(x) = \dfrac{x^3}{t} - tx$ mit $t \in \mathbb{R}^{>0}$.
   a) Diskutiere die Funktionen f_t (Symmetrie, Nullstellen, lokale Extrema, Wendestellen)! Berechne auch $f_t'(0)$ und zeichne den Graphen von f_3!
   b) Ermittle den Term der Funktion g, auf deren Graphen alle lokalen Tiefpunkte der Funktionen f_t liegen! **Anleitung:** Unter a) hat sich eine Bedingung für den Parameter t ergeben, die an den Stellen lokaler Minima erfüllt sein muß. Ersetze den Parameter t in $f_t(x)$ gemäß dieser Bedingung!
   c) Welche Bedingung muß erfüllt sein, damit die Gerade zu $y = mx$ den Graphen von f_t nicht nur im Nullpunkt schneidet?
   d) Berechne, falls die Bedingung von c) erfüllt ist, jeweils die Maßzahl $A(t; m)$ der Fläche, die die Gerade mit dem Funktionsgraphen im ersten Quadranten einschließt!
   e) Für welchen Wert von m ist $A(3; m) = 24$?

5. f_t sei eine Schar ganzer rationaler Funktionen dritten Grades. Die zugehörigen Graphen gehen durch den Nullpunkt, haben ihre Tiefpunkte bei $x = 3t$ (mit $t > 0$) und in den Wendepunkten $W(2t | y_w)$ die Steigung $-\frac{t}{2}$.

a) Ermittle den Term $f_2(x)$, diskutiere die Funktion f_2 und zeichne den Graphen!
b) Ermittle den Funktionsterm $f_t(x)$ und diskutiere f_t!
c) Die Verbindungsstrecke zwischen dem Nullpunkt und dem Wendepunkt W schließt mit der Wendetangente und der W-Achse eine Dreiecksfläche ein. In welchem Verhältnis teilt der Graph von f_t diese Dreiecksfläche?

6. Gegeben ist eine Schar von Funktionen f_t durch $f_t(x) = \dfrac{tx - 4}{x^2 - 1}$ mit $t \in \mathbb{R}^{>0}$.

a) Diskutiere die Funktionen f_t ($D(f_t)$, Nullstellen, Asymptoten, lokale Extrema)!
b) Für welche Werte von t hat f_t zwei lokale Extrema? Gibt es eine Zahl t, für die f_t nur ein lokales Extremum hat?
c) In welchem Punkt schneiden sich alle Graphen der Schar?
d) Zeichne die Graphen von f_2 und von f_4! Bestimme auch $f_2'(0)$ und $f_4'(0)$!

7. Gegeben ist eine Schar von Funktionen f_t durch $f_t(x) = \dfrac{t}{1 + t^2 x^2}$ mit $t \in \mathbb{R}^{>0}$.

a) Diskutiere die Funktionen f_t (Symmetrie, Nullstellen, lokale Extrema, Wendestellen)!
b) Zeichne die Graphen von f_1 und von f_2!
c) Zeige, daß jeder Graph der Schar jeden anderen in genau zwei Punkten schneidet!
d) Zeige, daß die Wendepunkte der Graphen der Schar auf Hyperbeln zu $g(x) = \dfrac{a}{x}$ liegen! Welche Werte erhält man für a? Für welche Bereiche gelten diese Werte?

Anleitung: Unter a) haben sich Bedingungen für den Parameter t ergeben, die an den Wendestellen erfüllt sein müssen. Ersetze t in $f_t(x)$ gemäß diesen Bedingungen!

8. Gegeben ist eine Schar von Funktionen f_t durch $f_t(x) = \dfrac{x}{x^2 + x + t}$ mit $t \in \mathbb{R}$.

a) Diskutiere die Funktionen f_t ($D(f_t)$, Nullstellen, Asymptoten, lokale Extrema)!
b) Für welche Werte von t hat f_t keine, eine, zwei Unendlichkeitsstelle(n)?
c) Welche Funktionen f_t haben kein, ein lokales Extremum, bzw. zwei lokale Extrema?
d) Zeige, daß alle Graphen der Schar — bis auf einen — genau einen Punkt gemeinsam haben! Um welchen Punkt handelt es sich? Gib den Ausnahmefall an!
e) Zeichne die Graphen von f_1, f_{-2} und $f_{\frac{1}{4}}$, ohne zuvor die Wendestellen berechnet zu haben! Begründe, daß in bestimmten Intervallen Wendestellen liegen müssen!
f) Zeige, daß die Hoch- und Tiefpunkte aller Graphen der Schar auch auf der Hyperbel zu $g(x) = \dfrac{1}{2x + 1}$ liegen! Vergleiche die Anleitung zur 4. Aufgabe!

9. Gegeben sind die Ableitungsterme $f_t'(x) = 2t^4 x$ und $g_t'(x) = -\sqrt{\dfrac{t}{x}}$ mit $t \in \mathbb{R}^{>0}$.

a) Für welche Stammfunktionen f_t und g_t gilt: $f_t(0) = -t^2$ bzw. $g_t(0) = 2$?
b) Zeige, daß die Graphen von f_t und von g_t sich jeweils in einer Nullstelle schneiden?
c) Zeichne die Graphen von f_1 und von g_1!
d) Die Graphen von f_t und g_t schließen mit der W-Achse eine Fläche ein. Berechne die Maßzahl $A(t)$ dieser Fläche!
e) Für welchen Wert von t nimmt $A(t)$ ein absolutes Minimum an?

10. Gegeben ist eine Schar von Funktionen f_t durch

$$f_t(x) = \frac{1}{t} - \sqrt{\frac{x}{t^3}} \quad \text{mit} \quad t \in \mathbb{R}^{>0}.$$

a) Diskutiere die Funktion f_1 und zeichne die zugehörige Parabel!

b) Es sei $P(x|y)$ ein Punkt der Parabel aus a) mit $x < 1$. Fällt man von P die Lote auf die Koordinatenachsen, so wird durch diese Lote und die Koordinatenachsen ein Rechteck mit der Maßzahl $A_1(x)$ begrenzt. Ermittle den Wert für x, für den $A_1(x)$ ein absolutes Maximum annimmt!

c) Berechne die Maßzahl A_2 der Fläche, die die Parabel aus a) mit den Koordinatenachsen einschließt!

d) Bearbeite die Punkte a), b) und c) allgemein für eine Funktion f_t der Schar! Wie lautet die zu $x < 1$ analoge allgemeine Bedingung? Was stellst du fest?

11. Gegeben ist eine Schar von Funktionen f_t durch

$$f_t(x) = x + \frac{t}{|x|} \quad \text{mit} \quad t \neq 0.$$

a) Diskutiere die Funktionen f_4 und f_{-4} (Nullstellen, Unendlichkeitsstellen, Asymptoten, lokale Extrema)!
Anleitung: Unterscheide nach $x > 0$ und $x < 0$!

b) Zeichne die Graphen von f_4 und von f_{-4}! Zeige, daß für alle $x \neq 0$ gilt $f_4(x) = -f_{-4}(-x)$! Welcher Zusammenhang besteht zwischen den Graphen von f_4 und f_{-4}?

12. Gegeben ist eine Schar von Funktionen f_t durch den Ableitungsterm $f_t'(x) = 1 + t - \frac{t}{\sqrt{x}}$ und durch die Bedingung, daß alle Graphen der Schar durch den Nullpunkt gehen.

a) Ermittle den Funktionsterm $f_t(x)$!

b) Diskutiere die Funktionen f_2 und f_4 (Definitionsmenge, Nullstellen, lokale Extrema)!

c) In welchem Punkt schneiden sich die Graphen von f_2 und f_4? Zeichne die Graphen von f_2 und f_4 im Intervall $[0; 4]$!

d) Bestimme die Maßzahl der Fläche, die die Graphen von f_2 und f_4 einschließen!

e) Diskutiere f_t allgemein! Zeige, daß alle Graphen der Schar sich außer im Koordinatenursprung in genau einem weiteren Punkt schneiden!

f) Zeige, daß die Maßzahl $A(t_1; t_2)$ der Fläche, die die Graphen von f_{t_1} und f_{t_2} mit $t_1 \neq t_2$ einschließen, proportional zu $t_2 - t_1$ ist!

13. a) Damit eine Funktion f über einem Intervall $[0; a]$ durch eine Gerade zu $g(x) = mx$ möglichst gut angenähert wird, stellt man die Bedingung, daß das Integral

$$I(m) = \int_0^a [f(x) - mx]^2 \, dx$$

ein absolutes Minimum annimmt. Bestimme die Zahl m in den folgenden Fällen! Zeichne jeweils die Graphen von f und von g!

1) $f(x) = x^2;\ a = 1$ **2)** $f(x) = x^3;\ a = 1$ **3)** $f(x) = \sin x;\ a = \frac{\pi}{2}$

b) Bestimme jeweils die Stelle x, an der die Differenz der Funktionswerte von f und von g absolut genommen am größten ist!

§15, V. Vermischte Aufgaben zur Analysis   **279**

14. Gegeben ist eine Schar von Funktion f_t durch $f_t(x) = (x+t)e^{-x}$ mit $t \in \mathbb{R}^{>0}$.
   a) Diskutiere die Funktionen f_t (Nullstellen, Asymptoten, lokale Extrema, Wendestellen)!
   b) Zeichne die Graphen von f_1 und von f_2!
   c) Auf dem Graphen welcher Funktion liegen alle lokalen Hochpunkte der Schar? (Vergleiche die Anleitung zur 4. Aufgabe!)
   d) Zeige, daß die Graphen von f_{t_1} und f_{t_2} sich für $t_1 \neq t_2$ nicht schneiden!
   e) Berechne die Maßzahl $A(a; t_1; t_2)$ der Fläche, die die Graphen von f_{t_1} und von f_{t_2} über dem Intervall $[0; a]$ einschließen!
   f) Bestimme den Grenzwert $\lim_{a \to \infty} A(a; t_1; t_2)$ und diskutiere das Ergebnis!

15. Gegeben ist eine Schar von Funktion f_t durch $f_t(x) = x e^{tx}$ mit $t \in \mathbb{R}^{>0}$.
   a) Diskutiere die Funktion f_1 (Nullstellen, Asymptoten, lokale Extrema, Wendestellen) und zeichne den zugehörigen Graphen!
   b) Diskutiere allgemein f_t!
   c) Bestimme den Term $g(x)$ der Funktion g, auf deren Graph alle lokalen Hochpunkte der Schar liegen! (Vergleiche die Anleitung zur 4. Aufgabe!)
   d) Bestimme den Term $h(x)$ der Funktion h, auf deren Graph alle Wendepunkte der Schar liegen!
   e) Welcher Zusammenhang besteht jeweils zwischen der Extremstelle und der Wendestelle einer Funktion der Schar?
   f) Berechne die Maßzahl $A(a)$ der Normalflächen von f_t über einem Intervall $[-a; 0]$!
   g) Bestimme $\lim_{a \to \infty} A(a)$!

16. Gegeben ist eine Schar von Funktion f_t durch $f_t(x) = \dfrac{\ln x - t}{x}$ mit $t \in \mathbb{R}^{>0}$.
   a) Diskutiere die Funktion f_1 (Nullstellen, Asymptoten, Verhalten für $x \to 0$, lokale Extrema, Wendestellen)! Skizziere den Graphen von f_1!
   b) Zwischen der Nullstelle x_0, der Extremstelle x_e und der Wendestelle x_w von f_1 bestehen einfache Zusammenhänge gemäß $x_e = k_1 \cdot x_0$ und $x_w = k_2 \cdot x_0$. Bestimme die Zahlen k_1 und k_2!
   c) Diskutiere allgemein f_t!
   d) Zeige, daß die Zusammenhänge von b) für alle $t \in \mathbb{R}^{>0}$ gelten!
   e) Berechne die Maßzahlen $A(k)$ der Normalflächen über den Intervallen $[x_0; k x_0]$ mit $k > 1$, wobei x_0 wiederum die Nullstelle bezeichnet!
   f) Bestimme $A(k_1)$ für die Extremstelle x_e und $A(k_2)$ für die Wendestelle x_w! Benutze die Ergebnisse von d)!
   g) Bestimme den Term der Funktion g, auf deren Graphen alle Hochpunkte der Schar liegen! (Vergleiche die Anleitung zur 4. Aufgabe!)
   h) Was ergibt sich aus dem Ergebnis von g) für die Maßzahlen der Rechtecke, welche jeweils von den Loten aus den Hochpunkten der Schar auf die Koordinatenachsen und den Koordinatenachsen gebildet werden?
   i) In welchem Verhältnis teilt jeweils der Graph von f_t das zugehörige Rechteck?
   j) Skizziere mit Hilfe des Zusammenhangs zwischen x_0, x_e und x_w und dem Ergebnis von h) die Graphen von $f_{0,5}$, $f_{1,5}$ und f_2! Wähle für die Koordinatenachsen geeignete Maßstäbe!

6. Abschnitt: Anhang
§ 16 Der Begriff des Grenzwertes

I. Zahlenfolgen

1. In zahlreichen Situationen des täglichen Lebens werden irgendwelche Gegenstände listenmäßig erfaßt und dabei **numeriert**.

Beispiel:

Der Vertreter einer Großhandelsfirma notiert als Unterlage für die monatliche Abrechnung täglich die Anzahl der Kilometer, die er mit seinem PKW zurücklegt. Der Anfang der auf diese Weise entstandenen Tabelle lautet:

Tag	1	2	3	4	5	6	7	8	...
Strecke in km	187	215	143	78	226	137	44	166	...

Durch diese Liste ist eine Funktion f festgelegt, deren Definitionsmenge eine Teilmenge von $\mathbb{N}$ ist. Andere Beispiele dieser Art sind etwa die Namensliste einer Schulklasse, die derzeitige Tabelle der Fußballbundesliga, usw.
Man nennt eine solche Funktion eine „Folge". Ist die Wertemenge – wie bei obigem Beispiel – eine Zahlenmenge, also eine Teilmenge von $\mathbb{R}$, so spricht man von einer „**Zahlenfolge**". Wir definieren:

> **D 16.1** Unter einer „**Folge**" versteht man eine Funktion, für deren Definitionsmenge gilt: $D(f) \subseteq \mathbb{N}$. Ist $W(f) \subseteq \mathbb{R}$, so heißt f eine „**Zahlenfolge**".

2. In der Mathematik sind Zahlenfolgen – wie Funktionen überhaupt – in der Regel durch Funktionsterme festgelegt. In diesem Zusammenhang haben sich besondere Zeichen eingebürgert. Statt der Variablen x verwendet man bei Zahlenfolgen meist die Variable n und vereinbart gleichzeitig, daß n für eine natürliche Zahl steht: $n \in \mathbb{N}$. Den Funktionsterm $f(n)$ bezeichnet man bei Zahlenfolgen mit „a_n" oder „b_n", usw. Die zugehörige Zahlenfolge selbst bezeichnet man mit „$\langle a_n \rangle$" oder „$\langle b_n \rangle$", usw.
Außerdem ist es häufig üblich, eine Zahlenfolge dadurch zu erfassen, daß man die Elemente der Wertemenge, die sogenannten „**Glieder**" der Zahlenfolge in der durch den Index n angegebenen Reihenfolge hinschreibt.

Beispiel: Es sei $a_n = \dfrac{1}{n}$.

Man kann die so festgelegte Folge als Paarmenge schreiben: $\{(1|1); (2|\tfrac{1}{2}); (3|\tfrac{1}{3}); (4|\tfrac{1}{4}); \ldots\}$.
Die erste Zahl in jedem Paar stellt eine Art „**Platznummer**" dar, die dem zugeordneten Element der Wertemenge einen bestimmten Platz zuweist. Man kann die Zahlenfolge daher kürzer dadurch erfassen, daß man die Folgenwerte in der Reihenfolge hinschreibt, die durch die zugehörigen Platznummern angegeben wird, also: $1; \tfrac{1}{2}; \tfrac{1}{3}; \tfrac{1}{4}; \tfrac{1}{5}; \ldots$

§ 16, I. Zahlenfolgen

Beachte, daß es sich bei dieser Schreibweise nicht etwa einfach um die Wertemenge der Folge handelt; denn bei einer Menge kommt es nicht darauf an, in welcher Reihenfolge die Elemente aufgeführt werden; es ist z.B.

$$\{1; \tfrac{1}{2}; \tfrac{1}{3}; \tfrac{1}{4}; \tfrac{1}{5}\} = \{\tfrac{1}{4}; \tfrac{1}{2}; 1; \tfrac{1}{3}; \tfrac{1}{5}\}.$$

Bei einer Folge dagegen kommt es wesentlich auf die Reihenfolge der Glieder an.

3. Spricht man von einer „Folge", so ist im folgenden damit in der Regel eine **„unendliche Folge"** gemeint, deren Definitionsmenge — eventuell bis auf wenige Ausnahmen — die Menge $\mathbb{N}$ ist. Hat eine Folge dagegen nur endlich viele Glieder (wie das Beispiel unter 1.), so werden wir meist ausdrücklich von einer **„endlichen Folge"** sprechen. Der Zusatz „unendlich" wird also meist weggelassen, der Zusatz „endlich" dagegen nicht.

4. Da Zahlenfolgen spezielle Funktionen sind, können sie wie alle Zahlenfunktionen im kartesischen Koordinatensystem graphisch dargestellt werden.

Beispiel:

Die durch $a_n = \dfrac{1}{n}$ festgelegte Folge

$1; \tfrac{1}{2}; \tfrac{1}{3}; \tfrac{1}{4}; \tfrac{1}{5}; \ldots$ wird durch den Graph von Bild 16.1 dargestellt.

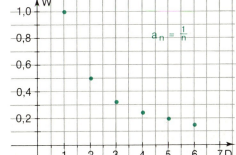

Bild 16.1

5. Abschließend betrachten wir noch einige **Beispiele:** Diese sollen zeigen, daß Zahlenfolgen ein sehr unterschiedliches Verhalten aufweisen können.

1) $a_n = n^2$ (Bild 16.2)

Die Folge der Quadratzahlen $1; 4; 9; 16; 25; 36; \ldots$ nimmt von Glied zu Glied immer größere Werte an; man sagt: die Folge ist **„streng monoton steigend"**.
Außerdem übertreffen die Glieder — wenn man nur weit genug in der Folge fortschreitet — jede noch so große vorgegebene Zahl. Um die Zahl 1000 zu übertreffen, kann man z.B. $n = 32$ wählen; denn es ist $a_{32} = 32^2 = 1024$. Um die Zahl 50000 zu übertreffen, kann man z.B. $n = 250$ wählen; denn es ist $a_{250} = 250^2 = 62500$.
Man sagt: die Folge $\langle n^2 \rangle$ ist **„nach oben nicht beschränkt"**.

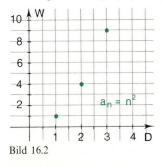
Bild 16.2

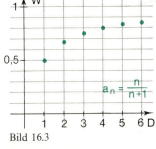
Bild 16.3

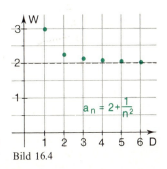
Bild 16.4

2) $a_n = \dfrac{n}{n+1}$ (Bild 16.3, Seite 281)

Auch die Folge $\frac{1}{2}$; $\frac{2}{3}$; $\frac{3}{4}$; $\frac{4}{5}$; $\frac{5}{6}$; $\frac{6}{7}$; ... nimmt offensichtlich immer größere Werte an; sie ist ebenfalls streng monoton steigend.
Weil der Nenner von a_n aber stets größer ist als der Zähler, haben alle Glieder dieser Zahlenfolge – im Gegensatz zum vorhergehenden Beispiel – einen Wert, der kleiner als 1 ist.
Man sagt: die Zahl 1 ist eine **„obere Schranke"** der Folge $\left\langle \dfrac{n}{n+1} \right\rangle$; die Folge ist **„nach oben beschränkt"**.
Die Glieder dieser Folge nähern sich – wie Bild 16.3 zeigt – offensichtlich der Zahl 1 immer mehr an; der Unterschied zwischen den Gliedern der Folge und der Zahl 1 wird immer kleiner, schließlich „beliebig klein". Man sagt: die Zahlenfolge strebt gegen den **„Grenzwert"** 1. Mit dem Begriff des Grenzwertes werden wir uns im folgenden Abschnitt ausführlich beschäftigen.

3) $a_n = 2 + \dfrac{1}{n^2}$ (Bild 16.4, Seite 281)

Die Zahlenfolge 3; $2\frac{1}{4}$; $2\frac{1}{9}$; $2\frac{1}{16}$; $2\frac{1}{25}$; ..., zeigt ein ähnliches Verhalten wie die vorhergehende; nur werden die Zahlen von Glied zu Glied kleiner; man sagt: die Folge ist **„streng monoton fallend"**.
Außerdem kommen die Folgenglieder – wenn man nur weit genug in der Folge fortschreitet – der Zahl 2 schließlich beliebig nahe; die Folge strebt gegen den **Grenzwert** 2.

4) $a_n = (-1)^n$ (Bild 16.5)

Die Glieder der Folge -1; 1; -1; 1; -1; 1; ... haben ständig wechselnde Vorzeichen; man spricht von einer **„alternierenden** Zahlenfolge". Diese Folge ist sowohl nach oben wie nach unten beschränkt, eine obere Schranke ist z.B. die Zahl 2, eine untere Schranke die Zahl -2.

5) $a_n = (-1)^n \dfrac{n+2}{n}$ (Bild 16.6)

Die Zahlenfolge -3; 2; $-\frac{5}{3}$; $\frac{3}{2}$; $-\frac{7}{5}$; $\frac{4}{3}$; ... verhält sich ähnlich wie die vorhergehende: sie ist ebenfalls alternierend. Sie ist nach oben z.B. durch die Zahl 3 und nach unten z.B. durch die Zahl -4 beschränkt.

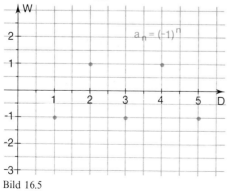

Bild 16.5

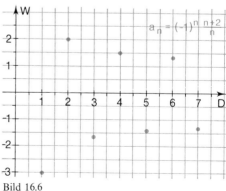

Bild 16.6

§ 16, I. Zahlenfolgen

6. Von den in den vorstehenden Beispielen aufgetretenen Begriffen wollen wir im folgenden den Begriff des **Grenzwertes** genauer untersuchen.

Die Begriffe „(streng) monoton steigend (fallend)", „obere (untere) Schranke", „nach oben (unten) beschränkt" sind Sonderfälle der entsprechenden Begriffe, die wir in § 2, II (S. 32f.) und in § 2, IV (S. 42ff.) für den allgemeinen Funktionsbegriff besprochen haben. Wir gehen auf diese Sonderfälle in den folgenden Aufgaben 4 – 11 näher ein.

Übungen und Aufgaben

1. Nenne fünf Beispiele aus dem täglichen Leben, bei denen Personen oder Gegenstände einer endlichen Teilmenge von $\mathbb{N}$ zugeordnet werden, also fünf Beispiele für endliche Folgen!

2. Bestimme jeweils die ersten sechs Glieder der Zahlenfolge $\langle a_n \rangle$! Trage die zugehörigen Punkte in ein Koordinatensystem ein!
    a) $a_n = 2n$
    b) $a_n = 2n - 1$
    c) $a_n = 3n - 7$
    d) $a_n = 2^{n-2}$
    e) $a_n = \dfrac{n}{n^2 + 1}$
    f) $a_n = \dfrac{(-1)^n}{n}$
    g) $a_n = \dfrac{2n+1}{3n+2}$
    h) $a_n = \dfrac{n^2 - 2}{n^2 + 1}$

3. Stelle die Zahlenfolge $\langle a_n \rangle$ im Koordinatensystem dar! Welche Eigenschaften der Folge kannst du aus den Zeichnungen ablesen?
    a) $a_n = n + 1$
    b) $a_n = \dfrac{n-1}{n}$
    c) $a_n = \dfrac{2n}{n+3}$
    d) $a_n = n + (-1)^n \cdot n$
    e) $a_n = 1 + (-1)^n \cdot \dfrac{1}{n}$

Vorbemerkung zu den Aufgaben 4 und 5

> **D 16.2** Eine Zahlenfolge $\langle a_n \rangle$ heißt „monoton steigend (fallend)" genau dann, wenn für alle $n \in \mathbb{N}$ gilt: $a_{n+1} \geq a_n$ ($a_{n+1} \leq a_n$). Gilt sogar $a_{n+1} > a_n$ ($a_{n+1} < a_n$), so heißt die Folge „streng monoton steigend (fallend)".

4. Untersuche jeweils, ob die Zahlenfolge $\langle a_n \rangle$ (streng) monoton steigend (fallend) ist!
    Anleitung: Berechne jeweils die Differenz $a_{n+1} - a_n$!
    a) $a_n = \dfrac{2}{3n}$
    b) $a_n = \dfrac{n}{n+1}$
    c) $a_n = \dfrac{4n+1}{n+3}$
    d) $a_n = \dfrac{1-n}{n+1}$
    e) $a_n = \dfrac{2n+3}{n+1}$
    f) $a_n = \dfrac{3-4n}{2n+1}$
    g) $a_n = 1^n$
    h) $a_n = \dfrac{1-n^2}{n}$
    i) $a_n = \dfrac{n^2-4}{2n+1}$
    j) $a_n = (-2)^n$

5. Gegeben ist $a_n = q^n$. Für welche Werte von q ist $\langle a_n \rangle$
    a) (streng) monoton steigend,
    b) (streng) monoton fallend,
    c) alternierend?

Vorbemerkung zu den Aufgaben 6 bis 11

D 16.3 Eine Zahlenfolge $\langle a_n \rangle$ heißt „nach oben (unten) beschränkt" genau dann, wenn es eine Zahl $S_o \in \mathbb{R}$ ($S_u \in \mathbb{R}$) gibt, so daß für alle $n \in \mathbb{N}$ gilt: $a_n \leq S_o$ ($a_n \geq S_u$). Die Zahl S_o (S_u) heißt „obere (untere) Schranke" der Folge $\langle a_n \rangle$.
Eine Zahlenfolge $\langle a_n \rangle$ heißt „beschränkt" genau dann, wenn sie nach oben und nach unten beschränkt ist.

6. Zeige jeweils, daß die angegebene Zahl obere Schranke der Folge $\langle a_n \rangle$ ist! Gib jeweils eine weitere, und zwar kleinere obere Schranke der Folge an!
Anleitung: Zeige, daß für alle $n \in \mathbb{N}$ gilt: $S_o - a_n \geq 0$!

a) $a_n = \dfrac{2}{5n}$; 1   b) $a_n = \dfrac{n}{n+1}$; 2   c) $a_n = -\dfrac{1}{n}$; 2

d) $a_n = \dfrac{1-n}{n+4}$; 1   e) $a_n = \dfrac{2-n}{3+2n}$; 3   f) $a_n = \dfrac{n^2-1}{n^2+1}$; 2

7. Zeige jeweils, daß die angegebene Zahl untere Schranke der Folge $\langle a_n \rangle$ ist! Gib jeweils eine weitere, und zwar größere untere Schranke der Folge an!
Anleitung: Zeige, daß für alle $n \in \mathbb{N}$ gilt: $a_n - S_u \geq 0$!

a) $a_n = \dfrac{2}{3n}$; $-\dfrac{1}{2}$ b) $a_n = \dfrac{n}{n+1}$; -1 c) $a_n = \dfrac{1-n^2}{n^2}$; -2

8. Zeige jeweils, daß die Folge $\langle a_n \rangle$ beschränkt ist!

a) $a_n = \dfrac{n+1}{n+2}$ b) $a_n = \dfrac{2n+1}{3n-1}$ c) $a_n = \dfrac{1-n}{2n+3}$ d) $a_n = \dfrac{n^2+2}{n^2+1}$

e) $a_n = (-1)^n$ f) $a_n = \left(\dfrac{1}{2}\right)^n$ g) $a_n = \dfrac{n+1}{n^2+1}$ h) $a_n = \sqrt{\dfrac{n+1}{2n}}$

9. Beweise die folgenden Sätze!
   a) Jede monoton steigende Zahlenfolge ist nach unten beschränkt.
   b) Jede monoton fallende Zahlenfolge ist nach oben beschränkt.

10. a) Konstruiere eine Zahlenfolge, für die die Zahl 5 obere Schranke ist, die Zahl 4 aber nicht!
    b) Konstruiere eine Zahlenfolge, für die die Zahl 1 untere Schranke ist, die Zahl 2 aber nicht!

11. Untersuche, ob die folgenden Aussagen zutreffen oder nicht! Führe den Beweis oder bilde ein Gegenbeispiel!
    a) Ist eine Zahlenfolge $\langle a_n \rangle$ (streng) monoton steigend, so ist die Zahlenfolge $\langle -a_n \rangle$ (streng) monoton fallend.
    b) Ist eine Zahlenfolge streng monoton steigend, so ist sie nach oben nicht beschränkt.
    c) Eine Zahlenfolge $\langle a_n \rangle$ ist genau dann streng monoton steigend, wenn für alle $n \in \mathbb{N}$ gilt: $\dfrac{a_{n+1}}{a_n} > 1$.

II. Der Grenzwertbegriff für Zahlenfolgen

1. Im Abschnitt I haben wir Zahlenfolgen kennengelernt, die sich einer bestimmten Zahl immer mehr annähern in dem Sinne, daß der Unterschied zwischen den Gliedern der Folge und dieser Zahl mit wachsendem Index n schließlich beliebig klein wird.

Beispiele:

1) Die Glieder der Folge $\langle a_n \rangle$ zu $a_n = \dfrac{1}{n}$ ($1; \tfrac{1}{2}; \tfrac{1}{3}; \tfrac{1}{4}; \tfrac{1}{5}; \ldots$) nähern sich immer mehr der Zahl 0; sie kommen der Zahl 0 „schließlich beliebig nahe". Man sagt: diese Zahlenfolge „**konvergiert**" gegen die Zahl 0; sie hat den „**Grenzwert**" 0 (Bild 16.7). Man schreibt:

$$\lim_{n\to\infty} a_n = \lim_{n\to\infty} \frac{1}{n} = 0,$$

gelesen „limes[1]) von a_n für n gegen unendlich gleich..."

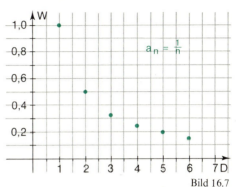

Bild 16.7

2) Die Glieder der Folge $\langle a_n \rangle$ zu $a_n = \dfrac{n}{n+1}$ ($\tfrac{1}{2}; \tfrac{2}{3}; \tfrac{3}{4}; \tfrac{4}{5}; \tfrac{5}{6}; \ldots$) nähern sich immer mehr der Zahl 1; sie kommen der Zahl 1 „schließlich beliebig nahe"; die Folge konvergiert gegen die Zahl 1; sie hat den Grenzwert 1 (Bild 16.8). Man schreibt:

$$\lim_{n\to\infty} a_n = \lim_{n\to\infty} \frac{n}{n+1} = 1.$$

Bild 16.8

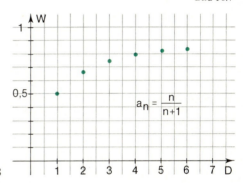

2. Wir wollen nun herausarbeiten, was genau gemeint ist, wenn man sagt, daß die Glieder einer Zahlenfolge $\langle a_n \rangle$ einer Zahl g, dem Grenzwert, „schließlich beliebig nahe" kommen. Alle drei Worte „nahe", „beliebig" und „schließlich" sind von Bedeutung.
Was man mit „**nahe**" meint, kann man erfassen mit Hilfe des Begriffs der „**Umgebung**" der Zahl g, genauer der „ε-Umgebung" der Zahl g. Darunter versteht man das offene Intervall der Breite 2ε, welches die Zahl g als Mittelpunkt hat. Wir definieren für eine positive Zahl ε:

D 16.4 Unter der „ε-Umgebung einer Zahl g" versteht man das offene Intervall
$$U_\varepsilon(g) = \{x \mid g-\varepsilon < x < g+\varepsilon\} = \{x \mid |g-x| < \varepsilon\} = \,]g-\varepsilon; g+\varepsilon[\quad \text{(Bild 16.9).}$$

Bild 16.9 zeigt zwei Zahlen x_1 und x_2 die in $U_\varepsilon(g)$ liegen.
Beachte, daß die Randwerte $g-\varepsilon$ und $g+\varepsilon$ **nicht** zu $U_\varepsilon(g)$ gerechnet werden, daß das Intervall also an beiden Seiten **offen** ist!

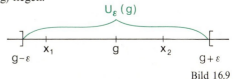

Bild 16.9

---
[1]) limes (lat): Grenze

3. Mit Hilfe des Umgebungsbegriffs können wir nun den Grenzwertbegriff für Zahlenfolgen erklären. Daß die Glieder dem Grenzwert g **nahe** kommen, bedeutet, daß sie in ε-Umgebungen von g liegen.

„**Beliebig nahe**" bedeutet, daß die positive Zahl ε, die die Größe der Umgebung festlegt, beliebig − insbesondere also **beliebig klein** − gewählt werden kann, daß die Glieder also **für jede positive Zahl ε** schließlich in der ε-Umgebung liegen müssen.

„**Schließlich beliebig nahe**" bedeutet, daß nach der Wahl einer ε-Umgebung $U_ε(g)$ nicht von vornherein alle Glieder in $U_ε(g)$ liegen müssen, sondern „schließlich alle" oder „fast alle", d.h. alle bis auf höchstens endlich viele. Wir können also sagen, daß eine Zahlenfolge gegen g strebt, den Grenzwert g hat, wenn in **jeder** ε-Umgebung von g schließlich alle Glieder der Folge liegen, wenn also **außerhalb** von $U_ε(g)$ höchstens endlich viele Glieder der Folge liegen. Anders ausgedrückt: für jede Zahl $ε \in \mathbb{R}^{>0}$ müssen alle Glieder von einem bestimmten Glied a_N ab in $U_ε(g)$ liegen, d.h. vom Glied a_N ab muß für alle weiteren Folgenglieder a_n, also für alle n mit $n > N$ gelten:

$$g - ε < a_n < g + ε \quad \text{oder anders geschrieben:} \quad |g - a_n| < ε.$$

Somit kommen wir zu der folgenden Definition für den Grenzwertbegriff bei Zahlenfolgen:

D 16.5 Eine Zahl g heißt „**Grenzwert einer Zahlenfolge** $\langle a_n \rangle$" genau dann, wenn es zu jeder Zahl $ε \in \mathbb{R}^{>0}$ eine Zahl $N(ε) \in \mathbb{N}$ gibt, so daß gilt:

$$n > N(ε) \Rightarrow |g - a_n| < ε.$$

Man schreibt: „$\lim_{n \to \infty} a_n = g$"

und liest: „limes von a_n für n gegen unendlich ist gleich g".

Man sagt: Die Folge $\langle a_n \rangle$ ist „**konvergent**"; sie „**konvergiert gegen den Grenzwert g**".

Bemerkungen:

1) Man kann die Grenzwertbedingung auch folgendermaßen schreiben:

$$n > N(ε) \Rightarrow |a_n - g| < ε \quad \text{oder} \quad n > N(ε) \Rightarrow g - ε < a_n < g + ε.$$

2) Stellt man eine Zahlenfolge $\langle a_n \rangle$ mit dem Grenzwert g in einem Koordinatensystem dar, so kann man den Inhalt von D 16.5 folgendermaßen anschaulich deuten.

Der ε-Umgebung von g auf der W-Achse entspricht ein ε-Streifen in der Koordinatenebene (Bild 16.10). D 16.5 besagt für diese Darstellung, daß zu jeder positiven Zahl ε alle Punkte des Funktionsgraphen von einer Stelle $N(ε)$ ab im zugehörigen ε-Streifen um g liegen. In Bild 16.10 ist zur Verdeutlichung eine Parallele im Abstand $N(ε)$ zur W-Achse eingezeichnet. Rechts von dieser Geraden liegen alle Punkte des Graphen im ε-Streifen um g.

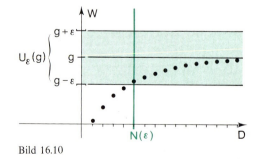

Bild 16.10

§16, II. Der Grenzwertbegriff für Zahlenfolgen

4. Zur Verdeutlichung behandeln wir das

Beispiel: $a_n = \frac{1}{n}$; wir behaupten: $\lim_{n \to \infty} \frac{1}{n} = 0$.

Wir haben zu zeigen, daß es zu jeder Zahl $\varepsilon \in \mathbb{R}^{>0}$ eine Zahl $N(\varepsilon) \in \mathbb{N}$ gibt, so daß gilt:

$$n > N(\varepsilon) \Rightarrow |0 - \frac{1}{n}| = |-\frac{1}{n}| = \frac{1}{n} < \varepsilon.$$

Bei diesem Beispiel können wir zu bestimmten Zahlen für ε die zugehörigen Zahlen für $N(\varepsilon)$ leicht bestimmen.

1) Für $\varepsilon = \frac{1}{10} = 0{,}1$ ist $N(0{,}1) = 10$; denn für $n > 10$ gilt: $\frac{1}{n} < 0{,}1$;

2) für $\varepsilon = \frac{1}{50} = 0{,}02$ ist $N(0{,}02) = 50$; denn für $n > 50$ gilt: $\frac{1}{n} < 0{,}02$;

3) für $\varepsilon = \frac{3}{1000} = 0{,}003$ ist $N(0{,}003) = 333$; denn für $n > 333$ gilt: $\frac{1}{n} < 0{,}003$.

Beim allgemeinen Beweis gehen wir von der Beziehung aus, deren Gültigkeit wir für fast alle $n \in \mathbb{N}$ nachzuweisen haben und formen sie in eine äquivalente Ungleichung um, die nach n aufgelöst ist. Wegen $n > 0$ und $\varepsilon > 0$ gilt:

$$\frac{1}{n} < \varepsilon \Leftrightarrow n > \frac{1}{\varepsilon}.$$

Da wir eine Äquivalenzumformung durchgeführt haben, gilt tatsächlich für alle natürlichen Zahlen n mit $n > \frac{1}{\varepsilon}$:

$$|0 - \frac{1}{n}| = \frac{1}{n} < \varepsilon.$$

Die Zahl 0 ist also tatsächlich der Grenzwert der Folge $\left\langle \frac{1}{n} \right\rangle$. Man sagt: die Folge $\left\langle \frac{1}{n} \right\rangle$ ist eine „**Nullfolge**".

5. Setzt man in den Term $T(\varepsilon) = \frac{1}{\varepsilon}$ eine positive Zahl ein, so kann es sein, daß sich eine natürliche Zahl ergibt.

Beispiele: 1) $T(\frac{1}{10}) = 10$ 2) $T(\frac{1}{50}) = 50$

Es kann aber auch sein, daß sich **keine** natürliche Zahl ergibt.

Beispiel: $T(\frac{3}{1000}) = \frac{1000}{3} = 333{,}\overline{3}$

In einem solchen Fall kann als $N(\varepsilon)$ die **nächstgrößere** natürliche Zahl gewählt werden, also z.B. die Zahl 334; es kann also z.B. $N(0{,}003) = 334$ gewählt werden.

Bemerkung: Die Zahl 334 ist nicht die kleinste Zahl, die bei diesem Beispiel für $N(0{,}003)$ in Betracht kommt, auch die Zahl 333 würde — wie oben erörtert — bereits der Bedingung genügen. Offensichtlich brauchen wir aber gar nicht die kleinste derartige Zahl zu bestimmen; denn mit jeder natürlichen Zahl $N(\varepsilon)$ genügt auch jede größere natürliche Zahl $\overline{N}$ ($\overline{N} > N(\varepsilon)$) der Bedingung von D 16.5 (Aufgabe 5).

Da sich beim Einsetzen in den Term $T(\varepsilon) = \frac{1}{\varepsilon}$ häufig keine natürliche Zahl ergibt, kann man nicht in jedem Falle sagen, daß $N(\varepsilon) = \frac{1}{\varepsilon}$ ist. Offensichtlich kommt es bei der Bedingung $n > \frac{1}{\varepsilon}$ aber gar nicht darauf an, ob der Term $\frac{1}{\varepsilon}$ beim Einsetzen eines ε-Wertes eine natürliche Zahl oder eine reelle Zahl liefert, denn zu jeder reellen Zahl gibt es beliebig viele größere natürliche Zahlen. Daher können wir in der Bedingung von D 16.5 die Bedingung $n > N(\varepsilon)$ auch durch die Bedingung $n > X(\varepsilon)$ ersetzen, wobei für die Variable X beliebige reelle Zahlen zugelassen sind. Eine zu D 16.5 gleichwertige Definition für den Grenzwertbegriff lautet also:

D 16.6 Eine Zahl g heißt „Grenzwert einer Zahlenfolge $\langle a_n \rangle$" genau dann, wenn es zu jeder Zahl $\varepsilon \in \mathbb{R}^{>0}$ eine Zahl $X(\varepsilon) \in \mathbb{R}$ gibt, so daß gilt:

$$n > X(\varepsilon) \Rightarrow |g - a_n| < \varepsilon.$$

6. Wir schließen mit drei weiteren **Beispielen**:

1) Wir behaupten: $\lim\limits_{n \to \infty} \frac{n}{n+1} = 1$. Zum **Beweise** vereinfachen wir zunächst den Term $|g - a_n|$:

$$|g - a_n| = |1 - \frac{n}{n+1}| = |\frac{n+1-n}{n+1}| = |\frac{1}{n+1}| = \frac{1}{n+1}.$$

Nun gehen wir wieder von der Beziehung aus, deren Gültigkeit wir für fast alle n nachzuweisen haben und formen sie in eine äquivalente Ungleichung um, die nach n aufgelöst ist:

$$\frac{1}{n+1} < \varepsilon \Leftrightarrow \frac{1}{\varepsilon} < n+1 \Leftrightarrow n > \frac{1}{\varepsilon} - 1.$$

Wir können nach D 16.6 also wählen $X(\varepsilon) = \frac{1}{\varepsilon} - 1$. Da wir nur Äquivalenzumformungen durchgeführt haben und der Term $X(\varepsilon) = \frac{1}{\varepsilon} - 1$ für jede positive Zahl in ein Zeichen für eine reelle Zahl übergeht, gilt in der Tat:

$$n > X(\varepsilon) \Rightarrow |1 - \frac{n}{n+1}| < \varepsilon; \text{ somit ist bewiesen, daß } \lim\limits_{n \to \infty} \frac{n}{n+1} = 1 \text{ ist.}$$

Bemerkung: Da wir nicht die kleinste Zahl für $X(\varepsilon)$ zu bestimmen brauchen, hätten wir z.B. auch wählen können $\overline{X}(\varepsilon) = \frac{1}{\varepsilon}$.

2) Wir behaupten: $\lim\limits_{n \to \infty} \frac{1}{\sqrt{n}} = 0$.

Beweis: $|0 - \frac{1}{\sqrt{n}}| = |-\frac{1}{\sqrt{n}}| = \frac{1}{\sqrt{n}}$ und ferner: $\frac{1}{\sqrt{n}} < \varepsilon \Leftrightarrow \frac{1}{\varepsilon} < \sqrt{n} \Leftrightarrow n > \frac{1}{\varepsilon^2}$.

Beachte, daß die letzte Umformung wegen $\varepsilon > 0$ tatsächlich eine Äquivalenzumformung ist! Wir wählen $X(\varepsilon) = \frac{1}{\varepsilon^2}$; dann gilt in der Tat: $n > X(\varepsilon) \Rightarrow |0 - \frac{1}{\sqrt{n}}| < \varepsilon$, also $\lim\limits_{n \to \infty} \frac{1}{\sqrt{n}} = 0$, q.e.d.

§ 16, II. Der Grenzwertbegriff für Zahlenfolgen

3) Wir behaupten: $\lim\limits_{n\to\infty} \dfrac{2n^2+1}{n^2-3} = 2$.

Beweis: $\left|2 - \dfrac{2n^2+1}{n^2-3}\right| = \left|\dfrac{2n^2-6-2n^2-1}{n^2-3}\right| = \left|\dfrac{-7}{n^2-3}\right| = \dfrac{7}{n^2-3}$ (für $n > 1$)

Beachte, daß die letzte Umformung nur unter der Bedingung $n > 1$ gilt; denn dann ist $n^2 - 3 > 0$. Die Bedingung $n > 1$ ist aber unwesentlich, weil es für den Konvergenzbeweis nur auf „große" Werte von n ankommt. Ferner gilt für $n > 1$:

$$\dfrac{7}{n^2-3} < \varepsilon \Leftrightarrow \dfrac{7}{\varepsilon} < n^2 - 3 \Leftrightarrow n^2 > \dfrac{7}{\varepsilon} + 3 \Leftrightarrow n > \sqrt{\dfrac{7}{\varepsilon} + 3}.$$

Beachte, daß auch die letzte Umformung eine Äquivalenzumformung ist, weil für n nur natürliche Zahlen, also keine negativen Zahlen, zugelassen sind!

Wegen $\varepsilon > 0$ ist stets $\sqrt{\dfrac{7}{\varepsilon}+3} > 1$. Wenn $n > \sqrt{\dfrac{7}{\varepsilon}+3}$ ist, dann ist die Zusatzbedingung $n > 1$ also ebenfalls erfüllt. Mit $X(\varepsilon) = \sqrt{\dfrac{7}{\varepsilon}+3}$ gilt also in der Tat für jede positive Zahl ε:

$$n > X(\varepsilon) \Rightarrow \left|2 - \dfrac{2n^2+1}{n^2-3}\right| < \varepsilon, \quad \text{q.e.d.}$$

Übungen und Aufgaben

1. Versuche jeweils, den Grenzwert der Zahlenfolge $\langle a_n \rangle$ durch Einsetzen „großer" Zahlen in n zu ermitteln! Bestimme dann jeweils zur angegebenen Zahl ε eine natürliche Zahl $N(\varepsilon)$, die der Bedingung von D 16.5 genügt!

   a) $a_n = \dfrac{n-1}{n+1}$; $\varepsilon = 0{,}01$ b) $a_n = \dfrac{2}{1+4n}$; $\varepsilon = 0{,}02$ c) $a_n = \dfrac{2n+1}{n+3}$; $\varepsilon = 0{,}03$

   d) $a_n = \dfrac{5n+2}{3-n}$; $\varepsilon = 0{,}002$ e) $a_n = \dfrac{1}{n^2}$; $\varepsilon = 0{,}001$ f) $a_n = \dfrac{1-n^2}{n^2+2}$; $\varepsilon = 0{,}01$

   g) $a_n = \dfrac{3}{5n^3+1}$; $\varepsilon = 0{,}005$ h) $a_n = 10^{-n}$; $\varepsilon = 0{,}0005$ i) $a_n = \dfrac{2+\sqrt{n}}{\sqrt{n}-7}$; $\varepsilon = 0{,}003$

2. Versuche jeweils, den Grenzwert der Zahlenfolge $\langle a_n \rangle$ durch Einsetzen „großer" Zahlen zu ermitteln! Führe dann den Konvergenzbeweis nach D 16.5 oder D 16.6!

   a) $a_n = \dfrac{2n}{n+1}$ b) $a_n = \dfrac{n-2}{n+1}$ c) $a_n = \dfrac{n+1}{2n+1}$ d) $a_n = \dfrac{3n-1}{n+4}$

   e) $a_n = \dfrac{1-n^2}{1+n^2}$ f) $a_n = \dfrac{4-3n^2}{2n^2+1}$ g) $a_n = \dfrac{3-2n^2}{5-3n^2}$ h) $a_n = \dfrac{2-\sqrt{n}}{3+\sqrt{n}}$

   i) $a_n = \dfrac{\sqrt{4n}}{1+\sqrt{n}}$ j) $a_n = \dfrac{3-\sqrt{8n}}{\sqrt{2n}+1}$ k) $a_n = \dfrac{\sqrt{2n}+5}{\sqrt{18n}-1}$ l) $a_n = \dfrac{3-\sqrt{12n}}{1+\sqrt{3n}}$

3. Zeige jeweils, daß $\langle a_n \rangle$ eine Nullfolge ist!

a) $a_n = \dfrac{1}{2n+5}$ b) $a_n = \dfrac{3}{4-n}$ c) $a_n = \dfrac{3}{7n+4}$ d) $a_n = \dfrac{(-1)^n}{n+5}$ e) $a_n = \dfrac{-2}{3n^2}$

f) $a_n = \dfrac{5}{n^2-3}$ g) $a_n = \dfrac{4}{n^3}$ h) $a_n = \dfrac{(-1)^n}{1+2n^2}$ i) $a_n = \dfrac{5}{\sqrt{n}}$ j) $a_n = \dfrac{1}{\sqrt{n+10}}$

4. Bestimme jeweils zwei Zahlenfolgen, die die angegebene Zahl als Grenzwert haben!

a) 2 b) -1 c) 0 d) -3 e) $\tfrac{2}{3}$ f) $-\tfrac{1}{5}$ g) $\sqrt{2}$ h) $-\sqrt{3}$ i) π

5. Zeige: Genügt eine natürliche Zahl $N(\varepsilon)$ der Bedingung von D 16.5, so genügt auch jede größere Zahl $\overline{N}$ ($\overline{N} > N(\varepsilon)$) dieser Bedingung!

6. Wie kann man zeigen, daß die jeweils angegebene Zahl **nicht** der Grenzwert der Zahlenfolge $\langle a_n \rangle$ ist? Wie lautet der Grenzwert tatsächlich?

a) $a_n = \dfrac{1}{n+4}$; 1 b) $a_n = \dfrac{2n-1}{3n+1}$; 1 c) $a_n = \dfrac{1-2n}{n+1}$; -1 d) $a_n = \dfrac{4-3n}{2n+1}$; 0

7. Warum hat die Folge $\langle a_n \rangle$ keinen Grenzwert?

a) $a_n = (-1)^n \cdot \dfrac{2n+1}{n+1}$ b) $a_n = 1 + (-1)^n \cdot \dfrac{n-1}{2n+3}$ c) $a_n = (-1)^n + 2$

d) $a_n = 4 - \dfrac{2n \cdot (-1)^n}{n+3}$ e) $a_n = 2 + \dfrac{(-1)^n \cdot n}{n+1}$ f) $a_n = n \cdot (-1)^n$

8. Untersuche jeweils, ob die Aussage zutrifft oder nicht! Begründe deine Antwort! Gib gegebenenfalls ein Gegenbeispiel an!
a) Jede konvergente Zahlenfolge ist monoton.
b) Jede konvergente Zahlenfolge ist beschränkt.
c) Jede monotone Zahlenfolge ist konvergent.
d) Jede beschränkte Zahlenfolge ist konvergent.
e) Jede monotone und beschränkte Zahlenfolge ist konvergent.
f) Jede konvergente Zahlenfolge ist monoton und beschränkt.

9. Vergleiche folgende Definitionen für den Grenzwertbegriff mit der Definition D 16.5 und begründe sie!
a) Eine Zahl g heißt Grenzwert einer Zahlenfolge $\langle a_n \rangle$ genau dann, wenn es zu jeder ε-Umgebung von g eine Zahl $N(\varepsilon)$ gibt, so daß gilt: $n > N(\varepsilon) \Rightarrow a_n \in U_\varepsilon(g)$.
b) Eine Zahl g heißt Grenzwert einer Zahlenfolge $\langle a_n \rangle$ genau dann, wenn für jede positive Zahl ε die Lösungsmenge der Ungleichung $|g - a_n| \geq \varepsilon$ in der Menge $\mathbb{N}$ endlich oder sogar leer ist.

10. Begründe, daß man bei einer konvergenten Zahlenfolge endlich viele Glieder an beliebiger Stelle weglassen oder hinzufügen kann, ohne daß der Grenzwert sich ändert!

III. Sätze über Grenzwerte von Zahlenfolgen

1. Bei den bisherigen Beispielen haben wir stets nur von einer **einzigen** Zahl gezeigt, daß sie der Grenzwert einer gegebenen Zahlenfolge ist. In der Tat gilt allgemein, daß jede Zahlenfolge **höchstens** einen Grenzwert haben kann. Dies wollen wir beweisen.

> **S 16.1** Jede Zahlenfolge $\langle a_n \rangle$ besitzt höchstens einen Grenzwert.

Es liegt nahe, den **Beweis** indirekt zu führen. Wir nehmen also an, eine Zahlenfolge $\langle a_n \rangle$ habe zwei verschiedene Grenzwerte g_1 und g_2 mit dem Abstand $d = |g_2 - g_1|$ (Bild 16.11).

Wir wählen nun $\varepsilon = \dfrac{d}{3}$. Dann müßten sowohl in $U_\varepsilon(g_1)$ wie in $U_\varepsilon(g_2)$ fast alle Glieder der Folge $\langle a_n \rangle$ liegen. Das aber ist nicht möglich; denn die beiden Umgebungen sind elementefremd, formal ausgedrückt: $U(g_1) \cap U(g_2) = \emptyset$.

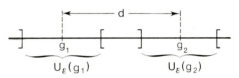

Bild 16.11

Daher können höchstens in **einer** der beiden Umgebungen fast alle Glieder von $\langle a_n \rangle$ liegen, in der anderen höchstens endlich viele. Daher können nicht beide Zahlen g_1 und g_2 Grenzwert der Folge $\langle a_n \rangle$ sein, q.e.d.

2. Mit Hilfe der Definitionen D 16.5 bzw. D 16.6 läßt sich ein Konvergenzbeweis nur führen, wenn eine Vermutung darüber vorliegt, welche Zahl der Grenzwert einer gegebenen Zahlenfolge sein kann. Zu dieser Vermutung kann man z.B. dadurch kommen, daß man in den Term a_n einige „große" Zahlen einsetzt.

Beispiel: $a_n = \dfrac{2n-1}{n+3}$; $a_{100} = \dfrac{199}{103} \approx 1{,}932$; $a_{3000} = \dfrac{5999}{3003} \approx 1{,}998$.

Man kann vermuten, daß der Grenzwert die Zahl 2 ist.

Dieses Verfahren ist zur Bestimmung eines Grenzwertes offensichtlich wenig befriedigend. Außerdem erfordern Konvergenzbeweise für einzelne Zahlenfolgen häufig noch wesentlich aufwendigere Rechnungen, als es schon bei den bisherigen Beispielen der Fall war.
Es liegt daher nahe, nach Methoden und Sätzen Ausschau zu halten, mit deren Hilfe man in vielen Fällen Grenzwerte **berechnen,** d.h. auf schon bekannte Grenzwerte zurückführen kann.

3. Wir erörtern dieses Problem zunächst an einem **Beispiel:** $a_n = \dfrac{2n^2 + 3n - 4}{n^2 + 1}$

Weil bei diesem Term Zähler und Nenner — für sich genommen — immer größere Werte annehmen, wenn man in n immer größere Zahlen einsetzt, ist es zweckmäßig, Zähler und Nenner zu faktorisieren:

$$a_n = \frac{n^2\left(2 + \dfrac{3}{n} - \dfrac{4}{n^2}\right)}{n^2\left(1 + \dfrac{1}{n^2}\right)} = \frac{2 + \dfrac{3}{n} - \dfrac{4}{n^2}}{1 + \dfrac{1}{n^2}}$$

Die Zahlenfolgen zu $\dfrac{3}{n}$, $\dfrac{4}{n^2}$ und $\dfrac{1}{n^2}$ sind alle Nullfolgen; daher ist zu vermuten, daß die Folge $\langle a_n \rangle$ gegen die Zahl $\dfrac{2 + 0 - 0}{1 + 0} = 2$ konvergiert. Dies läßt sich in der Tat auch beweisen.

4. Wir haben bei dieser Überlegung von einigen bisher noch nicht bewiesenen Sätzen Gebrauch gemacht. Wir haben nämlich den Grenzwert für den ganzen Quotienten nicht unmittelbar, sondern durch Rückführung auf die Grenzwerte von Zähler und Nenner und diese wieder durch Rückführung auf die Grenzwerte der einzelnen Summanden ermittelt. Wir haben zu untersuchen, ob diese Art der Berechnung eines Grenzwertes berechtigt ist. Wir wollen die zugehörigen Sätze, die sogenannten „**Grenzwertsätze**", im folgenden formulieren und größtenteils auch beweisen.

5. Die einfachsten Beispiele liegen vor, wenn man zum Term einer konvergenten Zahlenfolge eine Zahl hinzuaddiert oder ihn mit einer Zahl multipliziert. Für diese Fälle gilt der Satz

S 16.2   Ist c eine beliebige reelle Zahl, so gilt:

1) $\lim\limits_{n \to \infty} a_n = g \Rightarrow \lim\limits_{n \to \infty} (a_n + c) = g + c$;   2) $\lim\limits_{n \to \infty} a_n = g \Rightarrow \lim\limits_{n \to \infty} (c \cdot a_n) = c \cdot g$.

Beweis:

Zu 1): Es gilt $|(g+c) - (a_n+c)| = |g - a_n|$. Daher stimmt für jede Zahl $c \in \mathbb{R}$ die Konvergenzbedingung für die Folge $\langle a_n + c \rangle$ mit der Konvergenzbedingung für die Folge $\langle a_n \rangle$ überein; gilt also die Ungleichung $|g - a_n| < \varepsilon$, dann auch die Ungleichung $|(g+c) - (a_n+c)| < \varepsilon$, q.e.d.

Zu 2): Es gilt $|cg - ca_n| = |c(g - a_n)| = |c| \cdot |g - a_n|$. Soll nun nach Wahl einer beliebigen Zahl $\varepsilon \in \mathbb{R}^{>0}$ für hinreichend große Werte von n gelten $|c| \cdot |g - a_n| < \varepsilon$, so muß $|g - a_n| < \dfrac{\varepsilon}{|c|}$ sein. Weil nach Voraussetzung $\lim\limits_{n \to \infty} a_n = g$ ist, kann diese Bedingung stets erfüllt werden, wenn $c \neq 0$ ist (Aufgabe 1). Wir setzen nun $\varepsilon_1 = \dfrac{\varepsilon}{|c|}$; dann gilt auch $\varepsilon_1 > 0$, und nach Voraussetzung gibt es eine Zahl $N_1(\varepsilon_1) \in \mathbb{N}$, so daß gilt:

$$n > N_1(\varepsilon_1) \Rightarrow |g - a_n| < \varepsilon_1 = \frac{\varepsilon}{|c|}.$$

Setzen wir nun noch $N(\varepsilon) = N_1(\varepsilon_1)$, so gilt mithin auch:

$$n > N(\varepsilon) \Rightarrow |cg - ca_n| = |c| \cdot |g - a_n| < |c| \frac{\varepsilon}{|c|} = \varepsilon, \quad \text{q.e.d.}$$

Beispiele:

1) Es gilt: $\lim\limits_{n \to \infty} \dfrac{1}{n} = 0$;   also ist $\lim\limits_{n \to \infty} \dfrac{1+n}{n} = \lim\limits_{n \to \infty} \left(\dfrac{1}{n} + 1 \right) = \lim\limits_{n \to \infty} \left(\dfrac{1}{n} \right) + 1 = 0 + 1 = 1$.

2) Es gilt: $\lim\limits_{n \to \infty} \dfrac{n}{n+1} = 1$;   also ist $\lim\limits_{n \to \infty} \dfrac{-3n}{n+1} = (-3) \cdot \lim\limits_{n \to \infty} \dfrac{n}{n+1} = (-3) \cdot 1 = -3$.

6. Der folgende Satz läßt sich unmittelbar auf Satz S 16.2, 1) zurückführen.

S 16.3   Eine Zahlenfolge $\langle a_n \rangle$ hat genau dann den Grenzwert g, wenn $\langle a_n - g \rangle$ eine Nullfolge ist:

$$\lim\limits_{n \to \infty} a_n = g \Leftrightarrow \lim\limits_{n \to \infty} (a_n - g) = 0.$$

Beweis: Mit $c = -g$ ergibt sich aus S 16.2, 1): $\lim\limits_{n \to \infty} a_n = g \Leftrightarrow \lim\limits_{n \to \infty} (a_n - g) = g - g = 0$, q.e.d.

§16, III. Sätze über Grenzwerte von Zahlenfolgen

7. Von besonderer Bedeutung für die Berechnung von Grenzwerten sind die Sätze, die sich auf Summen, Differenzen, Produkte und Quotienten beziehen. Für Summen gilt der Satz:

S 16.4 $\quad \lim_{n\to\infty} a_n = a \,\wedge\, \lim_{n\to\infty} b_n = b \,\Rightarrow\, \lim_{n\to\infty}(a_n + b_n) = a + b.$

Wir führen den **Beweis** in zwei Schritten, nämlich zunächst für **Nullfolgen** $\langle a_n \rangle$ und $\langle b_n \rangle$, dann allgemein.

1) Sind $\langle a_n \rangle$ und $\langle b_n \rangle$ **Nullfolgen,** so haben wir zu zeigen, daß es zu jeder Zahl $\varepsilon \in \mathbb{R}^{>0}$ eine Zahl $N(\varepsilon) \in \mathbb{N}$ gibt mit

$$-\varepsilon < a_n + b_n < \varepsilon.$$

Wir fragen uns zunächst, was sich ergibt, wenn man alle Zahlen einer ε-Umgebung von 0 zu den Zahlen dieser gleichen Umgebung hinzuaddiert (Bild 16.12). Offensichtlich ergibt sich dabei eine 2ε-Umgebung der Zahl 0; denn für die Grenzen des Intervalls $U_\varepsilon(0)$ gilt:

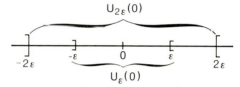

Bild 16.12

$$(-\varepsilon) + (-\varepsilon) = -2\varepsilon \quad \text{und} \quad \varepsilon + \varepsilon = 2\varepsilon.$$

Durch die Summenbildung ergibt sich also ein Intervall der **doppelten** Breite, also die Menge $U_{2\varepsilon}(0)$. Sollen also schließlich alle Glieder der Folge $\langle a_n + b_n \rangle$ in $U_\varepsilon(0)$ liegen, so müssen wir für $\langle a_n \rangle$ und für $\langle b_n \rangle$ die Umgebung mit der **halben** Breite wählen, also jeweils die Menge $U_{\frac{\varepsilon}{2}}(0)$.

Wir benutzen nun die Voraussetzung, daß $\langle a_n \rangle$ und $\langle b_n \rangle$ Nullfolgen sind. Danach muß es zu jeder Zahl $\frac{\varepsilon}{2} \in \mathbb{R}^{>0}$, also auch zu jeder Zahl $\varepsilon \in \mathbb{R}^{>0}$ zwei Zahlen $N_a\left(\frac{\varepsilon}{2}\right)$ und $N_b\left(\frac{\varepsilon}{2}\right)$ geben, so daß gilt:

a) $n > N_a\left(\frac{\varepsilon}{2}\right) \,\Rightarrow\, -\frac{\varepsilon}{2} < a_n < \frac{\varepsilon}{2}$ $\quad$ und $\quad$ **b)** $n > N_b\left(\frac{\varepsilon}{2}\right) \,\Rightarrow\, -\frac{\varepsilon}{2} < b_n < \frac{\varepsilon}{2}.$

Durch Addition der beiden Ungleichungen ergibt sich nach dem Monotoniegesetz für die Addition reeller Zahlen

$$-\varepsilon < a_n + b_n < \varepsilon.$$

Diese Ungleichung gilt für alle Werte von n, für die die **beiden** vorstehenden Ungleichungen a) und b) gelten. Ist also $N(\varepsilon)$ die größere (oder wenigstens nicht kleinere) der beiden Zahlen $N_a\left(\frac{\varepsilon}{2}\right)$ und $N_b\left(\frac{\varepsilon}{2}\right)$, so gilt:

$$n > N(\varepsilon) \,\Rightarrow\, -\varepsilon < a_n + b_n < \varepsilon.$$

Dies aber bedeutet, daß $\langle a_n + b_n \rangle$ tatsächlich eine Nullfolge ist.

Bemerkung: Wir schreiben „$N(\varepsilon)$" und nicht „$N\left(\frac{\varepsilon}{2}\right)$", weil sich diese Zahl auf die Folge $\langle a_n + b_n \rangle$ bezieht.

2) Den allgemeinen Fall können wir mit Hilfe von Satz S 16.3 nun leicht auf den unter 1) behandelten Sonderfall zurückführen. Es gilt:

$$\lim_{n\to\infty} a_n = a \Rightarrow \lim_{n\to\infty}(a_n - a) = 0 \quad \text{und} \quad \lim_{n\to\infty} b_n = b \Rightarrow \lim_{n\to\infty}(b_n - b) = 0.$$

Daraus ergibt sich nach 1): $\lim_{n\to\infty}[(a_n - a) + (b_n - b)] = \lim_{n\to\infty}[(a_n + b_n) - (a + b)] = 0$

und daraus wiederum nach S 16.3 $\lim_{n\to\infty}(a_n + b_n) = a + b$, q.e.d.

Beispiel: Es gilt $\lim_{n\to\infty} \frac{n}{n+1} = 1$ und $\lim_{n\to\infty} \frac{2}{n} = 0$; also ist $\lim_{n\to\infty}\left(\frac{n}{n+1} + \frac{2}{n}\right) = 1 + 0 = 1$.

Entsprechend gilt für Differenzenfolgen der Satz

S 16.5 $\lim_{n\to\infty} a_n = a \wedge \lim_{n\to\infty} b_n = b \Rightarrow \lim_{n\to\infty}(a_n - b_n) = a - b.$

Der Beweis soll in Aufgabe 7 geführt werden.

Beachte, daß die **Umkehrungen** der beiden Sätze S 16.4 und S 16.5 **nicht** gelten! Eine Folge $\langle a_n + b_n \rangle$ bzw. $\langle a_n - b_n \rangle$ kann nämlich konvergieren, **ohne** daß die beiden Teilfolgen $\langle a_n \rangle$ und $\langle b_n \rangle$ konvergieren müssen.

Beispiel: $a_n = \frac{1}{n} + n^2$; $b_n = 2 + n^2$; beide Folgen konvergieren nicht. Dennoch gilt:

$$\lim_{n\to\infty}(a_n - b_n) = \lim_{n\to\infty}\left(\frac{1}{n} + n^2 - 2 - n^2\right) = \lim_{n\to\infty}\left(\frac{1}{n} - 2\right) = 0 - 2 = -2.$$

8. Der entsprechende Grenzwertsatz für Produktfolgen lautet:

S 16.6 $\lim_{n\to\infty} a_n = a \wedge \lim_{n\to\infty} b_n = b \Rightarrow \lim_{n\to\infty}(a_n \cdot b_n) = a \cdot b.$

Wir führen den **Beweis** zunächst für den **Sonderfall,** daß $\langle a_n \rangle$ und $\langle b_n \rangle$ Nullfolgen sind.

1) Es gilt: $|a_n \cdot b_n| = |a_n| \cdot |b_n|$. Wenn wir es also erreichen können, daß nach Wahl einer beliebigen Zahl $\varepsilon \in \mathbb{R}^{>0}$ für hinreichend große Werte von n gilt:

$$|a_n| < \varepsilon \quad \text{und} \quad |b_n| < 1,$$

dann gilt für diese Werte auch

$$|a_n \cdot b_n| = |a_n| \cdot |b_n| < \varepsilon \cdot 1 = \varepsilon.$$

Diese beiden Bedingungen können wir aber leicht erfüllen, denn nach Voraussetzung gibt es zu jeder Zahl $\varepsilon \in \mathbb{R}^{>0}$ eine Zahl $N_a(\varepsilon)$ mit:

$$n > N_a(\varepsilon) \Rightarrow |a_n| < \varepsilon;$$

ferner gibt es nach Voraussetzung eine Zahl $N_b(1)$ mit $n > N_b(1) \Rightarrow |b_n| < 1$.
Ist nun $N(\varepsilon)$ die größere (oder wenigstens nicht kleinere) der beiden Zahlen $N_a(\varepsilon)$ und $N_b(1)$, so gilt:

$$n > N(\varepsilon) \Rightarrow |a_n \cdot b_n| < \varepsilon, \text{ q.e.d.}$$

§ 16, III. Sätze über Grenzwerte von Zahlenfolgen

2) Den allgemeinen Beweis von S 16.6 wollen wir hier nur kurz skizzieren, weil er von einigen Sätzen Gebrauch macht, die wir bisher nicht bewiesen haben, insbesondere von dem Satz, daß **jede konvergente Zahlenfolge $\langle a_n \rangle$ auch beschränkt ist,** daß es also eine Zahl S gibt, so daß für alle $n \in \mathbb{N}$ gilt: $|a_n| \leq S$.

Es gilt nämlich: $\quad a_n b_n - ab = a_n b_n - a_n b + a_n b - ab = a_n(b_n - b) + b(a_n - a)$.

Aus $|a_n(b_n - b)| = |a_n| \cdot |b_n - b| \leq S|b_n - b|$ und $\lim\limits_{n \to \infty}(S \cdot |b_n - b|) = S \cdot \lim\limits_{n \to \infty}|b_n - b| = 0$ folgt dann $\lim\limits_{n \to \infty}[a_n(b_n - b)] = 0$.

Da ferner auch $\lim\limits_{n \to \infty}[b(a_n - a)] = b \cdot \lim\limits_{n \to \infty}(a_n - a) = 0$ ist, erhält man nach Satz S 16.5 und S 16.3 insgesamt: $\lim\limits_{n \to \infty}(a_n b_n - ab) = 0$, also $\lim\limits_{n \to \infty}(a_n \cdot b_n) = a \cdot b$, q.e.d.

Beispiel: $\lim\limits_{n \to \infty}\left[\left(1 + \frac{1}{n}\right) \cdot \left(3 - \frac{2}{n}\right)\right] = \lim\limits_{n \to \infty}\left(1 + \frac{1}{n}\right) \cdot \lim\limits_{n \to \infty}\left(3 - \frac{2}{n}\right) = 1 \cdot 3 = 3.$

Beachte: Strenggenommen hätten wir zuerst die beiden Einzelgrenzwerte $\lim\limits_{n \to \infty}\left(1 + \frac{1}{n}\right) = 1$ und $\lim\limits_{n \to \infty}\left(3 - \frac{2}{n}\right) = 3$ berechnen müssen, ehe wir den Satz S 16.6 anwenden durften. Nur weil diese Grenzwerte existieren, läßt sich der Satz anwenden.

Die Umkehrung von Satz S 16.6 ist ebenfalls **kein gültiger Satz.** Eine Folge $\langle a_n \cdot b_n \rangle$ kann konvergieren, ohne daß die Folgen $\langle a_n \rangle$ und $\langle b_n \rangle$ konvergieren.

Beispiel: $a_n = 2n$; $b_n = \dfrac{1}{n+1}$; obwohl $\langle a_n \rangle$ nicht konvergiert, gilt:

$\lim\limits_{n \to \infty}(a_n \cdot b_n) = \lim\limits_{n \to \infty}\dfrac{2n}{n+1} = 2$ (Aufgabe 2a, S. 289).

9. Beim entsprechenden Satz über „Quotientenfolgen" müssen wir zusätzlich voraussetzen, daß alle Glieder der „Nennerfolge" und deren Grenzwert von 0 verschieden sein müssen.

S 16.7 Gilt $\lim\limits_{n \to \infty} a_n = a$, $\lim\limits_{n \to \infty} b_n = b \neq 0$ und $b_n \neq 0$ (für alle $n \in \mathbb{N}$), so ist $\lim\limits_{n \to \infty}\dfrac{a_n}{b_n} = \dfrac{a}{b}$.

Auf einen Beweis für diesen Satz wollen wir verzichten.
Beachte, daß auch zu diesem Satz die Umkehrung **nicht** gilt!

Beispiel: Die beiden Folgen zu $a_n = n - 2$ und $b_n = n + 1$ konvergieren nicht; dennoch gilt für die Quotientenfolge

$\lim\limits_{n \to \infty}\dfrac{a_n}{b_n} = \lim\limits_{n \to \infty}\dfrac{n-2}{n+1} = 1$ (Aufgabe 2b, S. 289).

10. Mit Hilfe der Grenzwertsätze können wir nun in vielen Fällen Grenzwerte unmittelbar berechnen; ein Konvergenzbeweis ist dann nicht mehr erforderlich. Dabei ist jedoch zu beachten, daß die Grenzwertsätze nur anwendbar sind, wenn die einzelnen Grenzwerte existieren. Es ist daher zweckmäßig, den gegebenen Folgenterm zunächst ohne Limeszeichen umzuformen und dieses Zeichen erst hinzuzufügen, wenn die Existenz der Grenzwerte aller auftretenden Teilfolgen gesichert ist.

Beispiele:

1) $a_n = \dfrac{3n^2 + 12n + 5}{4n^2 + n - 1} = \dfrac{n^2\left(3 + \dfrac{12}{n} + \dfrac{5}{n^2}\right)}{n^2\left(4 + \dfrac{1}{n} - \dfrac{1}{n^2}\right)} = \dfrac{3 + \dfrac{12}{n} + \dfrac{5}{n^2}}{4 + \dfrac{1}{n} - \dfrac{1}{n^2}}$

Nun gilt: $\lim\limits_{n \to \infty} \dfrac{1}{n} = 0$, nach Satz S 16.2, 2) also auch $\lim\limits_{n \to \infty} \dfrac{12}{n} = 0$, nach S 16.6 auch $\lim\limits_{n \to \infty} \dfrac{1}{n^2} = \lim\limits_{n \to \infty} \dfrac{1}{n} \cdot \lim\limits_{n \to \infty} \dfrac{1}{n} = 0 \cdot 0 = 0$ und nach S 16.2, 2) auch $\lim\limits_{n \to \infty} \dfrac{5}{n^2} = 0$.

Daraus ergibt sich nach S 16.4 bzw. S 16.5:

$$\lim_{n \to \infty}\left(3 + \dfrac{12}{n} + \dfrac{5}{n^2}\right) = 3 + \lim_{n \to \infty} \dfrac{12}{n} + \lim_{n \to \infty} \dfrac{5}{n^2} = 3 + 0 + 0 = 3 \quad \text{und}$$

$$\lim_{n \to \infty}\left(4 + \dfrac{1}{n} - \dfrac{1}{n^2}\right) = 4 + \lim_{n \to \infty} \dfrac{1}{n} - \lim_{n \to \infty} \dfrac{1}{n^2} = 4 + 0 - 0 = 4.$$

Nach S 16.7 ergibt sich daraus schließlich: $\lim\limits_{n \to \infty} \dfrac{3n^2 + 12n + 5}{4n^2 + n - 1} = \dfrac{3}{4}$.

2) $a_n = \dfrac{7n + 3}{3n^2 + 4n - 5} = \dfrac{n^2\left(\dfrac{7}{n} + \dfrac{3}{n^2}\right)}{n^2\left(3 + \dfrac{4}{n} - \dfrac{5}{n^2}\right)} = \dfrac{\dfrac{7}{n} + \dfrac{3}{n^2}}{3 + \dfrac{4}{n} - \dfrac{5}{n^2}}$

Nun gilt nach den Grenzwertsätzen:

$$\lim_{n \to \infty} \dfrac{7}{n} = \lim_{n \to \infty} \dfrac{3}{n^2} = \lim_{n \to \infty} \dfrac{4}{n} = \lim_{n \to \infty} \dfrac{5}{n^2} = 0 \text{ und mithin auch } \lim_{n \to \infty} \dfrac{7n + 3}{3n^2 + 4n - 5} = 0.$$

3) $a_n = \dfrac{5n^3 + 3n^2 + 1}{4n^2 + 7n - 2} = \dfrac{n^2\left(5n - 3 + \dfrac{1}{n^2}\right)}{n^2\left(4 + \dfrac{7}{n} - \dfrac{2}{n^2}\right)} = \dfrac{5n - 3 + \dfrac{1}{n^2}}{4 + \dfrac{7}{n} - \dfrac{2}{n^2}}$

Bei diesem Beispiel konvergiert die durch den Nenner des letzten Terms gegebene Folge gegen die Zahl 4; die durch den Zähler dieses Terms gegebene Folge wächst aber über alle Schranken; die Folge $\langle a_n \rangle$ ist also nicht konvergent; sie wächst über alle Schranken; man schreibt gelegentlich: „$\lim\limits_{n \to \infty} a_n = \infty$" und spricht von einem „uneigentlichen Grenzwert".

Beachte: Wir haben bei allen Beispielen in Zähler und Nenner die höchste Potenz von n ausgeklammert, mit der n im Nenner vorkommt.

Die Beispiele zeigen ferner:

1) Ist der Grad des Zählers **gleich** dem des Nenners, so konvergiert die Folge gegen den Quotienten der Koeffizienten (Faktoren) der höchsten Potenzen von n im Zähler und im Nenner.

2) Ist der Grad des Zählers **kleiner** als der Grad des Nenners, so handelt es sich um eine **Nullfolge.**

3) Ist der Grad des Zählers **größer** als der Grad des Nenners, so konvergiert die Folge **nicht**; sie hat keinen (eigentlichen) Grenzwert.

§ 16, III. Sätze über Grenzwerte von Zahlenfolgen

11. Wir schließen diesen Abschnitt mit einem Satz, den man beim Aufbau der Analysis an manchen Stellen mit Vorteil anwenden kann. Er bezieht sich auf drei Zahlenfolgen, für deren Glieder gilt: $a_n \leq b_n \leq c_n$ und $\lim_{n \to \infty} a_n = \lim_{n \to \infty} c_n$. Es liegt nahe, daß dann auch die „eingeschachtelte" Folge $\langle b_n \rangle$ konvergiert und denselben Grenzwert hat. Es gilt der „**Schachtelsatz**".

S 16.8 Gilt 1) für alle $n \in \mathbb{N}$: $a_n \leq b_n \leq c_n$ und 2) $\lim_{n \to \infty} a_n = \lim_{n \to \infty} c_n = g$, so gilt auch
$$\lim_{n \to \infty} b_n = g.$$

Beweis: Nach 2) gibt es zu jeder Zahl $\varepsilon \in \mathbb{R}^{>0}$ eine Zahl $N_a(\varepsilon)$ und eine Zahl $N_c(\varepsilon)$ mit:
$$n > N_a(\varepsilon) \Rightarrow g - \varepsilon < a_n < g + \varepsilon \quad \text{und} \quad n > N_c(\varepsilon) \Rightarrow g - \varepsilon < c_n < g + \varepsilon.$$
Nun sei $N(\varepsilon)$ die größere (oder wenigstens nicht kleinere) der beiden Zahlen $N_a(\varepsilon)$ und $N_c(\varepsilon)$. Dann gilt: $n > N(\varepsilon) \Rightarrow g - \varepsilon < a_n < g + \varepsilon \wedge g - \varepsilon < c_n < g + \varepsilon$.
Nach Bedingung 1) gilt mithin auch: $n > N(\varepsilon) \Rightarrow g - \varepsilon < b_n < g + \varepsilon$, q.e.d.

Übungen und Aufgaben

1. Beim Beweis von Satz S 16.2, 2) ist nur der Fall $c \neq 0$ behandelt worden. Begründe, daß der Satz auch für $c = 0$ gilt!

2. Untersuche, ob und gegebenenfalls unter welcher Bedingung die Umkehrung
   a) von S 16.2, 1) und b) von S 16.2, 2) gilt!

3. Beweise: $\lim_{n \to \infty} a_n = g \wedge c \in \mathbb{R} \Rightarrow \lim(a_n - c) = g - c$!

4. Beweise: $\lim_{n \to \infty} a_n = g \wedge c \in \mathbb{R}^{\neq 0} \Rightarrow \lim_{n \to \infty} \frac{a_n}{c} = \frac{g}{c}$!

5. Zeige: Ist $\langle a_n \rangle$ eine Nullfolge, so ist auch $\langle b_n \rangle$ eine Nullfolge! a) $b_n = a_n^2$ b) $b_n = \sqrt{|a_n|}$

6. Berechne jeweils den Grenzwert mit Hilfe von S 16.3!

   a) $a_n = 2 + \frac{1}{n}$ b) $a_n = 3 - \frac{2}{n}$ c) $a_n = \frac{3}{n} - 4$ d) $a_n = 5 - \frac{3}{2-n}$

   e) $a_n = \frac{n+5}{n}$ f) $a_n = \frac{3-2n}{2n}$ g) $a_n = \frac{5-6n}{3n}$ h) $a_n = \frac{2-n^2}{n^2}$

   i) $a_n = \frac{\sqrt{n}+3}{\sqrt{n}}$ j) $a_n = \frac{2n+3}{2n+1}$ k) $a_n = \frac{n^2+5}{n^2+2}$ l) $a_n = \frac{3+2n}{n+1}$

7. Beweise den Satz S 16.5!

8. Ermittle jeweils den Grenzwert mit Hilfe der Grenzwertsätze! Gib den benutzten Satz an!

   a) $a_n = \frac{2n-1}{3n+1}$ b) $a_n = \frac{1-4n}{3n+10}$ c) $a_n = \frac{n^2}{1-3n^2}$ d) $a_n = \frac{4n^2 - 3n + 10}{2n^2 + 100}$

9. Verfahre wie in Aufgabe 8!

a) $a_n = \dfrac{n - 7n^2 + 5}{100n - 3n^2}$
b) $a_n = \dfrac{n^2 - 3n}{n^2 + 10n}$
c) $a_n = \dfrac{1 + \sqrt{n}}{3 - \sqrt{n}}$
d) $a_n = \dfrac{3n - 2\sqrt{n}}{\sqrt{n} + 5n}$

e) $a_n = 2 + \dfrac{n^2 - n^3}{2n^3 - n}$
f) $a_n = \dfrac{2n+1}{1-3n} + \dfrac{4n-1}{3n-1}$
g) $a_n = \dfrac{\sqrt{32n} + 7}{13 - \sqrt{2n}}$
h) $a_n = \dfrac{3n\sqrt{n} + 5n}{7n - 6n\sqrt{n}}$

10. 1) Welche der folgenden Zahlenfolgen sind konvergent? Bestimme die Grenzwerte!

$a_n = \dfrac{2n-1}{n+1}$; $b_n = \dfrac{n+1}{3n-1}$; $c_n = \dfrac{1}{n}$; $d_n = 2n + 1$; $e_n = 3n - 1$.

2) Welche der folgenden Folgen sind konvergent? Bestimme die Grenzwerte, gegebenenfalls mit Hilfe der Grenzwertsätze!

a) $\langle a_n + b_n \rangle$ b) $\langle b_n - c_n \rangle$ c) $\langle b_n + d_n \rangle$ d) $\langle d_n + e_n \rangle$ e) $\langle a_n \cdot d_n \rangle$ f) $\langle a_n \cdot b_n \rangle$

g) $\langle c_n \cdot d_n \rangle$ h) $\left\langle \dfrac{a_n}{b_n} \right\rangle$ i) $\left\langle \dfrac{b_n}{c_n} \right\rangle$ j) $\left\langle \dfrac{e_n}{d_n} \right\rangle$ k) $\left\langle \dfrac{c_n}{a_n} \right\rangle$ l) $\left\langle \dfrac{c_n}{e_n} \right\rangle$

11. Zeige, daß jede konvergente Zahlenfolge auch beschränkt ist!
Anleitung: Verwende die Grenzwertdefinition und benutze die Tatsache, daß die Grenzwertbedingung $|g - a_n| < \varepsilon$ (z.B. für $\varepsilon = 1$) höchstens von endlich-vielen Folgengliedern **nicht** erfüllt wird!

12. Untersuche, ob die folgende Aussage ein gültiger Satz ist! Beweise den Satz oder suche ein Gegenbeispiel! Ist $\langle a_n \rangle$ eine Nullfolge, so ist für eine beliebige Zahlenfolge $\langle b_n \rangle$ auch $\langle a_n \cdot b_n \rangle$ eine Nullfolge.

13. Zeige jeweils durch ein selbstgebildetes Gegenbeispiel, daß die Umkehrung des betreffenden Grenzwertsatzes **kein** gültiger Satz ist!
a) S 16.4   b) S 16.5   c) S 16.6   d) S 16.7

IV. Zum Begriff der Ableitung

1. In § 3, II sind wir im Zusammenhang mit dem Problem, eine „**lokale Änderungsrate**" einer Funktion an einer Stelle x_0 zu bestimmen, auf den **Grenzwert eines Differenzenquotienten** gestoßen. Die Darstellung in § 3, II enthält insofern eine begriffliche Lücke, als wir dort auf eine genaue Definition des Grenzwertbegriffes für Zahlenfolgen verzichtet haben. Nach der Behandlung des Grenzwertbegriffes für Zahlenfolgen in den vorangehenden Abschnitten können wir diese Lücke schließen.

2. Wir kommen zurück auf die Ausführungen in § 3, II. Dort haben wir erörtert, daß die **mittlere Änderungsrate** einer Funktion f zwischen zwei Stellen x_0 und $x_0 + h$ gegeben ist durch den Differenzenquotienten

$$\dfrac{f(x_0 + h) - f(x_0)}{h}.$$

Geometrisch bedeutet dieser Differenzenquotient die **Steigung der Sehne** zwischen den beiden Punkten P_0 und P des Funktionsgraphen (Bild 16.13).

Bild 16.13

Beispiel: $f(x) = \frac{1}{4}x^2$; $x_0 = 1$
(vergleiche S. 62). Hierfür gilt:

$$\frac{f(1+h)-f(1)}{h} = \frac{1}{h}\left[\frac{1}{4}(h+1)^2 - \frac{1}{4}\right]$$

$$= \frac{1}{h}\left[\frac{1}{4}(h^2+2h+1) - \frac{1}{4}\right] = \frac{1}{h} \cdot \frac{1}{4}(h^2+2h) = \frac{h(h+2)}{4h} = \frac{h+2}{4} = \frac{1}{2} + \frac{h}{4}.$$

Für $h=1$ ergibt sich z.B.: $\frac{f(2)-f(1)}{1} = \frac{1}{2} + \frac{1}{4} = \frac{3}{4}$.

Diese Zahl stellt für die gesuchte lokale Änderungsrate lediglich einen Näherungswert dar. Bessere Näherungswerte erhält man, wenn man für h kleinere Werte einsetzt, wenn der Punkt P also näher an den Punkt P_0 heranrückt.

Für $h=0{,}1$ ergibt sich: $\frac{f(1+0{,}1)-f(1)}{0{,}1} = \frac{1}{2} + \frac{0{,}1}{4} = 0{,}525$;

für $h=0{,}01$ ergibt sich: $\frac{f(1+0{,}01)-f(1)}{0{,}01} = \frac{1}{2} + \frac{0{,}01}{4} = 0{,}5025$, usw. (Vgl. die Tabelle auf S. 62!)

Es liegt nahe, für h eine **Nullfolge** zu wählen, z.B. die Folge zu $h_n = 10^{-n}$. Dann ergibt sich für die Differenzenquotienten $\frac{f(1+h)-f(1)}{h}$ ebenfalls eine Zahlenfolge, nämlich:

$$\frac{f(1-10^{-n})-f(1)}{10^{-n}} = \frac{1}{2} + \frac{10^{-n}}{4}.$$

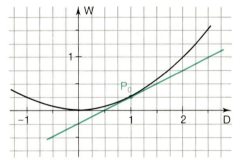

Diese Zahlenfolge hat einen Grenzwert, nämlich

$$\lim_{n\to\infty} \frac{f(1+10^{-n})-f(1)}{10^{-n}}$$

$$= \lim_{n\to\infty} \left(\frac{1}{2} + \frac{10^{-n}}{4}\right) = \frac{1}{2} \quad \text{(Bild 16.14)}.$$

3. Diesen Grenzwert erhält man auch, wenn man für h eine andere Nullfolge wählt, z.B.

1) $h_n = \frac{1}{n}$; dann ergibt sich: $\lim\limits_{n\to\infty} \dfrac{f\left(1+\frac{1}{n}\right)-f(1)}{\frac{1}{n}} = \lim\limits_{n\to\infty}\left(\frac{1}{2} + \frac{1}{4}\cdot\frac{1}{n}\right) = \frac{1}{2}$;

2) $h = -\frac{1}{n}$; dann ergibt sich: $\lim\limits_{n\to\infty} \dfrac{f\left(1-\frac{1}{n}\right)-f(1)}{-\frac{1}{n}} = \lim\limits_{n\to\infty}\left(\frac{1}{2} - \frac{1}{4}\cdot\frac{1}{n}\right) = \frac{1}{2}$.

Wir können sogar allgemein zeigen, daß der Grenzwert von der gewählten Nullfolge $\langle h_n \rangle$ unabhängig ist. Gilt nämlich $\lim_{n\to\infty} h_n = 0$, so ergibt sich nach den Grenzwertsätzen S 16.2, 1) und S 16.2, 2):

$$\lim_{n\to\infty} \frac{f(1+h_n)-f(1)}{h_n} = \lim_{n\to\infty} \left(\frac{1}{2} + \frac{h_n}{4}\right) = \frac{1}{2} + \frac{1}{4} \cdot \lim_{n\to\infty} h_n = \frac{1}{2} + 0 = \frac{1}{2}.$$

Man kennzeichnet diesen Grenzwert daher kurz durch die Bedingung „$h \to 0$" (gelesen „h gegen 0") und schreibt:

$$\lim_{h\to 0} \frac{f(1+h)-f(1)}{h} = \lim_{h\to 0} \left(\frac{1}{2} + \frac{h}{4}\right) = \frac{1}{2}.$$

Allgemein vereinbaren wir für solche Fälle:

D 16.7 Man schreibt $\lim_{h\to 0} f(h) = g$ **genau dann, wenn für jede Nullfolge $\langle h_n \rangle$ mit $h_n \neq 0$ gilt:**

$$\lim_{n\to\infty} f(h_n) = g.$$

Beispiele:

1) Es sei $f(h) = 3 - h^2$. Dann gilt für jede Nullfolge $\langle h_n \rangle$ nach den Sätzen S 16.2, 1) und S 16.6:

$\lim_{n\to\infty}(3-h_n^2) = 3 - \lim_{n\to\infty}(h_n)^2 = 3 - 0 = 3$; daher schreiben wir kurz: $\lim_{h\to 0}(3-h^2) = 3$.

2) Es sei $f(h) = \dfrac{1+h}{1-h}$. Dann gilt für jede Nullfolge $\langle h_n \rangle$ nach S 16.7, S 16.4 und S 16.5:

$\lim_{n\to\infty} \dfrac{1+h_n}{1-h_n} = \dfrac{\lim_{n\to\infty}(1+h_n)}{\lim_{n\to\infty}(1-h_n)} = \dfrac{1+0}{1-0} = 1$; daher schreiben wir kurz: $\lim_{h\to 0} \dfrac{1+h}{1-h} = 1$.

4. Wir können jetzt auch die in § 4, III nur an Beispielen verdeutlichten Grenzwertsätze (S 4.2 bis S 4.5) beweisen, d.h. auf die Sätze S 16.4 bis S 16.7 zurückführen. Wir zeigen dies für den Satz S 4.2 (S. 83). Die übrigen Sätze sind entsprechend zu beweisen (Aufgabe 4).

$$\lim_{h\to 0} f_1(h) = g_1 \wedge \lim_{h\to 0} f_2(h) = g_2 \Rightarrow \lim_{h\to 0}[f_1(h) + f_2(h)] = g_1 + g_2.$$

Beweis: Es sei $\langle h_n \rangle$ eine beliebige Nullfolge; dann gilt:

$$\lim_{h\to 0}[f_1(h) + f_2(h)] = \lim_{n\to\infty}[f_1(h_n) + f_2(h_n)] \text{ (nach D 16.7)}$$

$$= \lim_{n\to\infty} f_1(h_n) + \lim_{n\to\infty} f_2(h_n) \text{ (nach S 16.4)}$$

$$= \lim_{h\to 0} f_1(h) + \lim_{h\to 0} f_2(h) = g_1 + g_2 \text{ (nach D 16.7), q.e.d.}$$

5. Wir kehren zu unserem ursprünglichen Beispiel zurück. Für jede Nullfolge $\langle h_n \rangle$ gilt:

$\lim_{n\to\infty} \dfrac{f(1+h_n)-f(1)}{h_n} = \lim_{n\to\infty}\left[\tfrac{1}{2} + \tfrac{1}{4}\cdot h_n\right] = \tfrac{1}{2}$; nach Definition D 16.7 können wir auch schreiben:

$$\lim_{h\to 0} \frac{f(1+h)-f(1)}{h} = \lim_{h\to 0}\left[\tfrac{1}{2} + \tfrac{1}{4}h\right] = \tfrac{1}{2}.$$

Man nennt diesen Grenzwert die **„Ableitung der Funktion f an der Stelle 1"** und bezeichnet sie mit „$f'(1)$", gelesen: „f Strich an der Stelle 1" oder kurz „f Strich von 1".

§ 16, IV. Zum Begriff der Ableitung

Da der Grenzwert f'(1) existiert – und zwar unabhängig von der gewählten Nullfolge $\langle h_n \rangle$ – sagt man: die Funktion f ist **„differenzierbar an der Stelle 1"**. Den Wert f'(1) ordnet man dem Funktionsgraphen von f als **Steigung** im Punkte P_0 zu: $m_{P_0} = f'(1)$ (Bild 16.14).

6. Nun behandeln wir abschließend noch ein weiteres **Beispiel**: $f(x) = \dfrac{x}{x-1}$; $x_0 = 2$.

Es gilt: $\dfrac{f(2+h)-f(2)}{h} = \dfrac{1}{h}\left(\dfrac{2+h}{1+h} - 2\right) = \dfrac{1}{h}\left(\dfrac{2+h-2-2h}{1+h}\right) = \dfrac{1}{h}\left(\dfrac{-h}{1+h}\right) = -\dfrac{1}{1+h}$.

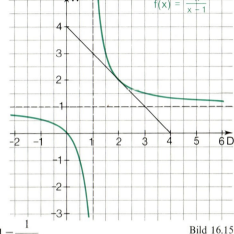

Bild 16.15

Wählen wir nun eine beliebige Nullfolge $\langle h_n \rangle$, so ergibt sich nach den einschlägigen Grenzwertsätzen (Aufgabe 1, d), daß der Grenzwert von der gewählten Nullfolge unabhängig ist. Daher gilt:

$$\lim_{h \to 0} \dfrac{f(2+h)-f(2)}{h} = \lim_{h \to 0} \left(\dfrac{-1}{1+h}\right) = -1 = f'(2).$$

Die Funktion f ist also an der Stelle 2 differenzierbar; es gilt $f'(2) = -1$. Diese Zahl wird dem Funktionsgraphen als Steigung im Punkte P(2|2) zugeordnet (Bild 16.15).

Bemerkung: Der Funktionsgraph ist eine Hyperbel. Man findet ihn leicht, wenn man die Funktionsgleichung so umformt:

$$y = \dfrac{x}{x-1} = \dfrac{x-1+1}{x-1} = 1 + \dfrac{1}{x-1} \Leftrightarrow y-1 = \dfrac{1}{x-1}.$$

Die Geraden zu $x=1$ und zu $y=1$ sind also die Asymptoten der Hyperbel (Bild 16.15).

Bemerkung: Der Lehrgang ist an dieser Stelle mit § 3, II, 11. S. 64 fortzusetzen.

Übungen und Aufgaben

1. Berechne jeweils den Grenzwert $\lim_{h \to 0} f(h)$! Zeige, daß er von der gewählten Nullfolge $\langle h_n \rangle$ unabhängig ist! Gib jeweils die benutzten Grenzwertsätze an!

   a) $f(h) = h^2 - 2h + 3$ b) $f(h) = 5 - 7h + 3h^2$ c) $f(h) = (h+1)\left(1 - \dfrac{h}{2}\right)$ d) $f(h) = -\dfrac{1}{1+h}$

   e) $f(h) = \dfrac{3+h}{1-h}$ f) $f(h) = \dfrac{4-3h}{h+2}$ g) $f(h) = \dfrac{2-h^2}{1+h^2}$ h) $f(h) = \dfrac{h^2 - 2h + 3}{h^2 + 3h - 1}$

2. Ermittle für die Funktion f zu $f(x) = x^2 + 1$ zur Stelle $x_0 = 2$ den Grenzwert des Differenzenquotienten für die Nullfolgen $\langle h_n \rangle$!

   a) $h_n = n^{-2}$ b) $h_n = 2^{-n}$ c) $h_n = 10^{-n}$ d) $h_n = -10^{-n}$

3. Ermittle jeweils den Grenzwert des Differenzenquotienten zur Stelle x_0!

   a) $f(x) = -\tfrac{1}{2}x^2$; $x_0 = -2$ b) $f(x) = 3x^2$; $x_0 = 2$ c) $f(x) = \tfrac{1}{2}x^2 - 2x$; $x_0 = 1$

   d) $f(x) = (x+4)^2$; $x_0 = -3$ e) $f(x) = x^3 - 7$; $x_0 = 2$ f) $f(x) = \dfrac{x-1}{x+1}$; $x_0 = 4$

4. Beweise die folgenden Grenzwertsätze (vgl. S. 83ff. und S. 300)!

   a) S 4.3 b) S 4.4 c) S 4.5

Bemerkung: Weitere Aufgaben finden sich nach § 3, II, S. 65f.

§ 17 Wiederholung grundlegender Begriffe und wichtiger Sätze

I. Zu den reellen Zahlen

1. In der Analysis arbeiten wir in der Regel mit **reellen Zahlen**. Diese kann man mit Hilfe von **Intervallschachtelungen** definieren. Unter einer „**Intervallschachtelung**" versteht man eine unendliche Folge $A_1, A_2, A_3, A_4, A_5,...$ von „ineinandergeschachtelten" Intervallen, deren Längen schließlich beliebig klein werden (Bild 17.1).

Beispiel:

Die irrationale Zahl $\sqrt{2}$ kann z.B. durch eine Intervallschachtelung festgelegt werden mit folgenden Anfangsgliedern:

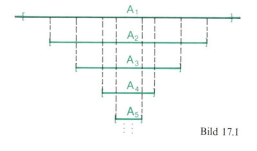

Bild 17.1

Intervalle	Intervall-Längen
$A_1 = [1; 2]$	$d_1 = 1$
$A_2 = [1,4; 1,5]$	$d_2 = 0,1$
$A_3 = [1,41; 1,42]$	$d_3 = 0,01$
$A_4 = [1,414; 1,415]$	$d_4 = 0,001$
$A_5 = [1,4142; 1,4143]$	$d_5 = 0,0001$

Man erkennt, daß diese Intervalle ineinandergeschachtelt sind, daß also gilt:

$$A_1 \supseteq A_2 \supseteq A_3 \supseteq A_4 \supseteq A_5 \supseteq ...$$

und daß die Intervall-Längen schließlich beliebig klein, also kleiner als jede beliebig vorgegebene positive Zahl q werden.

Man kann auch rationale Zahlen durch eine Intervallschachtelung festlegen, z.B. die Zahl $\frac{1}{3}$ durch eine Intervallschachtelung mit folgenden Anfangsgliedern:

Intervalle	Intervall-Längen
$A_1 = [0; 1]$	$d_1 = 1$
$A_2 = [0,3; 0,4]$	$d_2 = 0,1$
$A_3 = [0,33; 0,34]$	$d_3 = 0,01$
$A_4 = [0,333; 0,334]$	$d_4 = 0,001$
$A_5 = [0,3333; 0,3334]$	$d_5 = 0,0001$

Bemerkung:
Da die Intervall-Längen bei beiden Beispielen von Schritt zu Schritt auf ein Zehntel des vorhergehenden Wertes verkleinert werden, spricht man bei diesen Beispielen von „dezimalen" Intervallschachtelungen.

§ 17, I. Zu den reellen Zahlen

2. Die reellen Zahlen bilden einen **„angeordneten Körper"**. Die folgende Tabelle gibt einen Überblick über die grundlegenden Gesetze.

Gesetz	Addition	Multiplikation
Assoziativgesetz	$(a+b)+c=a+(b+c)$	$(a\cdot b)\cdot c=a\cdot(b\cdot c)$
Neutralitätsgesetz	$a+0=0+a=a$	$a\cdot 1=1\cdot a=a$
Inversitätsgesetz	$a+(-a)=(-a)+a=0$	$a\cdot a^{-1}=a^{-1}\cdot a=1$
Kommutativgesetz	$a+b=b+a$	$a\cdot b=b\cdot a$
Distributivgesetz	$a\cdot(b+c)=a\cdot b+a\cdot c$	
Umkehrverknüpfung	$a-b=a+(-b)$	$a:b=a\cdot b^{-1}$
Monotoniegesetz	$a<b \Rightarrow a+c<b+c$	$a<b \wedge c>0 \Rightarrow ac<bc$ $a<b \wedge c<0 \Rightarrow ac>bc$

3. Der **Betrag** einer **reellen Zahl a** ist folgendermaßen definiert:

D 17.1 $\quad |a| \underset{\mathrm{Df}}{=} \begin{cases} a & \text{für } a\geq 0 \\ -a & \text{für } a<0 \end{cases}$

Beispiele: $|2|=2;\ |0|=0;\ |-7|=-(-7)=7$

Für den Betrag einer Zahl gelten die im folgenden Satz zusammengefaßten Beziehungen.

S 17.1 Für alle $a\in\mathbb{R}$ gilt: 1) $|a|\geq 0$ 2) $|-a|=|a|$ 3) $a\leq|a|$
                                4) $-a\leq|a|$ 5) $|a|^2=a^2$ 6) $\left|\dfrac{1}{a}\right|=\dfrac{1}{|a|}$ (für $a\neq 0$)

Die Beweise sollen in Aufgabe 4 geführt werden.

Aus D 17.1 ergibt sich ferner die Gültigkeit des Satzes.

S 17.2 Für alle $a,b\in\mathbb{R}$ gilt:
1) $|a-b|=|b-a|$ 2) $|a\cdot b|=|a|\cdot|b|$ 3) $\left|\dfrac{a}{b}\right|=\dfrac{|a|}{|b|}$ (für $b\neq 0$)

Die Beweise sollen in Aufgabe 5 erbracht werden.

Von Wichtigkeit sind insbesondere die sogenannten **„Dreiecksungleichungen"**:

S 17.3 Für alle $a,b\in\mathbb{R}$ gilt: 1) $|a+b|\leq|a|+|b|$ 2) $|a-b|\leq|a|+|b|$
                                    3) $|a+b|\geq|a|-|b|$ 4) $|a-b|\geq|a|-|b|$

Beweis zu 1):
$$|a+b|^2=(a+b)^2=a^2+2ab+b^2=|a|^2+2ab+|b|^2\leq|a|^2+2|a||b|+|b|^2=(|a|+|b|)^2.$$

Nach dem Monotoniegesetz für Potenzen (S 14.2, 1) ergibt sich daraus:
$|a+b|\leq|a|+|b|$,   q.e.d.

Die Beweise für die drei weiteren Ungleichungen sollen in Aufgabe 6 erbracht werden.

Übungen und Aufgaben

1. Beweise mit Hilfe der Körpergesetze die Allgemeingültigkeit der Gleichung
$$a \cdot (b-c) = a\,b - a\,c\,!$$

2. Beweise das Monotoniegesetz für Quadrate (für $a, b \in \mathbb{R}$):
   a) $0 < a < b \Rightarrow a^2 < b^2$;   b) $a < b < 0 \Rightarrow a^2 > b^2\,!$

3. Beweise: $|a| < |b| \Leftrightarrow a^2 < b^2$ (für $a, b \in \mathbb{R}$)!

4. Beweise mit Hilfe von Fallunterscheidungen nach D 17.1 die Allgemeingültigkeit der Beziehungen von Satz S 17.1!

5. Beweise die Allgemeingültigkeit der Gleichungen von Satz S 17.2!

6. Beweise die Allgemeingültigkeit der Dreiecksungleichungen 2), 3) und 4) von Satz S 17.3!
   Anleitung zu 2) und 4): Benutze $a - b = a + (-b)$!
   Anleitung zu 3): Wende die Ungleichung 1) auf $|(a+b) - b|$ an!

7. Bestimme die Lösungen folgender Ungleichungen in $\mathbb{R}$!
   a) $|x+3| < 2x$ b) $x+3 < |2x|$ c) $|x+3| < |2x|$

II. Gleichungen und Ungleichungen

1. Grundlegend für die Lehre von den Gleichungen und Ungleichungen sind die Begriffe „Aussage" und „Aussageform".

Unter einer „**Aussage**" versteht man einen Satz, dem eindeutig entweder der Wahrheitswert „**wahr**" (w) oder der Wahrheitswert „**falsch**" (f) zugeordnet werden kann. In der Mathematik sind besonders wichtig diejenigen Aussagen, die die Form einer **Gleichung** oder einer **Ungleichung** haben.

Beispiele: 1) $3 \cdot 4 = 12$ (w)   2) $6 + 7 > 6 \cdot 7$ (f)

Eine „**Aussageform**" unterscheidet sich von einer Aussage dadurch, daß in ihr eine **freie Variable** vorkommt (oder mehrere freie Variablen vorkommen).

Beispiele:

1) $A(x)$: $x^2 + 3 = 4x$; (gelesen: „A von x ...")
2) $A(x|y)$: $5x - 2y > 7$; (gelesen: „A von x und y ...")

Eine solche Aussageform ist weder wahr noch falsch, also auch **keine Aussage**.

2. Es gibt zwei Möglichkeiten, eine Aussageform in eine Aussage zu überführen:

[1] Man setzt in jede vorkommende Variable den Namen für ein geeignetes Objekt, z.B. ein Zahlzeichen ein; man „belegt die Variable(n) mit Namen".

[2] Man „bindet" die vorkommenden Variablen durch den Allquantor oder durch den Existenzquantor. Darauf kommen wir unter 4. zurück.

§17, II. Gleichungen und Ungleichungen

Beispiele zu 1 :

1) A(x): $x^2 + 3x = 4x$. Durch Einsetzen von 1 und 2 in x ergibt sich:

A(1): $1^2 + 3 = 4 \cdot 1$ (w) A(2): $2^2 + 3 = 4 \cdot 2$ (f)

Man sagt: die Zahl 1 ist eine „**Lösung**", die Zahl 2 ist keine Lösung der Gleichung.

2) A(x|y): $5x - 2y > 7$. Hier sind Zahlenpaare einzusetzen, z.B. (3|1); (2|4) und (3|3):

$$A(3|1): \left. \begin{array}{r} 5 \cdot 3 - 2 \cdot 1 > 7 \\ 15 - 2 > 7 \end{array} \right\} \text{(w)} \quad A(2|4): \left. \begin{array}{r} 5 \cdot 2 - 2 \cdot 4 > 7 \\ 10 - 8 > 7 \end{array} \right\} \text{(f)} \quad A(3|3): \left. \begin{array}{r} 5 \cdot 3 - 2 \cdot 3 > 7 \\ 15 - 6 > 7 \end{array} \right\} \text{(w)}$$

Die Aussagen A(3|1) und A(3|3) sind wahr, die Aussage A(2|4) ist falsch. Also sind (3|1) und (3|3) Lösungen der Ungleichung A(x|y), während das Paar (2|4) keine Lösung ist.

Beachte:

1) Kommt eine Variable in einer Aussageform mehrfach vor, so ist beim Einsetzen überall dieselbe Zahl einzusetzen.

2) Kommen in einer Aussageform zwei (oder mehr) Variable vor, so können in sie verschiedene Zahlen, es kann aber auch die gleiche Zahl eingesetzt werden; z.B. 3 in x und auch 3 in y wie oben bei A(3|3).

3. Alle Elemente einer nichtleeren Grundmenge G, die eine Aussageform A in eine wahre Aussage überführen, die also Lösungen von A sind, faßt man zusammen zur **Lösungsmenge** L(A), gelesen „L von A". Man unterscheidet die folgenden Fälle:

1) Ist **L(A) = ∅**, so heißt A „**unerfüllbar in G**";

2) ist **L(A) ≠ ∅**, so heißt A „**erfüllbar in G**",

ist sogar **L(A) = G**, so heißt A „**allgemeingültig in G**".

Beachte: Wegen G ≠ ∅ ist jede allgemeingültige Aussageform auch erfüllbar.

Beispiele: Grundmenge sei die Menge ℝ.

1) $A_1(x)$: $x^2 + 1 = 0$; $L(A_1) = \emptyset$; die Gleichung ist also unerfüllbar in ℝ.

2) $A_2(x)$: $x^2 + 3 = 4x$; $L(A_2) = \{1; 3\}$;

   die Gleichung ist also erfüllbar (aber nicht allgemeingültig) in ℝ.

3) $A_3(x)$: $(x+1)(x-1) = x^2 - 1$; $L(A_3) = \mathbb{R}$;

   die Gleichung ist allgemeingültig (also auch erfüllbar) in ℝ.

4. Beim vorstehenden Beispiel 3) kann man die Allgemeingültigkeit auch folgendermaßen ausdrücken:

Für alle x ∈ ℝ gilt: $(x+1)(x-1) = x^2 - 1$.

Hier ist die Variable x in der Aussageform A(x) durch den sogenannten „**Allquantor**" (für alle ... gilt ...) „**gebunden**".

Bei Beispiel **2)** kann man auch sagen:

Es gibt ein $x \in \mathbb{R}$ mit: $x^2 + 3 = 4x$.

(Gemeint ist: es gibt **wenigstens** ein $x \in \mathbb{R}$ mit $x^2 + 3 = 4x$; denn es gibt ja sogar zwei Zahlen, nämlich 1 und 3, die die Gleichung erfüllen.)
Hier ist die Variable x in der Aussageform A(x) durch den sogenannten „**Existenzquantor**" (es gibt ein ...) gebunden.

Beachte:

1) In gebundene Variable darf nicht eingesetzt werden.

2) Gebundene Variable kommen auch in anderen Fällen vor, z.B.

a) beim **Mengenbildungsoperator,** z.B. $\{x|x \text{ ist Teiler von } 12\}$;

b) beim **Summenzeichen** als Summationsvariable, z.B. $\sum_{k=1}^{5} \frac{1}{k}$;

c) beim **Integralzeichen** als Integrationsvariable, z.B. $\int_{0}^{1} x^2 \, dx$.

Bemerkung: Zur Formulierung von Gesetzen benötigt man in vielen Fällen den Allquantor. So lautet z.B. das Kommutativgesetz der Addition in $\mathbb{R}$:

Für alle $a, b \in \mathbb{R}$ gilt: $a + b = b + a$.

Stillschweigend wird jedoch häufig der Allquantor weggelassen; man schreibt dann nur „$a + b = b + a$", meint aber nicht diese Aussageform, sondern die obige Aussage, die durch Bindung der Variablen a und b mit Hilfe des Allquators entsteht. Vergleiche die Tabelle auf S. 303!

5. Im allgemeinen kann man die Lösungsmenge einer Aussageform nicht unmittelbar erkennen; man muß vielmehr so lange Umformungen durchführen, bis man die Lösung ablesen kann. Für die Beschreibung dieser Umformungen verwendet man den „**Äquivalenzbegriff**" und den „**Folgerungsbegriff**" für Aussageformen.

1) Zwei Aussageformen A und B heißen **äquivalent** (über einer Grundmenge G), wenn gilt: $L(A) = L(B)$; man schreibt: $A(x) \Leftrightarrow B(x)$, gelesen „A(x) ist äquivalent (zu) B(x)".
Wird A(x) in B(x) umgeformt, so spricht man von einer „**Äquivalenzumformung**".

Beispiel: $\underbrace{4x + 3 = 15}_{A(x)} \Leftrightarrow \underbrace{x = 3}_{B(x)}$ Es gilt $L(A) = L(B) = \{3\}$.

2) Eine Aussageform B **folgt** aus einer Aussageform A (über einer Grundmenge G), wenn gilt: $L(A) \subseteq L(B)$; man schreibt: $A(x) \Rightarrow B(x)$, gelesen: „Aus A(x) folgt B(x)".
Wird A(x) in B(x) umgeformt, so spricht man von einer „**Folgerungsumformung**".

Beispiel: $A(x): \sqrt{2x+9} = x + 3$ Durch Quadrieren beider Seiten erhält man:
$2x + 9 = x^2 + 6x + 9 \Leftrightarrow x^2 + 4x = 0 \Leftrightarrow x(x+4) = 0$, also B(x): $x(x+4) = 0$.
Nun gilt: $L(A) = \{0\}$, aber $L(B) = \{0; -4\}$, also $L(A) \subseteq L(B)$, d.h. aus A(x) **folgt** B(x).

Man erkennt, daß das Quadrieren einer Gleichung im allgemeinen keine Äquivalenzumformung, sondern nur eine Folgerungsumformung darstellt.

§17, II. Gleichungen und Ungleichungen

Bemerkungen:

1) A ⇒ B bedeutet: immer, wenn A erfüllt ist, ist auch B erfüllt.
2) A ⇔ B bedeutet: immer, wenn A erfüllt ist, ist auch B erfüllt und umgekehrt.
3) A ⇔ B bedeutet also: A ⇒ B **und** B ⇒ A.

6. Beim Lösungsweg für Gleichungen und für Ungleichungen treten zwei Arten von Umformungen auf:

1) Anwendung derselben Verknüpfung auf beiden Seiten der Gleichung bzw. Ungleichung.
2) Umformung von auftretenden Termen nach den Körpergesetzen („Termersetzungen").

Nicht alle diese Umformungen sind Äquivalenzumformungen. Auf einige der auftretenden Probleme werden wir bei den folgenden Beispielen hinweisen, die sich auf die wichtigsten Typen von Gleichungen (Ungleichungen) beziehen.

7. Beispiel einer linearen Gleichung.

$$\begin{aligned}
A(x): \quad & 5(x-3)-3 = 3(x+2) & \\
\Leftrightarrow \quad & 5x-15-3 = 3x+6 & \text{(Distributivgesetz)} \\
\Leftrightarrow \quad & 5x-3x-18 = (3x-3x)+6 & \text{(Subtraktion von } 3x) \\
\Leftrightarrow \quad & 2x-18 = 6 & \text{(Distributivgesetz: } 5x-3x=(5-3)x) \\
\Leftrightarrow \quad & 2x = 24 & \text{(Addition von 18)} \\
\Leftrightarrow \quad & x = 12 & \text{(Division durch 2)}
\end{aligned}$$

Also ist $L(A) = \{12\}$.

8. Beispiel einer linearen Ungleichung.

$$\begin{aligned}
A(x): \quad & 3(x-2) > 4(3+5x)-1 & \\
\Leftrightarrow \quad & 3x-6 > 12+20x-1 & \text{(Distributivgesetz)} \\
\Leftrightarrow \quad & 3x-20x-6 > 11 & \text{(Subtraktion von } 20x) \\
\Leftrightarrow \quad & -17x > 17 & \text{(Distributivgesetz; Addition von 6)} \\
\Leftrightarrow \quad & x < -1 & \text{(Multiplikation mit } -\tfrac{1}{17})
\end{aligned}$$

Also ist $L(A) = \mathbb{R}^{<-1}$.

Beachte: Im letzten Schritt ist mit einer negativen Zahl $\left(-\tfrac{1}{17}\right)$ multipliziert worden; daher ist die Richtung der Ungleichung umzukehren.

9. Quadratische Gleichungen

Eine quadratische Gleichung kann zunächst stets auf die sogenannte „Normalform" $x^2 + px + q = 0$ (mit $p, q \in \mathbb{R}$) gebracht werden. Dann versucht man, den quadratischen Term in **Linearfaktoren** zu zerlegen. Nach dem Verfahren der quadratischen Ergänzung ergibt sich:

$$x^2 + px + \left(\frac{p}{2}\right)^2 - \left(\frac{p}{2}\right)^2 + q = 0 \Leftrightarrow \left(x + \frac{p}{2}\right)^2 - \sqrt{\left(\frac{p}{2}\right)^2 - q}^{\,2} = 0.$$

Den Radikanden $D = \left(\frac{p}{2}\right)^2 - q$ nennt man die „**Diskriminante**" der quadratischen Gleichung.

Falls $D<0$ ist, ist die Gleichung unerfüllbar.
Falls $D\geq 0$ ist, kann man nach der 3. binomischen Formel umformen zu

$$\left(x+\frac{p}{2}-\sqrt{D}\right)\left(x+\frac{p}{2}+\sqrt{D}\right)=0 \Leftrightarrow x=-\frac{p}{2}+\sqrt{D} \vee x=-\frac{p}{2}-\sqrt{D}.$$

Falls $D>0$ ist, erhält man **zwei** Lösungen;
falls $D=0$ ist, erhält man **eine** Lösung, nämlich $x=-\frac{p}{2}$.

Beispiele:

1) $A(x)$: $x(x+3)=2(1-x)+4 \Leftrightarrow x^2+3x=2-2x+4 \Leftrightarrow x^2+5x-6=0$;
also ist $p=5$ und $q=-6$ und somit: $D=\left(\frac{p}{2}\right)^2-q=\left(\frac{5}{2}\right)^2+6=\frac{25}{4}+\frac{24}{4}=\frac{49}{4}>0$.
Mit $\sqrt{D}=\frac{7}{2}$ ergibt sich: $A(x) \Leftrightarrow x=-\frac{5}{2}+\frac{7}{2} \vee x=-\frac{5}{2}-\frac{7}{2} \Leftrightarrow x=1 \vee x=-6$.
Also ist $L(A)=\{1;-6\}$.

2) $A(x)$: $x(x-9)=3(x-12) \Leftrightarrow x^2-9x=3x-36 \Leftrightarrow x^2-12x+36=0$.

Man kann hier sofort erkennen, daß der quadratische Term ein reines Quadrat darstellt und somit nach der 2. binomischen Formel umgeformt werden kann in:

$(x-6)^2=0 \Leftrightarrow x-6=0 \Leftrightarrow x=6$. Zum gleichen Ergebnis kommt man auch mit Hilfe der Diskriminante. Es ist $p=-12$ und $q=36$, also:

$$D=\left(\frac{p}{2}\right)^2-q=36-36=0. \text{ Also ist } x=-\frac{p}{2}=6.$$

3) $A(x)$: $x(x-5)=9(x-2)-7x \Leftrightarrow x^2-5x=9x-18-7x \Leftrightarrow x^2-7x+18=0$;
also ist $p=-7$ und $q=18$ und somit: $D=\left(\frac{p}{2}\right)^2-q=\left(-\frac{7}{2}\right)^2-18=\frac{49-72}{4}=-\frac{23}{4}<0$.

Daher ist $L(A)=\emptyset$; die Gleichung ist unerfüllbar in $\mathbb{R}$.

10. Bruchgleichungen

Da die Division durch Null nicht definiert ist, müssen bei Bruchgleichungen solche Zahlen ausgeschlossen werden, bei denen ein Nenner zu Null wird. Diese Zahlen gehören nicht zur Definitionsmenge $D(A)$ der Aussageform, also auch nicht zur Lösungsmenge $L(A)$; sie können beim Lösungsweg u.U. aber hinzukommen, müssen am Ende daher wieder eliminiert werden.

Beispiel: $A(x)$: $\dfrac{x-1}{x+1}+\dfrac{x+2}{x-3}=\dfrac{x^2+2x+9}{(x+1)(x-3)}$

Da die auftretenden Nenner für $x=-1$ bzw. für $x=3$ zu Null werden, ergibt sich als Definitionsmenge $D(A)=\mathbb{R}\setminus\{-1;3\}$.
Durch Multiplikation mit dem Hauptnenner $(x+1)(x-3)$ und anschließendes Kürzen kommt man zur Gleichung:

$(x-1)(x-3)+(x+2)(x+1)=x^2+2x+9$
$\Leftrightarrow \quad x^2-4x+3+x^2+3x+2=x^2+2x+9$
$\Leftrightarrow \quad x^2-3x-4=0$ mit $p=-3$ und $q=-4$.

§17, II. Gleichungen und Ungleichungen

Also ist $D = \left(\frac{p}{2}\right)^2 - q = \frac{9}{4} + \frac{16}{4} = \frac{25}{4} > 0$. Mit $\sqrt{D} = \frac{5}{2}$ ergibt sich:

$x = \frac{3}{2} + \frac{5}{2} \lor x = \frac{3}{2} - \frac{5}{2} \Leftrightarrow x = 4 \lor x = -1$.

Die Zahl -1 gehört nicht zu D(A) also auch nicht zu L(A). Es ist L(A) = {4}.
Beachte; daß die erste Umformung keine Äquivalenzumformung (in der Grundmenge ℝ), sondern nur eine Folgerungsumformung ist!

11. Lineare Gleichungssysteme

Unter einem „**linearen Gleichungssystem**" versteht man zwei (oder mehr) lineare Gleichungen, die **konjunktiv** (also durch „und"; Zeichen: ∧) miteinander verknüpft sind.
Wie jede Aussageform kann auch ein Gleichungssystem erfüllbar oder unerfüllbar sein. Wichtig ist hier aber vor allem die Frage, ob das System genau eine Lösung oder unendlich-viele Lösungen hat, also eindeutig oder nicht eindeutig lösbar ist.
Zur Lösung von linearen Gleichungssystemen gibt es verschiedene Verfahren. Wir erläutern hier das „**Eliminationsverfahren**" an einigen Beispielen.

Beispiele für zwei Gleichungen mit zwei Variablen.   **Erläuterungen**

1) $S(x|y): \begin{cases} 4x + 3y - 3 = 0 \mid \cdot 5 \\ 3x + 5y - 16 = 0 \mid \cdot(-3) \end{cases}$ Durch Multiplikation der beiden Gleichungen mit den angegebenen Faktoren erhält man als Koeffizienten von y die Zahlen 15 und -15. Durch anschließende Addition der beiden Gleichungen wird y eliminiert.

$\Leftrightarrow \begin{cases} 20x + 15y - 15 = 0 \\ \land -9x - 15y + 48 = 0 \end{cases} +$

$\Leftrightarrow \begin{cases} 11x + 33 = 0 \\ \land 4x + 3y - 3 = 0 \end{cases}$ Zur Vervollständigung wird die erste Gleichung von S übernommen. Aus der ersten Gleichung ergibt sich $x = -3$; dieses Ergebnis wird in die zweite Gleichung eingesetzt.

$\Leftrightarrow x = -3 \land 3y = 15$
$\Leftrightarrow x = -3 \land y = 5$

Das Gleichungssystem ist **eindeutig** lösbar; die Lösungsmenge ist L(S) = {(−3|5)}.

2) $S(x|y): \begin{cases} 2x - 5y = -1 \mid \cdot 2 \\ \land -4x + 10y = 2 \end{cases}$

$\Leftrightarrow \begin{cases} 4x - 10y = -2 \\ \land -4x + 10y = 2 \end{cases} +$

$\Leftrightarrow \begin{cases} 0x + 0y = 0 \\ \land 2x - 5y = -1 \end{cases}$

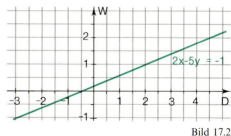

Bild 17.2

Die sich ergebende Gleichung ist allgemeingültig, kann also weggelassen werden. Die erste Gleichung von S wurde übernommen.
Das Gleichungssystem ist erfüllbar, aber **nicht eindeutig** lösbar; es gilt:

L(S) = {(x|y)|2x − 5y = −1}. Geometrisch wird die Lösungsmenge durch eine Gerade im Kartesischen Koordinatensystem dargestellt (Bild 17.2).

3) $S(x|y): \left\{ \begin{array}{r} 4x - 6y = -2 \\ \wedge -3x + 4{,}5y = 1 \end{array} \middle| \begin{array}{c} \cdot 3 \\ \cdot 4 \end{array} \right\} \Leftrightarrow \left\{ \begin{array}{r} 12x - 18y = -6 \\ \wedge -12x + 18y = 4 \end{array} \right\} \Leftrightarrow \left\{ \begin{array}{r} 0x + 0y = -2 \\ \wedge 4x - 6y = -2 \end{array} \right\}$

Die sich ergebende Gleichung ist unerfüllbar, also auch das Gleichungssystem. Es gilt: $L(S) = \emptyset$

Beispiele für drei Gleichungen mit drei Variablen.   **Erläuterungen**

1) $S(x|y|z): \left\{ \begin{array}{r} -x - 2y + 4z = 6 \\ \wedge 2x + y + 3z = 5 \\ \wedge 3x + 3y - 2z = -2 \end{array} \middle| \begin{array}{c} \cdot 2 \\ \cdot 1 \\ \end{array} \middle| \begin{array}{c} \cdot 3 \\ \\ \cdot 1 \end{array} \right.$

Durch Kombination der ersten mit der zweiten bzw. mit der dritten Gleichung eliminiert man zweimal die Variable x und erhält dadurch die zweite und die dritte Gleichung des neuen Systems. Die erste Gleichung ist von S übernommen.

$\Leftrightarrow \left\{ \begin{array}{r} -x - 2y + 4z = 6 \\ \wedge -3y + 11z = 17 \\ \wedge -3y + 10z = 16 \end{array} \middle| \begin{array}{c} \\ \cdot 1 \\ \cdot (-1) \end{array} \right.$

Durch Kombination der beiden neuen Gleichungen eliminiert man auch noch die Variable y; man erhält so die dritte Gleichung des neuen Systems.

$\Leftrightarrow \left\{ \begin{array}{r} -x - 2y + 4z = 6 \\ \wedge -3y + 11z = 17 \\ \wedge z = 1 \end{array} \right.$

$\Leftrightarrow \left\{ \begin{array}{r} -x - 2y + 4 = 6 \\ \wedge -3y + 11 = 17 \\ \wedge z = 1 \end{array} \right.$

Dann wird der Wert $z = 1$ in die beiden anderen Gleichungen eingesetzt.

$\Leftrightarrow \left\{ \begin{array}{r} -x - 2y + 4 = 6 \\ \wedge y = -2 \\ \wedge z = 1 \end{array} \right.$

Aus der zweiten Gleichung erhält man $y = -2$.

$\Leftrightarrow \left\{ \begin{array}{r} -x + 4 + 4 = 6 \\ \wedge y = -2 \\ \wedge z = 1 \end{array} \right.$

Diesen Wert setzt man in die erste Gleichung ein und erhält $x = 2$.
Also gilt: $L(S) = \{(2|-2|1)\}$.
Das System ist eindeutig lösbar.

$\Leftrightarrow x = 2 \wedge y = -2 \wedge z = 1$

2) $S(x|y|z): \left\{ \begin{array}{r} x + y + z = 0 \\ \wedge 2y + z = 1 \\ \wedge 3x - y + z = -2 \end{array} \middle| \begin{array}{c} \cdot (-3) \\ \\ \cdot 1 \end{array} \right.$

Aus der ersten und dritten Gleichung wird x eliminiert. Es ergibt sich die dritte Gleichung des neuen Systems.

$\Leftrightarrow \left\{ \begin{array}{r} x + y + z = 0 \\ \wedge 2y + z = 1 \\ \wedge -4y - 2z = -2 \end{array} \middle| \begin{array}{c} \\ \cdot 2 \\ \cdot 1 \end{array} \right.$

Aus der zweiten und dritten Gleichung wird y eliminiert; man erhält die dritte Gleichung des neuen Systems; diese Gleichung ist allgemeingültig, kann also weggelassen werden.

$\Leftrightarrow \left\{ \begin{array}{r} x + y + z = 0 \\ \wedge 2y + z = 1 \\ \wedge 0 \cdot x + 0 \cdot y + 0 \cdot z = 0 \end{array} \right.$

$\Leftrightarrow \left\{ \begin{array}{r} x + y + z = 0 \\ \wedge z = 1 - 2y \end{array} \right.$

Die zweite Gleichung wird nach z aufgelöst: $z = 1 - 2y$; dies wird in die erste Gleichung eingesetzt; es ergibt sich $x = -1 + y$

$\Leftrightarrow \left\{ \begin{array}{r} x = -y - (1 - 2y) = -1 + y \\ \wedge z = 1 - 2y \end{array} \right.$

§17, II. Gleichungen und Ungleichungen

Damit sind x und z durch y ausgedrückt; mehr läßt sich in diesem Fall nicht erreichen. Das Gleichungssystem ist erfüllbar, hat aber unendlich viele Lösungen. Es gilt:

$$L(S) = \{(x|y|z) | y \in \mathbb{R} \land x = -1+y \land z = 1-2y\}.$$

Setzt man in y eine beliebige Zahl ein, so ergibt sich ein Element der Lösungsmenge, für $y = 0$ und $y = 1$ z.B. die Tripel $(-1|0|1)$ und $(0|1|-1)$.

3) $S(x|y|z): \begin{cases} x + y - z = 4 & |\cdot(-4)| \cdot 5 \\ \land \quad 4x - 2y - 2z = 3 & |\cdot 1 \\ \land -5x + 4y + 2z = 0 & \quad |\cdot 1 \end{cases}$ Es wird zweimal die Variable x eliminiert.

$\Leftrightarrow \begin{cases} x + y - z = 4 \\ \land -6y + 2z = -13 & |\cdot 3 \\ \land \quad 9y - 3z = 20 & |\cdot 2 \end{cases}$ Aus den beiden letzten Gleichungen wird y eliminiert.

$\Leftrightarrow \begin{cases} x + y - z = 4 \\ \land \quad -6y + 2z = -13 \\ \land 0 \cdot x + 0 \cdot y + 0 \cdot z = 1 \end{cases}$ Die sich ergebende dritte Gleichung ist unerfüllbar, also auch das ganze System S.

Es gilt: $L(S) = \emptyset$.

Übungen und Aufgaben

Lineare Gleichungen und Ungleichungen

1. a) $4(x-1) = 3x+5$ b) $3(x+2) = x+8$ c) $5(x-1) = 3(x+1)$
   d) $3x + 4(3-x) = 2(x+3)$ e) $5(x+4) + 3(2-x) = 24$ f) $5(2x-3) + 7(2-x) = 3x - 1$

2. a) $2(x-1) < x+4$ b) $3(x-2) > 2(x-4)$ c) $5(x+3) < 4(x+7)$
   d) $3(x+1) \geq 4(x-2)$ e) $12(x-3) \leq 7(x+2)$ f) $3(4-x) > 5(x-1) + 1$

3. a) $\dfrac{1-x}{2} + 1 = \dfrac{x}{2} + 3$ b) $\dfrac{x}{3} + 2 = \dfrac{x+1}{2} + 1$ c) $\dfrac{x+3}{6} - x = \dfrac{4x+6}{9} - 4$
   d) $\dfrac{2+5x}{3} \geq \dfrac{4+7x}{5}$ e) $\dfrac{3x-2}{2} < \dfrac{x+1}{3}$ f) $\dfrac{5(3-2x)}{4} \leq \dfrac{2(5-4x)}{3}$

Quadratische Gleichungen

4. a) $x^2 + 4x - 45 = 0$ b) $x^2 + 4x - 21 = 0$ c) $x^2 + 4x - 32 = 0$
   d) $4x^2 + 12x = 112$ e) $5x^2 + 10x = 75$ f) $5x^2 = 25x + 120$
   g) $x(x-6) = 6(x-4) - 3$ h) $x(x-2) = 4(4+x)$ i) $3(x^2+1) = x(x+1) + 3$

5. a) $x^2 - 6x - 27 = 0$ b) $x^2 - 2x + 2 = 0$ c) $x^2 + 4x = 6$
   d) $4x^2 - 4x = 11$ e) $4x^2 + 16x = 32$ f) $2x^2 - 3 = 2\sqrt{2}\,x$
   g) $\sqrt{3}\,x^2 - 3x = 6\sqrt{3}$ h) $x^2 - 3x + 1 = 0$ i) $\dfrac{1}{3}x^2 - \dfrac{2}{3}x + \dfrac{1}{3} = 0$

Bruchgleichungen

6. a) $\dfrac{3}{x-1} = \dfrac{2}{x-2}$ b) $\dfrac{3}{x-4} = \dfrac{18}{x+1}$ c) $\dfrac{2}{x-3} = \dfrac{1}{x+2}$ d) $\dfrac{x+3}{x+1} + 3 = \dfrac{7x+3}{x+1}$

 e) $\dfrac{1}{x+2} = 3 + \dfrac{4}{x+2}$ f) $\dfrac{x+5}{x+1} - 1 = \dfrac{4}{x+1}$ g) $3 - \dfrac{x-5}{x-1} = \dfrac{x+3}{x-1}$ h) $\dfrac{x+2}{x+5} + 1 = \dfrac{7+2x}{x+5}$

 i) $\dfrac{x+3}{x+1} + 2 = \dfrac{x+2}{x+1}$ j) $\dfrac{x+1}{x-3} = 2 + \dfrac{x-7}{x-3}$ k) $\dfrac{x+1}{x+6} = 1 - \dfrac{x-3}{x+6}$ l) $\dfrac{x+2}{x-1} = 3 - \dfrac{x-4}{x-1}$

7. a) $\dfrac{1}{x(x+2)} + \dfrac{1}{x(x+1)} = \dfrac{5}{(x+2)(x+1)}$ b) $\dfrac{3}{x^2+x-2} - \dfrac{2}{x^2-1} = \dfrac{2}{x^2+3x+2}$

 c) $\dfrac{1}{x^2-4x+3} + \dfrac{1}{x^2-1} = \dfrac{2}{x^2-2x-3}$ d) $\dfrac{1}{x^2-6x+8} + \dfrac{1}{x^2-5x+4} + \dfrac{3}{x^2-3x+2} = 0$

8. a) $\dfrac{2x+1}{x+3} = \dfrac{x+2}{x-1}$ b) $\dfrac{x-2}{x+1} = \dfrac{x+1}{x+4}$ c) $\dfrac{3x-1}{x-5} = \dfrac{2x+1}{x-1}$

 d) $\dfrac{x+2}{x} + \dfrac{x-1}{x-2} = \dfrac{x^2-2}{x(x-2)}$ e) $\dfrac{x-1}{x+1} + \dfrac{x+2}{x+3} = \dfrac{x^2+2x+3}{(x+1)(x+3)}$

 f) $\dfrac{x+3}{x-1} + \dfrac{x+4}{x+2} = \dfrac{x^2+12x-1}{(x-1)(x+2)}$ g) $\dfrac{x-2}{x+3} + \dfrac{x+1}{x-1} = \dfrac{x^2-x+8}{(x-1)(x+3)}$

 h) $\dfrac{x+4}{x^2-1} + \dfrac{x-5}{x^2-x} = \dfrac{x^2+5x-11}{x^3-x}$ i) $\dfrac{x+1}{x^2+3x} + \dfrac{x+1}{x^2-3x} = \dfrac{x^2+3}{x^3-9x}$

Gleichungssysteme

9. a) $2x - y - 11 = 0$
   $\wedge\ 3x + 2y - 62 = 0$
   b) $7x + 2y = 42$
   $\wedge\ 4x - y = 39$
   c) $6x + y = 29$
   $\wedge\ -3x + 7y = 23$
   d) $7x - 4y = 57$
   $\wedge\ 3x - 8y = 37$
   e) $12x - 5y = 14$
   $\wedge\ 20x - 11y = -14$
   f) $76x + 45y = 73$
   $\wedge\ 19x + 28y = 102$

10. a) $3(x+1) + 4(y-2) = 36$
    $\wedge\ 5(x-2) - 2(y+1) = 13$
    b) $7(7x-30) = 5(4y-5)$
    $\wedge\ 3(x+3) = 4(y+3)$
    c) $\tfrac{1}{3}x + \tfrac{1}{4}(y+1) = \tfrac{9}{4}$
    $\wedge\ \tfrac{1}{2}(x-1) + \tfrac{1}{8}y = \tfrac{3}{2}$
    d) $105x - 144y + 256 = 0$
    $\wedge\ 35x - 48y + 96 = 0$
    e) $91x + 14y = 35$
    $\wedge\ 13x + 2y = 5$
    f) $-8x + 15y + 24 = 0$
    $\wedge\ 24x - 75y - 72 = 0$

11. a) $3x + y + z = 8$
    $\wedge\ x + 3y + z = 10$
    $\wedge\ x + y + 3z = 12$
    b) $2x - 2y - z = 3$
    $\wedge\ -x + 3y + 2z = 1$
    $\wedge\ 2x - y = z = 2$
    c) $-2x + y - z = 0$
    $\wedge\ 3x - 2y + 2z = -1$
    $\wedge\ -x + 2y - z = 1$
    d) $x - 2y + 2z = 4$
    $\wedge\ 2x + y - 3z = 0$
    $\wedge\ 5x - 4z = 4$
    e) $x + y - z = 4$
    $\wedge\ 4x - 2y - 2z = 2$
    $\wedge\ -5x + 4y + 2z = 1$
    f) $x + y + z = 0$
    $\wedge\ 2y + z = 1$
    $\wedge\ 3x - y + z = 1$
    g) $-4x + 12y - 8z = -8$
    $\wedge\ x - 3y + 2z = 2$
    $\wedge\ 10x - 30y + 20z = 20$
    h) $5x - 2y + 10z = 25$
    $\wedge\ 8x + y - 6z = -15$
    $\wedge\ 2x - 5y + 26z = 65$
    i) $2x - 2z = 3$
    $\wedge\ 5x - 21y + 30z = 18$
    $\wedge\ 5x - 4{,}5y + 4z = 11$

Register

Ableitung 51ff., 59ff., **64ff.**, 79, 259f., 266ff., **298ff.**
  äußere 112
  höherer Ordnung 95ff.
  innere 112
  linksseitige 69
  rechtsseitige 69
Ableitungsfunktion 78ff.
achsensymmetrisch 30
Änderungsrate **51ff.**
  lokale 59, **63**, 70, 259, 298
  mittlere **51ff., 55**, 259, 298
Approximation 120
Arbeit 77, 119, 173, **235ff.**
Argument 11
Asymptote **41**, 47f., **160ff.**, 245

Bedingung
  hinreichend, notwendig 94, 132, 135, 247
Beschleunigung **95f.**, 98, 103, 119, 123, 173
beschränkt **43f.**, 48, 50, 281ff., **284**
bestimmtes Integral **188ff., 199ff.**
Betragsfunktion **46, 68f.**, 93

Definitionslücke 41, 155
Definitionsmenge einer Funktion **11f.**, 16, 148
Definitionsmenge einer Aussageform 308
Differential **126ff.**, 216
Differentialquotient 65, 298
Differentialrechnung 51ff., 65, 87ff.
Differenzenquotient **55**, 65f., 259f.
differenzierbar **64f., 78ff.**, 94, 97, 116ff., 131, 266f., **301**

echt gebrochen 154
eindeutig **10ff.**, 16f., 309
einseitige Ableitung 69
einseitige Grenzwerte 69
endliche Folge 281
Erdbeschleunigung 36, 49, 77, 126
Eulersche Zahl 261f.
Exponentialfunktion 46, **239ff.**
  natürliche 259ff.
Extremum **129ff., 138ff.**, 149, **162f.**
  absolutes 130
  lokales, relatives 129ff., 138ff.

Faktorregel 87, 207
fallend, monoton 32, 283
Fehlerabschätzung 124ff.
Fehlerfortpflanzung 124ff.
Flächeninhalt 173ff.
Flächenmaßzahl 76, **173ff., 189, 196**, 220ff.
Flächenmaßzahlfunktion 178f.
Flächenmessung 174ff.
Folge 280ff.
  alternierende 282
  beschränkte 281
  endliche 281
  fallende 282
  steigende 281
  unendliche 281
Formvariable 147, 275
freier Fall 9, 22, 36, 49, 148
freie Variable 205, **304**
Fundamentalsätze 204
Funktion 9ff., 18ff., 24ff.
  äußere 111
  beschränkte 43f.
  differenzierbare 64f.
  fallende 32ff.
  ganze rationale 36ff., 41, 79f., 101, 141
  gebrochen rationale 154ff.
  gerade 30
  identische 26
  injektive 16
  inverse 111
  konstante 19, **25**, 36, 255
  lineare 24ff., 36
  monotone 19, 32ff., 113, 134ff.
  quadratische 29ff.
  rationale 36ff., 108, 148ff., 169ff.
  steigende 32ff.
  stetige 92ff.
  umkehrbare 33
  ungerade 30
Funktionalgleichung 13, 249
Funktionenschar 275ff.
Funktionsdiskussion 129ff.
Funktionsgraph 10, 12, 129ff., 150
Funktionsterm 12f.
Funktionswert 11

ganz rational **36ff.**, 41, 79f., **101**, 141, **148**, 152
Gaußklammer 47, 50

gebrochen rational 154ff.
gebundene Variable 190, 205, 305
gerade Funktion 30, 48
Geradengleichungen 24ff.
Geschwindigkeit 49, 51, 54, **59ff.**, 77, 95, 98, 103, 119, 173
Glied einer Folge 280
global 78, 97, 135f.
Grad 36, 296
Graph 12
Gravitationsgesetz **49**, 119, 123, 238
Grenze (bei Normalfläche, bei Integral)
 obere, untere 176, 190
Grenzwert **63f.**, 201, 203, 259, 262, 280ff., **285ff.**
 linksseitiger 69
 rechtsseitiger 69
 uneigentlicher 68, 150
Grenzwertsätze **82ff., 291ff.**, 300
Grundintegrale 207ff., 270f.

Halbwertszeit **253ff.**, 269
hinreichende Bedingung 94, 132, 135, 142, 146, 247
Hochpunkt 20, 130
Hyperbel 41, 73, 301
Hyperboloid 275

identische Funktion 26
Induktion, vollständige 103ff.
injektiv 16
innere Ableitung 112
innere Funktion 111
Integral
 bestimmtes **188ff., 199ff.**, 270f.
 Riemann-Integral 203
 unbestimmtes 205ff.
Integralfunktion **193f.**, 203
Integralzeichen 190, 203, 215f., 306
Integrand 190
Integration
 logarithmische 272ff.
 partielle **210ff.**, 272f.
 durch Substitution **213ff.**, 272
Integrationskonstante 205
Integrationsvariable 190
Integrationsverfahren 205ff.
integrierbar 191ff., 203
Intervalladditivität 195
Intervallschachtelung 243f., 247, 302

Kettenregel **110ff.**, 213f.
konstante Funktion 19, 25, 36, 255
Konvergenzbeweis 287ff.
Kosinusfunktion 45f., 49, 89, 114
Kotangensfunktion 45f., 49, 109
Kraft 235ff.

Kreis 70, 175
 -frequenz 103, 119
 -zahl 175
Krümmung 139ff.

Limes 63, 286
lineare Funktion 24ff., 36, 120
lineare Näherungsfunktion 120ff.
Linearfaktor 37, 307
Linearisieren 120ff.
Linearität 198
linksgekrümmt 140
linksseitige Ableitung 69
linksseitiger Grenzwert 69

Maximum **20, 129ff.**, 146, 202
Minimum **20, 129ff.**, 146, 202
mittlere Änderungsrate **51ff.**, 259
Modul 250, 265
Momentanbeschleunigung 96
Momentangeschwindigkeit 59f., 73, 95
monoton **19, 32f.**, 50, 113, **134ff.**, 244, 249, **282f.**
Monotoniegesetz 35, 303
 für Addition 35, 303
 für Multiplikation 35, 303
 für Potenzen 244
 für Quadrate 304

Näherungsfunktion 120ff.
natürliche Exponentialfunktion 259ff.
natürliche Logarithmusfunktion 264ff.
Normalfläche **176, 188**, 195f., **199ff.**
notwendige Bedingung 94, 132, 135, 142, 146, 247
Nullfolge **287**, 292, 294, 299f.
Nullstelle **37ff., 148f.**

obere Grenze
 eines Integrals 190
 einer Normalfläche 176
obere Schranke **42, 282, 284**
Obersumme **200ff.**, 228, 230
offenes Intervall 285
Ordnung der Ableitungsfunktion 96

Parabel **29ff.**, 34f., **71ff.**
Parameter 275
partielle Integration **210ff.**, 272
Pendel 49, 77, 98, 125f.
Polynom **36**, 154
Potenzen **243f.**, 248f.
Potenzfunktionen 34, **36, 42, 100ff., 109, 116, 267**, 271
Potenzgesetze 244, 247
Produktintegration 210ff.
Produktregel 99ff.